U0318991

索支撑空间网格新体系研究

Research on Cable-braced Grid Shells

冯若强　著

科　学　出　版　社

北　京

内 容 简 介

索支撑空间网格结构是一种适合于玻璃采光顶结构的新型单层网壳结构形式，其网格单元为平面四边形，通透性高且玻璃加工方便。本书针对索支撑空间网格结构的形态优化、装配式节点力学性能及结构整体稳定三个关键问题进行研究，提出了基于准线和母线的多目标形态优化方法，通过试验和有限元数值模拟研究了装配式节点的力学性能，揭示了装配式索支撑空间网格结构的失稳机理，满足不同结构整体稳定性能要求的装配式节点力学性能要求，推导了具有初始缺陷的解析曲面索支撑空间网格结构稳定承载力计算公式。

本书可作为从事空间结构研究、设计、制作和施工的专业技术人员参考书，也可供高等院校土木工程类专业师生参考，或作为钢结构行业职业技术教育培训教材。

图书在版编目(CIP)数据

索支撑空间网格新体系研究/冯若强著. —北京：科学出版社，2017.12

ISBN 978-7-03-056197-8

Ⅰ. ①索… Ⅱ. ①冯… Ⅲ. ①网格结构-研究 Ⅳ. ①TU311

中国版本图书馆 CIP 数据核字(2017) 第 322971 号

责任编辑：刘信力／责任校对：邹慧卿

责任印制：张 伟／封面设计：无极书装

科 学 出 版 社 出版

北京东黄城根北街 16 号

邮政编码：100717

http://www.sciencep.com

北京建宏印刷有限公司 印刷

科学出版社发行 各地新华书店经销

*

2017 年 12 月第 一 版 开本：720 × 1000 B5

2019 年 6 月第二次印刷 印张：17 1/2 插页：1

字数：346 000

定价：128.00 元

(如有印装质量问题，我社负责调换)

前　言

近四十年来，空间网格结构因其受力合理，用料经济，造型美观多样，覆盖空间大，抗震性能良好等特点，在世界范围内得到迅猛发展。索支撑空间网格结构是一种新型的单层网壳形式，这种结构曲面形式自由、造型优美，结构形式简洁、通透，主要应用于玻璃采光顶结构中，具有良好的发展前景。目前这种结构体系在在国外已经得到较为广泛的应用，而我国对这种结构体系的研究和应用相对较少。

改革开放三十多年来，中国的发展日新月异，尤其是土木工程建筑和基础设施建设正在飞速发展，随着国家的经济实力和人民物质生活水平的提高，人们对公共建筑的要求不再是满足功能要求和经济性，忽视建筑造型和美观，而是功能、经济性和建筑造型的辩证统一要求，需要建筑和结构的类型多样化。因此对各种新颖空间结构形式的需求会越来愈多。索支撑空间网格玻璃采光顶结构是空间结构发展的新趋势之一，其不但具有丰富的建筑表现力和强烈的视觉冲击效果，而且由于采用了透明建筑材料玻璃，可以实现室外自然环境和室内空间完美融合，是一种生态类建筑。目前这种结构体系在在国外已经得到较为广泛的应用，而我国对这种结构体系的研究和应用相对较少。

本书内容主要来源于近年来课题组的研究成果，从索支撑空间网格结构形态优化、装配式节点力学性能及结构整体稳定三个方面进行了详细介绍，为该类结构的工程设计提供参考，反映了索支撑空间网格结构在国内的研究水平，具有较高的学术参考和工程应用价值，希望推动索支撑空间网格结构这种新结构体系在国内的应用和发展。本书包括索支撑空间网格结构简介、表面平移法、自由曲面形态优化方法、装配式节点力学性能、装配式单层网格结构整体稳定性能及解析曲面结构整体稳定承载力公式推导共六个章节，各章节有一定联系，也可作为独立的部分阅读。

第 1 章索支撑空间网格玻璃采光顶结构，是全书的铺垫。介绍了索支撑空间网格结构体系组成、特点、发展历程以及工程项目，在此基础上提出了索支撑空间网格结构亟待解决的关键问题。

第 2 章索支撑空间网格结构表面平移法。介绍了索支撑空间曲面形成的方法——表面平移法，包括滑动平移法和缩放平移法，并介绍了一些由表面平移法生成曲面的工程案例。

第 3 章基于准线和母线的自由曲面单层索支撑空间网格结构的形态优化。基于索支撑空间网格结构曲面形成的方法，提出了一种适用于索支撑空间网格结构的多目标形态优化方法。

第 4 章索支撑空间网格结构装配式节点。通过试验和数值模拟探讨了适用于索支撑空间网格结构装配式节点的力学性能，研究发现索支撑空间网格结构装配式节点不能作为刚接节点来考虑，其刚度及承载力较刚接节点均有削弱，属半刚性节点。

第 5 章装配式索支撑空间网格结构静力稳定性能。在装配式节点足尺试验的基础上，探讨了装配式节点力学性能对索支撑空间网格结构的影响，揭示了装配式索支撑空间网格结构的失稳机理，提出了基于不同结构整体稳定性能目标的索支撑空间网格结构装配式节点力学性能要求，并给出装配式索支撑空间网格结构稳定承载力估算公式。

第 6 章解析曲面刚接索支撑空间网格结构稳定承载力。基于平衡方程、几何方程和物理方程，推导了具有初始缺陷、考虑几何非线性和物理非线性影响的椭圆抛物面和联方柱面索支撑空间网格结构稳定承载力计算公式。

本书为江苏高校优势学科建设工程资助项目。在本书的编写过程中，硕士生王希、姚斌、葛金明、李海建和王鑫协助做了较多工作，在此表示感谢。

目　录

第1章　索支撑空间网格玻璃采光顶结构

玻璃结构是指采用玻璃作为主要围护构件的一类新型结构体系，它具有以下三方面特点：①以现代玻璃加工工艺和节点制作技术为基础；其采用的玻璃主要是具有较高强度和安全性的钢化玻璃和夹胶玻璃 (采光顶结构)。而在节点制作方面更多采用了机械铸造技术，使其在安全性和美观性方面较之传统节点有了较大提升。②在结构设计方面更多考虑了通透性对构件截面和布置方式的要求，并由此演化出一批明显区别于传统结构概念的新型结构形式，如应用于玻璃幕墙支承结构中的索桁架结构和单层平面索网结构。③大多用于一些对视觉效果要求较高的大型公共建筑中，此外还在一定程度上降低了建筑能耗，属于绿色建筑的范畴。综上所述，虽然玻璃结构并非真正以玻璃作为结构构件 (也有些采用，仅适用于小跨度)，但由于其在设计中更多地考虑了玻璃材料的特殊性，因而在结构设计、节点连接和安装工艺方面具有更多区别于传统结构的特点，可以划归为新型结构体系的范畴 [1−6]。

玻璃结构主要包括玻璃幕墙结构和玻璃采光顶结构，在国外已得到较为广泛的应用，像德国的 Kempinsky 酒店单层索网玻璃幕墙、Neckarsulm 穹顶、柏林动物园河马馆采光顶、Lehrter 铁路站台及 DG 银行采光顶等都是极具代表性的新型玻璃结构作品 [6−11]。但玻璃结构在我国的应用只有十几年的历史，而且大多集中于玻璃幕墙领域。经过十几年的发展，我国的玻璃幕墙结构发展已经比较成熟，基本实现了从框支式玻璃幕墙向点支式玻璃幕墙的跨越，结构形式多种多样，发展出了多种体现玻璃材料自身通透、美观特点的结构形式，如玻璃幕墙结构中的索桁架结构和单层平面索网结构，而且工程实践数量较多，应用较为普遍。但相比之下，在玻璃采光顶结构领域发展速度较慢，尤其是对具有玻璃自身材料特点的新型结构形式较少涉猎，大多沿用传统的屋盖结构形式，并没有像玻璃幕墙结构那样形式多样，同时对具备本领域特色的基础性理论问题还缺乏系统深入的研究。而随着建筑多样化大趋势的发展，国内目前对结构形式新颖、体现玻璃材料特点的玻璃采光顶结构的需求也会不断增长。这种新型结构形式的缺乏和工程设计理论研究的滞后性势必会影响到玻璃采光顶结构向规模更大、形式更新、技术要求更高的方向发展。因此，从源头做起，深入开展玻璃采光顶结构的体系创新并建立完备的工程设计理论体系，就成为当前迫切需要解决的问题 [12−15]。

目前单层网壳结构是玻璃采光顶结构较为常用的结构形式，具有结构造型简洁、结构刚度好，杆件截面小等优点。但普通单层网壳结构主要以三角形为基本网格单元，而对于玻璃采光顶结构，人们往往希望通过减少支承杆件的数量以增加室内空间的通透性，且结构几何造型应更为美观。若能省去三角形网格中的斜杆，以平面四边形网格代替三角形网格，则势必给室内空间带来更好的视觉效果。这是因为，与三角网格较为自由的拓扑连接关系不同，平面四边网格的连接更为规则，并且根据实际的需要大都沿着主曲率方向分布，所以相比三角网格更能反映网格所表示几何形体的形状变化，符合人们对形状的自然感知。四边网格由于其规则的结构以及符合人们对三维形状的感知与审美，可以比三角网格更为直接地应用在几何造型、细分曲面、建筑设计等方面 [16]。并且同三角形玻璃比，平面四边形玻璃更便于加工，玻璃的受力性能更好。与曲面四边形玻璃相比，平面四边形玻璃不仅便于加工，且造价更低。同时，曲面四边形中杆件多为曲线，加工难度和成本远大于平面四边形中的直杆。

以此为原则，一种适合于玻璃采光顶结构的新型单层网壳结构形式——索支撑空间网格结构就应运而生了，如图 1-1 和图 1-2 所示，曲面形式自由、造型优美，结构形式简洁、通透。出于通透性考虑和玻璃加工方便，其网格单元为平面四边形，由于四边形网格的平面内刚度较弱，所以每个四边形网格的对角由交叉的斜索相连 (图 1-3)，形成了一种由刚性的杆件和柔性的索共同组成的混合结构，通过斜索将不稳定的四边形网格转换成稳定的三角形网格。为保证网壳网格为平面四边形，“表面平移法” 被用来建立网壳曲面和划分网格，如图 1-4 所示。其基本思想是沿结构的长轴和短轴方向分别构造两条正交的准线和母线，将准线沿母线平移滑动，就可以构造出一系列较为均匀的四边形网格。该方法可以保证网格为平面四边形，同时各个网格杆件的长度相等，只是角度不同，方便杆件的加工和安装。按照平行向量的不同形成方式，可将表面平移法分为滑动平移法和缩放平移法两种 [17]。

图 1-1　德国柏林动物园河马馆

图 1-2　莱比锡工业展览馆庭院

索支撑空间网格结构的另一个特点是其节点连接，包括两种节点连接，一种是

图 1-3　交叉斜索加强网格

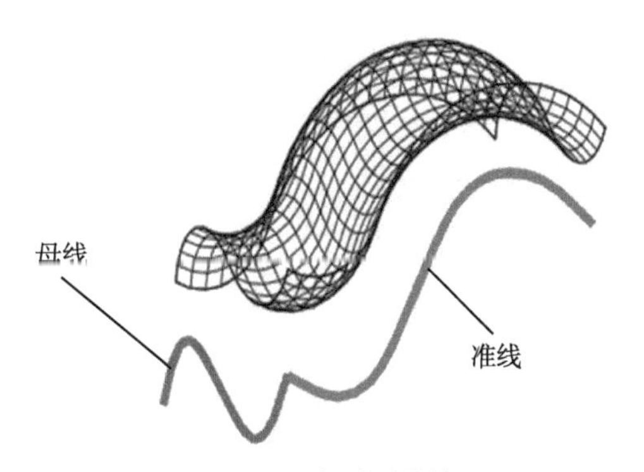

图 1-4　表面平移法

常规的刚性节点，为焊接连接，由于安装不方便，采用不多，如图 1-5 所示。另一种采用较多的装配式节点连接，如图 1-6 和图 1-7 所示，主要连接为在节点中心处上下两块节点板，采用一个主螺栓连接。由于只有一个螺栓连接，两块节点板在网格平面内可以做一定的转动，因此节点在网格平面内为铰接。每块节点板和杆件端部采用螺栓连接，为实现节点板和杆件连接美观，将杆件端部进行削弱，其节点刚度介于刚接和部分刚接之间，因此节点在网格平面外方向可以看成是半刚接。这种新型装配式节点是专门针对索支撑空间网格结构曲面形式和受力特点设计和开发的，因此从节点形式、受力性能到构造要求都与传统空间结构节点截然不同 [18–21]。

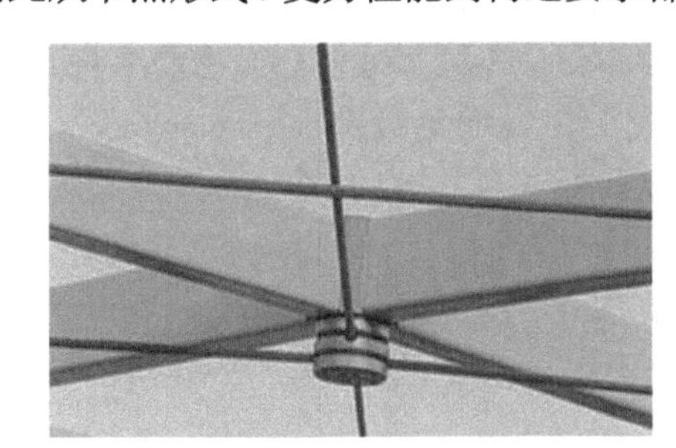

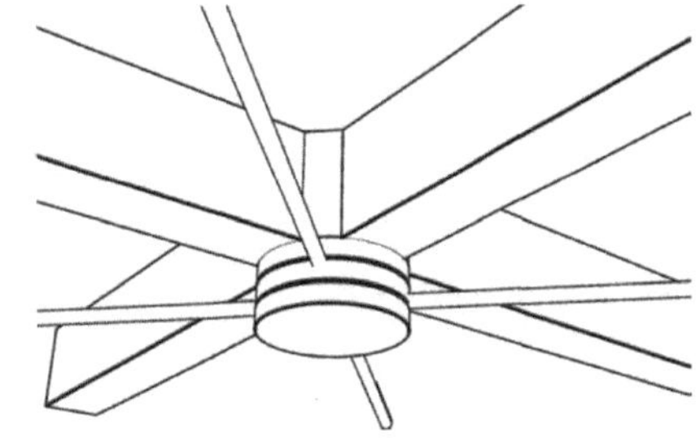

图 1-5　索支撑空间网格玻璃采光顶结构焊接式节点

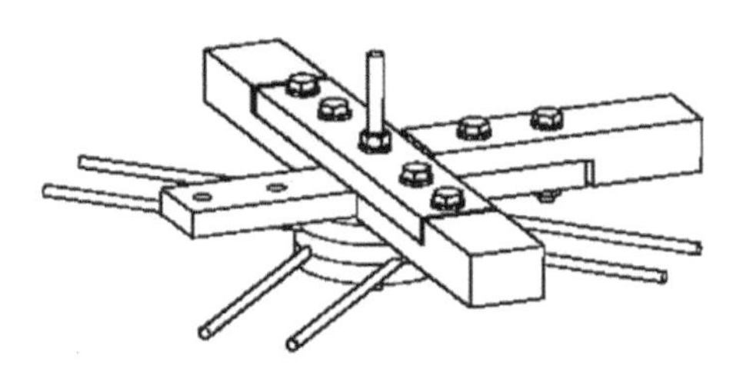

图 1-6　索支撑空间网格玻璃采光顶结构装配式 SBP 节点

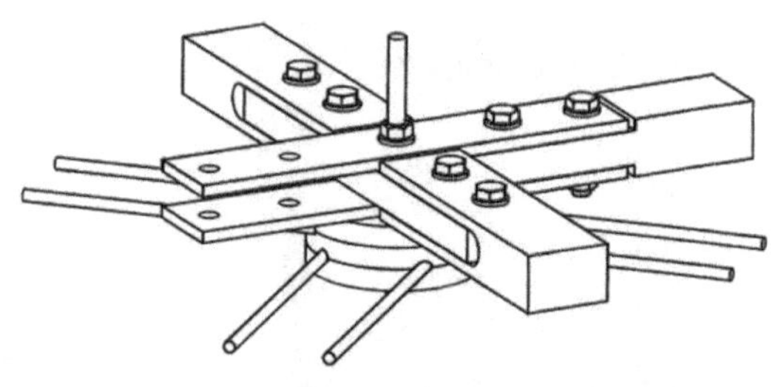

图 1-7　索支撑空间网格玻璃采光顶结构装配式 SBP2 节点

索支撑空间网格采光顶结构的兴起源于 20 世纪 80 年代末的欧洲，最早提出索支撑空间网格采光顶结构形式的是德国著名学者 Schlaich 教授，在我国工程应用中尚处于空白。

采用表面平移法生成的索支撑空间网格结构曲面形式包括两种：解析曲面和自由曲面。所谓自由曲面 (图 1-8)，从几何角度讲就是指那些无法用解析函数表达的曲面 [22]。而自由曲面与传统的解析曲面相比，具有外形更加灵活、美观和多样的特点，更加符合建筑师要求。目前索支撑空间网格结构在国外工程应用中主要限于传统的解析曲面，如椭圆抛物面 (德国 Neckarsulm 穹顶，如图 1-9 所示)、柱面 (德国世贸中心市场，如图 1-10 所示)、球面 (德国巴特诺伊施塔特 Rhönklinikum 穹顶)、马鞍面 (德国莱比锡工业展览馆庭院采光顶，如图 1-2 所示) 以及这些曲面结构的分割与组合 (德国柏林动物园河马馆为两个不同尺寸椭圆抛物面组合生成，如图 1-1 所示)。对于索支撑空间网格结构，自由曲面定义为采用表面平移法生成的不具有解析函数表达式的曲面。与传统解析曲面相比，自由曲面的种类和形式更加丰富，其为建筑师提供了更大的创作空间。

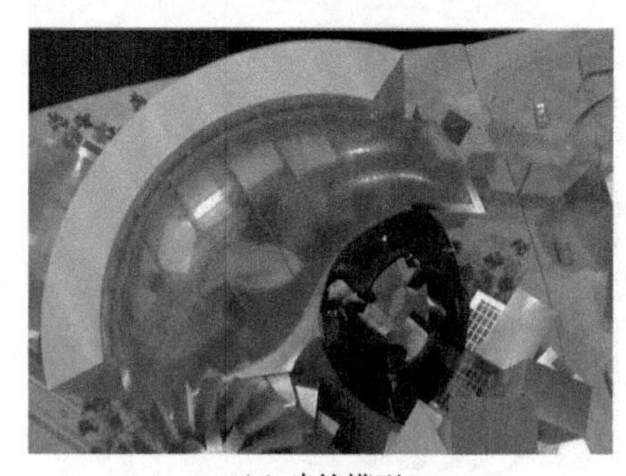

(a) 建筑模型

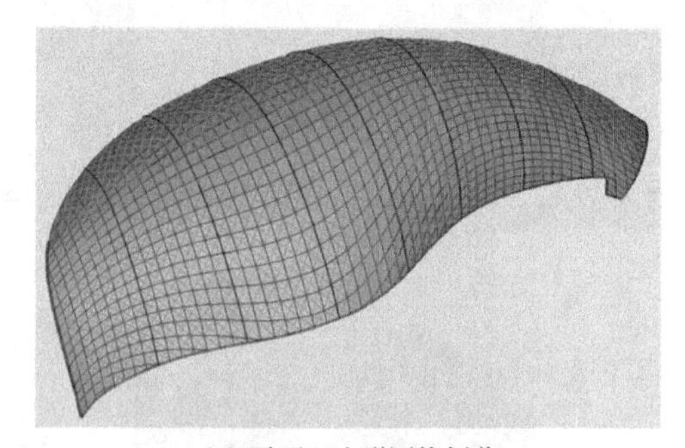

(b) 平面四边形网格划分

图 1-8　耶路撒冷宽恕博物馆

但是对于空间结构而言，仅仅强调形式上的自由是不够的，还应同时保证这种曲面形式在结构受力上的合理性。因为众所周知，大跨空间结构是凭借其合理形状

图 1-9　德国 Neckarsulm 穹顶外景

图 1-10　德国德雷斯顿世贸中心

来实现结构的高效率的，也就是说空间结构的几何外形与其力学性能之间是密切相关的。因此，空间结构的自由曲面应定义为那些明显区别于传统建筑造型的、外形美观、结构合理的曲面形式。为了在给定建筑条件下寻求具有最佳受力性能的结构形状，需要对结构进行形态优化 [22−27]。由于自由曲面索支撑空间网格结构在曲面形式 (表面平移法生成)、网格形状 (平面四边形网格)、网格形式 (钢杆件 + 交叉斜索)、节点类型 (装配式节点) 以及力学性能等方面具有特殊性 [28−30]，在对此类结构进行形态优化时需要解决如下关键问题：

(1) 为离散网格结构，不能直接应用现有的连续壳体结构优化方法；

(2) 在结构形态优化过程中，网格应始终保持为平面四边形；

(3) 形态优化后结构网格要均匀，避免网格大小不一；

(4) 为有索结构的单层网壳结构，需要考虑几何非线性和结构整体稳定；

(5) 出于美观要求，通过形态优化产生的自由曲面应光滑。

为了保证玻璃加工的方便和结构美观要求，结构形态优化后，平面四边形网格的属性不能改变。此外，自由曲面索支撑空间网格结构的一个优势就在于其网格均匀、杆件长度相等。因此进行过形态优化后，这一特征也应保留。由于索支撑空间网格结构中存在拉索，在外荷载作用下，索的拉力可能增大，亦或降低甚至松弛，因此在结构形态优化过程中需要考虑几何非线性的影响。索支撑空间网格结构属于单层网壳结构，结构整体稳定属于结构设计控制因素之一，在计算结构整体稳定承载力时需要考虑物理非线性和几何非线性的影响 [31−33]。出于美观要求，形态优化后自由曲面要光滑。从字面上看，“光滑” 既包括数学上关于函数连续性的要求，也侧重建筑功能等方面的需要。但无论采用何种优化目标和算法，都难保证优化后的曲面一定光滑。自由曲面索支撑空间网格结构为离散网格结构，杆件一般为直杆，曲面不连续变化，因此在对此类结构进行形态优化时，曲面的光滑程度是极为重要的控制指标。而对于自由曲面混凝土连续壳体结构，曲面连续变化，对曲面光滑要求没有索支撑空间网格结构严格。

综上所述，目前在索支撑空间网格结构设计和工程应用中最为关键的问题有三个：一个是结构曲面形状选择，如何给出外形美观、曲面光滑、结构合理的曲面形状。二是装配式节点力学性能和刚性节点比有何差别，如何设计装配式节点。三是在结构整体模型分析中如何考虑装配式节点半刚性的影响，装配式索支撑空间网格结构整体稳定性能如何。

针对上述问题，本书分别进行了研究，具体内容包括：索支撑空间网格结构表面平移法；基于表面平移法的自由曲面索支撑空间网格结构形态优化；索支撑空间网格结构装配式节点；装配式索支撑空间网格结构静力稳定性能；解析曲面索支撑空间网格结构稳定承载力公式。

通过本书的研究，建立索支撑空间网格玻璃采光顶结构形态设计理论，确定索支撑空间网格结构复杂曲面的成形方法，采用形态创构理论设计结构曲面形状；掌握索支撑空间网格结构的装配式节点力学性能和设计方法；明确索支撑空间网格结构的整体稳定；建立完善的索支撑空间网格结构工程设计理论体系。促进这种新型结构形式更多地应用到玻璃采光顶结构中，以便更好地满足各种建筑形式和功能对于结构的要求。

参考文献

[1] 史蒂西，施塔伊贝，巴尔库，舒乐. 玻璃结构手册 [M]. 白宝鲲，厉敏，赵波，译. 大连：大连理工大学出版社，2004.

[2] Jan B, Rudolf A. Glass and Steel Structure[C]. Proceedings of international symposium on theory, design and realization of shell and spatial structures, Nagoya Japan, 2001.

[3] 沈小锋. 玻璃结构的发展和应用 [J]. 世界建筑, 2002, (1): 17-22.

[4] 冯若强. 单层平面索网玻璃幕墙结构静动力性能研究 [D]. 哈尔滨工业大学博士学位论文, 2006.

[5] 王元清，石永久，李少甫，徐悦，荆军. 点支式玻璃建筑结构体系及其应用技术研究 [J]. 土木工程学报, 2001, (4): 1-9.

[6] Schlaich J, Schober H, Moschner T. Prestressed cable net facades[J]. Structural Engineering International, 2005, 15(1): 36-39.

[7] Schlaich J, Schober H. Glass roof for the hippo house at the Berlin Zoo[J]. Structural Engineering International, 1997, 7(4): 252-254.

[8] Schlaich J, Schober H. Design Principles of Glass Roofs[C]. Proc. Int. Conf. on Lightweight Structures in Civil Engineering, Warsaw, 2002.

[9] Ian Ritchie. Aesthetics in glass structure[J]. Structural Engineering International, 2004, 14(2): 84-87.

[10] Fisher-Cripps A C, Collins R E. Architectural glazing: design standard and failure models[J]. Building and Environment, 1995, 30(1): 29-40.

[11] Burmeister A, Ramm E, Reitinger R. Glass Structures of German EXPO 2000 Pavilion. IASS Symposium[C]. 2001, Nagoya. Tp161.

[12] 姚裕昌, 冯若强. 玻璃采光顶在大跨度屋盖中应用的实践与探索 [C]. 第十届空间结构学术会议论文集，北京，2002 年 12 月.

[13] 冯若强，武岳，沈世钊. 东北农业大学玻璃采光顶结构设计分析 [J]. 建筑结构, 2006, 36(8): 25-27.

[14] 耿翠珍, 严慧, 刘中华. 玻璃采光顶支承结构体系的理论与应用分析 [J]. 工业建筑, 2005, 35(5): 106-109.

[15] 李欣，武岳. 索支撑网壳 —— 一种新型的空间结构形式 [J]. 空间结构, 2007, 13(2): 17-21.

[16] 胡事民，来煜坤，杨永亮. 基于曲率流的四边形主导网格的光顺方法 [J]. 计算机学报, 2008, 31(9): 1622-1628.

[17] Glymph J, Shelden D, Ceccato C, Mussel J, Schober H. A parametric strategy for free-form glass structures using quadrilateral plannar facets[J]. Automation in Construction, 2003, 2004, 13(2): 187-202.

[18] 李海建. 索支撑空间网格结构装配式节点研究 [D]. 东南大学硕士学位论文, 2014.

[19] Feng R Q, Ye J, Zhu B. Behavior of bolted joints of cable-braced grid shells[J]. Journal of Structural Engineering, 2015, 141(12): 04015071.

[20] 王希. 新型装配式索支撑空间网格结构力学性能数值模拟研究 [D]. 东南大学硕士学位论文, 2016.

[21] Wang X, Feng R Q, Yan G R, et al. Effect of joint stiffness on the stability of cable-braced grid shells[J]. International Journal of Steel Structures, 2016, 16(4): 1123-1133.

[22] 李娜，陆金钰，罗尧治. 基于能量法的自由曲面空间网格结构光顺与形态优化方法 [J]. 工程力学，2011, (10) : 243-249.

[23] 葛金明. 自由曲面索支撑空间网格结构的形态优化 [D]. 东南大学硕士学位论文, 2013.

[24] 冯若强, 葛金明, 叶继红. 自由曲面索支撑空间网格结构形态优化 [J]. 土木工程学报, 2013, (4): 64-70.

[25] 冯若强, 葛金明, 胡理鹏, 等. 基于 B 样条曲线的自由曲面索支撑空间网格结构多目标形态优化 [J]. 土木工程学报, 2015, (6): 17-24.

[26] Feng R Q, Ge J M. Shape optimization method of free-form cable-braced grid shells based on the translational surfaces technique[J]. International Journal of Steel Structures, 2013, 13(3): 435-444.

[27] Feng R Q, Zhang L, Ge J M. Multi-objective morphology optimization of free-form cable-braced grid shells[J]. International Journal of Steel Structures, 2015, 15(3): 681-691.

[28] 王鑫. 索支撑空间网格结构抗震性能研究 [D]. 东南大学硕士学位论文, 2014.

[29] 冯若强, 王鑫, 叶继红. 索支撑空间网格结构强震下破坏模式研究 [J]. 土木工程学报, 2014, (s2): 113-120.

[30] Feng R Q, Zhu B, Wang X. A mode contribution ratio method for seismic analysis of large-span spatial structures[J]. International Journal of Steel Structures, 2015, 15(4): 835-852.

[31] 姚斌. 索支撑空间网格结构静力稳定性能研究 [D]. 东南大学硕士学位论文, 2012.

[32] Feng R Q, Ye J, Yao B. Evaluation of the buckling load of an elliptic paraboloid cable-braced grid shell using the continuum analogy[J]. Journal of Engineering Mechanics, 2012, 138(12): 1468-1478.

[33] Feng R Q, Yao B, Ye J. Stability of lamella cylinder cable-braced grid shells [J]. Journal of Constructional Steel Research, 2013, 88(9): 220-230.

第 2 章　索支撑空间网格结构表面平移法

为了保证玻璃面板加工的方便和结构美观，结构网格划分要保证为平面四边形网格，同时网格均匀、杆件长度相等。为了得到索支撑空间网格结构的上述网格特性，可采用表面平移法生成曲面和进行网格划分。曲面可以是解析曲面，也可以是自由曲面。目前索支撑空间网格结构在国外工程应用中主要限于传统的解析曲面，如椭圆抛物面 (德国 Neckarsulm 穹顶，图 2-0-1)、柱面 (德国世贸中心市场，图 2-0-2)、球面 (德国巴特诺伊施塔特 Rhönklinikum 穹顶)、马鞍面 (德国莱比锡工业展览馆庭院采光顶，图 2-0-3) 以及这些曲面结构的分割与组合 (德国柏林动物园河马馆为两个不同尺寸椭圆抛物面组合生成，图 2-0-4)。对于索支撑空间网格结构，自由曲面定义为采用表面平移法生成的不具有解析函数表达式的曲面。与传统解析曲面相比，自由曲面的种类和形式更加丰富，其为建筑师提供了更大的创作空间。

(a) Neckarsulm穹顶外景

(b) Neckarsulm穹顶内景

图 2-0-1　德国 Neckarsulm 穹顶

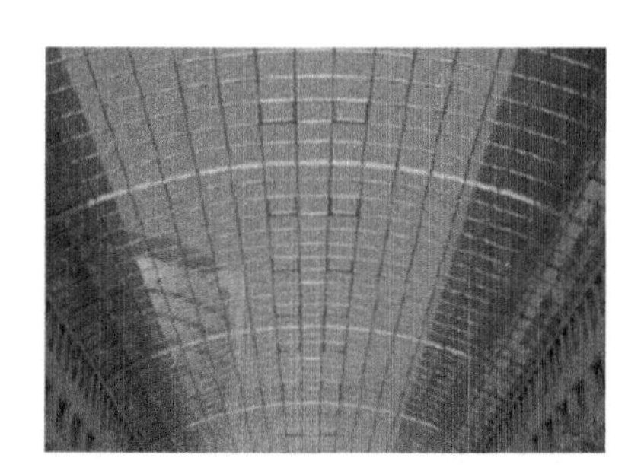
图 2-0-2　德雷斯顿 (德国) 世贸中心

图 2-0-3　莱比锡工业展览馆庭院

(a) 柏林动物园河马馆曲面形状

(b) 柏林动物园河马馆内景

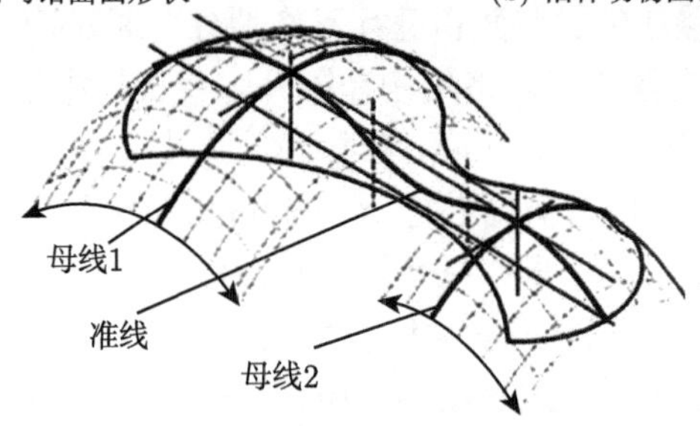

(c) 柏林动物园河马馆网格划分

图 2-0-4　德国柏林动物园河马馆

2.1　表面平移法基本原理

在空间网格结构中，四边形网格要比三角形网格的通透性更好，但对于大多数曲面来说，用四边形网格单元对曲面进行划分，其单元的四个角点往往不在同一平面内 (图 2-1-1)，这将带来屋面板铺设的困难，因此很难应用在空间网格结构中。

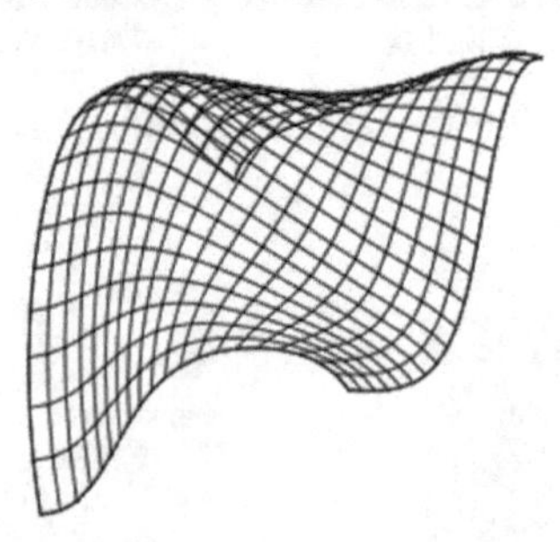

图 2-1-1　双曲面四边形网格

表面平移法是可以在任意曲面上建立平面四边形网格的方法。在曲面上构建平面四边形网格可依据如下的几何学基本原理：空间两条互相平行的向量可确定一个平面四边形，两条平行向量以及中间由向量的起点和终点构成平面四边形的边界，如图 2-1-2 所示。当然构成平面四边形的方法还有很多，两条非平行的向量同样也可以构成平面四边形。然而通过平行向量来构造平面四边形的方法更为简单、可行，在索支撑空间网格结构中，我们通常采取平行向量来构造平面四边形网格。

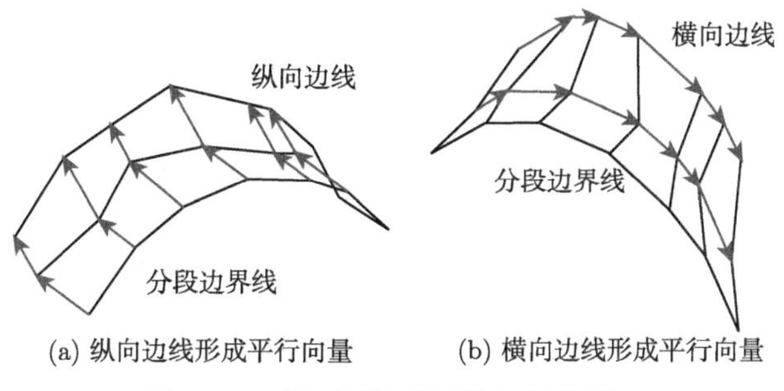

(a) 纵向边线形成平行向量　(b) 横向边线形成平行向量

图 2-1-2　平面四边形网格的划分原理

如图 2-1-2(a) 所示，将曲面的横向截面线用分段直线代替，在每段直线的端点处引出平行向量，这些平行向量的长度和方向可以不一致，但要保证这些平行向量与分段直线组成的截面线所处平面垂直，这些平行向量和分段截面线共同构成了平面四边形网格。图 2-1-2(b) 所示将纵向截面线用分段直线代替，在其所处平面的垂直方向引出横向平行向量构成平面四边形网格。

如图 2-1-3 所示，将曲面的横向截线以分段直线代替，然后构造一组平行向量族，连接相邻平行向量族的箭首和箭尾，即形成一组平面四边形。此时可以通过引入一定的三角形网格或梯形网格，来使得平行向量的长度减小，更新横向截面线，可以获得缩小了的平面四边形网格或四边形与三角形混合网格。这与图 2-1-2(a) 的不同之处在于平行向量长度的减小。

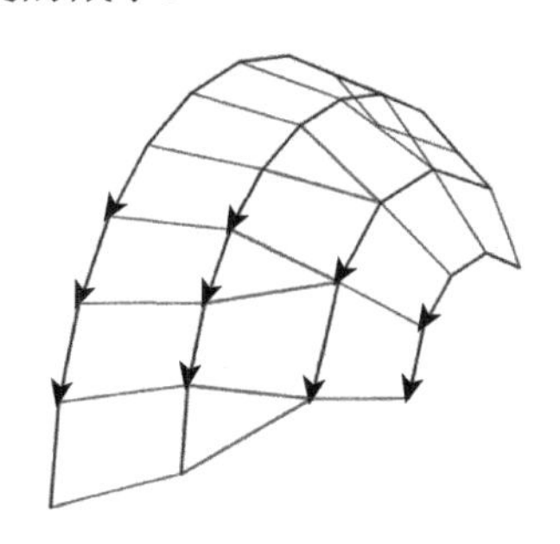

图 2-1-3　平行向量长度减小后的平面网格

表面平移法就是以上述两种对平行向量的建立方式为依据而产生的，根据这两种平行向量形成方法的不同，表面平移法可分为滑动平移法和缩放平移法两种类型。

2.2 滑动平移法

滑动平移法需构造两条相互正交的空间曲线，以其中一条作为准线，另一条作为母线，将准线沿母线平行移动，形成一系列空间曲线；再将准线和母线调换，以同样的方法进行平移形成比较均匀的平行四边形网格，如图 2-2-1 所示。准线和母线既可以是解析曲线如圆弧线、抛物线，也可以是 B 样条曲线或贝兹曲线，其优点是：曲面上的网格线长度相同，且运用该方法可以形成比较自由的空间几何造型，这种“自由”必须满足滑动平移法原理。图 2-2-2 所示是滑动平移法生成的双曲抛物面四边形网格曲面及两个相同曲面的组合曲面。

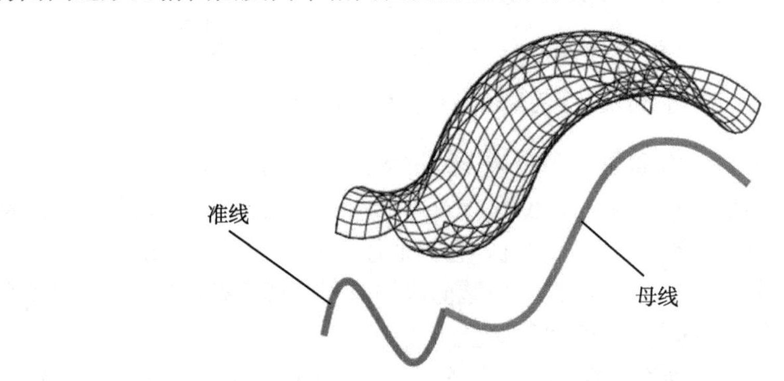

图 2-2-1 滑动平移法的几何原理

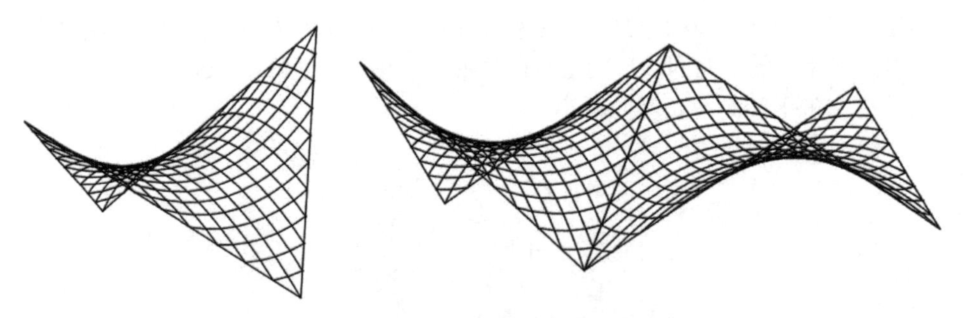

图 2-2-2 滑动平移法生成的抛物面网格及其组合

2.3 缩放平移法

缩放平移法是以某一点为中心 (缩放基准点) 将已知曲线进行缩放以形成一系列曲线，然后以缩放基准点为起点作若干条射线，将平行曲线族分为一系列小段，如图 2-3-1 所示。由几何学知识可知，射线与曲线族形成的各交点处，曲线切线互相平行。将每个小段的端点连以直线即形成一空间向量 (图 2-3-1(a))，由此可知，两条射线之间可以形成一系列平行的向量。平行向量形成后将曲线的基准点沿着一定规律平移 (图 2-3-1(b))，连接各相邻平行向量的箭首和箭尾，即可形成平面四边形网格。缩放平移法根据缩放点的位置可分为中心缩放和偏心缩放 [1,2]。目前这种结构体系在国内的研究还相对较少，但在国外已经有一定的研究和工程应用。

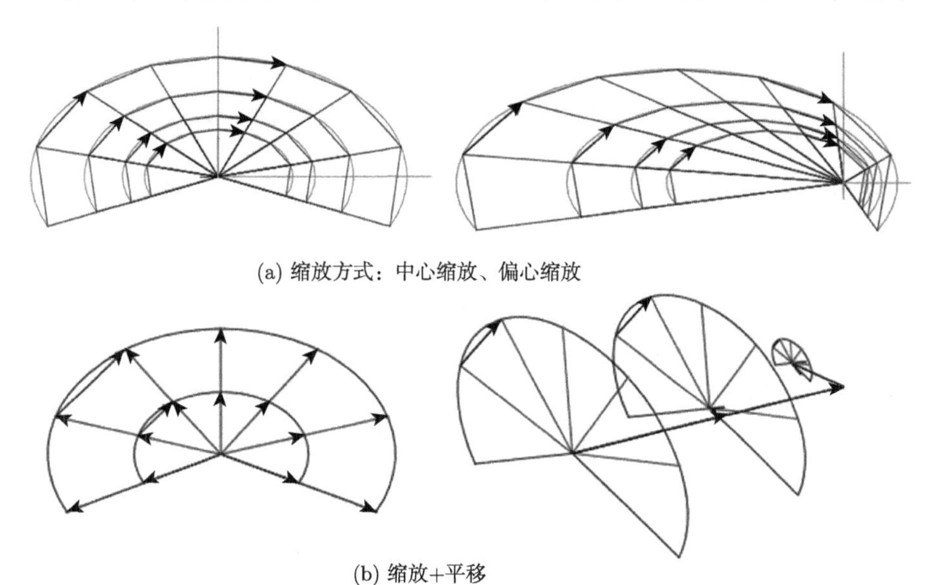

(a) 缩放方式：中心缩放、偏心缩放

(b) 缩放+平移

图 2-3-1　缩放平移法示意图

由缩放平移法形成的自由曲面索支撑空间网格结构建模具有一定的规律性，但它形成的网格与滑动平移法形成的网格有一定的区别，由滑动平移法形成的网格为平行四边形，而由缩放平移法形成的网格是梯形。图 2-3-2 所示是由缩放平移法生成的自由曲面网格。

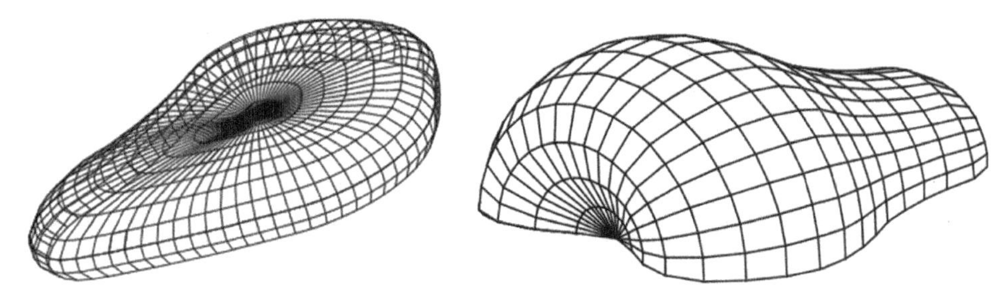

图 2-3-2　缩放平移法生成的自由曲面网格

2.4 工 程 案 例

图 2-0-1 所示是德国 Neckarsulm 穹顶 [3,4]，该穹顶建于 1988 年，是第一个应用于实际工程的索支撑空间网格结构，穹顶跨度为 25m，矢高为 5.75m。由著名建筑师 K. Bechler 设计。组成该采光顶四边形网格的刚性结构部分采用 St.52.3 方钢管，杆件截面为 60mm×40mm，由方钢管所围成的四边形网格尺寸基本上为 1.0m×1.0m 的正方形。四边形网格内的交叉斜索采用两根直径为 6mm 的不锈钢绞线，对角布置。

图 2-0-3 是德国莱比锡工业展览馆庭院马鞍面单层索支撑网格结构采光顶结构，其单元网格同样为四边形网格。在德国等一些发达国家，索支撑空间网格结构已经得到了一定的应用，而在我国，索支撑空间网格结构的应用还较少。

柏林动物园河马馆的采光顶 [2,5] 建于 1999 年，如图 2-0-4 所示。它是索撑网壳结构的一个典型的工程应用实例。与 Neckarsulm 穹顶相比，河马馆的曲面造型更加美观, 形式也更自由，该建筑也给人以轻巧、通透的感觉，具有很好的视觉效果。此河马馆建在直径为 21m 和直径为 29m 的两个湖上面。

柏林动物园河马馆四边形网格的形成过程如下：利用滑动平移法原理进行曲面网格划分，以两条大小不同的抛物线作为准线，通过两条准线沿着一条母线进行滑移而得到。其刚性杆件部分采用 St.52-3 钢材，杆件的主体部分采用 40mm×40mm 的方钢管，局部采用 60mm×40mm 以及 80mm×40mm 方钢管加强。四边形网格边长为 1.2m，圆形区域的网格间斜索采用 14mm 不锈钢绞线，过渡区的斜索采用直径为 16mm 和 20mm 的不锈钢绞线。

图 2-4-1 是柏林施潘道火车站的 [6] 索支撑空间网格结构，其建筑面积约 21000m^2，整个屋顶结构长约 430m。屋顶结构所用杆件是实心的 60mm×60mm 的钢杆件，这些杆件穿过一个个主拱，网格为四边形网格，通过中心缩放平移法进行网格划分。

(a) 德国柏林施潘道火车站内景

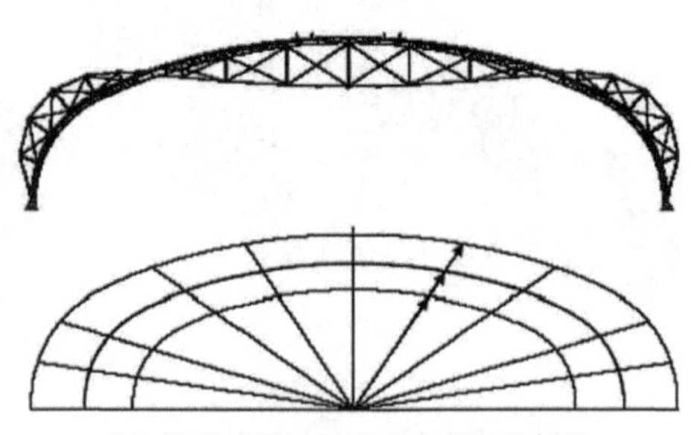

(b) 德国柏林施潘道火车站网格划分

图 2-4-1 德国柏林施潘道火车站单层网壳图

哈德逊城市广场地铁站是纽约大都市交通管理局 25 年来开通的第一个新地铁站，该站属于 7 号线扩建的一部分，位于曼哈顿以西的第三十四街和第十一大道交接处，处在哈德逊公园和林荫大道内。该地铁站底蓬是一悬挑的自由曲面索支撑空间网格结构，面积为 762m^2。整个结构只有三个固定支座，组成四边形网格的是 2205 型不锈钢材料，其具有很高的强度和较好的抗腐蚀性能。在某些特定的轴线上采用大截面梁，以便于悬挂标志牌和照明设备，拉索交叉设置在每个四边形网格的对角线上，采用偏置的节点将其设置在玻璃面板的下方以避免鸟类的栖息。如图 2-4-2 是地铁站顶篷的外景和内部仰视图。

(a) 外景

(a) 内部仰视图

图 2-4-2　曼哈顿某地铁站顶篷

日本熊谷穹顶 [7] (Kumagaya) 是一个巨大的椭圆形空间结构，其长轴长度为 250m，短轴长度为 150m，高为 45m。在三维线框模型中，整个屋盖结构由 1200 个支撑索支撑。图 2-4-3 是熊谷穹顶的现场施工图。

图 2-4-3　日本熊谷穹顶现场施工图

汉堡历史博物院庭院 [8] 采光顶是由建筑师 Volkwin Marg 所设计的，建筑几何外形为 L 形，如图 2-4-4 所示。其设计原则是在保证采光顶结构用于足够承载力的同时尽可能地减小结构质量，使其更加轻盈，同时又要尽可能地提高采光顶的通透性。采光顶结构由两个拱形断面组成，跨度分别为 14m 和 18m，在其连接部分有平滑的过渡。其最终的几何外形是结构师通过形态优化获得的，通过形态优化使得结构内部的弯曲应力减小，最后结构变为主要由薄膜应力为主，此时结构的承载力最高。汉堡历史博物馆的结构形式和德国 Neckarsulm 穹顶类似，只是其网格尺寸相对大一些，为 1.17m×1.17m。2mm×5mm 的装配式夹层玻璃直接放置在扁钢上，并用板固定在接缝处。整个屋面采光顶结构从设计到施工完成仅仅用了 6 个月。

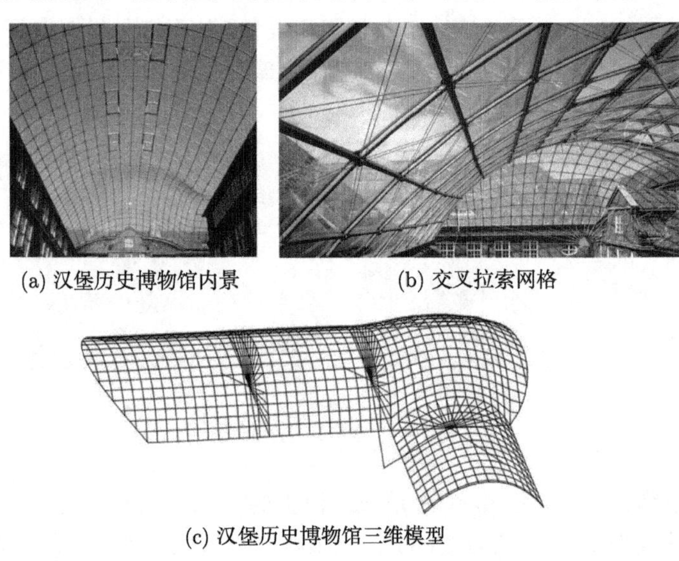

(a) 汉堡历史博物馆内景　　(b) 交叉拉索网格

(c) 汉堡历史博物馆三维模型

图 2-4-4　汉堡历史博物馆

如图 2-4-5 所示是位于德国莱比锡的一个购物中心采光顶工程实例，跨度为 38.64m，矢高 7.9m，平面投影为圆形。该结构的网格划分模式近似采用 Schwedler 球面网壳的网格划分方式，保证了每个四边形网格的四个角点都位于同一平面上，将每个四边形网格的对角角点用索相连接组成索撑网格结构 [9]。相比于三角形网格，将网格划分为四边形网格省去了中间的斜杆，取而代之的是截面较为纤细的交叉斜索，使得结构通透性更好。

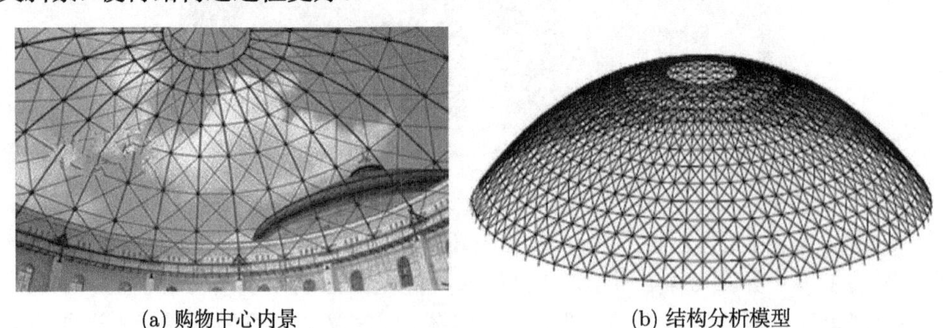

(a) 购物中心内景　　(b) 结构分析模型

图 2-4-5　德国莱比锡购物中心

参考文献

[1] Glymph J, Shelden D, Ceccato C, Mussel J, Schober H. A parametric strategy for free-form glass structures using quadrilateral plannar facets[J]. Automation in Construction, 2003, 2004, 13(2): 187-202.

[2] 李欣. 索撑网壳结构的几何构成与静力性能研究 [D]. 哈尔滨工业大学硕士学位论文, 2007: 47-68.

[3] Fisher-Cripps A C, Collins R E. Architectural glazing: design standard and failure models[J]. Building and Environment, 1995, 30(1): 29-40.

[4] Burmeister A, Ramm E, Reitinger R. Glass Structures of German EXPO 2000 Pavilion. IASS Symposium[C]. 2001, Nagoya. Tp161.

[5] Schlaich J, Schober H. Glass roof for the hippo house at the Berlin Zoo[J]. Structural Engineering International, 1997, 7(4): 252-254.

[6] 郝琳. 柏林施潘道火车站, 德国 [J]. 世界建筑, 2002, (1): 30-32.

[7] Umezawa R, Hiraoka S, Takahashi K, et al. On Design of Kumagaya Dome with Membrane Roof Recently Constructed in Japan[C]//International Symposium on New Perspective for Shells and Spatial Structures, IASS-APCS, Taiwan, 2003.

[8] Schlaich J, Schober H. Glass-covered grid-shells[J]. Structural Engineering International, 1996, 6(2): 88-90.

[9] Bulenda T, Knippers J. Stability of grid shells[J]. Computers & Structures, 2001, 79(12): 1161-1174.

第 3 章　基于表面平移法的自由曲面索支撑空间网格结构形态优化

3.1　自由曲面索支撑空间网格结构形态优化方法

结构形态优化 (structural morphogenesis) 是结构形态学的一个重要分支，形态优化的方法众多，包括实验方法、仿生方法以及数值分析方法等。随着计算机技术的进步，数值分析方法逐渐成为形态优化问题的主要解决途径，由此产生了结构形态数值优化的概念 (computational morphogenesis)，即基于计算机技术，以计算机图形学和结构优化等为手段创建合理的结构形态 [1]。

本书主要研究自由曲面索支撑空间网格结构的形态优化方法，利用计算分析等技术形成受力性能合理且造型美观的曲面形状。目前对于自由曲面索支撑空间网格结构形态优化的研究还处于起步阶段，成果较少且没有形成很好的研究体系。针对这一研究现状，本章提出了自由曲面索支撑空间网格结构形态优化的基本思路：基于结构优化的思想，以“态”的合理性作为目标函数，通过反复调整“形”，根据母线、准线和整个曲面之间的关系，在保证优化后的网格仍为平面四边形的前提下，通过调整准线与母线来优化整个曲面，以获得形态协调的结构形体。以这一基本思想为指导，本章选择的结构形态优化方法为：以结构整体应变能为目标函数，节点高度作为优化变量，节点最大位移和钢管最大应力作为状态变量，以共轭梯度法为优化算法对结构进行形态优化。

3.1.1　优化算法

形态优化的基本思想主要是：以“形”作为优化变量，以“态”作为目标函数，通过选择适当的优化算法，实现形态优化的过程。结构形态优化是生成合理曲面的有效手段，选择合适的优化算法将有助于结构快速、稳定地收敛于最优解。优化算法的选择，应以自由曲面索支撑空间网格结构的几何造型方法为前提，满足自由曲面的造型特点 (影响曲面形状的变量数量众多)，因此优化算法应适用于处理具有大规模计算变量的问题。由于自由曲面结构形状复杂，影响曲面形状的参数数量众多，所以计算效率也是选择优化算法的重要考虑因素。

处理以上问题的基本原则在于：寻找使目标函数达到最优的优化变量增量方向。若干使用导数的最优化算法均适用于此类问题的求解，如共轭梯度法、梯度法等。此外，遗传算法也是目前自由曲面优化的常用算法。梯度法、遗传算法虽然不失为两种较好的优化算法，但它们存在一定的缺点，通过比较确定，我们采用共轭梯度法。基于这三类算法的自由曲面结构形态优化基本思想具体表述如下。

1. 遗传算法

遗传算法是模拟自然界进化的一种随机、并行和自适应搜索方法，它以群体为研究对象，而不是仅针对个体。遗传算法涉及初始群体的选择、适应度计算以及遗传操作 (选择、交叉、变异) 等方面。

基于遗传算法的自由曲面索支撑空间网格结构形态优化问题，其初始群体确定过程如下：对于自由曲面索支撑空间网格结构而言，初始群体中的个体可由描述曲面形状的点的高度得到。设个体 $x_i = (P_1^i, P_2^i, \cdots, P_N^i)$，其中 $P_1^i, P_2^i, \cdots, P_N^i$ 表示描述自由曲面索支撑空间网格结构形状的点的高度，随机产生的初始群体为 $X = \{x_i\}$。对于自由曲面索支撑空间网格结构而言，自由曲面索支撑空间网格结构上点的高度可根据曲面设计时的允许空间确定。以遗传算法为手段的自由曲面索支撑空间网格结构优化方法一般适用于点数量较少的简单自由曲面索支撑空间网格结构。确定初始群体后，对其中的每一个体通过染色体进行编码表示，并以适应度衡量指标进行相应的选择、交叉、变异等遗传操作，进而获得最优解。

适应度函数的选择：适应度是以目标函数表示的染色体适应能力的度量。以应变能大小作为曲面力学性能评价指标时，个体的适应度与遗传到下一代的概率 (存活率) 可通过如下公式表示：

$$f_i = \max\{c_i\} - c_i \tag{3-1-1}$$

$$l_i = f_i \Big/ \sum_i f_i \tag{3-1-2}$$

式中，c_i、f_i 分别为第 i 个个体的应变能及适应度；l_i 为第 i 个个体的存活率。

遗传算法的优点在于：与问题领域无关且具有快速随机的搜索能力；搜索从群体出发，具有潜在的并行性，可以进行多个个体的同时比较；搜索使用评价函数启发，过程简单；使用概率机制进行迭代，具有随机性；具有可扩展性，容易与其他算法结合。缺点是：遗传算法的编程实现比较复杂，首先需要对问题进行编码，找到最优解之后还需要对问题进行解码；另外三个算子的实现也有许多参数，如交叉率和变异率，并且这些参数的选择严重影响解的品质，而目前这些参数的选择大部分是依靠经验；没有能够及时利用网络的反馈信息，故算法的搜索速度比较慢，要得到较精确的解需要较多的训练时间；而且算法对初始种群的选择有一定的依赖性。

遗传算法是以变量的编码为对象而非变量本身来进行操作的，因此不需要进行求导运算；遗传算法虽然有利于得到结构的全局最优解，但该算法属于随机类算法，需要多次运算，结果的可靠性差，不能稳定地得到解，而且不能很好地解决大规模计算量的问题。

2. *梯度算法*

梯度法又称最速下降法，是 1847 年由著名数学家 Cauchy 给出的，它是解析法中最古老的一种，其他解析方法或是它的变形，或是受它的启发而得到，因此它是最优化方法的基础。作为一种基本的算法，它在最优化方法中占有重要地位。

梯度算法是 [2] 指：为计算目标函数 $f(x)$ 的最小值 $f(x^*)$，可以通过计算函数在变量 x 处的导数 (梯度)，并使得变量 x 沿着函数负梯度的方向变化，即可使得函数达到最小值。

图 3-1-1 所示为梯度算法的最优解搜索过程示意图。利用梯度法进行结构优化时，在计算的初始阶段，收敛速度较快；而在接近最优解时，计算收敛速度较慢。

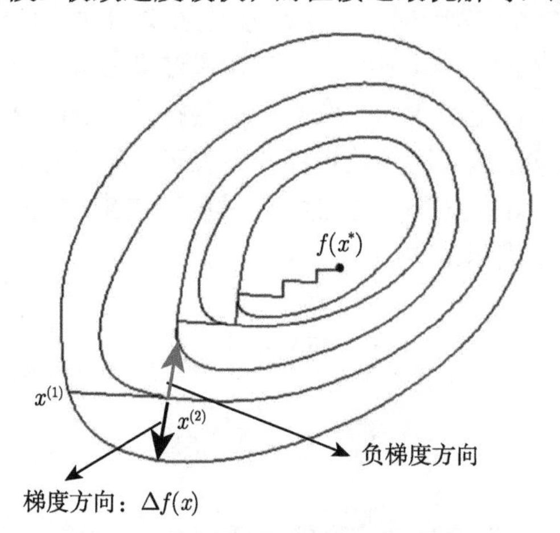

图 3-1-1 梯度法最优解搜索过程

用梯度法极小化目标函数时，相邻两个搜索方向是相互正交的。与遗传算法相比，梯度法可以更加有效且直接地得到结构的合理取值，有利于直接通过几何或数值方法优化曲面形状。此外，该方法仅涉及应变能一阶导数的求解，可操作性强 [3]。

梯度法的优点是工作量少，存储变量较少，初始点要求不高；缺点是收敛慢，效率不高，有时达不到最优解容易陷入局部极值, 其解严重依赖于初始猜测。梯度法沿着负梯度方向搜索应能够很快找到极小解，但是在实际的计算中发现，当迭代接近于极值点时，会增加成百上千次的搜索，也难于到达极值点，这主要缘于两个问题: ①在极值点附近，由于梯度值逐渐减小，迭代步长越来越短，迭代次数将迅速增加；②在极值点附近，由于梯度值逐渐减小，很小的数值误差都有可能改变指向极值点的迭代方向，从而增加迭代次数。这些因素使得梯度法变得不具有实用性。

3. 共轭梯度法

共轭梯度法 [2] 最早是由 Hestenes 和 Stiefle 在 1952 年提出来的，用于解正定系数矩阵的线性方程组。在这个基础上，Fletcher 和 Reeves 在 1964 年首先提出求解非线性最优化问题的共轭梯度法。由于共轭梯度法不需要矩阵存储，且有较快的收敛速度和二次终止性等优点，所以已经广泛地应用于实际问题中。

由于梯度法前一次搜索的方向必与下一次的搜索方向正交，这样使得最速下降的搜索路径呈空间锯齿形，且下降方向是一组交替平行的梯度方向 (图 3-1-1)。这启示我们，虽然梯度法的搜索过程有成百上千次，但实际上只需要一组 n 个 (n 维) 彼此正交的梯度方向就可以搜索到极值解。然而，在设计实际算法时，从一组 n 个 (n 维) 彼此正交的梯度方向，直接计算出每一方向上的搜索步长是相当困难的。但是，如果把正交搜索方向改为共轭方向, 算法就很容易实现。

共轭梯度法将共轭性和梯度法相结合，利用已知迭代点处的梯度方向构造一组共轭方向，并沿此方向进行搜索，即可使得函数达到最小值。共轭梯度法的特点是它的每一个搜索方向是互相共轭的，而这些搜索方向仅是负梯度方向与上一次迭代的搜索方向的组合，如图 3-1-2 中，d_1 、d_2 为搜索方向，且 d_1 与 d_2 共轭。因此，共轭梯度法的优点是存储量少、计算方便、收敛快和稳定性高，而且不需要任何外来参数。而共轭方向定义如下所示：设 A 为 $n \times n$ 的对称正定矩阵，对于 R^n 中的两个非零向量 d_1 与 d_2，若有 $d_1^{\mathrm{T}} A d_2 = 0$，则称 d_1 与 d_2 关于 A 共轭。设 $d_1, d_2, d_3, \cdots, d_k$ 是 R^n 中的一组非零向量，如果它们两两关于 A 共轭，即 $d_i^{\mathrm{T}} A d_j = 0, i \neq j, i, j = 1, 2, \cdots, k$，则称这组方向是关于 A 共轭的，也称它们是一组 A 共轭方向 [2]。

与梯度法相比，共轭梯度法收敛速度明显优于梯度法，而且存储量小，计算简单，更加容易寻找到局部最优解。共轭梯度法不仅是解决大型线性方程组最有用的方法之一，也是解大型非线性最优化最有效的算法之一。在各种优化算法中，共轭梯度法是非常重要的一种。

与遗传算法相比，利用共轭梯度法进行结构优化往往限于得到局部最优解。如图 3-1-3 所示，以初始曲面 1 为起点进行结构优化，则最终收敛于第 I 个局部最优解，并且随着计算的进行也依然无法获得全局最优解。然而，对于自由曲面结构而言，影响曲面形状的优化变量数量较多，大多数情况下，局部最优解往往比全局最优解更容易满足建筑设计要求。

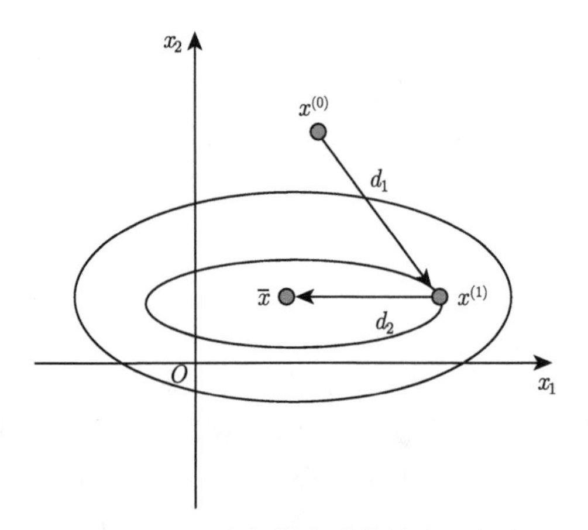

图 3-1-2　共轭梯度法的搜索方向

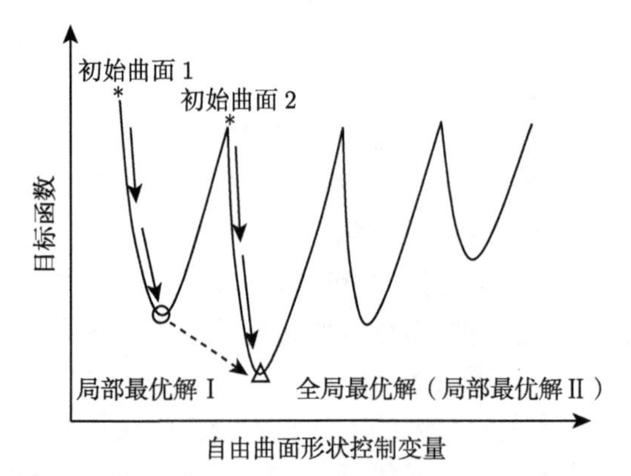

图 3-1-3　局部最优解与全局最优解

图 3-1-4 所示为对一简单的杆系结构进行优化可能得到的最优解。由此可见，与建筑设计产生的初始结构相对应的最优解存在多种可能。对于自由度数庞大的自由曲面结构而言，其最优解的数量势必更多。对图 3-1-4(a) 所示的初始结构形状，利用共轭梯度法进行结构优化，则仅能得到如图 3-1-4(b) 所示的局部最优结构形状，而图 3-1-4(c) 或图 3-1-4(d) 所示的结构形状可能代表着全局最优解。通过对比发现全局最优解有时与初始设计形状差异过大，有悖于建筑设计的初衷。若希望利用共轭梯度法得到图 3-1-4(c) 或图 3-1-4(d) 所示的结果，则需要使得初始结构形状为凸形或凹形。

由于自由曲面索支撑空间网格结构形状的确定主要源于建筑师的创意，而建筑师希望结构工程师能在给定的范围内对曲面进行进一步优化，但改变不能太大，即在给定的荷载和边界条件下，在预定的结构可行区域上寻求材料的最优分配。因而大多数情况下，局部最优解相比全局最优解更容易满足建筑设计要求 [3]。而共轭梯度法是一种计算局部最优解的优化算法，因而其比较适用于自由曲面索支撑空间网格结构的形态优化。

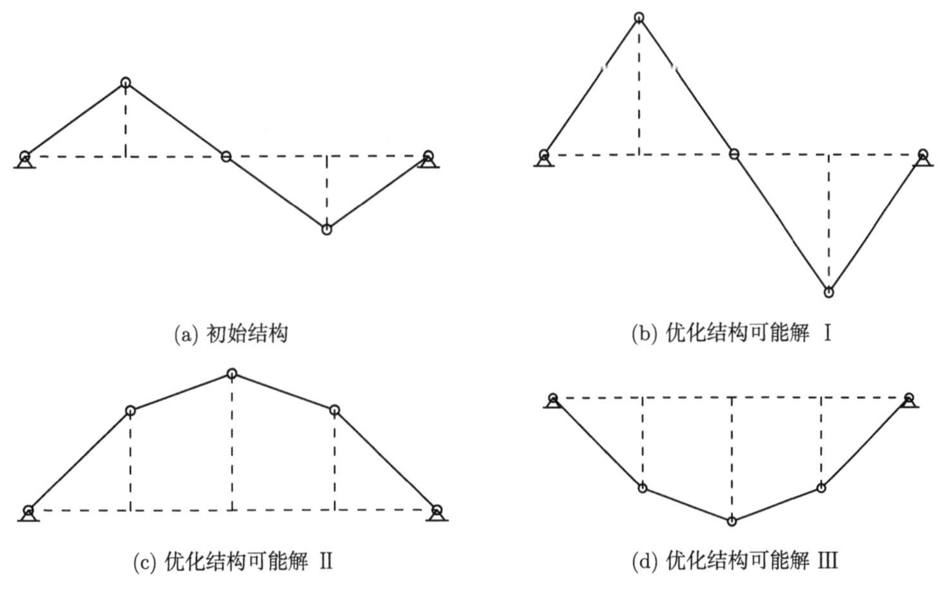

(a) 初始结构　　(b) 优化结构可能解 I

(c) 优化结构可能解 II　　(d) 优化结构可能解 III

图 3-1-4　简单结构形状优化的可能解

3.1.2　目标函数

目标函数是结构形态优化的关键，在结构的形态优化中，目标函数的选择将直接影响结构形态优化的结果。

结构受力合理性是结构形态优化要实现的目标，而如何对结构合理性做出定量评价是目前尚未很好解决的问题。这是因为结构的受力性能涉及多个方面，如静力、动力、稳定等，不同方面的评价指标是不同的。对于空间网格结构的力学性能而言，结构的静力性能和稳定性能一般是结构安全性评价中最为重要的指标，对结构静力性能评价指标有最大位移、内力、应变能等；对结构稳定性能评价指标有线性屈曲荷载和非线性屈曲荷载等。

自由曲面索支撑空间网格结构以其结构合理、造型优美、力学性能好、用钢量少、重量轻、现场施工安装方便及通透性等特点成为大跨度建筑结构中具有广阔发展前景的结构形式之一。因此，自由曲面索支撑空间网格结构的形态优化不仅需要考虑结构的力学性能，还要考虑该结构的自身特性，如杆件长度相等、结构用钢量少等特点，为保证结构杆件长度相等，可采用杆件长度均方差为目标函数，而降低结构用钢量可采用钢管截面为目标函数。此外，当曲面只需做局部微调时，须控制结构变化的范围，此时优化后曲面与初始曲面的差别可考虑为目标函数。

1. 以结构的力学性能为目标函数

近年来，大型公共建筑因局部或整体结构失稳而倒塌的事故屡有发生，严重影响了生命财产安全乃至社会安全 [4]。1963 年布加勒斯特一个 93.5m 跨度的单层穹顶网壳屋盖在一场大雪后彻底坍塌，属于网壳丧失整体稳定。这一结构设计事故使工程师认识到网壳稳定问题的重要性。1993 年我国山西某矿井洗煤厂圆形煤仓的组合网壳顶盖在施工过程中就因失稳而使球面网壳的球冠部分完全翻转过来 [5]。另外，2004 年法国戴高乐机场候机厅顶篷倒塌，2005 年德国巴特莱兴哈尔溜冰馆倒塌，2006 年莫斯科鲍曼市场屋顶坍塌等，都引起了全球工程界和社会的高度关注。以往对网壳结构的研究表明，稳定性验算是网壳结构，特别是单层网壳结构分析设计中的关键问题 [6,7]。随着空间结构的不断发展，网壳结构的跨度不断增大，厚度也越来越薄，稳定问题显得日益突出，有关网壳静力稳定研究已成为当前工程结构安全问题的重要课题之一。

一般而言，球壳、柱壳等结构以受压为主，稳定性是结构设计中的重要问题，而对于存在大量受拉区域的鞍形壳体结构而言，稳定性已不再是该类曲面的决定性因素 [7]。对于自由曲面索支撑空间网格结构而言，由于结构在荷载作用下受拉、受压与受弯区域往往同时存在且范围较大，结构受力复杂，这一受力特点也意味着其稳定性能与常规曲面有较大不同。因此，自由曲面索支撑空间网格结构的稳定性能研究相当重要，但目前对自由曲面索支撑空间网格结构稳定性能的提高以及如何选取目标函数的研究还未展开。

自由曲面索支撑空间网格结构的稳定性分析一般包括两部分内容，即特征屈曲分析 (即线性屈曲分析) 和非线性屈曲分析 (考虑初始缺陷和大变形效应)。特征屈曲分析能在一定程度上反映结构的稳定性能，可以为进一步的非线性屈曲提供参考依据，并且其失稳模态能为结构非线性屈曲分析提供重要参考，同时，其计算量远小于非线性屈曲分析并且容易掌握，因此结构的线性屈曲分析仍具有实际价值。

特征屈曲分析以结构的初始构型为参考构型，以小位移线性理论为基础，求得结构的临界荷载和特征屈曲形状，特征屈曲方程为

$$([K_E] + \lambda [K_G]) \{\psi\} = 0 \tag{3-1-3}$$

式中，$[K_E]$ 为结构的线弹性刚度矩阵；$[K_G]$ 为初应力矩阵，对于梁杆单元，$[K_G]$ 为杆长和外力的函数，与材料无关，因此又称为 “几何刚度矩阵”，结构杆件受压时，几何刚度为负刚度，会使得结构产生软化效应，设外荷载 $\{P\}$ 代表真实的外荷载，$[K_G]$ 为 $\{P\}$ 作用下的几何刚度矩阵；λ 为荷载因子，表示作用 λ 倍的荷载时，结构将屈曲；$\{\psi\}$ 为 λ 对应的荷载向量，是结构失稳的特征屈曲形状。

结构的特征屈曲分析过程忽略了结构的实际变形情况，通常会过高估计结构的稳定承载力。但是特征屈曲分析可以为结构的非线性全过程分析提供参考，具有一定的实用价值，特征屈曲分析形状还可以为缺陷结构分析中施加初始缺陷或扰动位移提供依据。

在对自由曲面索支撑空间网格结构进行特征屈曲分析时，要特别注意索支撑空间网格结构是含有预应力索的结构，其与普通非预应力结构有着明显的区别，其特征屈曲分析有其特殊性。索支撑空间网格结构在预应力张拉完成后才能形成抵抗荷载的结构整体，应用有限元方法对结构进行分析时，必须经历预应力的张拉成型阶段计算，该过程是考虑了应力刚化效应的非线性分析过程。结构特性和荷载作用分析都是以结构成型状态为计算起点的。因此结构计算中，只有首先明确结构形态，正确计算，才能使分析的结果有意义。

预应力结构的特征屈曲分析以结构施加预应力后达到平衡状态的构型为参考构型，求得结构的临界荷载和特征屈曲形状，特征屈曲方程为

$$([K_E] + \lambda [K_{GZ}]) \{\psi\} = 0 \tag{3-1-4}$$

其中，$[K_{GZ}]$ 是考虑结构预应力影响和 $\{P\}$ 作用下的几何刚度矩阵，因此在索支撑空间网格结构的特征屈曲分析中，荷载因子 λ 的实际意义是结构在 λ 倍的预应力和 λ 倍的 $\{P\}$ 作用下将会屈曲，显然这里的 λ 并不是我们要的 λ。为了消除预应力对荷载因子的影响，可以修改 $\{P\}$，使得在 $\{P\}$ 和预应力作用下，结构特征屈曲分析得到的荷载因子接近 1，或者特征分析得到的第一阶荷载因子值与荷载 $\{P\}$ 成积，以及其第一阶失稳模态基本保持不变时，可认为此时的特征屈曲分析已消除了预应力的影响 [8]。

由于几何非线性的影响，特征屈曲分析得到的临界荷载值将大大高于结构的实际临界荷载，可以通过非线性屈曲分析得到结构的稳定承载力。但由于非线性屈曲计算复杂，且计算结果较难直接提取，故较难将其作为目标函数；而特征值屈曲计算结果可以直接提取，而且特征屈曲计算结果能在一定程度上反映结构的稳定性能，可以为非线性屈曲提供参考依据，故本书将特征值屈曲荷载作为评价结构整体稳定的目标函数。

前文中详细介绍了如何提高自由曲面索支撑空间网格结构的稳定性能以及与稳定性能相关的目标函数的选择，但自由曲面索支撑空间网格结构的静力性能也相当重要。对结构静力性能的常用评价指标有：最大位移、内力、应变能等。位移和内力反映了结构的局部特性，比较适合于结构控制部位 (内力、位移最大的部位) 明确的情况。所以，从优化分析的角度讲，这个指标存在不足。由于自由曲面结构的几何形体复杂，控制部位往往难以确定，因此需要采用能够综合反映结构受力性能的指标，而应变能具有这样的特点。应变能不仅能反映结构的静力性能，也能反

映结构的稳定性能。

结构平衡方程表示如下：

$$\boldsymbol{K}\cdot\boldsymbol{U}=\boldsymbol{P} \tag{3-1-5}$$

式中，$\boldsymbol{P}$ 为结构所受外荷载向量；$\boldsymbol{U}$ 为结构的节点位移向量；$\boldsymbol{K}$ 为结构刚度矩阵。

结构处于线弹性小变形工作状态时，其应变能表达式为

$$C=\frac{1}{2}\boldsymbol{P}^{\mathrm{T}}\cdot\boldsymbol{U} \tag{3-1-6}$$

式中，C 为结构应变能。

假设荷载不变，结构应变能与结构节点位移成正比，即位移减小将导致应变能减小。由此可见，应变能最小，结构位移最小与结构刚度最大三者之间是相互统一的。

网壳结构的线性稳定临界荷载和非线性稳定临界荷载是通过能量法求得的，而结构在不稳定平衡状态时的总势能由壳体的弯曲与扭转应变能、薄膜应变能和外力势能等三部分组成，所以结构的应变能和结构的线性稳定临界荷载和非线性稳定临界荷载存在相关性。而且结构的刚度也是影响网壳结构稳定性的主要因素之一，从前文可知，应变能和结构的刚度存在相关性，所以可以推知，应变能与结构的稳定性也存在相关性，故以应变能为目标函数不仅能提高结构的静力性能，也能提高结构的稳定性。

一般来说，外荷载对结构所做的功将以应变能的形式储存在结构体内，所以同样的荷载作用下存储在结构体内的应变能越小，结构抵抗荷载能力和抗变形能力越高。从力学角度来看可以认为产生最小应变能的曲面结构是最合理的曲面结构[9]。

以应变能为目标函数的优点在于：首先，应变能是一个标量，其数值可以看作是结构中各单元应变能的累加；其次，应变能与坐标系的选择无关，结构中某个单元在整体坐标系下的应变能与在局部坐标系下的应变能为同一数值。

综上所述，若要提高结构的整体力学性能，则应以结构的应变能作为评价指标，本书主要通过以应变能为目标函数进行优化，从而使结构的力学性能最优。

2. 以几何指标为目标函数

自由曲面索支撑空间网格结构的形态优化，不仅需要考虑自由曲面索支撑空间网格结构的力学性能，也应考虑结构自身的特性，如杆件长度相等。

自由曲面索支撑空间网格结构各个网格杆件的长度相等，只是角度不同，所以结构加工和施工安装都较为便捷。虽然结构初始曲面的杆件长度相等，但结构形态优化过程中和形态优化后会导致结构的杆件长度改变，为了方便杆件的加工和安

装，优化时应考虑杆件长度相等这个特性，由于杆件长度均方差可以控制杆件长度相等，故应以杆件长度均方差为目标函数来保证优化后结构杆件长度相等。

当建筑外形基本形状确定后，建筑师对于建筑曲面形状优化只允许较小改动，不允许变化太大，此时就需要限制优化后曲面与初始曲面的差别。

3. 以经济指标为目标函数

自由曲面索支撑空间网格结构主要由钢管、预应力索和钢化玻璃组成，因此都可在工厂中成批生产，并采用机械加工，不仅提高了生产效率，也降低了生产成本。自由曲面索支撑空间网格结构造价里边有很大一部分是用钢量，而结构的用钢量主要由预应力索和钢管组成，其中钢管的用钢量占主导地位，因此本书的经济指标主要指钢管的用钢量。通过减少钢管用钢量来降低结构造价。

3.1.3　优化变量和状态变量

形态优化变量应该取为控制结构曲面形状的参数，对于解析曲面可以是矢高(马鞍面和柱面)、半径 (球面)、长轴和短轴 (椭圆抛物面) 等，对于自由曲面可以是曲率或节点坐标。由于曲率为对坐标的二阶导数，选择其为优化变量，一是对曲面光滑度要求过高，二是计算难度较大。对于自由曲面结构，一般可选择节点坐标作为优化变量。优化变量既可以是网格节点的某一坐标分量，也可以是节点的 X、Y、Z 三个方向坐标。然而，同时调整节点的三个方向坐标而不限制杆件长度相等时，在形态优化过程中往往会因为曲面上点的积聚，而导致最终曲面虽然在力学性能上趋于合理，但却使得曲面产生 “棱边”，影响曲面的光滑程度。此外，易引起结构网格大小不一，杆件长度相差较大，因此在形态优化过程中，结合玻璃采光顶结构的特点，仅改变节点的高度方向，来保证曲面的美观。

状态变量是约束结构设计的数值，它是因变量，是优化变量的函数。通常这种函数关系不是显式的。状态变量可能会有上下限，也可能只有单方面的限制，即只有上限或只有下限。在自由曲面索支撑空间网格结构中，结构的位移和杆件的应力不应超过规范限值，所以应选择最大位移和杆件的最大应力为状态变量。

3.1.4　以应变能为目标函数的共轭梯度法的实现

荷载作用下曲面结构体的有限元基本方程为

$$K(Z)U(Z) = P(Z) \tag{3-1-7}$$

式中，Z 为曲面结构的节点高度集合 [10]。

结构的应变能为

$$C(Z) = \frac{1}{2}P(Z)^{\mathrm{T}}U(Z) \tag{3-1-8}$$

求应变能 $C(Z)$ 的最小值, 实际上转化为有约束的优化问题，优化模型的数学表达形式为

$$\min C(Z) \tag{3-1-9}$$

共轭梯度法通过对目标函数添加惩罚函数，将有约束优化问题转化为无约束的优化问题，并将约束目标函数分作无约束目标函数和惩罚函数两部分，如式 (3-1-10)、式 (3-1-11) 所示：

$$C(Z) = C_f(Z) + C_p(Z) \tag{3-1-10}$$

$$C_p(Z) = \sum_{i=1}^{n} P_x(x_i) + q\left[\sum_{i=1}^{m_1} P_g(g_i) + \sum_{i=1}^{m_2} P_h(h_i)\right] \tag{3-1-11}$$

式中，C 为无约束的目标函数应变能；C_f 为有约束的目标函数；C_p 为惩罚函数。P_x 为限制约束优化变量曲面高度的罚项；P_g，P_h 分别为限制约束状态变量结构的位移和矩形钢管的最大应力的罚项；q 为罚因子。

无约束优化问题的求解可通过一维搜索实现，如何选择搜索方向是其核心问题。搜索方向是指目标函数 $C(Z)$ 的下降方向，以此为依据调整优化变量 Z 以逐渐收敛于最优解。

将应变能函数 C 在曲面高度 Z 的初始值 Z_0 处进行 Taylor 展开，表示如下：

$$C(Z_0+\Delta Z) = C(Z_0) + \frac{\partial C(Z_0)}{\partial Z}\Delta Z + O(Z_0+\Delta Z) \tag{3-1-12}$$

式中，$\dfrac{\partial C}{\partial Z}$ 为应变能对曲面高度 Z 的导数；ΔZ 为曲面高度 Z 的增量。

方程 (3-1-12) 中 $C(Z_0)$ 和 $C(Z_0+\Delta Z)$ 分别表示曲面结构优化前、后的结构应变能。如果忽略高阶无穷小量，为使优化后的结构应变能降低，可使 $\dfrac{\partial C(Z_0)}{\partial Z}\Delta Z$ 数值为负，并通过迭代计算使 $C(Z)$ 逐渐减少，即

$$C(Z_{j+1}) = C(Z_j+\Delta Z_j) = C(Z_j) + \frac{\partial C(Z_j)}{\partial Z}\Delta Z_j \tag{3-1-13}$$

共轭梯度法的搜索方向是用当前点的负梯度方向，与前面的搜索方向进行共轭化，以得到新的搜索方向，由共轭梯度法可知，若增量 ΔZ_j 的方向与 Z_j 的应变能负梯度方向相同且数值大小合理，结构的应变能将逐渐减少，即

$$C(Z_j+\Delta Z_j) \leqslant C(Z_j) \tag{3-1-14}$$

ΔZ_j 可表示成应变能梯度的函数

$$\Delta Z_j = s_j\left[-\nabla C(Z_j)\right] \tag{3-1-15}$$

即

$$Z_{j+1} = Z_j - s_j \nabla C(Z_j) \tag{3-1-16}$$

式中，应变能梯度 $\nabla C(Z_j)$ 可由式 (3-1-17) 得到

$$\nabla C(Z_j) = \frac{\partial C(Z_j)}{\partial Z_i} \approx \frac{C(Z_j + \Delta Z_i e) - C(Z_j)}{\Delta Z_i} \tag{3-1-17}$$

e 为单位矢量，在 j 位置为 1，在其他位置为 0，$\Delta Z_i = \dfrac{\Delta D}{100}(Z_{\max} - Z_{\min})$，$\Delta D$ 为向前差分的步进百分比大小。s_j 为线搜索参数, 对应于搜索方向 $\nabla C(Z_j)$ 上的最小步进值, 它使用黄金分割比和局部的平方拟合技术来得到，其范围限制由式 (3-1-18) 给出:

$$0 \leqslant s_j \leqslant \frac{s_{\max}}{100} s_j^* \tag{3-1-18}$$

式中，s_j^* 为最大可用步进值, 它是在当前迭代步下由程序计算出来的，而 $s_{\max}$ 是设置的步进缩放尺寸，其默认值为 100。设置的越小，每次迭代的优化变量的变化就越小 [11,12]。

令搜索方向 $\vec{d}^{(j)} = -\nabla C(Z_j)$，则 $Z_{j+1} = Z_j + s_j \vec{d}^{(j)}$，它可分为如式 (3-1-19) 所示的两部分，这两部分均可由 Polak-Ribiere 递推式确定:

$$\vec{d}^{(j)} = \vec{d}_f^{(j)} + \vec{d}_p^{(j)} \tag{3-1-19}$$

$$\vec{d}_f^{(j)} = -\nabla C_f(Z_j) + r_{j-1} \vec{d}_f^{(j-1)} \tag{3-1-20}$$

$$\vec{d}_p^{(j)} = -q \nabla C_p(Z_j) + r_{j-1} \vec{d}_p^{(j-1)} \tag{3-1-21}$$

$$r_{j-1} = \frac{\left[\nabla C(Z_j, q) - \nabla C(Z_{j-1}, q)\right]^{\mathrm{T}} \nabla C(Z_j, q)}{\left|\nabla C(Z_{j-1}, q)\right|^2} \tag{3-1-22}$$

每个优化迭代循环结束时，都要进行收敛检查。当满足收敛容差时，优化迭代终止。收敛准则规定为

$$\left|f^j - f^{j-1}\right| \leqslant \tau \quad 和 \quad \left|f^j - f^b\right| \leqslant \tau \tag{3-1-23}$$

式中，τ 为目标函数的收敛容差；f^b 为最优解。

3.1.5　基于表面平移法的形态优化

自由曲面索支撑空间网格结构是由表面平移法生成的，相比于其他自由曲面，它的建模有一定的规律。一般自由曲面因其曲面没有规律需要对结构进行逐点调整，计算量较大。本书根据母线、准线和整个曲面之间的关系，在保证优化后的网格仍为平面四边形的前提下，通过调整准线与母线来优化整个曲面，计算量较小。

为实现通过同时调整准线与母线优化整个曲面，本书先将准线和母线上所有节点的高度作为优化变量，然后通过几何关系，使曲面网格节点的高度由母线和准线上点的高度求得，从而建立曲面网格节点与准线、母线节点的几何关系，因此可以通过调整准线、母线的节点高度来改变离散网格结构的曲面形状。表面平移法可分为滑动平移法和缩放法，由于二者形成的自由曲面索支撑空间网格结构方式不同，母线、准线与曲面网格节点的几何关系不同，故需对这两种不同方式形成的曲面分别分析，以下将介绍其具体的几何关系建立。

滑动平移法须构造两条相互正交的空间曲线，以其中一条作为准线另一条作为母线，将准线沿母线平行移动，形成一系列空间曲线；再将准线和母线调换，以同样的方法进行平移形成比较均匀的平行四边形网格。

对于由滑动平移法形成的曲面，若在结构形态优化过程中仅调整准线 (或母线) 形状，则我们称为滑动平移曲面的单向调整优化。为实现这一优化意图，本书将准线 (或母线) 上点的高度设为不同的优化变量，通过准线 (或母线) 上点的高度变化调整准线形状。由于母线 (或准线) 形状不调整，所以可通过高度差使母线 (或准线) 上的点和母线与准线的交点设为同一个优化变量，从而使母线 (或准线) 上所有的点只有同一个优化变量，这样即可使母线 (或准线) 形状保持不变。同理，推广到整个曲面。由滑动平移法的原理可知，准线和母线滑移形成的曲线平行于准线和母线，所以通过高度差将准线滑移形成的曲线上点的高度与准线上点设为同一变量时，可保证优化后准线滑移形成的曲线仍平行于准线，而母线形状保持不变。通过该方法可保证优化后的网格形式仍为平面四边形，从而可以在保证母线形状不变的情况下，进行准线的单向调整，进而优化整个自由曲面索支撑空间网格结构。

对于由滑动平移法形成的曲面，若在优化过程中同时调整准线和母线的形状，则我们称之为滑动平移曲面的双向调整形态优化。为实现通过调整准线与母线优化整个曲面这一目的，书中先将准线和母线上所有点的高度设为不同的优化变量。由于该自由曲面索支撑网格结构是由准线和母线平行移动形成的，故曲面上的曲线分别平行于准线和母线，因此由滑动平移法形成的网格不仅是平面四边形网格，同时也是均匀的平行四边形网格。如图 3-1-5 所示，点 A、B、C、D 分别是母线和准线上的点，点 E、F 是待求的曲面上的点。当网格的三个顶点 (如点 A、B、D) 在母线和准线上时，由于平行四边形两条对角线上两个顶点到一个平面的距离之和相等，所以可通过平行四边形的已知三个顶点高度 (点 A、B、D) 确定第四个顶点 (点 E) 高度。由此类推可知，曲面网格节点的高度都可由母线和准线上点的高度求得。这样就建立起曲面网格节点与准线、母线节点的对应关系，从而可以通过调整准线、母线的节点高度来改变离散网格结构曲面形状。下面通过具体的几何关系推导来说明该方法。

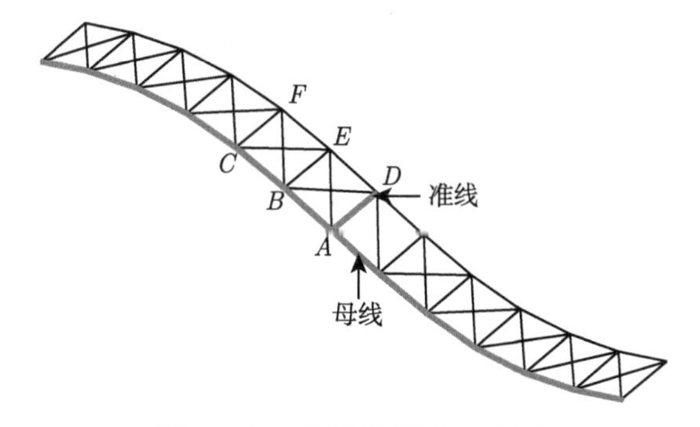

图 3-1-5　空间平面四边形网格

图 3-1-5 中网格为准线和母线相交的空间平行四边形网格，U_A、U_B、U_C、U_D 为母线和准线上点的高度，U_E、U_F 为曲面上点的高度。通过平行四边形的已知三个顶点高度确定第四个顶点高度这个数学性质可得

$$U_E = U_D + U_B - U_A \tag{3-1-24}$$

$$U_F = U_C + U_E - U_B \tag{3-1-25}$$

将式 (3-1-24) 中的求得的 U_E 代入式 (3-1-25) 可推知

$$U_F = U_C + U_D - U_A \tag{3-1-26}$$

式中，$U_B - U_A$ 和 $U_C - U_A$ 为点 B、E 和点 C、F 所在曲线和准线的高度差。

由此类推可知，曲面上除母线和准线外，点的高度都可由母线和准线上点的高度求得，通过该方法优化后的网格仍为平行四边形。

图 3-1-6 所示是准线为直线时，通过缩放母线形成的自由曲面索支撑空间网格结构；图 3-1-7 所示是准线为曲线时通过缩放母线形成的自由曲面索支撑空间网格结构。其具体形成过程为：首先曲线分别以母线长度的 1/36 递减缩放，最右端的曲线长度为母线长度的 1/2，然后将母线和准线等距离划分，接着将缩放后的母线沿准线进行平移，最后将母线及其滑移形成的曲线首尾两端相连即可形成索支撑空间网格结构。

对于由缩放平移法形成的曲面，当准线为直线时，为实现通过调整准线与母线来优化由缩放法形成的索支撑空间网格结构，书中采用下述方法；先将母线上所有点的高度设为不同的优化变量，如图 3-1-8 所示，在右视图中可以看出母线、准线和曲面的边界线构成一个直角梯形，根据直角梯形的性质可推知准线上其他点的高度，由于该方法只是调整了母线，若要实现母线、准线同时调整，应将准线上的点加上另一个优化变量，同理，可推广到整个曲面。按此方法则可通过调整准线和母线来优化整个曲面。由于优化后由母线缩放的曲线与母线的高度差仍相同，由准线平移的曲线与准线的高度差也相同，因此优化后由母线缩放的曲线与母线仍平行，这就保证了优化后的网格仍为平面四边形。

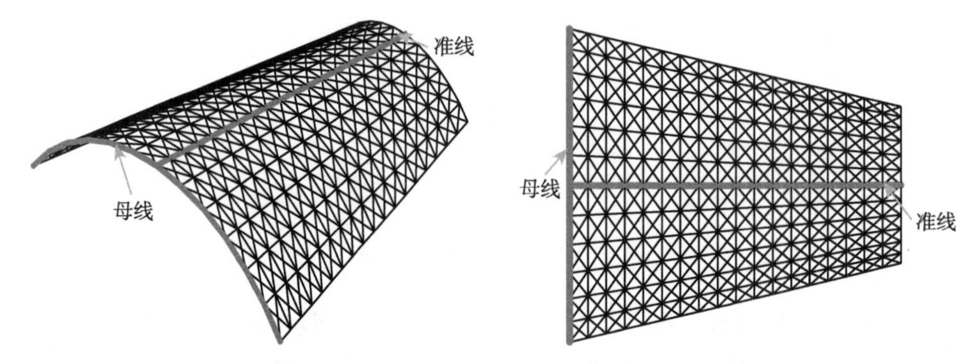

图 3-1-6　自由曲面索支撑空间网格结构的形状

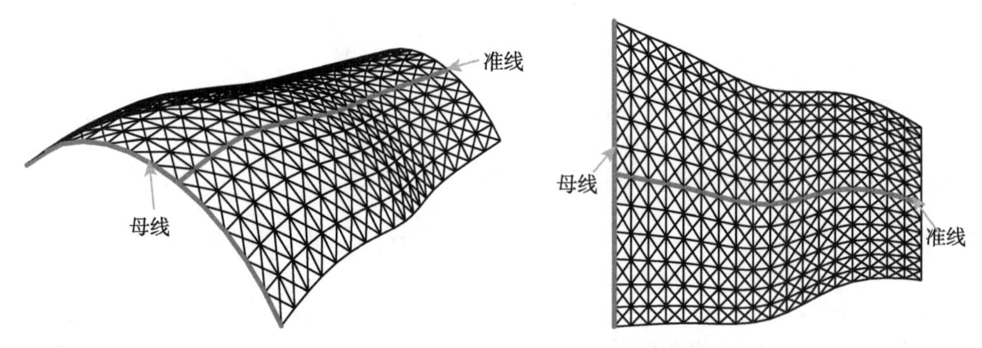

图 3-1-7　自由曲面索支撑空间网格结构的形状

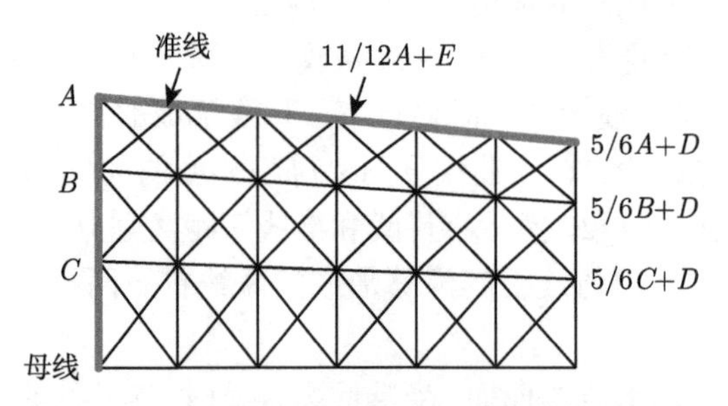

图 3-1-8　自由曲面索支撑空间网格结构右视图

当准线为曲线时，为实现通过调整准线与母线优化由缩放法形成的曲面这一目的，书中采用下述方法：先将母线上所有点的高度设为不同的优化变量，当准线为直线时，母线及其滑移形成的曲线上相应点的高度在一条直线上，而且是等比例减少的，当曲面的准线为曲线时，我们不能直接应用上述方法，但可以通过设置高度差将准线转化为直线，如图 3-1-9 中的四个点 A、B、C、D，不管准线为曲线还是直线，由以上结构缩放的条件可知，C 点到 D 点的垂直距离都是 A 点到 B 点的垂直距离的 35/36，若找出 D 点与 B 点的高度差，并将这段高度差去除掉，则可将准线转化为直线，这样应用 3.1.4 节介绍的方法即可通过调整母线和准线来优化整个曲面。

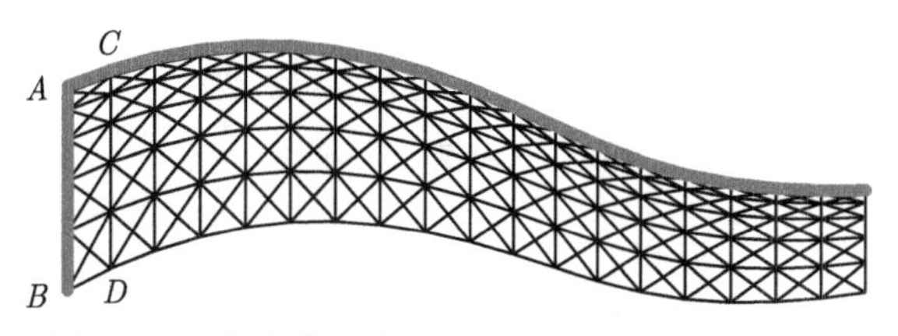

图 3-1-9 自由曲面索支撑空间网格结构的右视图

3.1.6 优化方法验证

为验证以应变能为目标函数，结构高度为优化变量，共轭梯度法为优化算法的形态优化方法的合理性和有效性以及该方法对自由曲面索支撑空间网格结构的适用性，本书采用该方法分别对受竖直向下均布荷载作用下的平面三铰拱和空间悬链面膜结构这两种典型的具有解析解的结构进行优化。

1. 平面三铰拱结构形态优化

三铰拱是一种静定的拱式结构，可做成大跨度结构，在桥梁和屋盖中都得到应用。三铰拱的基本特点是在竖直向下均布荷载作用下，除产生竖向反力外，还产生水平推力。由于存在水平推力，三铰拱各截面上的弯矩值小于与三铰拱相同跨度、相同荷载作用下的简支梁各对应截面上的弯矩值，当三铰拱的压力线与三铰拱的轴线重合时，各截面形心到合力作用线的距离为零，则各截面弯矩为零，各截面的剪力也为零，只受轴力作用，正应力沿截面均匀分布，三铰拱处于无弯矩状态，这时结构的受力最为合理。在固定荷载作用下使三铰拱处于无弯矩状态的轴线称为合理拱轴线。

某钢结构三铰拱的跨度为 40m，矢高为 10m，所受竖直向下均布荷载为 1kN/m。钢杆件采用方钢管，规格为 160mm×160mm×6mm，弹性模量 E=2.06×10^{11}Pa，泊松比 ν=0.3。结构形态优化软件采用大型有限元软件 ANSYS，平面三铰拱采用 Beam3 单元模拟，共划分为 10 个单元，结构中间为铰接点，采用自由度耦合来模拟。设定的初始形状如图 3-1-10 实线所示，取三铰拱的整体应变能为目标函数，三铰拱的竖向位移和杆件弯矩为状态变量，取三铰拱靠近支座 1/8、1/4、3/8 跨度处的六个点的高度为优化变量，如图 3-1-10 所示，三铰拱优化过程中矢高不变。结构的优化流程如图 3-1-11 所示。

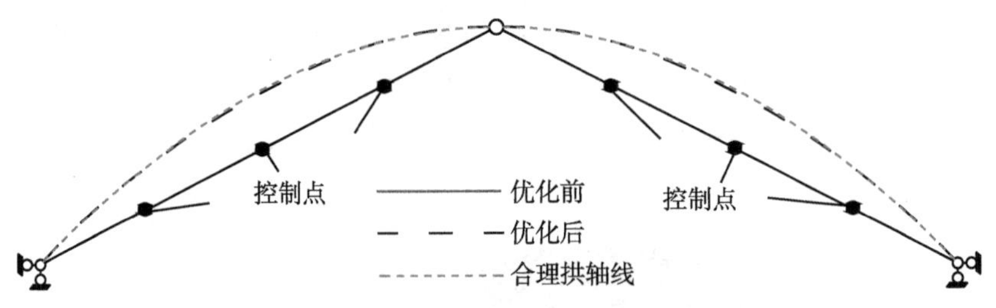

图 3-1-10　三铰拱优化前和优化后

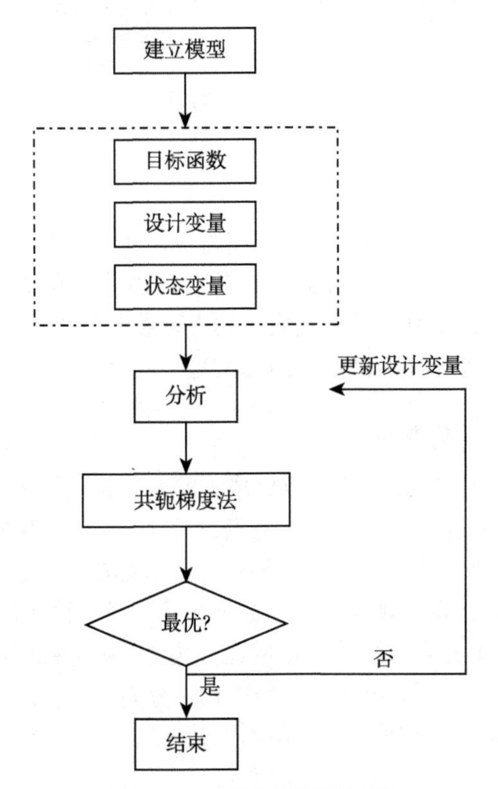

图 3-1-11　优化流程设计图

理论研究表明三铰拱在竖直向下均布荷载作用下的合理拱轴线是抛物线，该抛物线的曲线方程为

$$y = -\frac{4f}{l^2}x^2 + f \tag{3-1-27}$$

其中，f 为矢高，l 为跨度，坐标原点在跨中。

三铰拱优化过程中通过调整控制点的竖向坐标来调整结构，在优化的过程中，三铰拱的矢高不变。优化结果如图 3-1-10 虚线所示，从图中可以看出，随着迭代次数的增加，三铰拱逐渐由直线变为抛物线，结构优化后节点的高度与合理拱轴线上的点误差在 3%以内。误差是由于优化后的抛物线是通过节点拟合而产生的。优化后三铰拱的应变能变化见图 3-1-12，三铰拱的总弯矩接近于 0，如图 3-1-13 所示。三铰拱结构初期的应变能和弯矩较大，而优化后三铰拱的应变能和弯矩大幅度减少，三铰拱的轴线变为合理拱轴线，如图 3-1-10 所示，这说明利用本章的优化方法优化三铰拱结构可以得到最优曲线形状。

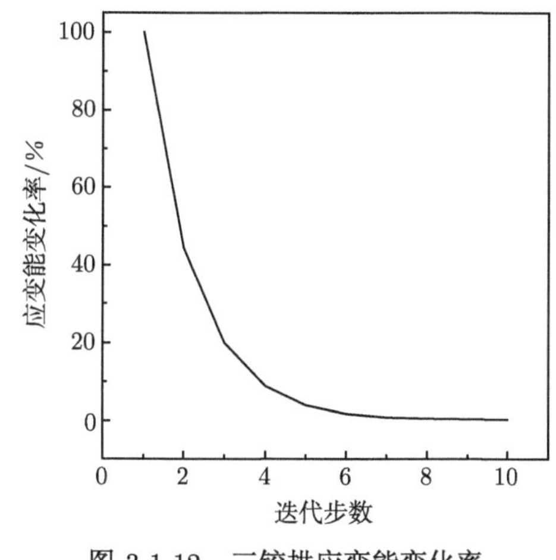

图 3-1-12　三铰拱应变能变化率

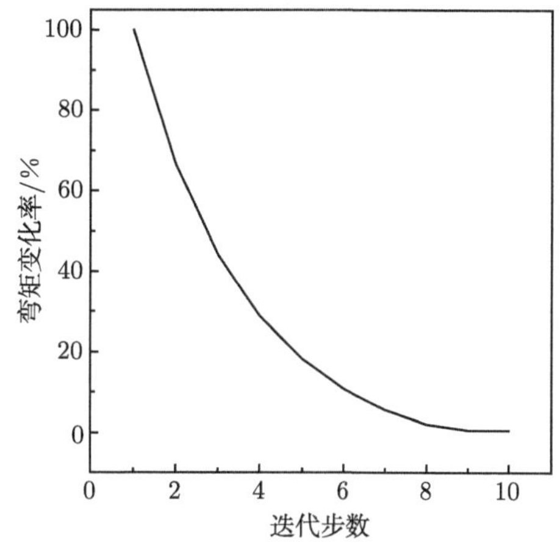

图 3-1-13　三铰拱弯矩变化率

2. 空间悬链面膜结构形态优化

某一具有解析解的悬链面，顶圆半径 a=2.5m，底圆半径 b=27.5m，高 h=7.7224m，膜的弹性模量为 6000kN/m^2, 泊松比 ν=0.38，膜面厚度为 1mm，膜的预应力为 18kN/m。该膜面的解析解为

$$Z=-a\left\{\ln\left(\sqrt{x^2+y^2}+\sqrt{x^2+y^2-a^2}\right)-\ln a\right\}+h$$

膜本身为柔性材料，没有抗弯刚度，其抗剪刚度也很小，所以膜结构要通过膜片的曲率变化，靠膜面的预加应力来保持一定的刚度。在荷载作用下结构通过膜和索的应力重分布来达到新的平衡状态。因此，膜结构的分析属于小应变、大位移状态，对该类结构的有限元分析具有几何非线性特点。

膜结构的有限元初始形状见图 3-1-14。首先设定四个点，分别是半径 2.5m、5m、10m、27.5m 的圆上四个点，点的坐标分别为 (2.5m，0，7.224m)、(5m，0，6m)、(10m，0，4m)、(27.5m，0，0)，由这四个点形成样条曲线，再由样条曲线旋转而成膜结构的几何曲面。以膜结构的应变能为目标函数，半径为 5m 和 10m 的圆上的点高度为优化变量，膜结构的最大位移为状态变量。

膜的形态优化过程中通过不断调整膜面上点的高度来优化曲面形状，最后得到结构的最优解，优化结果如图 3-1-15 所示，优化前后的形状变化如图 3-1-16 所示。通过优化，半径为 5m 和 10m 的圆上点的高度分别由原来的 6m 和 4m 变为 4.4407 m 和 2.4700m，与该膜结构的解析解 4.430m 和 2.564m 相差较小，坐标误差最大为 3.67%，在 4%以内。

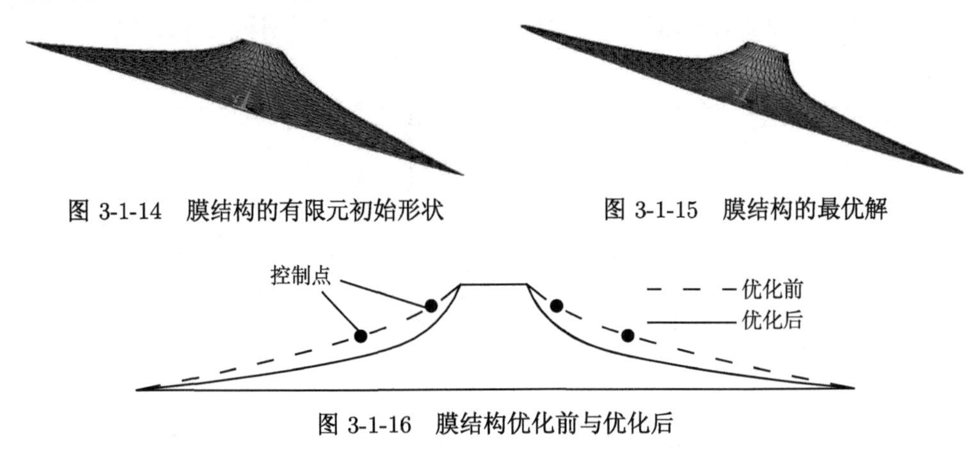

图 3-1-14　膜结构的有限元初始形状　　图 3-1-15　膜结构的最优解

图 3-1-16　膜结构优化前与优化后

随着结构的不断优化，膜结构的应变能逐渐减少，位移逐渐减少为零，膜面应力趋于相等，最终形成了以膜应力抵抗荷载的曲面，优化过程中结构的应变能变化率如图 3-1-17 所示，位移变化如图 3-1-18 所示。

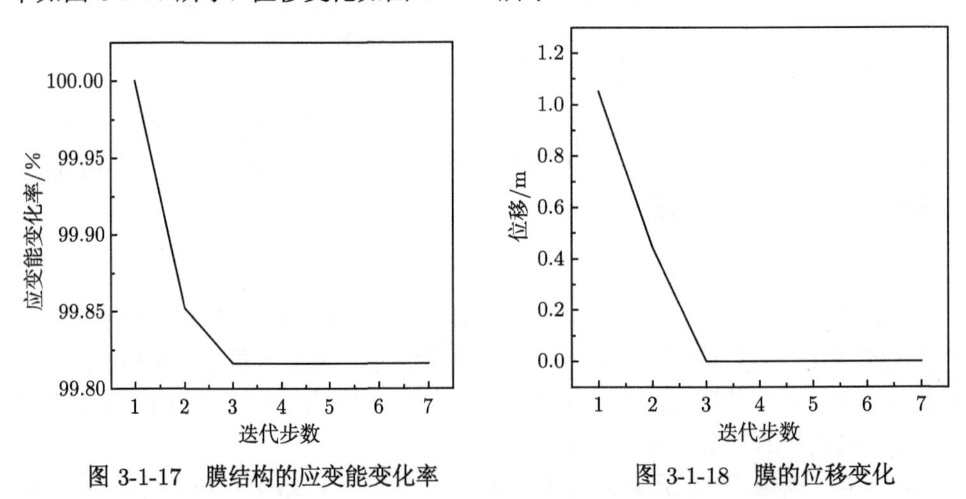

图 3-1-17　膜结构的应变能变化率　　图 3-1-18　膜的位移变化

通过上面两个算例可知，以应变能为目标函数，结构高度为优化变量，共轭梯度法为优化算法是一种较为合理且有效的优化方法，它能够将结构优化为较为合理的结构，适用于平面三铰拱结构，也适用于空间悬链面膜结构，从而证明该方法可适用于自由曲面索支撑空间网壳结构。此外，由于共轭梯度法利用共轭方向法求搜索方向，提高了优化速度，所以在迭代步数较少的情况下就能得到最优解。

3.2　基于表面平移法的自由曲面索支撑空间网格结构形态优化

由第 2 章可知，索支撑空间网格结构的建模方式采用表面平移法，而表面平移法可分为滑动平移法和缩放平移法两类，3.1 节中介绍了其优化原理。本节将结合具体实例分别介绍由滑动平移法和缩放平移法形成的自由曲面索支撑空间网格结构形态优化方法。

3.2.1　滑动平移法自由曲面索支撑空间网格结构算例分析

设一自由曲面索支撑空间网格结构，跨度为 20m，长度为 30m。钢杆件采用方钢管，规格为 100mm×100mm×4mm，材料为 Q235B 钢，弹性模量 $E=2.06\times10^{11}\text{N/m}^2$，索采用不锈钢绞线，弹性模量 $E=1.3\times10^{11}\text{N/m}^2$，索的截面面积为 59.7mm^2，索的初始预应力为 150MPa。节点形式为刚接节点，支座采用理想铰支座，四边支承，自由曲面索支撑空间网格结构初始形状如图 3-2-1 所示。

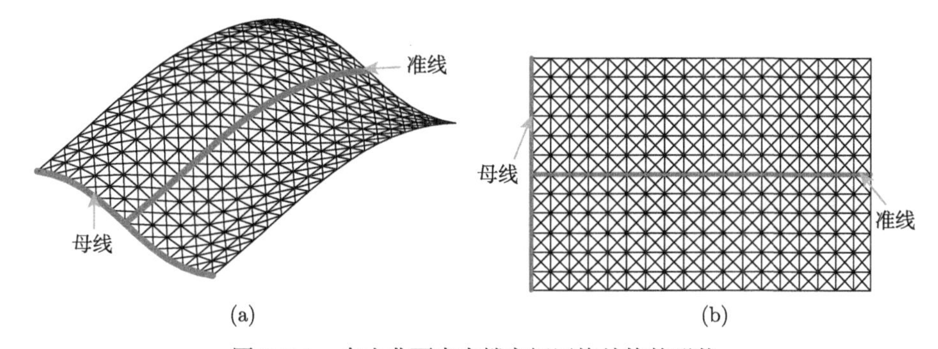

图 3-2-1　自由曲面索支撑空间网格结构的形状

荷载取值：屋面维护结构选用钢化玻璃，考虑到玻璃与钢结构之间的连接材料的自重，可取玻璃面板的厚度为 20mm，玻璃密度取 25.6kN/m^3，根据《建筑结构荷载规范 GB50009—2012》，活荷载取 0.5kN/m^2。

《空间网格结构技术规程 JGJ7—2010》规定：进行网壳全过程分析时应考虑初始曲面形状的安装偏差的影响，其最大计算值可按网壳跨度的 1/300。本书研究的具有初始缺陷的索支撑空间网格结构，选用与位移模式一致的缺陷，通过控制缺陷幅值施加不同大小的缺陷，缺陷最大值为网壳跨度的 1/300。

取结构的整体应变能为目标函数，结构最大位移和方钢管的最大应力为状态变量。状态变量应满足结构设计条件：最大位移和最大应力应分别满足，$\delta \leqslant B/400 = 0.05\text{m}$, $\sigma_{\max} \leqslant 210\text{MPa}$。

当仅调整准线进行优化时，自由曲面索支撑空间网格结构的准线优化前与优化后的比较如图 3-2-2 所示，优化过程中应变能、最大位移的变化规律如图 3-2-3 和图 3-2-4 所示，优化前后结构力学性能的比较如表 3-2-1 所示。从图和表中可知，优化后自由曲面索支撑空间网格结构的总应变能下降了 65.6%；优化后结构的最大位移下降了 85%；方钢管的最大应力下降了 55.9%，最大轴向应力下降了 28.9%，最大弯曲应力下降了 76.5%；而结构非线性屈曲荷载提高了 22%；考虑初始缺陷时，结构的非线性屈曲荷载提高 4.1%。从上述比较可以得知：自由曲面索支撑空间网格结构经过形态优化后，结构自身的力学性能得到了较大的提高。

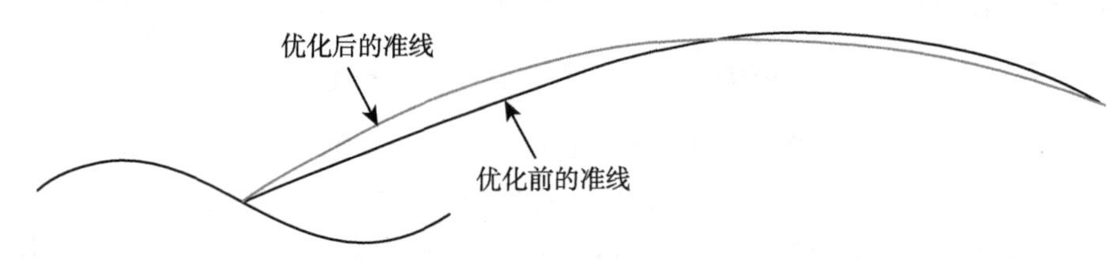

图 3-2-2　自由曲面索支撑空间网格结构准线优化前与优化后

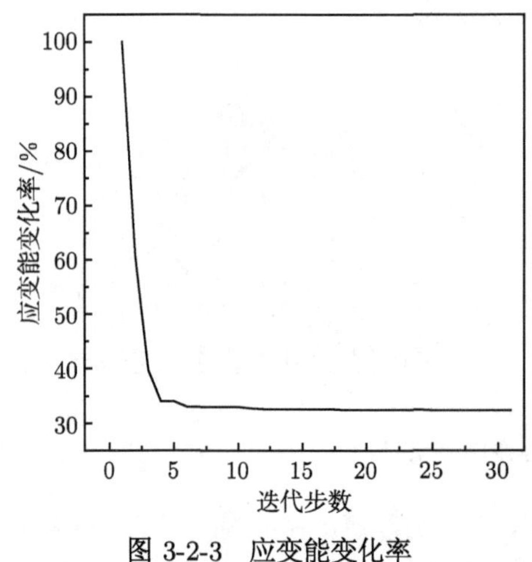

图 3-2-3　应变能变化率

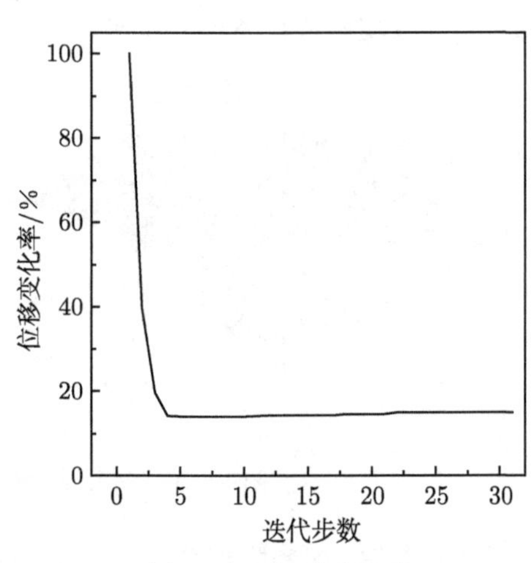

图 3-2-4　位移变化率

表 3-2-1　结构优化前后参数的变化

评价指标	优化前	优化后	变化率
应变能/J	26255	9027.6	下降 65.6%
最大位移/m	0.32	0.048	下降 85%
最大应力/(N/m^2)	0.30×10^9	0.15×10^9	下降 50%
最大轴向应力/(N/m^2)	0.90×10^8	0.64×10^8	下降 28.9%
最大弯曲应力/(N/m^2)	0.20×10^9	0.47×10^8	下降 76.5%
非线性屈曲荷载/(N/m^2)	2162	2638	提高 22%
加缺陷非线性屈曲荷载/(N/m^2)	2145	2232	提高 4.1%

当同时调整准线和母线时，自由曲面索支撑空间网格结构的母线和准线优化前与优化后的比较如图 3-2-5 所示，整个曲面变化如图 3-2-6 和图 3-2-7 所示，优化过程中应变能、最大位移的变化规律如图 3-2-8 和图 3-2-9 所示。从图 3-2-8 和图 3-2-9 中可见，经过五步优化，应变能和最大位移变化即趋于稳定，这说明以结构

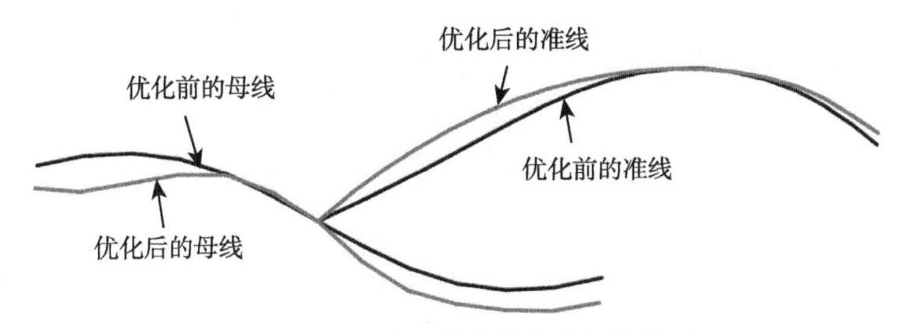

图 3-2-5　母线和准线优化前与优化后

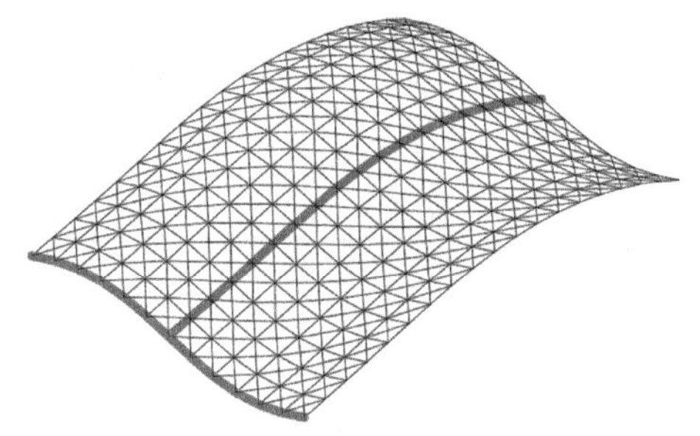

图 3-2-6　自由曲面索支撑空间网格结构优化前的曲面

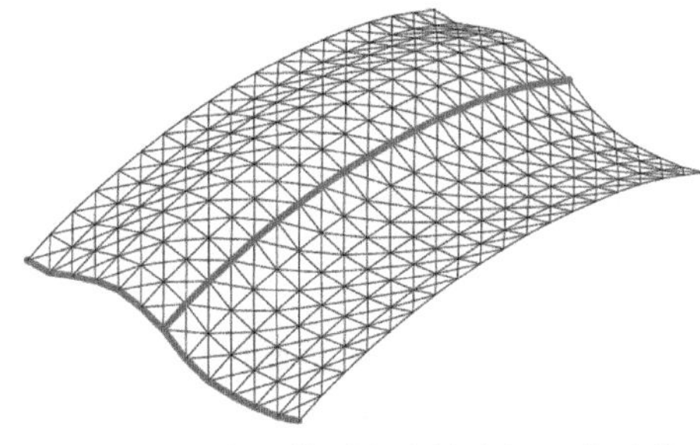

图 3-2-7　自由曲面索支撑空间网格结构优化后的曲面

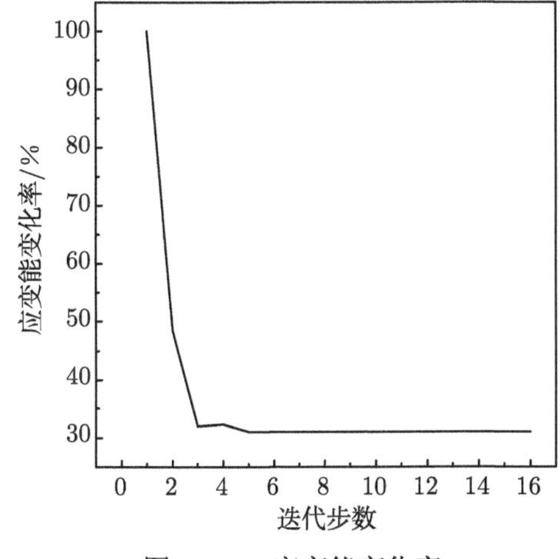

图 3-2-8　应变能变化率

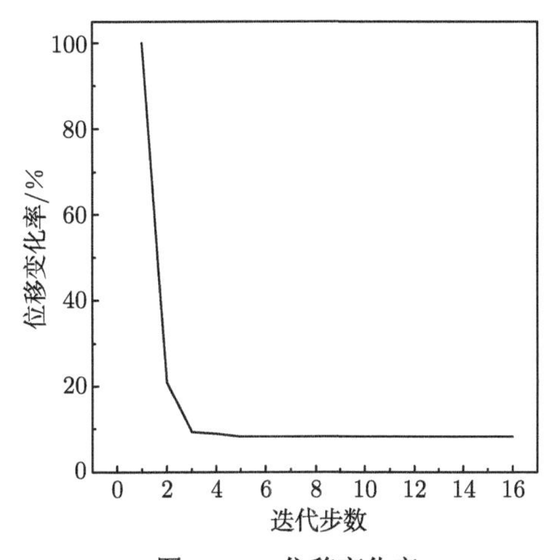

图 3-2-9　位移变化率

为应变能目标函数的共轭梯度法收敛速度较快。优化前后结构力学性能的比较如表 3-2-2 所示，从表 3-2-2 中可知，优化后自由曲面索支撑空间网格结构的总应变能下降了 68.7%；优化后结构的最大位移从 0.32m 下降到了 0.026m，下降了 91.88%；方钢管的最大应力下降了 70.59%，最大轴向应力下降了 25.56%，最大弯曲应力下降了 82.5%，杆件平均轴力下降了 13.92%；而结构非线性屈曲荷载却提高了 88.7%，考虑初始缺陷时，结构的非线性屈曲荷载提高 64.52%。从上述比较可以得知：自由曲面索支撑空间网格结构经过形态优化后，结构自身的力学性能较好，而且曲面双向调整后结构的力学性能明显优于单向调整后的结构。

表 3-2-2　结构优化前后参数的变化

评价指标	优化前	优化后	变化率	重新划分网格
应变能/J	26255	8213	下降 68.7%	8274
最大位移/m	0.32	0.026	下降 91.88%	0.027
最大应力/(N/m²)	0.34×10^9	0.10×10^9	下降 70.59%	0.11×10^9
最大轴向应力/(N/m²)	0.90×10^8	0.67×10^8	下降 25.56%	0.64×10^8
最大弯曲应力/(N/m²)	0.20×10^9	0.35×10^8	下降 82.5%	0.43×10^8
杆件平均轴力/N	42150	36280	下降 13.92%	36288
非线性屈曲荷载/(N/m²)	2162	4080	提高 88.7%	3964
加缺陷非线性屈曲荷载/(N/m²)	2145	3529	提高 64.52%	3340

3.2.2　缩放平移法自由曲面索支撑空间网格结构算例分析

设一由缩放法形成的自由曲面索支撑空间网格结构，跨度为 20m，长度为 20m。钢杆件采用方钢管，规格为 60mm×60mm×4mm，材料为 Q235B 钢，弹性模量 $E=2.06\times10^{11}\text{N/m}^2$，索采用不锈钢绞线，弹性模量 $E=1.3\times10^{11}\ \text{N/m}^2$，索的截面面积为 59.7mm^2，索的初始预应力为 150MPa。节点形式为刚接节点，支座采用理想铰支座，四边支承，自由曲面索支撑空间网格结构的初始形状如图 2-2-2 和图 2-2-3 所示。

荷载取值：自由曲面索支撑空间网格结构所受的荷载为恒载 (自重 512 N/m^2) 和满跨分布的活荷载 (500N/m^2)。

当准线为直线，同时调整准线和母线进行形态优化时，由缩放法形成的自由曲面索支撑空间网格结构的母线和准线优化前与优化后的比较如图 3-2-10 所示，整个曲面变化见图 3-2-11 和图 3-2-12，优化过程中应变能、最大位移的变化规律如图 3-2-13 和图 3-2-14 所示，优化前后结构力学性能的比较如表 3-2-3 所示。从表 3-2-3 中可知，优化后自由曲面索支撑空间网格结构的总应变能下降了 7.31%；优化后结构的最大位移下降了 73.6%，使得自由曲面索支撑空间网格结构位移满足了位移限值；方钢管的最大应力下降了 15.6%，最大轴向应力提高了 7.14%，最大弯曲应力下降了 45.2%；而结构非线性屈曲荷载提高了 32.4%，考虑初始缺陷时，结构的非线性屈曲荷载提高 26%。从上述比较可以得知：当准线为直线时，由缩放平移法形成的自由曲面索支撑空间网格结构经过优化后，结构最大位移、最大应力、应变能的降低和非线性屈曲荷载、施加缺陷后的非线性屈曲荷载的提高表明了结构自身的力学性能得到较大的提高。

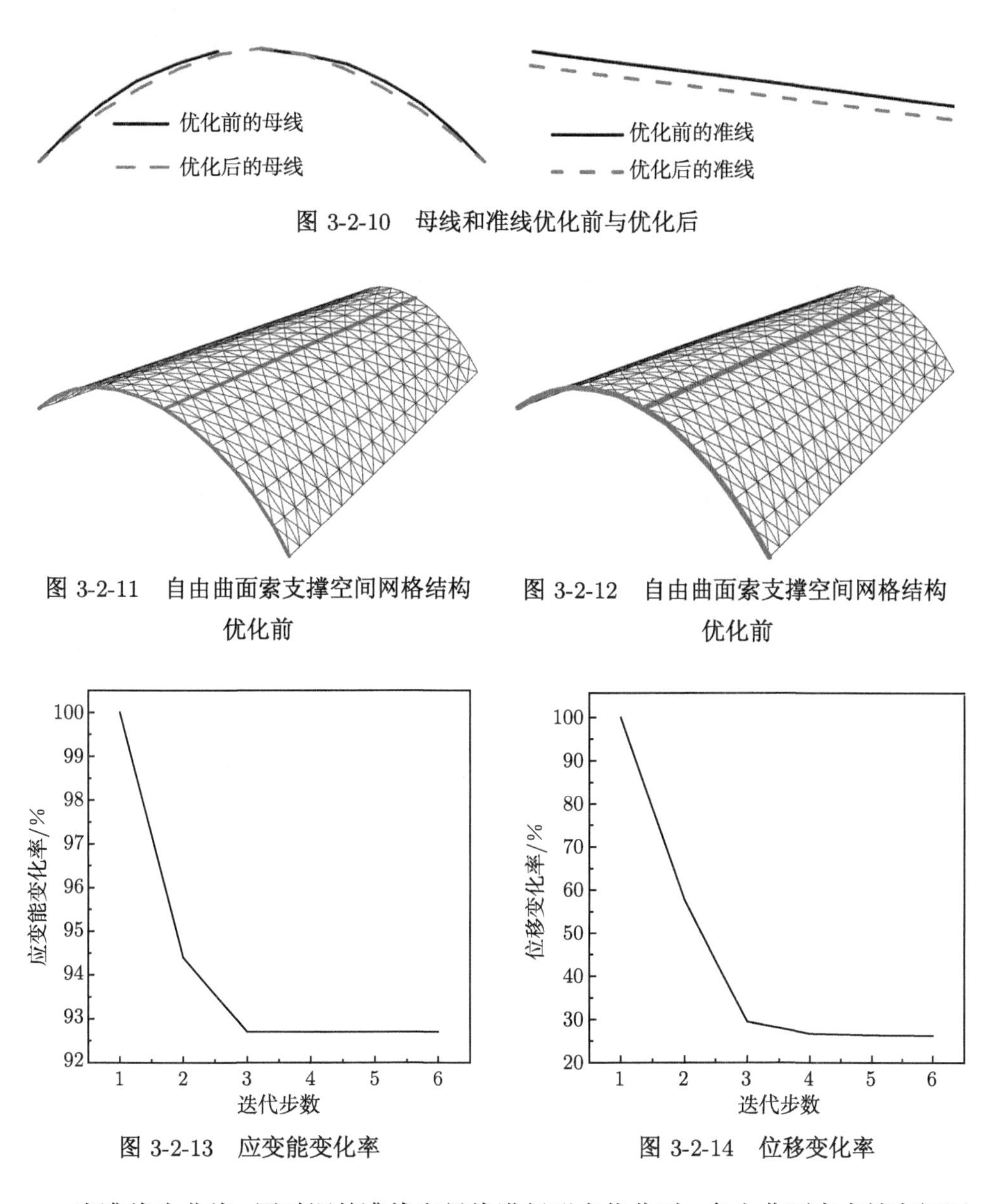

图 3-2-10　母线和准线优化前与优化后

图 3-2-11　自由曲面索支撑空间网格结构优化前

图 3-2-12　自由曲面索支撑空间网格结构优化前

图 3-2-13　应变能变化率

图 3-2-14　位移变化率

当准线为曲线，同时调整准线和母线进行形态优化时，自由曲面索支撑空间网

表 3-2-3　结构优化前后参数的变化

评价指标	优化前	优化后	变化率
应变能/J	4375	4055	下降 7.31%
最大位移/m	0.028	0.0074	下降 73.6%
最大应力/(N/m^2)	0.77×10^8	0.65×10^8	下降 15.6%
最大轴向应力/(N/m^2)	0.28×10^8	0.30×10^8	提高 7.14%
最大弯曲应力/(N/m^2)	0.42×10^8	0.23×10^8	下降 45.2%
非线性屈曲荷载/(N/m^2)	3928	5200	提高 32.4%
加缺陷非线性屈曲荷载/(N/m^2)	3567	4481	提高 25.6%

格结构的母线和准线优化前与优化后的比较如图 3-2-15 所示，整个曲面变化见图 3-2-16 和图 3-2-17，优化过程中应变能、最大位移的变化规律如图 3-2-18 和图 3-2-19 所示，优化前后结构力学性能的比较如表 3-2-4 所示。从图和表中可知，优化后自由曲面索支撑空间网格结构的总应变能下降了 1.82%；优化后结构的最大位移下降了 73.7%，使得自由曲面索支撑空间网格结构位移满足了位移限值；方钢管的最大应力下降了 34.7%，最大轴向应力下降了 1.28%，最大弯曲应力下降了 50%；而结构非线性屈曲荷载提高了 20.6%，考虑初始缺陷时，结构的非线性屈曲荷载提高 22.9%。从上述比较可以得知：当准线为曲线时，由缩放平移法形成的自由曲面索支撑空间网格结构经过优化后，结构的自身的力学性能也得到较大的提高。

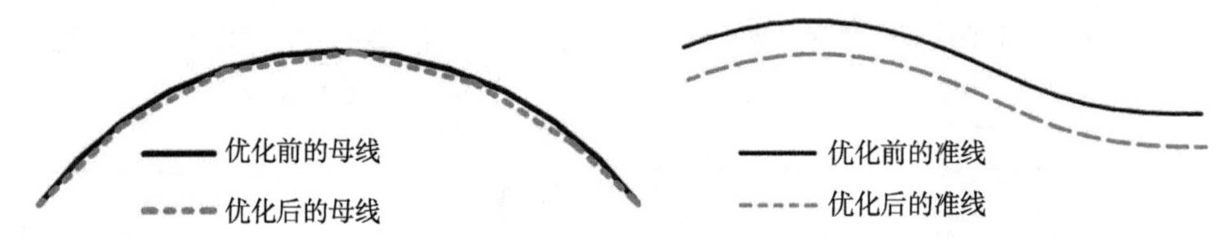

图 3-2-15　母线和准线优化前与优化后

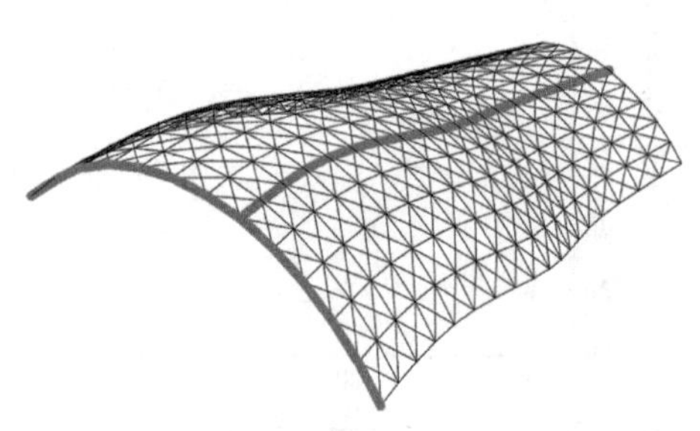

图 3-2-16　自由曲面索支撑空间网格结构优化前

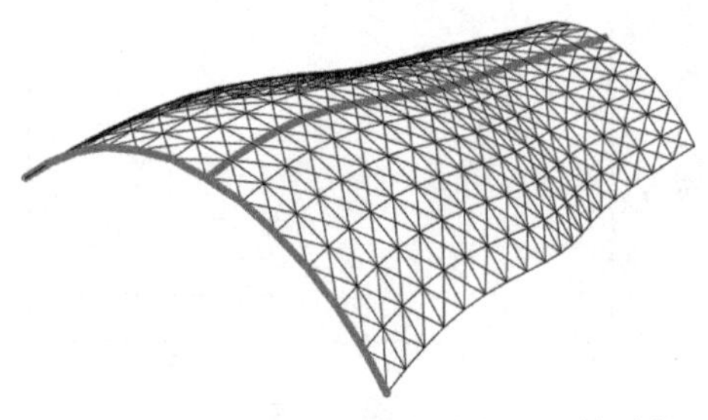

图 3-2-17　自由曲面索支撑空间网格结构优化后

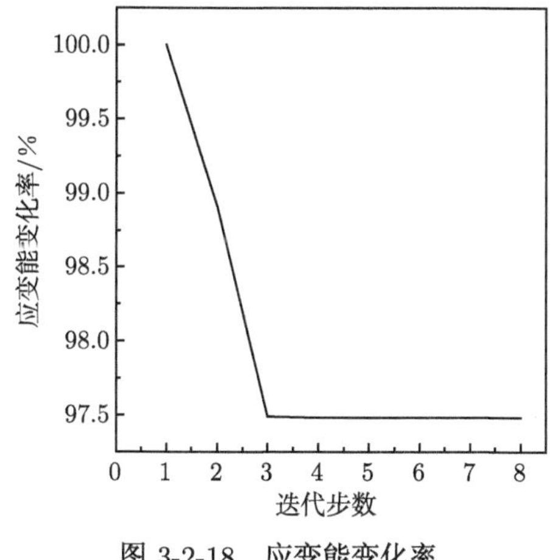

图 3-2-18　应变能变化率

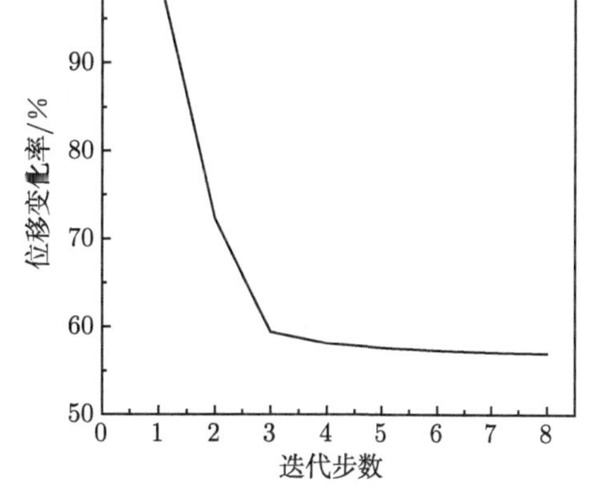

图 3-2-19　位移变化率

表 3-2-4　结构优化前后参数的变化

评价指标	优化前	优化后	变化率
应变能/J	4115	4040	下降 1.82%
最大位移/m	0.019	0.005	下降 73.7%
最大应力/(N/m^2)	0.75×10^8	0.49×10^8	下降 34.7%
最大轴向应力/(N/m^2)	0.313×10^8	0.309×10^8	下降 1.28%
最大弯曲应力/(N/m^2)	0.30×10^8	0.15×10^8	下降 50%
非线性屈曲荷载/(N/m^2)	5844	6524	提高 20.6%
加缺陷非线性屈曲荷载/(N/m^2)	3299	4054	提高 22.9%

3.3　B 样条曲线自由曲面索支撑空间网格结构形态优化

自由曲面索支撑空间网格结构不仅种类和形式非常丰富，而且外形美观、曲面光顺。为了保证此类结构的美观和光顺，在对此类结构进行形态优化时，曲面的光顺程度应是极为重要的控制指标。对于自由曲面混凝土连续壳体结构，曲面连续变化，对曲面光顺要求没有索支撑空间网格结构严格。而对于自由曲面索支撑空间网格结构，由于它为离散网格结构，杆件一般为直杆，曲面不连续变化，因此曲面的光顺就显得格外重要。在 3.2 节中，由滑动平移法形成的自由曲面索支撑空间网格结构形态优化是通过调整母线和准线上点的高度求得力学性能较好的曲面，虽然优化后曲面结构力学性能相当合理，但从优化后的曲面可以看出，曲面存在尖点，明显不光顺。出于自由曲面的美观要求，形态优化后自由曲面索支撑空间网格结构应较为光顺，由于光顺主要针对的是连续的曲线或曲面，而不是离散的直线或由离散的直线形成的曲面，所以本节首先采用 B 样条曲线建立母线和准线，使结构的准线和母线为连续的曲线，然后对索支撑空间网格结构进行形态优化，使结构的整体应变能最小，优化后再将曲面上连续的曲线转化为离散的直线，最终形成由离散网格组成的自由曲面索支撑空间网格结构。通过该方法可保证优化后的自由曲面索支撑空间网格结构较为光顺。

3.3.1　光顺的定义 [13]

“光滑”和“光顺”很容易被混淆。其实，这二者间有很多联系又有某些细微的差别。光滑通常是指曲线曲面的参数连续性或几何连续性，主要是从数学角度来考虑，有严格的数学定义。从字面上看，光顺包含光滑和顺眼两方面的含义，既有数学上连续性的要求，又侧重功能 (如美学、数控加工、力学、动力学等) 方面的要求。事实上，一条在数学上无穷阶导数连续的曲线可能并不光顺 (其曲率和挠率的变化可能很大)；而一条看上去很光顺的曲线可能仅达到一阶或二阶导数连续。但光滑和光顺又有很多联系，在曲线、曲面的曲率较小的情况下，通常可通过提高曲线、曲面的连续阶以达到光顺曲线、曲面的目的，使得曲率的变化较均匀。

从直观上来看，曲线、原弧、平面、柱面、球面等简单的集合形状是光顺的，如果一条曲线拐来拐去，有许多尖点或者许多拐点，或者一张曲面上有很多褶皱、纹路、凸凹不平，那么我们通常认为这样的曲线和曲面是不光顺的。即便如此，也很难给光顺性下一个准确的定义，光顺性仍然是一个模糊的概念。这主要是因为光顺涉及几何外形的美观性，难免会受主观因素的影响。此外，在不同的实际问题中，对光顺性的要求也不同。因此，迄今为止对光顺性还没有一个统一的标准，在不同的文献中对光顺准则也有不同的提法。

仔细想想，要使一条曲线达到“眼观光顺”，也就是肉眼看来“舒服”。对同样一组型值点列，不同的人有不同的处理结果。但认真比较一下，则往往大同小异，相去甚近。这就表明，光顺性还是有着客观的一面的。把这种客观性抽象出来，就成为一种光顺准则。

对于平面曲线，苏步青和刘鼎元在《计算几何》中给出了以下准则 [14]：

(1) 曲线二阶导数连续；

(2) 没有多余拐点；

(3) 曲率变化较均匀。

施法中又增加了“应变能较小”这一条，他定义的光顺准则如下 [56]：

(1) 二阶几何连续 (指位置、切线方向与曲率矢连续，简称曲率连续，记为 G^2)；

(2) 不存在奇点与多余拐点；

(3) 曲率变化较小；

(4) 应变能较小。

可以看出，两种准则的前三条基本是一致的，并且也为大家所普遍接受，其合理性显而易见。

我们来分析一下这些准则的用途。准则 (1) 是数学上的光滑概念，只涉及每一点及其一个充分小邻域，因而是一个局部概念。(2)~(4) 则是一个整体概念。(2) 用来控制曲线的凹凸变化，(3) 控制曲线的臌瘪变化，即曲线上曲率局部极值。(4) 则是基于 "物理样条是光顺的" 这一事实，是能量法的基础。因此尽管不同文献的提法有差别，但光顺性有它客观的一面，还是有很多共同点的。

至于空间曲线，浙江大学的马利庄和石教英给出了如下光顺准则：

(1) 二阶光滑性：

① 曲线的二阶导矢连续，从而曲率连续；

② 低次样条曲线 (二次) 在节点处的曲率可能有一个阶跃，此时要求跃度和尽可能小，即

$$\sum\left|k\left(t_l^+\right)-k\left(t_l^-\right)\right|<\varepsilon \tag{3-3-1}$$

(2) 不存在多余拐点；

(3) 曲率变化较均匀；

(4) 不存在多余变挠点 (即挠率为零的点，通常与挠率变号有关)；

(5) 挠率变化较均匀，无连续变号：

① 挠率不连续 (节点处左、右挠率差) 跃度和足够小，即

$$\sum\left|k\left(\tau_l^+\right)-k\left(\tau_l^-\right)\right|<\varepsilon \tag{3-3-2}$$

② 挠率变化比较均匀，无连续变号。

以上所讨论的都是局部光顺准则。由于曲线曲面光顺问题自身的复杂性，上述的光顺准则仍然只是对曲线曲面光顺性的一个大概的、定性的描述。在实际使用时还需要对其做定量的描述。此外，不同的光顺方法中，所采用的光顺准则也不尽相同 [57]。

本章所采用的光顺准则为

(1) 曲线二阶几何连续；

(2) 不存在奇点与多余拐点；

(3) 曲率变化较均匀；

(4) 应变能较小。

3.3.2　B 样条曲线

在数学的子学科数值分析里，B 样条是样条曲线一种特殊的表示形式。它是 B 样条基曲线的线性组合。B 样条是贝兹曲线 (Bézier) 的一般化，可以进一步推广为非均匀有理 B 样条 (NURBS)，使得我们能给更多的一般几何体建造精确的模型。

B 样条曲线曲面具有几何不变性、凸包性、保凸性、变差减小性、局部支撑性等许多优良性质，是目前 CAD 系统常用的几何表示方法，因而基于测量数据的参数化和 B 样条曲面重建是逆向工程的研究热点和关键技术之一。

B 样条曲线的数学定义为

$$P(t)=\sum_{k=0}^{n}P_kB_{k,m}(t) \tag{3-3-3}$$

其中，$P_k(k=0,1,\cdots,n)$ 为 $n+1$ 个控制顶点 (图 3-3-1)，又称为 de Boor 点，$B_{k,m}$ $(k=0,1,\cdots,n)$ 称为 m 阶 ($m-1$ 次) B 样条基函数。由控制顶点顺序连成的折线称为 B 样条控制多边形，简称控制多边形。m 是一个阶参数，可以取 2 到控制顶点个数 $n+1$ 之间的任一整数。实际上，m 也可以取为 1，此时的 “曲线” 恰好是控制点本身。参数 t 的选取取决于 B 样条节点矢量的选取。$B_{k,m}(t)$ 是 B 样条基函数，由 Cox-de Boor 递归公式定义为

$$\begin{aligned}&B_{k,1}(t)=\begin{cases}1, & t_k\leqslant t\leqslant t_{k+1}\\0, & \text{其他}\end{cases}\\&B_{k,m}(t)=\frac{t-t_k}{t_{k+m+1}-t_k}B_{k,m-1}(t)+\frac{t_{k+m}-t}{t_{k+m}-t_{k+1}}B_{k+1,m-1}(t)\end{aligned} \tag{3-3-4}$$

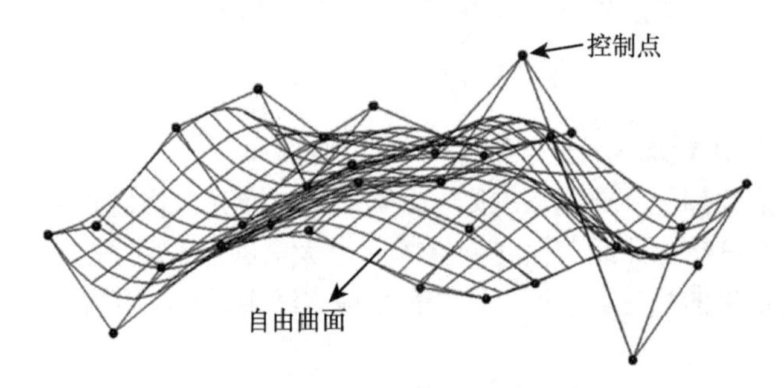

图 3-3-1　曲面与控制点之间的关系

由于 $B_{k,m}(t)$ 的各项分母可能为 0，所以这里规定 $0/0=0$。m 是曲线的阶参数，$m-1$ 是 B 样条曲线的次数，曲线在连接点处具有 $m-2$ 阶连续性。t_k 是节点值，$T=(t_0,t_1,\cdots,t_{n+m})$ 构成了 $(m-1)$ 次 B 样条函数的节点矢量，其中的节点是非减序列，所生成的 B 样条曲线定义在从节点值 t_m-1 到节点值 t_n+1 的区间上，而每个基函数定义在 t 的取值范围内的 t_k 到 t_{k+m} 的子区间上。从公式可以看出，仅给定控制点和参数 m 不足以完全表达 B 样条曲线，还需要给定节点矢量来获得基函数 [15-18]。

B 样条曲线有如下性质:

(1) 局部性。B 样条曲线与 Bézier 曲线的主要差别在于它们的基函数。Bézier 曲线的基函数在整个参数变化区间内，只有一个点或者两个点处函数值为零。而 B 样条的基函数是一个分段函数，在参数变化范围内，每个基函数在 t_k 到 t_{k+m} 的子区间内函数值不为 0，在其余区间为 0，这一重要的特征称为局部支柱性。

B 样条的局部性对曲线和曲面的设计有两个方面的影响：一是第 k 段曲线段 $p(t)$ 在两个相邻节点值 $[t_k, t_{k+1})\,(m-1 \leqslant k \leqslant n)$ 上的曲线段，仅由 m 个控制顶点 $P_{k-m+1}, P_{k-m+2}, \cdots, P_k$ 控制。若要修改该段曲线，仅修改这 m 个控制顶点即可。二是修改控制顶点 P_k 对 B 样条曲线的影响是局部的。对于均匀 m 次 B 样条曲线，调整一个顶点 P_k 的位置只影响 B 样条曲线 $p(t)$ 在区间 $[t_k, t_{k+m})$ 的部分，即最多只影响与该顶点有关的 m 段曲线，对曲线的其余部分不发生影响。局部性是 B 样条最具魅力的性质。

(2) B 样条的凸组合性质。B 样条的凸组合性和 B 样条基函数的数值均大于或等于 0，保证了 B 样条曲线的凸包性，即 B 样条曲线必处在控制多边形所形成的凸包之内。B 样条方法的凸包性使曲线更加逼近特征多边形，比 Bézier 方法优越。

(3) 连续性。若一节点矢量中节点均不相同，则 m 阶 $(m-1)$ 次 B 样条曲线在节点处为 $m-2$ 阶连续，比如三次 B 样条曲线段在各节点处可达到二阶导数的连续性。由于 B 样条曲线基函数的次数与控制顶点个数无关，这样，如果增加一个控制点，就可以在保证 B 样条次数不变的情况下相应地增加一段 B 样条曲线，且新增的曲线段与原曲线的连接处天然地具有 $m-2$ 阶连续性。

(4) 导数。B 样条曲线的导数可以用其低阶的 B 样条基函数和顶点矢量的差商序列的线性组合表示，由此不难证明 m 阶 B 样条曲线段之间达到 $m-2$ 次的连续性。

(5) 几何不变性。B 样条曲线 $p(t)$ 的形状和位置与坐标系的选择无关。

(6) 变差缩减性。如果 B 样条曲线 $p(t)$ 的控制多边形位于一个平面之内，则该平面内的任意直线与 $p(t)$ 的交点个数不多于该直线与控制多边形的交点个数。如果控制多边形不是平面图形，则任意平面与 $p(t)$ 的交点数不会超过它与控制多边形的交点数。

3.3.3　B 样条曲线自由曲面索支撑空间网格结构优化方法

首先采用 B 样条曲线建立母线和准线，如图 3-3-2 所示，然后将母线和准线滑移形成自由曲面索支撑空间网格结构，如图 3-3-3 所示。由于 B 样条曲线是经过一系列给定点的光滑曲线，它不仅通过各有序数据点，并且在各数据点处一阶导数和二阶导数连续，即该曲线具有连续的、曲率变化均匀的特点。而且优化后结构的应变能较小，因此通过该方法可保证形态优化后的自由曲面索支撑空间网格结构较为光顺。该自由曲面索支撑空间网格的模型建立方式与第 2 章的自由曲面索支撑空间网格结构的模型建立方式不同，第 2 章模型的建立是先将母线和准线离散为等长的直线，然后将离散的母线和准线进行滑移，最后形成整个曲面，该曲面优化前和优化后都由离散的网格组成；而本章为了保证由 B 样条曲线建立的曲面优化后仍保持光顺，该曲面的母线和准线优化前后都为连续的曲线，没有离散化，因此由 B 样条曲线建立的母线和准线优化前后仍为连续的曲线，最后在曲面优化后将所有的曲线离散为直线，形成由离散网格组成的自由曲面索支撑空间网格结构。

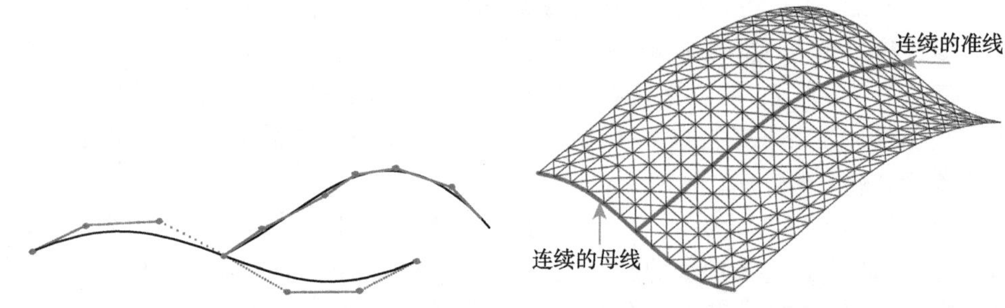

图 3-3-2　B 样条曲线建立母线和准线

图 3-3-3　由 B 样条曲线形成的自由曲面索支撑空间网格结构

采用 B 样条曲线作为准线和母线建立自由曲面索支撑空间网格结构后还要利用平行四边形网格建立曲面网格节点与准线、母线节点的关系。3.3.1 节中已经建立由直线形成的曲面的网格节点与准线、母线上点的关系，而由 B 样条曲线建立的自由曲面索支撑空间网格的母线和准线虽然是曲线，形成的网格也为曲面四边形，但曲面四边形的四个点用直线相连时，仍为平行四边形。所以由 B 样条曲线形成的网格虽然是曲面四边形，但网格的四个节点仍在平行四边形上，因此可采用第 2 章的方法建立网格节点与准线、母线节点的关系。

由于 B 样条曲线控制点的坐标较为杂乱，且不能利用平行四边形原理建立曲线控制点与准线、母线节点的关系，故将准线、母线上的网格节点作为已知点，建立已知点与 B 样条曲线控制点的转换关系，将控制曲面形状的优化变量由控制点坐标转化为已知点坐标。B 样条曲线控制点与已知点的转化关系为

$$\boldsymbol{BR}\cdot\boldsymbol{P}=\bar{\boldsymbol{P}} \tag{3-3-5}$$

式中，$\bar{\boldsymbol{P}}$ 为已知点；$\boldsymbol{P}$ 为控制点；$\boldsymbol{BR}$ 为与已知点对应的 M 阶 B 样条函数矩阵，表达式为

$$\boldsymbol{BR}(u_i,v_i)=\frac{w_i\cdot B_{i,k}(u_i)\cdot B_{i,l}(v_i)}{\sum\limits_{i=1}^{M}w_i\cdot B_{i,k}(u_i)\cdot B_{i,l}(v_i)} \tag{3-3-6}$$

式中，(u_i,v_i) 为某个已知点对应的参数，该点坐标的参数表示形式为 $\bar{\boldsymbol{P}}_{i,j}(u_i,v_i)$。

该方法建立 B 样条曲线的控制点与已知点的关系，从而通过已知点来调整 B 样条曲线，然后将准线、母线上已知点高度作为优化变量，从而将 B 样条曲线形状参数与结构形态优化相结合。

选取结构的整体应变能为目标函数。在自由曲面索支撑空间网格结构中，结构的最大位移和杆件的最大应力不应超过规范规定的最大值，所以应选择最大位移和杆件的最大应力为状态变量。

3.3.4　算例分析

设一自由曲面索支撑空间网格结构，跨度为 20m，长度为 30m。钢杆件采用方钢管，规格为 100mm×100mm×4mm，材料为 Q235B 钢，弹性模量 $E=2.06\times10^{11}\mathrm{N/m^2}$，索采用不锈钢绞线，弹性模量 $E=1.3\times10^{11}\ \mathrm{N/m^2}$，索的截面面积为 $59.7\mathrm{mm}^2$，索的初始预应力为 150MPa。节点形式为刚接节点，支座采用理想铰支座，四边支承，自由曲面索支撑空间网格结构的初始形状如图 3-3-3 所示。

荷载取值：自由曲面索支撑空间网格结构所受的荷载为恒载 (自重 $512\ \mathrm{N/m^2}$) 和满跨分布的活荷载 ($500\mathrm{N/m^2}$)。

由 B 样条曲线形成的自由曲面索支撑空间网格结构的母线和准线优化前与优化后的比较如图 3-3-4 所示，图 3-3-5 是由直线形成的曲面优化后得到的结果。通过比较可知，由 B 样条曲线形成的母线和准线优化后明显比由直线形成的母线和准线更加光顺，且没有尖点与拐点。两种不同方法形成的曲面优化后的比较如图 3-3-6 和图 3-3-7 所示，由 B 样条曲线形成的曲面比较平缓，而由直线形成的曲面则有尖点，因此由 B 样条曲线形成的曲面优化后较为美观和光顺。由 B 样条曲线形成的自由曲面索支撑空间网格结构优化过程中应变能、最大位移的变化规律如图 3-3-8 和图 3-3-9 所示。从图中可见，经过六步优化，应变能和最大位移变化即为稳定，这说明以结构应变能为目标函数的共轭梯度法收敛速度较快。优化前后结构力学性能的比较如表 3-3-1 所示。从图和表中可知，B 样条曲面优化后自由曲面索支撑空间网格结构的总应变能下降了 65.26%；优化后结构的最大位移从 0.33m 下降到了 0.038m，下降了 88.48%；方钢管的最大应力下降了 53.33%，杆件平均轴力下降了 11.67%，最大轴向应力下降了 23.33%，最大弯曲应力下降了 69.5%；

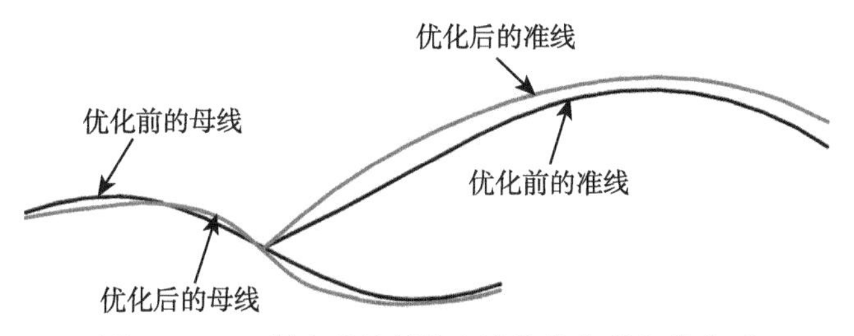

图 3-3-4　B 样条曲线母线和准线优化前与优化后

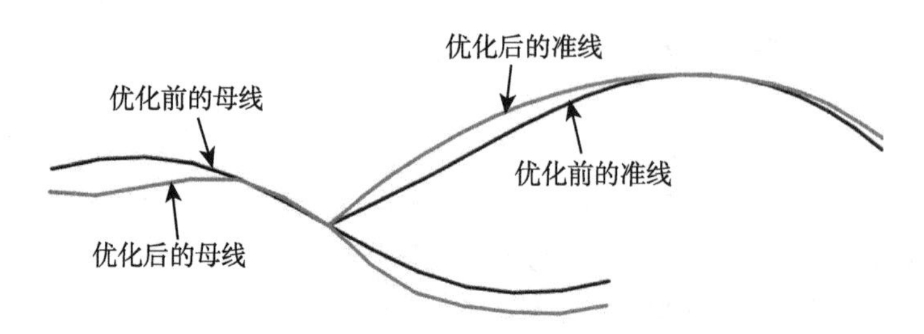

图 3-3-5　直线形成的母线和准线优化前与优化后

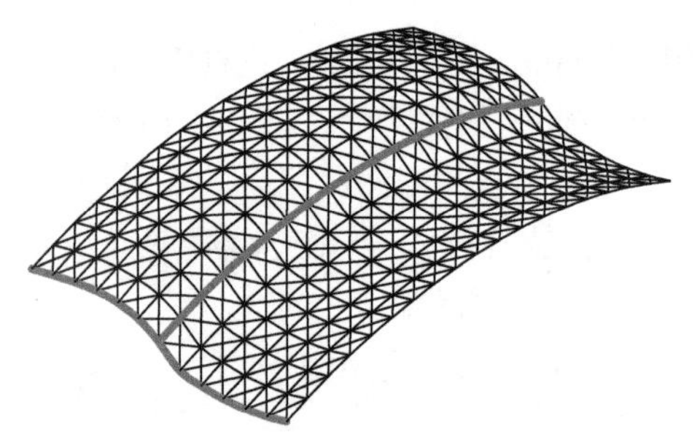

图 3-3-6　B 样条曲线形成的曲面优化后

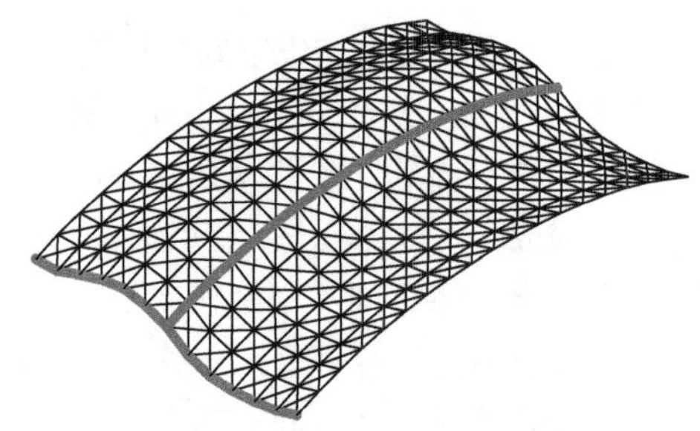

图 3-3-7　直线形成的曲面优化后

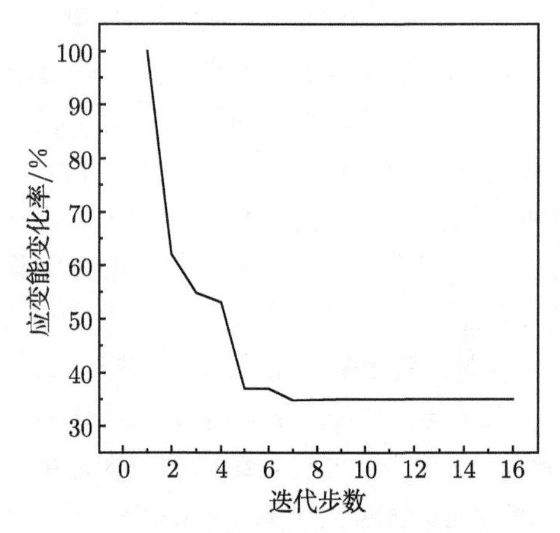

图 3-3-8　自由曲面索支撑空间网格结构应变能变化率

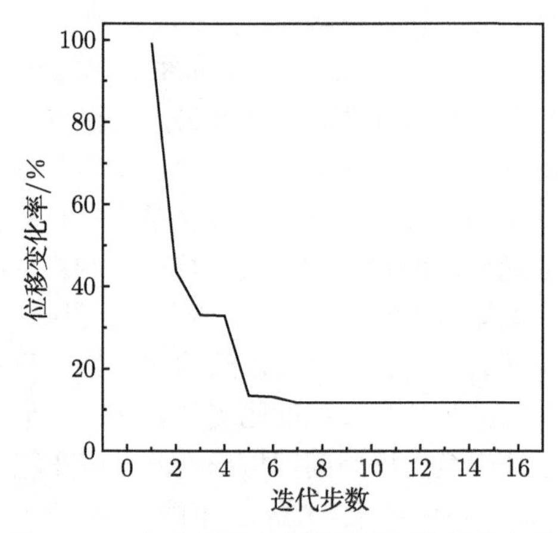

图 3-3-9　自由曲面索支撑空间网格结构位移变化率

而结构非线性屈曲荷载提高了 57.36%，施加缺陷后结构的非线性屈曲荷载提高了 33.24%。从上述比较可以得知：由 B 样条曲线形成的曲面优化后，结构的力学性能得到较大的提高。

表 3-3-1 给出了采用直线建模方法和 B 样条建模方法优化后结构力学性能的比较。从表中可知，两种不同方法形成的曲面优化后的最大应力、平均轴力、最大轴向应力和应变能结果差别不大，但结构的最大位移、最大弯曲应力、非线性屈

曲荷载和施加缺陷后的非线性屈曲荷载差别却比较大，分别增加了 46%、增加了 74%、下降了 16%和 19%。这是由于自由曲面索支撑空间网格结构的静力性能和稳定承载力对曲面的变化相当敏感，为保证曲面光顺，本书采用了 B 样条曲线建立准线和母线，并将准线、母线上的网格节点作为已知点来进行形态优化，这相当于给曲面形状变化增加了约束条件，因此它的静力性能和稳定承载力有一定程度下降。

表 3-3-1　结构优化前后参数的变化

评价指标	优化前	直线曲面优化后	优化前后变化率	B 样条曲面优化后	优化前后变化率
应变能/J	26255	8213	下降 68.7%	9313	下降 64.60%
最大位移/m	0.32	0.026	下降 91.88%	0.038	下降 88.48%
最大应力/(N/m²)	0.34×10^9	0.10×10^9	下降 70.59%	0.14×10^9	下降 53.33%
杆件平均轴力/N	42150	36280	下降 13.92%	37136	下降 11.67%
最大轴向应力/(N/m²)	0.90×10^8	0.67×10^8	下降 25.56%	0.69×10^8	下降 23.33%
最大弯曲应力/(N/m²)	0.20×10^9	0.35×10^8	下降 82.5%	0.61×10^8	下降 69.5%
非线性屈曲荷载/(N/m²)	2162	4080	提高 88.7%	3410	提高 57.36%
加缺陷非线性屈曲荷载/(N/m²)	2145	3529	提高 64.52%	2858	提高 33.24%

3.3.5　自由曲面索支撑空间网格结构光顺评价

由以上结果可知，当选取不同的建模方法进行结构的形态优化时，优化后将对应不同的自由曲面索支撑空间网格结构，也就决定了网格结构形态的相关性质。在评价网格结构形态优劣时，不仅要考虑结构的力学性能，也应综合考虑到曲面形态、网格形状质量以及杆件单元的机械化加工制作的便利性等因素，需要选取能够明显表征网格结构形态的评价指标，如表 3-3-2 所示 [19]。

表 3-3-2　网格结构形态评价指标

内容	样本	样本均值	样本均方差
网格节点偏离容差	$(C_1,C_2,\cdots,C_N)$	$\overline{C}=\dfrac{1}{N}\sum\limits_{i=1}^{N}C_i$	$S_C=\sqrt{\left(\sum\limits_{i=1}^{N}(C_i-\overline{C})^2\right)\Big/(N-1)}$
网格形状质量系数	$(G_1,G_2,\cdots,G_M)$	$\overline{G}=\dfrac{1}{M}\sum\limits_{i=1}^{M}G_i$	$S_G=\sqrt{\left(\sum\limits_{i=1}^{M}(G_i-\overline{G})^2\right)\Big/(M-1)}$
杆件单元长度	$(L_1,L_2,\cdots,L_R)$	$\overline{L}=\dfrac{1}{R}\sum\limits_{i=1}^{R}L_i$	$S_L=\sqrt{\left(\sum\limits_{i=1}^{R}(L_i-\overline{L})^2\right)\Big/(R-1)}$
网格节点高斯曲率	$(K_1,K_2,\cdots,K_N)$	$\overline{K}=\dfrac{1}{N}\sum\limits_{i=1}^{N}K_i$	$S_K=\sqrt{\left(\sum\limits_{i=1}^{N}(K_i-\overline{K})^2\right)\Big/(N-1)}$

注：N 为网格节点数；M 为网格单元数；R 为杆件单元数。

(1) 网格节点偏离容差均值 $\overline{C}$：可以反映光顺后全部网格节点与原节点的平均偏离程度。应控制在给定的容差范围内，偏离度越小，越逼近原始曲面。

(2) 网格形状质量系数均值 $\overline{G}$：在文献 [20] 中，将四边形 $ABCD$ 的形状质量系数定义为

$$G = 2\sqrt[4]{\frac{\|AB\times AD\|\cdot\|BC\times BA\|\cdot\|CD\times CB\|\cdot\|DA\times DC\|}{\left(|AB|^2+|AD|^2\right)\left(|BC|^2+|BA|^2\right)\left(|CD|^2+|CB|^2\right)\left(|DA|^2+|DC|^2\right)}} \tag{3-3-7}$$

其中，$|AB|$、$|BC|$、$|CD|$ 与 $|DA|$ 为四边形边长。由式 (3-3-7) 可知，正方形的质量系数最高，且 G=1；越接近正方形，四边形质量系数越高。由此，网格形状质量系数均值 G 越大，网格形状质量越好。

(3) 杆件单元长度均方差 S_L：反映杆件单元的规整性。S_L 越小，反映单元长度均匀性越好。

(4) 网格节点高斯曲率均方差 S_K：为曲面网格光顺性评价标准，反映网格曲率形态特征。S_K 越小，反映网格结构整体光顺性越好。

由于在优化过程中，网格形状始终保持为平面四边形，这相当于增加了曲面形状变化的约束条件。此外，为保证曲面光顺，采用了 B 样条曲线建立准线和母线，并将准线、母线上的网格节点作为已知点来进行形态优化，这也相当于又给曲面形状变化增加了约束条件，因此优化后网格节点的偏离容差较小。由于结构优化后网格为平行四边形，而且优化前后曲面形状变化不大，因此优化后结构的网格形状质量也较好。而杆件单元长度均方差，将于第 6 章中多目标形态优化中予以考虑。因此本章中只需评价结构的光顺性。

高斯曲率是曲面论中最重要的内蕴几何量。设曲面在 P 点处的两个主曲率为 k_1，k_2，它们的乘积 $k = k_1\cdot k_2$ 称为曲面于该点处的总曲率或高斯曲率。因为高斯曲率实际反映的是曲面的弯曲程度，因此在三维 CAD 软件中都把高斯曲率分析作为分析曲面造型中内部曲面质量和连接情况的主要依据。当曲面的高斯曲率变化比较大比较快的时候，表面曲面内部变化比较大，也就意味着曲面的光顺程度越低，而两个连接的曲面如果在公共边界上的高斯曲率发生突变就表示两个曲面的高斯曲率并不连续，通常也叫曲率不连续，说明两个曲面的连接没有到达二阶几何连续。在三维 CAD 软件中，通常都是使用曲面表面的颜色分布和变化来表示曲面高斯曲率的分布的，比如 RHINO 软件便是如此，通过这些颜色的变化可以直观地知道曲面高斯曲率的变化，而颜色的突变表示高斯曲率的突变。

由于网格结构由离散的杆件形成，它的高斯曲率不容易表示，所以需要将离散的曲面转化为连续的曲面来比较它们的高斯曲率。与由直线形成的自由曲面索支撑空间网格结构优化后 (图 3-3-10) 相比，由 B 样条曲线形成的自由曲面索支撑

空间网格结构优化后的 (图 3-3-11) 高斯曲率分布范围明显缩小，从图中可知，由直线形成的自由曲面索支撑空间网格结构优化后的高斯曲面明显变化较为不均匀，而由 B 样条曲线形成的自由曲面索支撑空间网格结构优化后高斯曲率变化较为均匀，高斯曲率分布范围明显缩小且突变的位置较少，所以它的网格节点高斯曲率均方差较小且减少了尖点与拐点的出现概率，因此由 B 样条曲线形成的曲面优化后较为光顺。

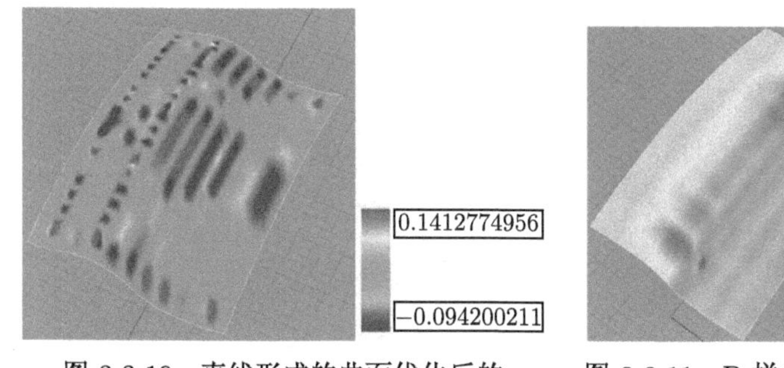

图 3-3-10　直线形成的曲面优化后的高斯曲率

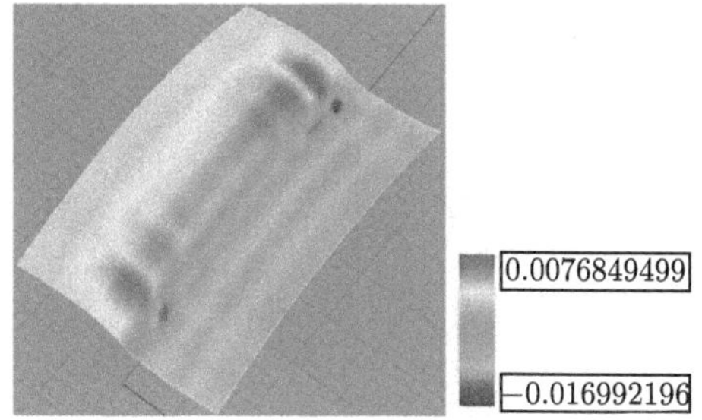

图 3-3-11　B 样条曲线形成的曲面优化后的高斯曲率

3.4　索支撑空间网格结构优化过程及优化目标比较

3.4.1　自由曲面索支撑空间网格结构优化过程力学性能分析

从 3.2 节中可知，自由曲面索支撑空间网格结构形态优化后的曲面受力性能较为合理，但对结构形态优化过程中结构的受力性能变化情况并未进行深入研究，而只有研究结构在优化过程中的力学性能变化情况才能清楚结构是如何进行形态优化的，因此，需对结构的形态优化过程中结构的力学性能进行分析。本部分以 3.2 节中经过形态优化的由滑动平移法形成自由曲面索支撑空间网格结构为例，对结构形态优化过程结构的静力性能和稳定性能进行分析。

图 3-4-1 为整个曲面变化过程及结构力学性能变化。从图 3-4-1 中可以看出，随着迭代步数的增加，结构的应变能、最大位移、最大应力、最大轴向应力和最大弯曲应力逐渐降低，在优化初期结构的这些力学性能指标下降较快，在优化后期下降较慢，然后逐渐趋于稳定；从表中可知，初始曲面的最大弯曲应力大于最大轴向应力，随着结构不断优化，最大轴向应力逐渐大于最大弯曲应力，最后结构以轴向受力为主。

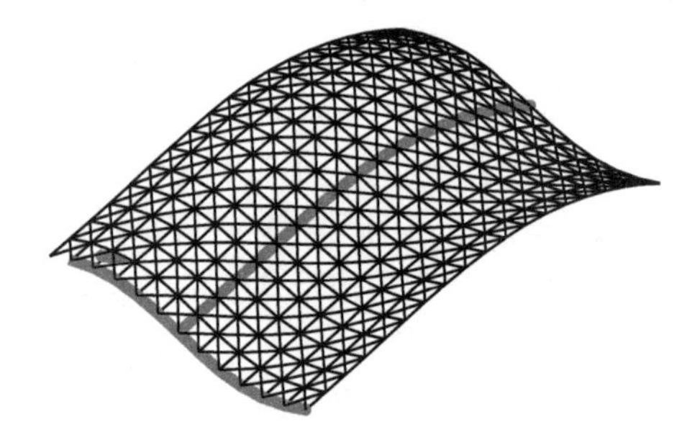

应变能	26265
最大位移	0.32024
最大应力	0.34×10^9
最大轴向应力	0.90×10^8
最大弯曲应力	0.20×10^9
非线性屈曲荷载	2167
加缺陷非线性屈曲荷载	2145

(a) 初始曲面

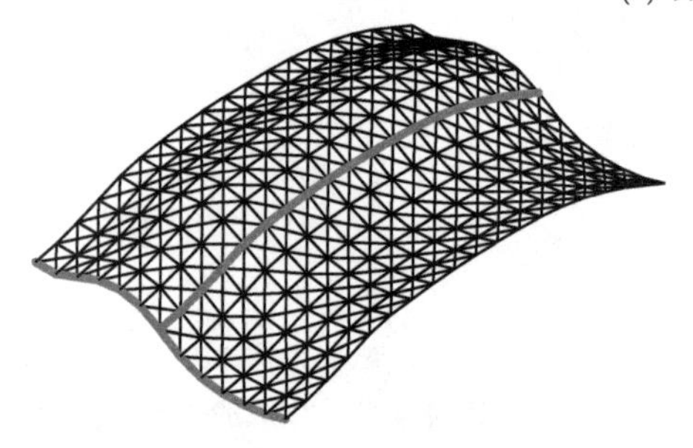

应变能	13220
最大位移	0.069
最大应力	0.34×10^9
最大轴向应力	0.78×10^9
最大弯曲应力	0.97×10^8
非线性屈曲荷载	3220
加缺陷非线性屈曲荷载	3064

(b) 形态优化第2步

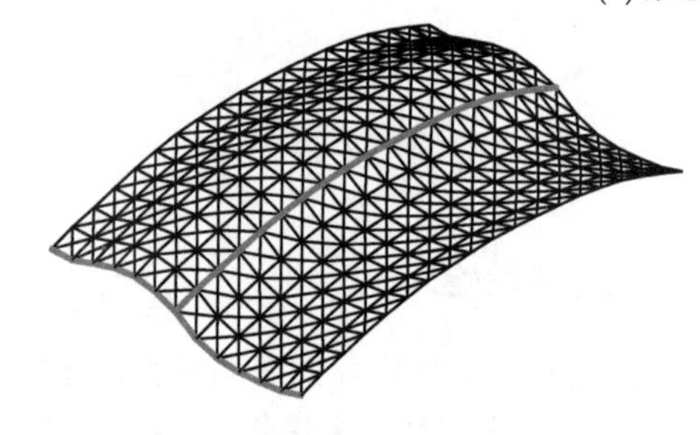

应变能	8599
最大位移	0.03
最大应力	0.13×10^9
最大轴向应力	0.68×10^8
最大弯曲应力	0.41×10^8
非线性屈曲荷载	3605
加缺陷非线性屈曲荷载	2871

(c) 形态优化第3步

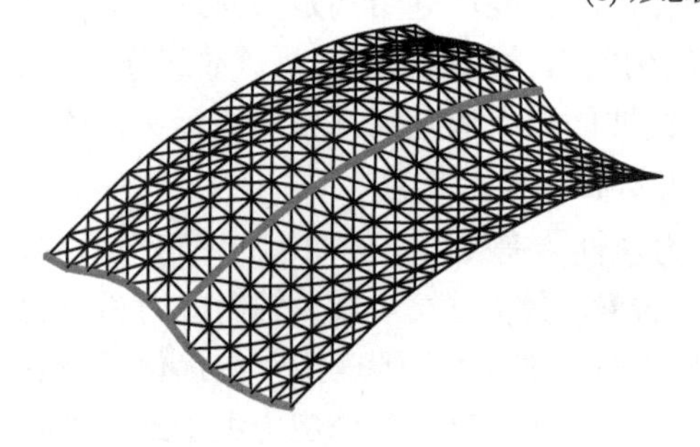

应变能	8690
最大位移	0.028
最大应力	0.16×10^9
最大轴向应力	0.67×10^8
最大弯曲应力	0.43×10^8
非线性屈曲荷载	3409
加缺陷非线性屈曲荷载	2657

(d) 形态优化第4步

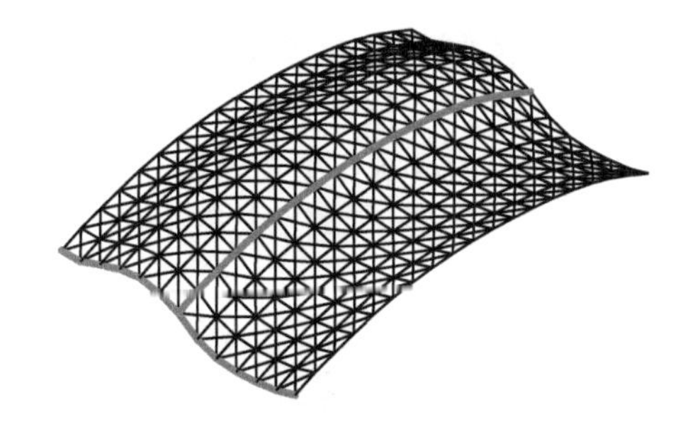

应变能	8231
最大位移	0.026
最大应力	0.11×10^9
最大轴向应力	0.67×10^8
最大弯曲应力	0.35×10^8
非线性屈曲荷载	3947
加缺陷非线性屈曲荷载	3434

(e) 形态优化第5步

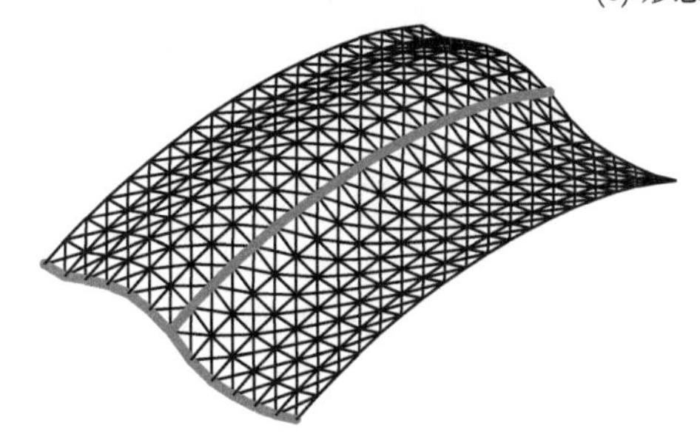

应变能	8213
最大位移	0.026
最大应力	0.10×10^9
最大轴向应力	0.67×10^8
最大弯曲应力	0.35×10^8
非线性屈曲荷载	4080
加缺陷非线性屈曲荷载	3529

(f) 最终曲面

图 3-4-1　自由曲面索支撑空间网格结构形态优化过程

图 3-4-2 为平均弯曲应力和平均轴向应力的变化图，从图 3-4-2 中可以看出，结构的平均轴向应力和平均弯曲应力逐渐降低，而平均弯曲应力相比于平均轴向应力下降更多。

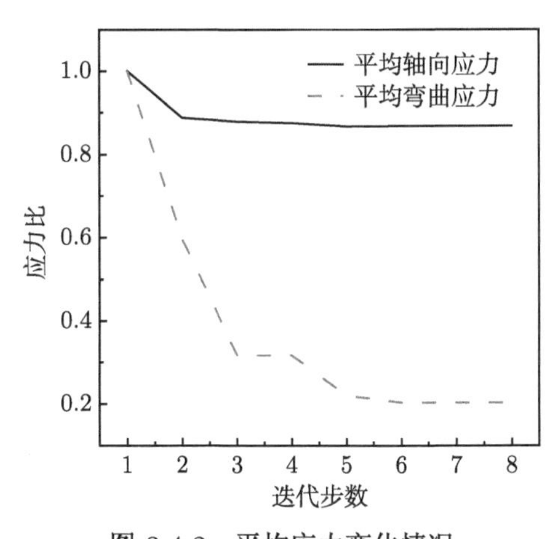

图 3-4-2　平均应力变化情况

图 3-4-3 为自由曲面索支撑空间网格结构的形态优化过程中的轴向应力分布图。在图中，颜色与蓝色越接近表明结构所受轴向压力越大；颜色与红色越接近表

明结构所受轴向拉力越大。从图 3-4-3 中可以看出，结构初始曲面杆件的轴向压应力分布区域最大，但轴向拉应力杆件也有一定的分布区域，杆件轴向拉应力最大值为 20.7MPa。随着结构的不断优化，结构杆件轴向受压的区域在不断增加，受拉区域在不断缩小。最后，结构几乎全部的杆件都受压，仅有极个别杆件受拉，最大轴向拉应力仅为 0.02MPa。

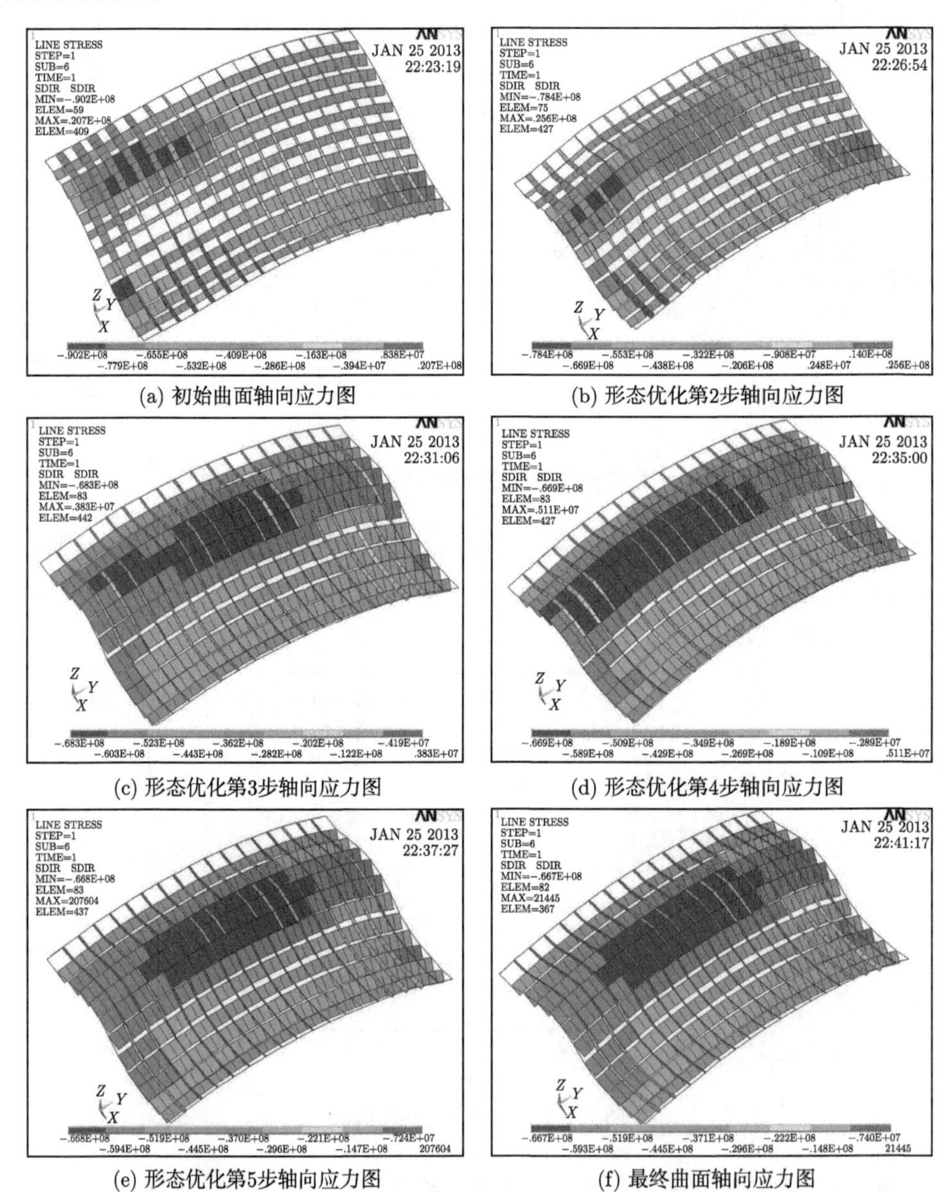

图 3-4-3 自由曲面索支撑空间网格结构的形态优化过程中的轴向应力分布 (详见书后彩图)

从这三幅图中可知，在优化过程中结构的应变能、最大位移、最大应力、最大轴向应力和最大弯曲应力逐渐降低，因此结构的静力性能不断得到提高，而且在优化初期提高较快。结构的初始曲面受力以弯曲应力为主，在应变能降低的过程中，通过变化曲面形状，弯曲应力与轴向应力的比值不断变小，最后使结构以受轴向压应力为主。

对于自由曲面索支撑空间网格结构而言，由于其形态优化过程中内力分布较为复杂，往往导致结构屈曲后的平衡路径也存在多种可能形式 (分枝点屈曲、极值点屈曲等)，如图 3-4-4 所示。因此，平衡路径跟踪对自由曲面结构屈曲后性能的研究是十分必要的。

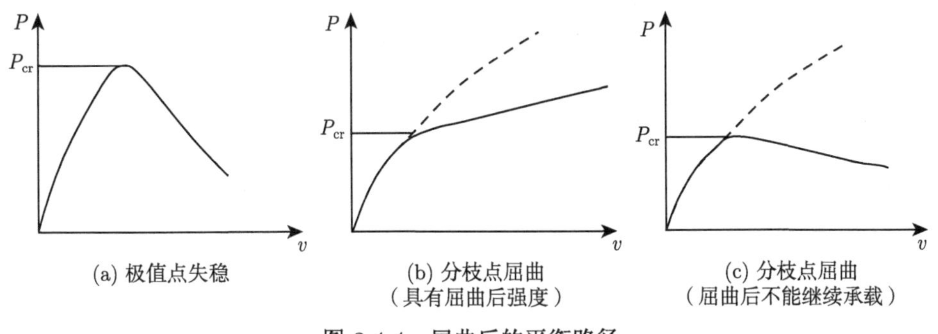

(a) 极值点失稳　(b) 分枝点屈曲（具有屈曲后强度）　(c) 分枝点屈曲（屈曲后不能继续承载）

图 3-4-4　屈曲后的平衡路径

结构失稳类型主要有两类：极值点屈曲和分枝点屈曲。图 3-4-4(a) 所示为极值点屈曲的荷载–位移曲线，位移随着荷载的增加而增加，直至到达平衡路径上的一个顶点，即临界点，越过临界点之后结构具有唯一的平衡路径，且曲线呈下降趋势，即平衡路径是不稳定的。这一临界点就是极值点，结构发生的这类屈曲称为极值点屈曲，也称极限屈曲。在极值点处，对应屈曲模态的结构的刚度为零。结构到达极值点时，会突然发生跳跃失稳。

对于分枝点屈曲的情形 (图 3-4-4(b)、(c))，位移仍随荷载的增加而增加，直至到达平衡路径上的一个拐点，即临界点，随后出现与平衡路径相交的第二平衡路径。该临界点即分枝点，在该点，结构失稳即为分枝点屈曲。分枝点之前结构沿初始位移形态变化的平衡路径称基本平衡路径，越过分枝点以后的路径称第二平衡路径，也称分枝路径。与极值点屈曲的情形不同，分枝路径可能出现两条或两条以上。结构到达分枝点以后，若继续沿基本平衡路径运动则平衡是不稳定的，将转移至分枝路径。分枝路径上，若荷载继续上升，称稳定的分枝屈曲；若荷载呈下降形式，则为不稳定的分支屈曲 [21]。

图 3-4-5 为曲面形态优化过程中结构的荷载–位移全过程曲线。横坐标表示节点位移，纵坐标为无量纲参数 $F\big/P_{\rm cr}^{(1)}$，表示与全过程曲线各时刻对应的荷载与优

化前初始曲面屈曲荷载的比值，其数值大小反映了优化过程中曲面屈曲荷载的提高幅度。由图 3-4-1 和图 3-4-5 可知，随着迭代步数的增加，结构的应变能逐渐降低，而结构的非线性屈曲荷载逐渐增大，相比于初始曲面，优化后较优的曲面施加缺陷后的非线性屈曲荷载也呈增大的趋势，说明结构的稳定性能逐渐提高。曲面优化前两步施加缺陷时，结构的弯曲应力较大，故施加缺陷对结构的非线性屈曲荷载影响较小。随着结构的不断优化，结构的弯曲应力和轴向应力逐渐减少，但结构的弯曲应力下降更多，结构的轴向应力所占比例不断增加，此时，施加缺陷后对结构非线性屈曲荷载影响较大。这是因为轴向应力所占比例较大时，曲面对缺陷较为敏感，这点与球壳、柱壳所得结论一致。所以，在优化前期，结构发生分枝点屈曲，施加缺陷对自由曲面索支撑空间网格结构的非线性屈曲荷载影响较小，而在优化后期，结构发生极值点失稳，施加缺陷会导致结构的非线性屈曲荷载下降较大。

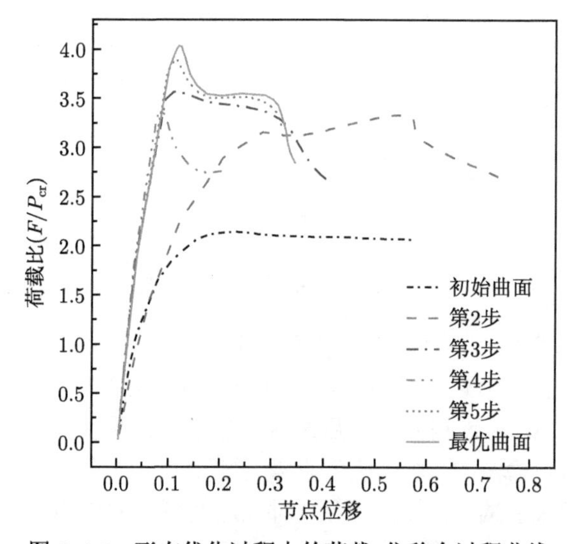

图 3-4-5 形态优化过程中的荷载–位移全过程曲线

通过该算例分析可知，优化过程中结构的应变能逐渐减少，在优化初期结构下降较快，然后逐渐趋于稳定，而自由曲面索支撑空间网格结构的刚度和稳定性能也随之逐步提高，最后结构以受轴向压应力为主。通过优化过程的分析，也证实了结构的应变能和结构的最大位移、非线性屈曲荷载存在相关性。

3.4.2 自由曲面索支撑空间网格结构单目标形态优化

从 3.1 节中可知，结构的力学性能指标有最大位移、应变能、特征值屈曲荷载等，本书通过理论分析，在所有力学性能指标中选择应变能为目标函数进行优化，从而使结构的力学性能最优，下面将通过算例详细分析在所有力学性能指标中选择应变能为目标函数的合理性。设一自由曲面索支撑空间网格结构，跨度为 20m，长度为 20m。钢杆件采用方钢管，规格为 100mm×100mm×4mm，材料为 Q235B 钢，弹性模量 $E=2.06\times10^{11}\text{N/m}^2$，索采用不锈钢绞线，弹性模量 $E=1.3\times10^{11}\ \text{N/m}^2$，索的截面面积为 59.7mm^2，索的初始预应力为 150MPa。节点形式为刚接节点，支座采用理想铰支座，四边支承，自由曲面索支撑空间网格结构的初始形状如图 3-4-6 所示。

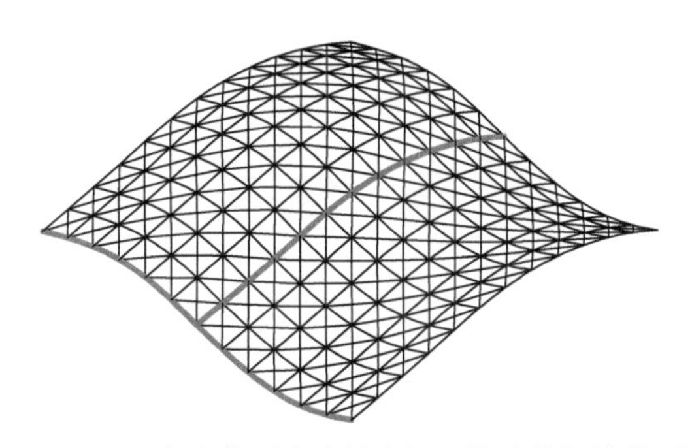

图 3-4-6　自由曲面索支撑空间网格结构初始曲面

荷载取值：自由曲面索支撑空间网格结构所受的荷载为恒载 (自重 $512\ \text{N/m}^2$) 和满跨分布的活荷载 (500N/m^2)。

取结构的最大位移为目标函数，最大应力为状态变量。优化后的自由曲面索支撑空间网格结构的母线和准线与优化前的比较如图 3-4-7 所示，优化后曲面如图 3-4-8 所示。从表 3-4-1 可知，优化后自由曲面索支撑空间网格结构的总应变能下降了 50%；优化后结构的最大位移下降了 92.1%，平均位移下降了 79.1%；方钢管的最大应力下降了 71.4%，最大轴向应力下降了 20%，最大弯曲应力下降了 80%；而结构线性屈曲荷载提高了 115%，非线性屈曲荷载提高了 45.7%，施加缺陷后结构的非线性屈曲荷载提高了 16.6%。从表 3-4-1 中可以看出，初始曲面施加缺陷后非线性屈曲荷载略大于施加缺陷前的非线性屈曲荷载，而优化后的曲面施加缺陷后非线性屈曲荷载小于施加缺陷前的非线性屈曲荷载，从图 3-4-13 中可以看出，这是由于初始曲面发生分枝点失稳，结构具有屈曲后强度，所以非线性屈曲荷载有所增加，而优化后的曲面发生极值点失稳，故施加缺陷后的非线性屈曲荷载有所降低。通过以上分析可知，优化后结构的最大位移、最大应力和应变能都有所降低，但结构的线性屈曲荷载、非线性屈曲荷载和施加缺陷后的非线性屈曲荷载都有所提高，说明以最大位移为目标函数能使结构的力学性能得到较大的提高，也说明结构的刚度和稳定存在相关性。

取结构的特征值屈曲求得的线性屈曲荷载系数为目标函数，最大位移、最大应力为状态变量。优化后的自由曲面索支撑空间网格结构的母线和准线与优化前的比较如图 3-4-9 所示，优化后曲面如图 3-4-10 所示，优化前后结构力学性能的比较

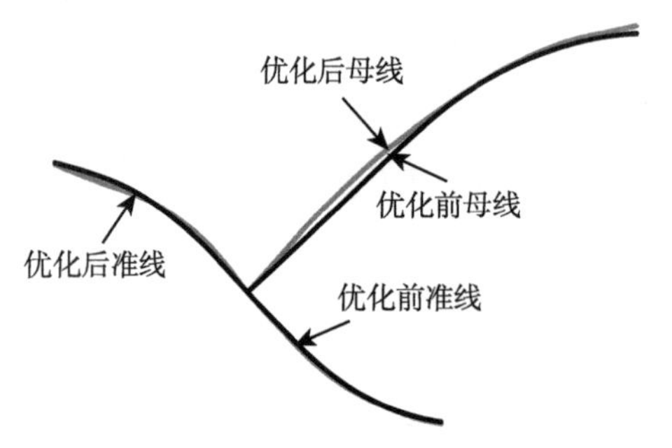

图 3-4-7　母线和准线优化前与优化后

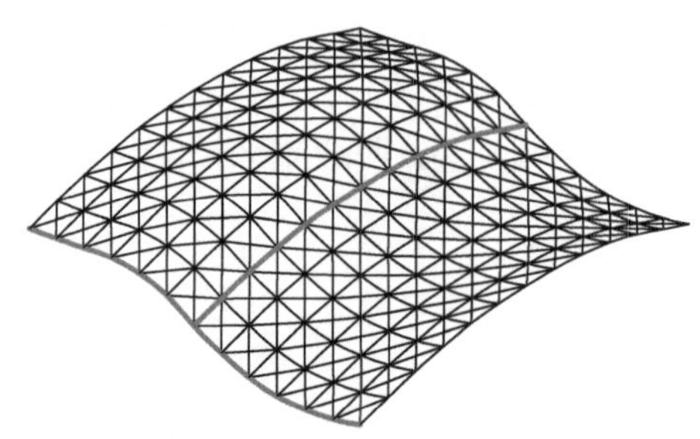

图 3-4-8　自由曲面索支撑空间网格结构优化后

表 3-4-1　结构优化前后参数的变化

评价指标	优化前	优化后	变化率
总应变能/J	8751	4374	下降 50%
最大位移/m	0.14	0.011	下降 92.1%
平均位移/m	0.022	0.0046	下降 79.1%
最大应力/(N/m²)	0.35×10^9	0.1×10^9	下降 71.4%
最大轴向应力/(N/m²)	0.55×10^8	0.44×10^8	下降 20%
最大弯曲应力/(N/m²)	0.12×10^9	0.24×10^7	下降 80%
线性屈曲荷载/(N/m²)	4693	10090	提高 115%
非线性屈曲荷载/(N/m²)	2992	4360	提高 45.7%
加缺陷非线性屈曲荷载/(N/m²)	2995	3491	提高 16.6%
弯曲应变能与轴向应变能比值	1.54	0.085	下降 94.5%

如表 3-4-2 所示。从表 3-4-2 中可知，优化后自由曲面索支撑空间网格结构的总应变能下降了 41.4%；优化后结构的最大位移下降了 80.7%，平均位移下降了 57.3%；方钢管的最大应力下降了 48.6%，最大轴向应力下降了 3.6%，最大弯曲应力下降了 37.5%；而结构的屈曲荷载系数提高了 176%，非线性屈曲荷载提高了 22%，施加缺陷后结构的非线性屈曲荷载提高了 12.8%。以特征值屈曲求得的线性屈曲荷载系数为目标函数可以较好地提高结构的线性屈曲荷载，同时结构的非线性屈曲荷载和施加缺陷后的非线性屈曲荷载也能得到较大的提高，优化后的曲面施加缺陷后的非线性屈曲荷载有所降低，但下降幅度不大，这是由于结构的弯曲应力较大，因此对缺陷不敏感。通过以上分析可知，以结构的特征值屈曲求得的线性屈曲荷载系数为目标函数不仅能提高结构的稳定性，也能提高结构的刚度。

取结构的应变能为目标函数，最大应力为状态变量。优化后的自由曲面索支撑空间网格结构的准线与优化前的比较如图 3-4-11 所示，优化后曲面如图 3-4-12 所示，优化前后结构力学性能的比较如表 3-4-3 所示。从表 3-4-3 中可知，优化后自由曲面索支撑空间网格结构的总应变能下降了 51.8%；优化后结构的最大位移下

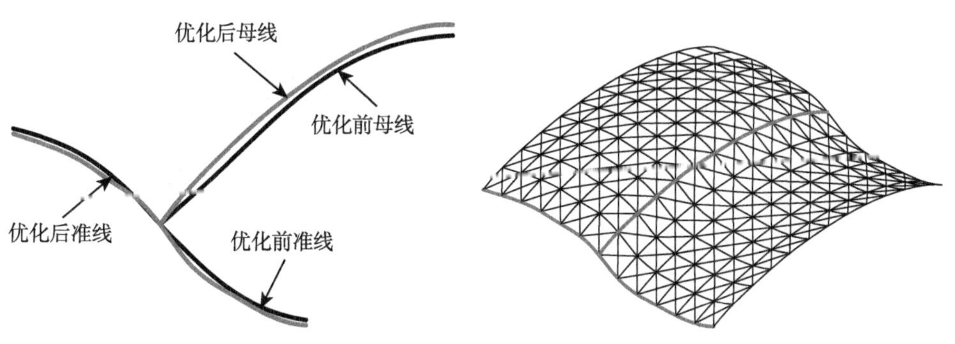

图 3-4-9　母线和准线优化前与优化后　图 3-4-10　自由曲面索支撑空间网格结构优化后

表 3-4-2　结构优化前后参数的变化

评价指标	优化前	优化后	变化率
总应变能/J	8751	5124	下降 41.4%
最大位移/m	0.14	0.027	下降 80.7%
平均位移/m	0.022	0.0094	下降 57.3%
最大应力/(N/m^2)	0.35×10^9	0.18×10^9	下降 48.6%
最大轴向应力/(N/m^2)	0.55×10^8	0.53×10^8	下降 3.6%
最大弯曲应力/(N/m^2)	0.12×10^9	0.75×10^8	下降 37.5%
线性屈曲荷载/(N/m^2)	4693	12960	提高 176%
非线性屈曲荷载/(N/m^2)	2992	3650	提高 22%
加缺陷非线性屈曲荷载/(N/m^2)	2995	3378	提高 12.8%
弯曲应变能与轴向应变能比值	1.54	0.671	下降 56.4%

降了 93.6%，平均位移下降了 82.3%；方钢管的最大应力下降了 77.1%，最大轴向应力下降了 23.6%，最大弯曲应力下降了 85.8%；而结构的线性屈曲荷载提高了 73.9%，非线性屈曲荷载提高了 53.5%，施加缺陷后结构的非线性屈曲荷载提高了 31.2%。以应变能为目标函数可以较好地提高结构的整体力学性能，优化后结构的线性屈曲荷载和施加缺陷前后的非线性屈曲荷载也得到了较大的提高，但施加缺陷后结构的非线性屈曲荷载相比于施加缺陷前有所降低，这是由于优化后结构以轴力为主，弯曲所占比例很小，所以施加缺陷后非线性屈曲荷载有所降低。通过以上分析可知，以结构的应变能为目标函数也能得到整体力学性能较好的曲面。

图 3-4-7、图 3-4-9、图 3-4-11 给出了三种目标函数时，优化前后准线和母线的形状变化比较。从图中可以看到，优化前后曲面形状变化不大。这是因为本书采用了基于准线和母线的优化方法，在优化过程中，网格形状始终保持为平面四边形，这相当于增加了曲面形状变化的约束条件。此外，为保证曲面光顺，采用了 B 样条曲线建立准线和母线，并将准线、母线上的网格节点作为已知点来进行形态优化，这样虽然保证了曲面光顺，但也相当于又给曲面形状变化增加了约束条件，而且已

知点越多，约束作用越强。因此，从形态优化结果可以看到，曲面形状变化不大。

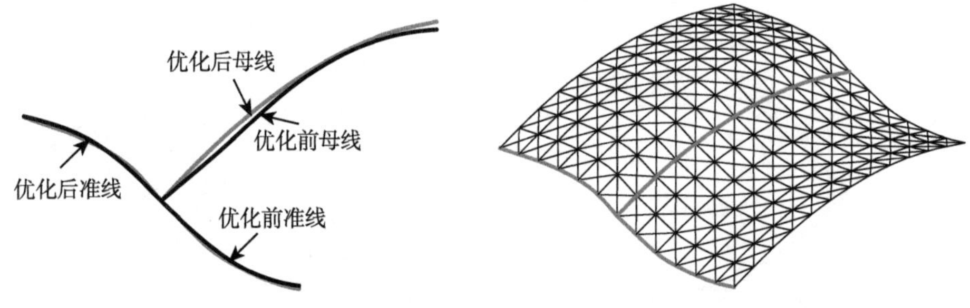

图 3-4-11　母线和准线优化前与优化后　图 3-4-12　自由曲面索支撑空间网格结构优化后

表 3-4-3　结构优化前后参数的变化

评价指标	优化前	优化后	变化率
总应变能/J	8751	4219	下降 51.8%
最大位移/m	0.14	0.009	下降 93.6%
平均位移/m	0.022	0.0039	下降 82.3%
最大应力/(N/m^2)	0.35×10^9	0.8×10^8	下降 77.1%
最大轴向应力/(N/m^2)	0.55×10^8	0.42×10^8	下降 23.6%
最大弯曲应力/(N/m^2)	0.12×10^9	0.17×10^8	下降 85.8%
线性屈曲荷载/(N/m^2)	4693	8160	提高 73.9%
非线性屈曲荷载/(N/m^2)	2992	4592	提高 53.5%
加缺陷非线性屈曲荷载/(N/m^2)	2995	3928	提高 31.2%
弯曲应变能与轴向应变能比值	1.54	0.036	下降 97.7%

表 3-4-4 给出了以最大位移、特征值屈曲荷载和应变能为目标函数时曲面优化结果，从表中可见：

(1) 应变能为目标函数时的最大位移最小，这是因为最大位移反映的是结构的局部特性，以最大位移为目标函数时，选取的是曲面某个具体点的最大位移进行优化，当最大位移达到较小时即会收敛。而应变能则是通过提高结构的整体刚度来使曲面上所有的点的位移降低，因此应变能为目标函数时，结构中所有点的平均位移最小，所以会出现应变能为目标函数时的最大位移最小。

(2) 以特征值屈曲荷载为目标函数时的线性屈曲荷载最大，但非线性屈曲荷载为以应变能为目标函数时最大。这是因为由于几何非线性的影响，特征值屈曲荷载和非线性屈曲荷载相关性变弱，而网壳结构的非线性屈曲荷载可以通过能量法求得，所以结构的应变能和结构的非线性屈曲荷载存在相关性。所以，以应变能为目标函数的非线性屈曲荷载最大。

(3) 以应变能和最大位移为目标函数时，结构的非线性屈曲荷载对结构初始缺陷比较敏感，非线性屈曲荷载分别下降了 19.9%和 23.3%。而以特征值屈曲荷载为目标函数时以及结构初始曲面，其对缺陷不敏感，非线性屈曲荷载分别下降了 7.5%和上升了 0.1%。形成这种差别的原因主要是结构中弯曲应力的影响，从表 3-4-4 中可见，特征值屈曲荷载为目标函数和结构初始曲面的最大弯曲应力分别为 120MPa 和 75MPa，弯曲应力在结构应力中所占的比例很大，而最大位移和应变能为目标函数时的最大弯曲应力仅为 24MPa 和 17MPa，所占比例不大。此外特征值屈曲荷载为目标函数和结构初始曲面的弯曲应变能和轴向应变能的比值分别为 0.671 和 1.54，说明在结构内部弯曲所占的比例很高，而最大位移和应变能为目标函数时的弯曲应变能和轴向应变能的比值仅为 0.085 和 0.036，弯曲

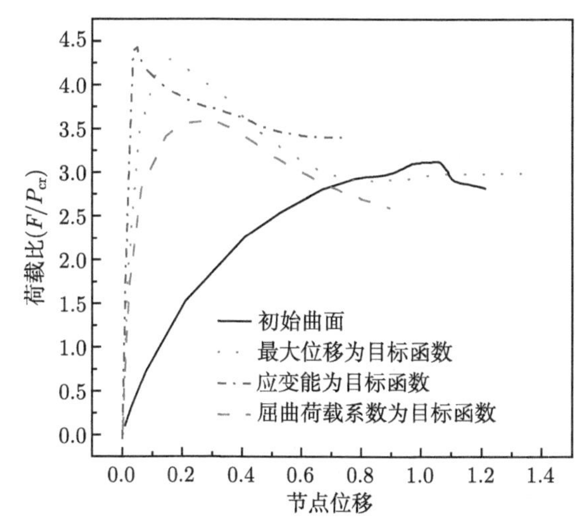

图 3-4-13　形态优化后的荷载–位移全过程曲线

表 3-4-4　不同目标函数优化后的结果

评价指标	初始曲面	最大位移为目标函数	特征值屈曲荷载为目标函数	应变能为目标函数
总应变能/J	8751	4374	5124	4219
最大位移/m	0.14	0.011	0.027	0.009
平均位移/m	0.022	0.0046	0.0094	0.0039
最大应力/(N/m^2)	0.35×10^9	0.1×10^9	0.18×10^9	0.8×10^8
最大轴向应力/(N/m^2)	0.55×10^8	0.44×10^8	0.53×10^8	0.42×10^8
最大弯曲应力/(N/m^2)	0.12×10^9	0.24×10^8	0.75×10^8	0.17×10^8
弯曲应变能与轴向应变能比值	1.54	0.085	0.671	0.036
线性屈曲荷载/(N/m^2)	4693	10090	12960	8160
非线性屈曲荷载/(N/m^2)	2992	4360	3650	4592
加缺陷非线性屈曲荷载/(N/m^2)	2995	3491	3378	3567
缺陷敏感性降低承载力	0.1%	−19.9%	−7.5%	−22.3%

所占比例很小。因此结构初始曲面和特征值屈曲荷载为目标函数时，结构弯曲所占比例很大；而最大位移和应变能为目标函数时，轴力为主，弯曲所占比例很小。因此以应变能和最大位移为目标函数时，结构非线性屈曲荷载对结构初始缺陷比较敏感，特征值屈曲荷载为目标函数时以及结构初始曲面对初始缺陷不敏感。

(4) 结构形态优化前的最大位移和最大应力皆超过设计限值，不满足结构设计要求，而经过形态优化后，结构力学性能得到了很大程度的提高，结构各项指标都满足了设计要求。应变能为目标函数时，结构各方面的力学性能最好，当采用单目标形态优化时，建议采用应变能作为目标函数。

3.5 自由曲面索支撑空间网格结构的多目标形态优化

自由曲面索支撑空间网格结构的形态优化包括：单目标优化与多目标优化，其中单目标优化是使主要目标函数最小化，同时考察其他力学性能指标或几何指标的变化情况；而多目标优化主要是指将多个力学性能指标和几何指标同时列入考察范围内。目标函数是结构形态优化中的关键。由于结构的形态优化需考虑结构的不同特性，所以可以考虑采用不同的目标函数，如结构整体应变能，节点的最大位移，特征值屈曲荷载，优化后曲面与初始曲面的差别以及杆件长度均方差、用钢量等。

虽然以应变能为目标函数的单目标形态优化不仅使自由曲面索支撑空间网格结构的受力性能较为合理，而且也使结构达到美观要求。然而从自由曲面索支撑空间网格结构施工便利方面和经济方面考虑，我们需将几何指标杆件长度相等和经济指标结构用钢量也列入考察范围。本章通过采用结构的最大位移、特征值屈曲荷载、应变能、杆件长度均方差和用钢量等不同目标函数的组合对结构进行形态优化，并探讨不同目标函数的组合对结构形态优化的影响。

3.5.1 目标函数分类与组合

目标函数的建立在优化分析中起着重要作用，它反映了对结构的评价标准和期望。建立目标函数，就是确定评价自由曲面索支撑空间网格结构形态优劣的标准并形成数量表达形式。自由曲面索支撑空间网格结构以其结构合理、造型优美、力学性能好、用钢量少、重量轻、现场施工安装方便及其通透性等特点成为大跨度建筑结构中具有广阔发展前景的结构形式之一。根据自由曲面索支撑空间网格结构的特点，对索支撑空间网格结构形态的评价应包括三方面。

(1) 结构的力学性能指标：自由曲面索支撑空间网格结构的力学性能主要从结构的静力性能和稳定性能方面考虑。通过前文的分析可知，提高结构的静力性能可采用应变能和最大位移为目标函数，提高结构的稳定性能应取特征值屈曲荷载作为目标函数。

(2) 几何指标：包括初始曲面与优化后曲面差别，杆件长度方差。当建筑外形基本形状确定后，建筑师对于建筑曲面形状优化只允许较小改动，不允许变化太大，此时就需要限制优化后曲面与初始曲面的差别。自由曲面索支撑空间网格结构各根杆件长度相等，所以结构加工和施工安装都较为便捷。结构初始曲面杆件长度相等，但结构形态优化过程中结构杆件长度会发生改变，为了保证曲面优化后杆件长度差别不大，需要通过控制杆件长度方差来限制杆件长度差别。由于平行四边形原理和 B 样条曲线的限制，曲面优化前后形状变化不大，因此控制初始曲面与优化曲面差别这一条件自然得到满足。因此，在本书中几何指标主要表现为控制杆长方差。

(3) 经济指标：自由曲面索支撑空间网格结构主要由钢管、预应力索和钢化玻璃组成，因此都可在工厂中成批生产，并采用机械加工，不仅提高了生产效率，降低了生产成本，还使空间网格结构的力学合理性与生产经济性结合起来。由于结构造价里边有很大一部分是用钢量，因此本书的经济指标主要指钢管的用钢量。通过减少钢管用钢量来降低结构造价。

结构设计过程中，除了力学指标外，其他因素也很重要，如几何指标和经济指标。本章通过不同目标函数的组合对结构进行形态优化，并探讨不同目标函数的组合对结构形态优化的影响。

结构形态优化的结果应该在力学上比较合理，因此肯定有一个目标函数选为力学性能指标，可以选择力学指标和几何指标同时为目标函数，也可选择力学指标和经济指标同时为目标函数。根据前文比较可知，作为目标函数，应变能比最大位移和特征值屈曲荷载效果更好，因此本章的目标函数组合为：组合一，应变能和杆长均方差；组合二，应变能和用钢量。

此外，结构不同，力学性能指标也可以进行多目标组合。网壳结构的特征值屈曲荷载是通过能量法求得，而结构在不稳定平衡状态时的总势能由结构内部应变能和外力势能组成，所以结构的应变能和结构的特征值屈曲荷载存在相关性。外荷载对结构所做的功将以应变能的形式储存在结构体内，所以同样的荷载作用下结构变形越小，存储在结构体内的应变能越小，因此结构最大位移和应变能存在相关性。根据多目标选取原则，目标函数之间的相关性越小越好，因此这里选择目标函数组合三为：结构最大位移和特征值屈曲荷载。

3.5.2　多目标形态优化理论

自由曲面索支撑空间网格结构多目标优化研究的思路是：首先确定优化变量及其取值范围，也就是给出问题的解空间；然后提出目标函数并采用某种数量形式对目标进行描述，这是优化的核心内容，反映了对形态的评价标准，它的数量描述形式能否反映问题的本质则直接关系到优化的效果；对于一些优化问题，除对优化变量取值空间的约束外，还有其他一些限制条件，如位移限制、应力限制等，通常可通过不等式约束的形式来实现。通过以上几个步骤即形成优化模型，其数学表达形式为 [22]

$$\min\left[f_1(X), f_2(X), \cdots, f_n(X)\right]^{\mathrm{T}} \tag{3-5-1}$$

$$\text{s.t.}\quad g_j(X) \leqslant 0 \quad (j=1,2,\cdots,J) \tag{3-5-2}$$

式中，X 为优化变量向量；$f_1(X), f_2(X), \cdots, f_n(X)$ 为目标函数；$g_j(X)(j=1,2,\cdots,J)$ 为优化的约束条件。

与单目标问题不同，多目标问题的解不是唯一的，而是一组解，被称为 Pareto 解集 (或 Pareto 前沿) [23,24]。这里先介绍 Pareto 解集的概念。Pareto 解集的概念最早由意大利经济学家 V. Pareto 提出 [25]。Pareto 解集指优化区间内这样的一个或一些个体，即优化区间内不存在比该个体绝对好的其他个体。“绝对好” 是指至少一个目标更好，而其他目标不差 (图 3-5-1)。

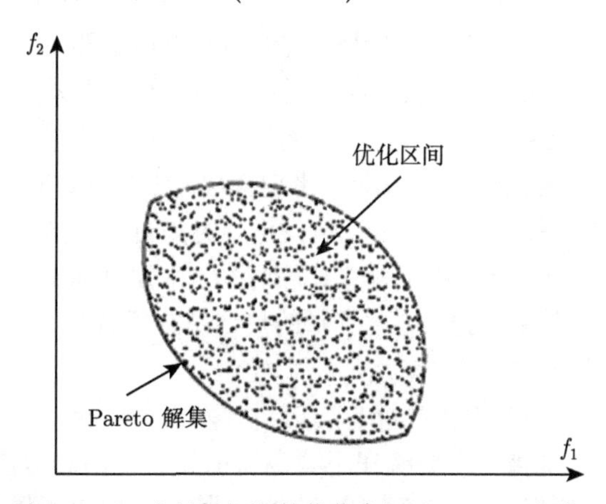

图 3-5-1　多目标问题的优化空间及 Pareto 解集

可见，多目标问题实际上是求一组均衡解，而不是单个的全局最优解，因此多目标问题与单目标问题的求解方法有着本质上的区别。

目前，对于多目标优化方法还没有一个统一的分类标准，本章按照优化的两个过程：决策过程和搜索过程的先后顺序进行分类 [26,27]。决策是根据决策者的偏好从 Pareto 前沿中选择其中一个或部分解作为最优解。显然，这一过程取决于决策人对问题的认识程度，具有主观性。搜索过程根据决策要求，搜索到最优解，这一过程是客观的。根据优化过程和决策过程的先后顺序，将多目标优化方法分为先验优先权方法、交互式方法以及后验优先权方法。

(1) 先验优先权方法，即先决策后搜索。先根据决策者偏好信息将多个目标聚合成一个目标，按单目标问题进行搜索，如加权系数法。该方法的优点是把多目标问题转换为单目标问题，能简化计算。但是采用这种方法时，加权系数直接影响优化结果，而加权系数的选取主要依赖于经验，为满足工程要求，常常需要对多种加权方式进行计算，花费了大量时间。

(2) 交互式方法，即决策与搜索交替进行。决策器从优化器的搜索过程中提取有利于精炼优先权设置的信息，而优先权的设置则有利于优化器搜索到决策人感兴趣的区域。交互式优化方法只搜索决策人关心的区域，具有计算量小、决策相对简单等优点。但如何有效提炼偏好信息仍是个难题。

(3) 后验优先权方法，即先搜索后决策。先实施搜索找到 Pareto 解集，再根据决策者偏好从中选择。这种方法直接找出问题的全部最优解，供不同的决策者根据自己的需要进行选择。近代发展起来的多目标算法大多属于这种方法。

通过比较可知，先验优先权法和交互式都在一定程度上依赖于决策者对加权系数的设置，因此无法避免决策者对问题的认识等主观因素的影响，最终得到的最优结构常常无法达到理想的效果。因此，本章选择后验优先权法对自由曲面索支撑空间网格结构的多目标问题进行求解，也就是说，通过计算求得优化问题的整个 Pareto 解集，即包含了各种加权方式对应的最优解，从而提供给设计者一个最优的解区间，一方面使设计者可以根据具体需要灵活有效地从中选取满足设计要求的最优方案，另一方面也可以为自由曲面索支撑空间网格结构形态的研究提供较为全面的信息。

多目标优化问题的本质在于，大多数情况下各子目标是相互冲突的，即同时使所有目标达到最优是不可能的。因此，解决多目标问题的最终手段是在各子目标之间进行协调权衡和折中处理 [27]。加权系数法正是这一思路的体现。该方法根据相对重要程度对各目标进行折中，并采用线形组合的形式将多目标优化问题转化为单目标问题

$$\min f(x) = \sum_{k=1}^{n} w_k f_k(x) \tag{3-5-3}$$

式中，n 为目标总数；f_k 为各分目标函数，加权前需进行正则化以消除各目标函数在单位和数量级上的差异；w_k 为重要性加权系数，通常取为 $\sum w_k{=}1$，且 $w_k > 0$。

(1) 正则化。在实践中发现，不合理的正则化方法会无意中加强或弱化一些目标，导致重要性加权系数无法准确地体现目标的重要程度，优化结果就会偏离期望。较好的正则化方法是利用下面的公式将各分目标函数值都转换为 0~1 范围内的无量纲值：

$$\bar{f}_k = \frac{f_k - \beta_k}{\alpha_k - \beta_k} \tag{3-5-4}$$

式中，α_k、β_k 为目标函数 f_k 在整个优化区域内的最大值、最小值；$\bar{f}_k$ 为正则化后的目标函数，则式 (3-5-3) 应写为

$$\min f(x)=\sum_{k=1}^{n}\omega_k\bar{f}_k(x) \tag{3-5-5}$$

(2) 加权系数法的含义。显然，多目标优化的结果并不是单个解，而是一组均衡解，即所谓的 Pareto 前沿。Pareto 前沿的特点是不存在比这个解方案至少一个目标更好而其他目标不低劣的更好的解。加权系数法实际上是从 Pareto 前沿中选择一个或几个方案作为最优解。下面以两个目标的优化问题为例说明加权系数法所得最优解的含义。对于固定的加权系数 ω_1、ω_2 寻找最优解 x 使 $f(x)=\omega_1\bar{f}_1(x)+\omega_2\bar{f}_2(x)$ 取最小值。该方程的形式可变换成

$$\bar{f}_2(x)=-\frac{\omega_1}{\omega_2}\bar{f}_1(x)+\frac{f(x)}{\omega_2} \tag{3-5-6}$$

这相当于定义了一条直线，其斜率为 $-\omega_1/\omega_2$，在纵坐标上的截距为 $f(x)/\omega_2$。使 $f(x)$ 最小就是使截距 $f(x)/\omega_2$ 最小，也就是说，根据加权系数 ω_1、ω_2 求得的最优解，即斜率为 $-\omega_1/\omega_2$ 的直线与 Pareto 前沿的切点 (图 3-5-2)。

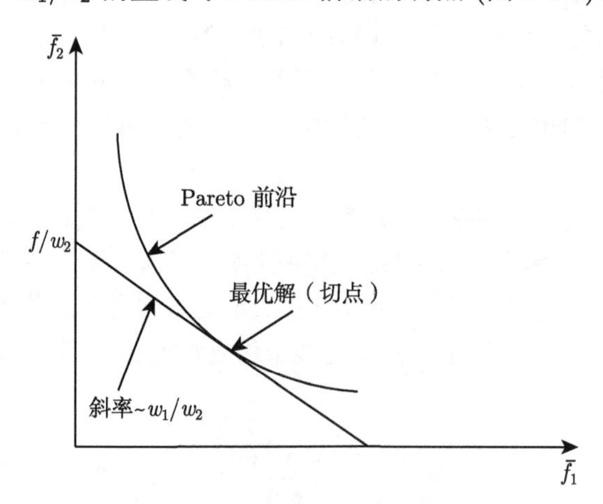

图 3-5-2　加权系数法的图形表示

通过调整加权系数可以获取满足决策者偏好的 Pareto 解。如需得到整个 Pareto 前沿，改变加权系数进行多次计算即可。当然，加权系数法也存在一定的缺点，即对 Pareto 前沿的形状比较敏感，处理前端的凹部有一定困难。但由于计算效率高，易于实现，因此仍然应用较多。

3.5.3　算例分析

设一自由曲面索支撑空间网格结构，跨度为 20m，长度为 20m。钢杆件采用方钢

管，规格为 100mm×100mm×4mm，材料为 Q235B 钢，弹性模量 E=2.06×10^{11}N/m^2，索采用不锈钢绞线，弹性模量 E=1.3×10^{11} N/m^2，索的截面面积为 59.7mm^2，索的初始预应力为 150MPa。节点形式为刚接节点，支座采用理想铰支座，四边支承，自由曲面索支撑空间网格结构的初始形状如图 3-5-3 所示。

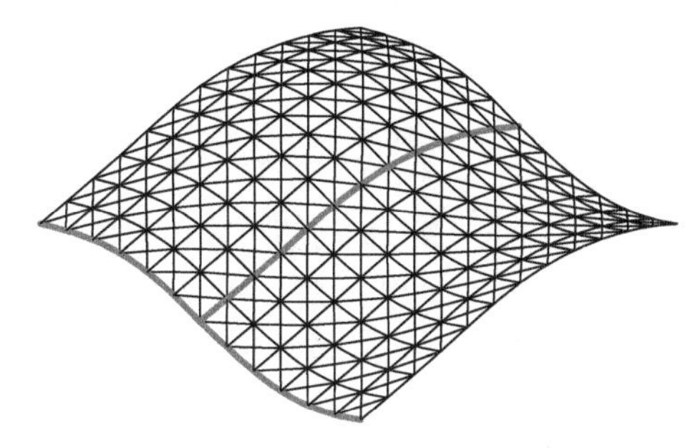

图 3-5-3 自由曲面索支撑空间网格结构初始曲面

荷载取值：自由曲面索支撑空间网格结构所受的荷载为恒载 (自重 512 N/m^2) 和满跨分布的活荷载 (500N/m^2)。

取结构的最大位移和特征值屈曲求得的线性屈曲荷载系数作为目标函数，结构的最大应力为状态变量。当加权系数为 $\omega_1:\omega_2$=0.5∶0.5 时，结构优化后母线和准线的变化如图 3-5-4 所示，优化后曲面如图 3-5-5 所示。从表 3-5-1 中可以得出，优化后自由曲面索支撑空间网格结构的总应变能下降了 48.6%；优化后结构的最大位移下降了 87.8%；方钢管的最大应力下降了 68.6%；结构的屈曲荷载系数提高了 171%，而非线性屈曲荷载提高了 38.4%，施加缺陷后结构的非线性屈曲荷载提高了 13.9%。通过以上分析可知，优化后结构的静力性能和稳定性能都有所提高。

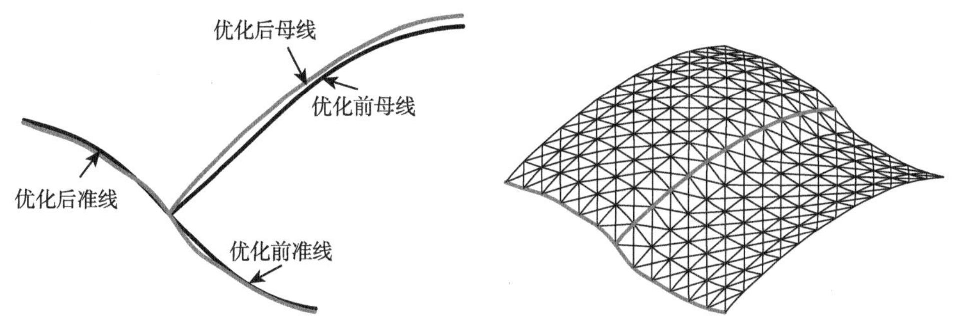

图 3-5-4 母线和准线优化前与优化后　　图 3-5-5 自由曲面索支撑空间网格结构优化后

表 3-5-2 给出了不同权值时曲面优化的结果，当加权系数为 1 时，为单目标优化。从表中可知：无论加权系数如何变化，结构的力学性能都得到了较大程度的提高；随着最大位移加权系数的增大，结构的最大位移、最大应力和应变能越来越

表 3-5-1　结构优化前后参数的变化

评价指标	优化前	优化后	变化率
最大位移/m	0.14	0.017	下降 87.8%
最大应力/(N/m^2)	0.35×10^9	0.11×10^9	下降 68.6%
总应变能/J	8751	4494	下降 48.6%
线性屈曲荷载	4693	12730	提高 171%
非线性屈曲荷载/(N/m^2)	2992	4140	提高 38.4%
加缺陷非线性屈曲荷载/(N/m^2)	2995	3411	提高 13.9%

小，非线性屈曲荷载变化不大，结构的力学性能逐渐变好，但结构对初始缺陷的敏感性在增加。但与表 3-4-4 比较可知，以最大位移和线性屈曲荷载为多目标函数优化后力学性能指标不如以应变能为单目标函数优化后的结果。

表 3-5-2　结构多目标及单目标优化结果

加权系数		优化结果					
最大位移	特征值屈曲荷载	最大位移/m	最大应力/(N/m^2)	总应变能/J	线性屈曲荷载/(N/m^2)	非线性屈曲荷载/(N/m^2)	加缺陷非线性屈曲荷载/(N/m^2)
1	0	0.011	0.1×10^9	4374	10090	4360	3491
0.75	0.25	0.013	0.106×10^9	4462	10846	4288	3428
0.5	0.5	0.017	0.113×10^9	4494	12730	4140	3411
0.25	0.75	0.023	0.14×10^9	4761	12787	3973	3396
0	1	0.027	0.18×10^9	5124	12960	3650	3378
初始曲面		0.14	0.35×10^9	8751	4693	2992	2995

结构的优化按级别可分为截面优化、形状优化、拓扑优化和布局优化，级别依次升高，但其难度的依次增大亦决定了其发展的先后次序 [28]。由于降低钢管的用钢量主要是通过优化钢管截面，而钢管截面优化属于截面优化，而以母线和准线上点的高度为优化变量的优化属于形态优化，所以以应变能和用钢量为目标函数是截面优化和形态优化的结合。

取用钢量和应变能为目标函数，结构的最大位移和最大应力为状态变量，母线和准线上点的高度和钢管截面尺寸为优化变量，其中钢管壁厚不变。当加权系数为 $\omega_1:\omega_2=0.5:0.5$ 时，结构优化后母线和准线的变化如图 3-5-6 所示，优化后曲面如图 3-5-7 所示。从表 3-5-3 中可以得出，优化后自由曲面索支撑空间网格结构的总应变能下降了 49.4%；优化后结构的最大位移下降了 90.4%；方钢管的最大应力下降了 68.6%；非线性屈曲荷载下降了 1.3%，施加缺陷后结构的非线性屈曲荷载下降了 16.9%；而方钢管截面由 100mm×100mm×4mm 变为 80mm×80mm×4mm，方钢管截面为 100mm×100mm×4mm 时，结构的用钢量为 12.06kg/m，方钢管截面为 80mm×80mm×4mm 时，结构的用钢量为 9.55kg/m，结构的用钢量下降了 26.3%。

通过以上分析可知，优化后结构的用钢量有了大幅下降，但结构的力学性能仍满足设计要求。

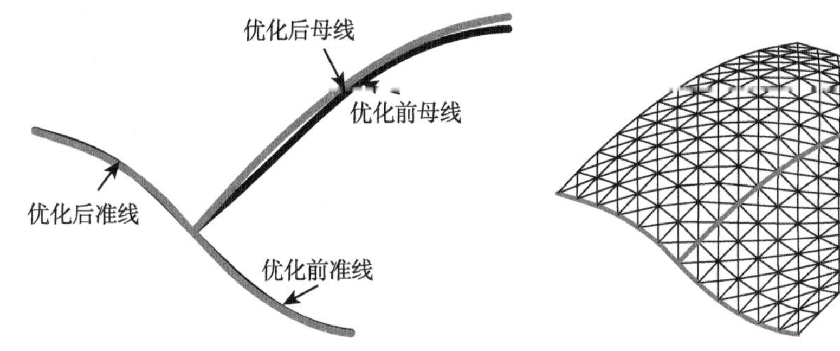

图 3-5-6　母线和准线优化前与优化后　　图 3-5-7　自由曲面索支撑空间网格结构优化后

表 3-5-3　结构优化前后参数的变化

评价指标	优化前	优化后	变化率
最大位移/m	0.14	0.0135	下降 90.4%
最大应力/(N/m^2)	0.35×10^9	0.11×10^9	下降 68.6%
总应变能/J	8751	4427	下降 49.4%
方钢管截面/mm	100×100	80×80	下降 20%
非线性屈曲荷载/(N/m^2)	2992	2953	下降 1.3%
加缺陷非线性屈曲荷载/(N/m^2)	2995	2562	下降 16.9%

表 3-5-4 给出了权值变化后曲面优化的结果，从表中可知：随着用钢量加权系数的增加，结构的力学性能大幅降低，虽然结构最大位移和最大应力都满足设计要求，但当加权系数大于 0.5 时，结构的非线性承载能力不再满足工程设计要求，此时优化结果不具有工程实际意义。较为优化的方案是应变能和用钢量的加权系数为 0.5∶0.5，此时钢管截面为 80mm×80mm×4mm，用钢量较小，而结构的各方面力学性能都满足设计要求。这正好体现了多目标优化的特点，通过设置重要性加权系数在各分目标间进行协调，从而使结构各方面的指标都达到较好的水平。因此，融合了截面优化和形态优化的多目标优化对于索支撑空间网格结构效果较好，具有较高的工程实用价值。

为了使结构的杆长均方差最小，不能只调整母线和准线上点的高度，因为初始结构的杆长相等，若只调整母线和准线上点的高度则只会使杆长均方差增大。若想使结构优化后的杆长均方差最小，应同时调整母线和准线上 X、Y、Z 轴的坐标。若只调整三维坐标而不控制杆长，则会使网格形状大小不一，网格不均匀。由前文可知，结构的调整是通过母线和准线调整的，故应将母线和准线上点的 X、Y、Z 轴的坐标均设为优化变量。

表 3-5-4　结构多目标及单目标优化结果

加权系数		优化结果					
应变能	方钢管截面	最大位移/m	最大应力/(N/m²)	方钢管截面/mm	总应变能/J	非线性屈曲荷载/(N/m²)	加缺陷非线性屈曲荷载/(N/m²)
1	0	0.009	0.8×10^8	100×100×4	4219	4592	3567
0.75	0.25	0.0128	0.9×10^8	91×91×4	4326	3788	2854
0.5	0.5	0.0135	0.11×10^9	80×80×4	4427	2953	2342
0.25	0.75	0.0186	0.13×10^9	62.5×62.5×4	4695	1875	1385
0	1	0.024	0.15×10^9	62.5×62.5×4	4796	1807	1356
初始曲面		0.14	0.35×10^9	100×100×4	8751	2992	2995

杆长均方差也称杆长标准差，用 S 表示，表达式如式 (3-5-8)。标准差是方差的算术平方根，标准差能反映杆件长度的离散程度。标准差是一组数据平均值分散程度的一种度量，一个较大的标准差，代表大部分数值和其平均值之间差异较大；一个较小的标准差，代表这些数值较接近平均值。

$$\bar{L}=\frac{1}{N}\sum_{i=1}^{n}L_i \tag{3-5-7}$$

$$S=\sqrt{\frac{1}{N}\sum_{i=1}^{n}\left(L_i-\bar{L}\right)^2} \tag{3-5-8}$$

取应变能和杆件长度均方差为目标函数，结构的最大位移、最大应力为状态标量，母线和准线上 X、Y、Z 轴的坐标为优化变量。当加权系数为 $\omega_1:\omega_2=0.5:0.5$ 时，结构优化后母线和准线的变化如图 3-5-8 所示，优化后曲面如图 3-5-9 所示。从图中和表 3-5-5 中可以得出，优化后自由曲面索支撑空间网格结构的总应变能下降了 38.9%；优化后结构的最大位移下降了 68.1%；方钢管的最大应力下降了 42.9%；非线性屈曲荷载提高了 17.9%，施加缺陷后结构的非线性屈曲荷载提高了 6.61%；结构的杆长均方差也从最初的建模误差 8mm 上升为 10mm，杆件均方差提高了 23.8%。通过分析可知，优化后结构的静力性能和稳定性能都有所提高，而且优化后结构的杆件均方差相对较小。

表 3-5-6 给出了权值变化后曲面优化的结果，从表中可知：当杆件长度均方差加权系数为 1 时，结构力学性能大幅度降低，此时结构位移和杆件应力都已经远超设计限值，结构不再满足设计要求。所以，结构目标函数中必须要含有结构力学性能指标。当应变能加权系数为 1 时，结构力学性能很好，但杆件长度均方差较大，达到了 33mm。杆件长度均方差加权系数在 0.25~0.75 变化时，结构力学性能基本不变，且杆件均方差小于 10mm，满足杆长均匀性要求。结构最大应力和最大位移虽较大，但都小于设计限值，满足要求。这说明，优化结果对杆长均方差和应变能

加权系数变化不敏感。因此杆长方差加权系数无须太大，取为 0.25 比较合适，且可满足杆长均匀性和结构力学要求。

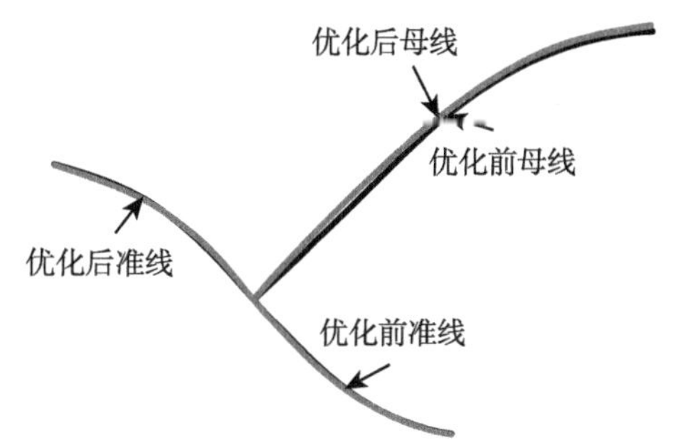

图 3-5-8　母线和准线优化前与优化后

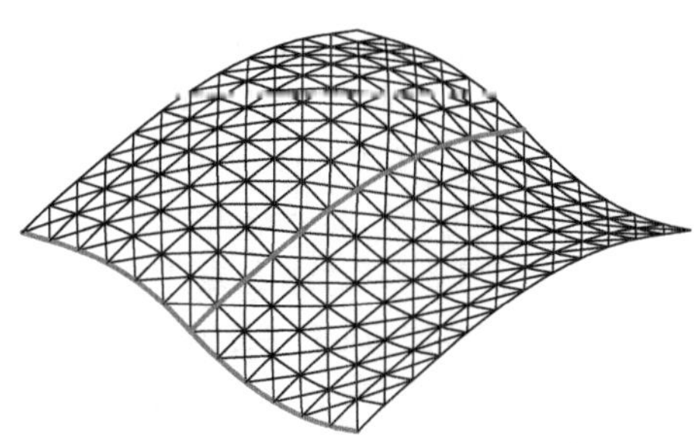

图 3-5-9　自由曲面索支撑空间网格结构优化后

表 3-5-5　结构优化前后参数的变化

评价指标	优化前	优化后	变化率
最大位移/m	0.14	0.0446	下降 68.1%
最大应力/(N/m^2)	0.35×10^9	0.2×10^9	下降 42.9%
总应变能/J	8751	5345	下降 38.9%
杆长均方差/m	0.77×10^{-2}	0.953×10^{-2}	提高 23.8%
非线性屈曲荷载/(N/m^2)	2992	3529	提高 17.9%
加缺陷非线性屈曲荷载/(N/m^2)	2995	3193	提高 6.61%

表 3-5-6　结构多目标及单目标优化结果

加权系数		优化结果					
应变能	杆长均方差	总应变能/J	杆长均方差/m	最大位移/m	最大应力/(N/m^2)	非线性屈曲荷载/(N/m^2)	加缺陷非线性屈曲荷载/(N/m^2)
1	0	4219	0.33×10^{-1}	0.009	0.8×10^8	4592	3567
0.75	0.25	5342	0.955×10^{-2}	0.0445	0.202×10^9	3529	3193
0.5	0.5	5345	0.953×10^{-2}	0.0446	0.201×10^9	3529	3193
0.25	0.75	5348	0.951×10^{-2}	0.0447	0.200×10^9	3529	3193
0	1	6841	0.605×10^{-2}	0.089	0.32×10^9	3195	2994
初始曲面		8751	0.77×10^{-2}	0.14	0.35×10^9	2992	2995

参 考 文 献

[1] Burmeister A, Ramm E, Reitinger R. Glass Structures of German EXPO 2000 Pavilion. IASS Symposium[C]. 2001, Nagoya. Tp161.

[2] 陈宝林. 最优化理论与算法 [M]. 第 2 版. 北京：清华大学出版社，2005：254-298.

[3] 李欣. 自由曲面结构的形态学研究 [D]. 哈尔滨工业大学博士学位论文, 2011.
[4] 董石麟，罗尧治，赵阳. 大跨空间结构的工程实践与学科发展 [C]. 第十一届空间结构学术论文集, 南京, 2005: 1-10.
[5] 蓝天. 从现代空间结构的成就看中国的发展前景 [C]. 第一届全国现代结构工程学术报告会论文集 (工业建筑，增刊，2001) 天津, 2001: 45-50.
[6] Hen S Z, Lan T T. A Review of the Development of Spaital Structures in China International Journal of Space Structures[C]. 2001, (3): 157-172.
[7] 沈世钊, 陈昕. 网壳结构稳定性 [M]. 北京：科学出版社，1999: 204-230.
[8] 陈志华, 刘红波, 周婷, 曲秀姝, 等. 空间钢结构 APDL 参数化计算与分析 [M]. 北京: 中国水利水电出版社, 2009: 227-233.
[9] 徐卫国. 数字建构 [J]. 建筑学报, 2009: 61-68.
[10] 崔昌禹，严慧. 自由曲面结构形态创构方法 —— 高度调整法的建立与其在工程设计中的应用 [J]. 土木工程学报，2006，39(12)：1-6.
[11] 王新敏. ANSYS 工程结构数值分析 [M]. 第 2 版. 2009: 262-279.
[12] 谭建国. 使用 ANSYS 6.0 进行有限元分析 [M]. 北京: 北京大学出版社, 2005: 412.
[13] 刘定焜. 曲线曲面光顺的理论研究与实现 [D]. 西北工业大学硕士学位论文, 2001: 32-34.
[14] 苏步青, 刘鼎元. 计算几何 [M]. 上海: 上海科学技术出版社，1980.
[15] 朱心雄. 自由曲线曲面造型技术 [M]. 北京: 科学出版社, 2000: 271-376.
[16] Farin G. Curves and Surfaces for Computer Aided Geometric Design——A Practical Guide[M]. 3rd Ed. New York: Academic Press, 1993.
[17] Ferguson D R, Frank P D, Jones A K. Surface shape control using constrained optimization on the B-spline representation[J].Computer Aided Geometric Design, 1988, 5(1): 87-103.
[18] Sapidis N S, Frey W H. Controlling the curvature of quadratic Bézier curve[J]. Computer Aided Geometric Design, 1992, 9(2): 85-91.
[19] 李娜, 陆金钰, 罗尧治. 基于能量法的自由曲面空间网格结构光顺与形态优化方法 [J]. 工程力学, 2011, (10): 243-249.
[20] 刘晓, 骆少明, 吕惠卿. 超限映射法的四边形网格划分技术研究 [J]. 广东工业大学学报, 2006, 23(1): 81-84.
[21] 董石麟，罗尧治，赵阳. 新型空间结构分析、设计与施工 [M]. 北京: 人民交通出版社，2006: 322.
[22] 伞冰冰, 武岳, 卫东, 等. 膜结构的多目标形态优化 [J]. 土木工程学报, 2008, 41(9): 1-7.
[23] Ehrgott M, Gandibleux X. A Survey and Annotated Bibliograghy of Multiobjective Combinatorial Optimization [M]. OR Spektrum, 2000: 425-460.
[24] 谢涛，陈火旺，康立山. 多目标优化的演化算法 [J]. 计算机学报, 2003, 26(8): 997-1003.
[25] Deb K. Multi-objective Optimization Using Evolutionary Algorithms [M]. Chichester: Wiley, 2001: 7-15.

[26] Goldberg D E. Genetic Algorithms in Search, Optimization and Machine Learning [M]. Reading, MA: Addison-Wesley, 1989: 22-41.

[27] 崔逊学. 多目标进化算法及其应用 [M]. 北京: 国防工业出版社, 2006: 7, 8.

[28] 姜冬菊, 张子明. 桁架结构拓扑和布局优化发展综述 [J]. 水利水电科技进展, 2006, 26(2): 81 86.

第 4 章　索支撑空间网格结构装配式节点

4.1　装配式节点介绍

索支撑空间网格结构的特殊网格形式导致了其节点的特殊性，节点需同时兼顾结构中钢杆件的连接和索的固定两方面内容。在这一原则的基础上，国内外学者提出了若干种符合索支撑空间网格结构特点的节点形式。

1988 年 Schlaich 和 Bergermann 提出了一种适用于索支撑空间网格结构的新型节点 SBP[1]，节点形式如图 4-1-1(a) 所示。两个实心矩形板通过中心螺栓连接，互成角度，杆件通过两个螺栓连接于矩形板。由于轴力全部通过螺栓传递，该节点传递弯矩的效果有限，在轴力和弯矩作用下易发生脆性破坏。汉堡城市历史博物馆 (City History Museum in Hamburg)，如图 4-1-1(b) 所示，采用 SBP 型节点。索支撑空间网格结构采用的四边形网格大大减少了杆件的使用，极大地改善了结构的通透性。

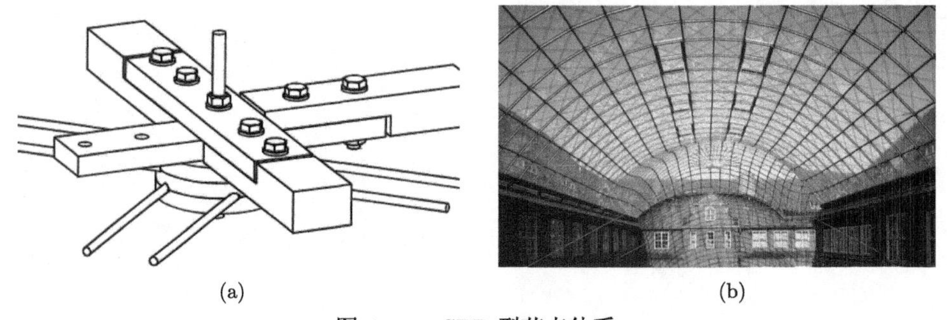

(a)　　(b)

图 4-1-1　SBP 型节点体系

冯若强等课题组对 SBP 型节点进行了改进，在杆件与节点之间的缝隙处添加了垫片，形成 SSB 节点 [2](shim-strengthened bolted joint)，节点形式如图 4-1-2 所示。垫片的施加，改变了节点的传力途径，轴力通过螺栓受剪和垫片受压传递，从而提高了节点承载力和节点抗弯刚度。本章针对 SBP 节点和 SSB 节点进行了试验及数值分析，获得了节点平面外和平面内转动刚度，探讨了垫片对节点受力性能的影响。

20 世纪 90 年代，通过对 SBP 节点进行改进，得到了 SBP-2 型节点，如图 4-1-3(a) 所示。该节点中心有三块板，通过中心螺栓连接，外侧的两块板通过两个或更多螺栓与一个方向杆件相连，内侧的一块板与另一个方向的杆件相连。相比于 SBP 型节点，该节点能更好地承受弯矩作用。德国柏林施潘道火车站 (Railway Station of Berlin-Spandau)，如图 4-1-3(b) 所示，采用 SBP-2 型节点。

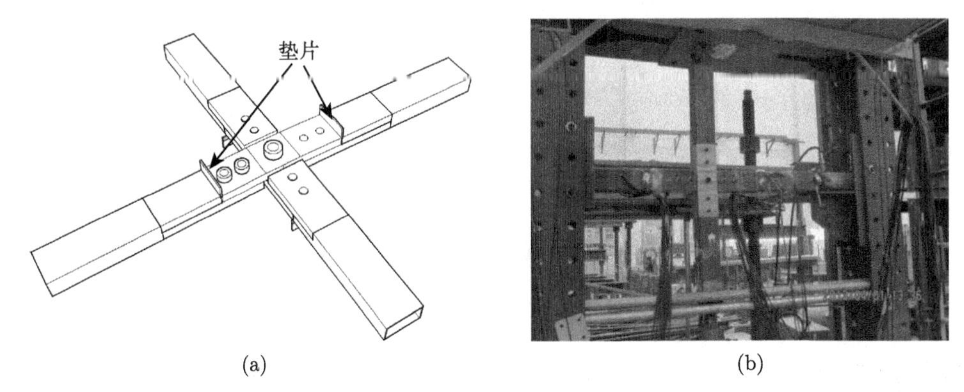

(a)　(b)

图 4-1-2　SSB 节点体系

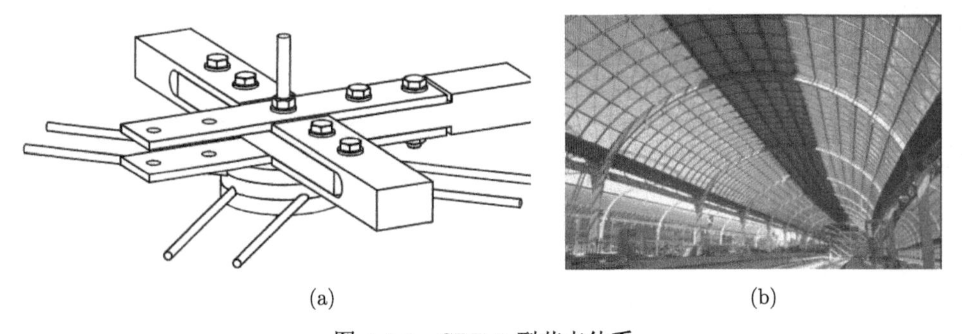

(a)　(b)

图 4-1-3　SBP-2 型节点体系

图 4-1-4(a) 为 HEFI-1 型节点，此节点通过四个高强螺栓将四根杆件与中心圆盘相连。1993 年德国 GambH 公司对其进行了试验与有限元分析。此节点传递

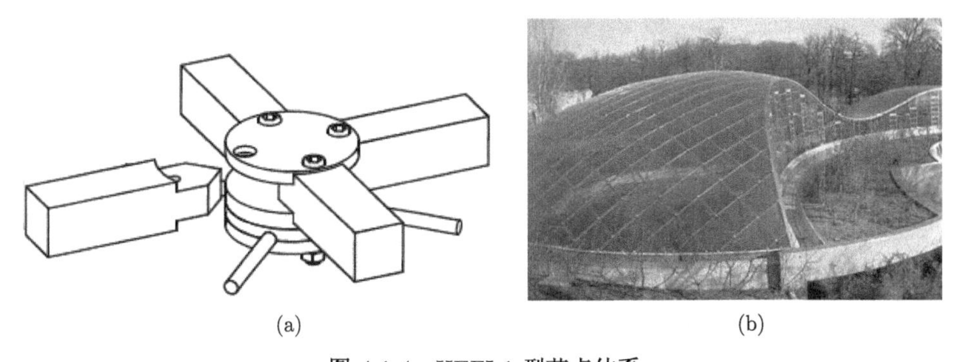

(a)　(b)

图 4-1-4　HEFI-1 型节点体系

轴力的效果有限，弯矩的传递需要结合索结构，因此需要索支撑才能应用于单层空间网格结构。该节点能较为容易地实现杆件之间水平角的调整，但对杆件之间竖直角以及扭转角的调整程度有限。柏林动物园河马馆 (Hippopotami House of the Zoological Garden in Berlin)，如图 4-1-4(b) 所示，采用 HEFI-1 型节点。

4.2　索支撑空间网格结构装配式节点设计及构造

4.2.1　节点设计依据

以椭圆抛物面索支撑空间网格为例，分析节点受力并设计试验节点。如图 4-2-1 所示，假设在双曲抛物面的中点处在 x、y 方向的曲率半径 $R_x = R_y = R$，跨度 $a = b = 30\text{m}$，矢高 $h_x = h_y = 6\text{m}$。同时，利用表面平移法所生成的几何模型，如图 4-2-2 所示，其节点间的杆件长度为 l_0，即网格尺寸均相同，此模型中，取 $l_0 = 1.5\text{m}$。

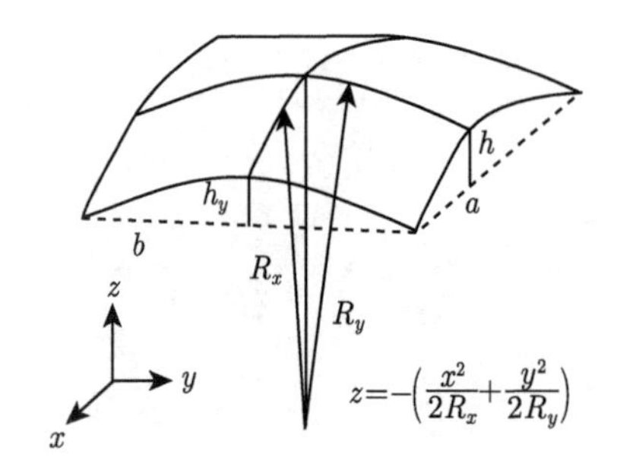

图 4-2-1　双曲抛物面的几何参数

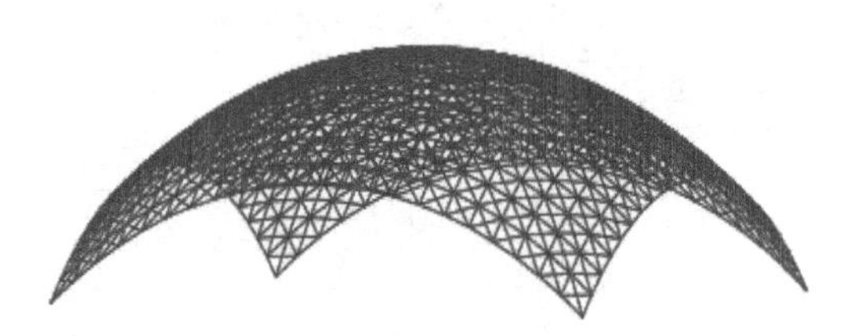
图 4-2-2　结构计算空间模型

由图 4-2-2 可得，该网格模型中共存在三种基本的节点形式，分别是四杆相连的中间节点，如图 4-2-3 所示，三杆相连的网格边节点，如图 4-2-4 所示，以及两杆相连的角节点，如图 4-2-5 所示。图 4-2-2 所示的网格结构，同一方向杆件间的夹角均相同，在图 4-2-3 中杆 1 与 x 向夹角、杆 2 与 x 向夹角、杆 3 与 y 向夹角、杆 4 与 y 向夹角均为 1.5°。当节点周边杆件截面相同时，所有四杆相连的中间节点的构造也相同。同样，三杆相连的边节点构造、二杆相连的角节点构造都是统一的形式。本章主要讨论结构中数量最多的网格中间节点。

对 30m 跨度，矢高为 6m 的双曲抛物面网格进行了结构整体静力计算，采用有限元分析软件 ANSYS 进行计算。钢杆件和索分别采用 beam189 单元和 link10 单元，在进行静力计算时需考虑几何非线性和物理非线性，节点形式为刚接节点，四边支座为铰支。

荷载取值: 屋面围护结构选用钢化玻璃，考虑到玻璃与钢结构之间的连接材料的自重，可取玻璃面板的厚度为 20mm，玻璃密度取 25.6kN/m^3，根据《建筑结构荷载规范》(GB 50009—2012)[3]，活荷载取 0.5kN/m^2。

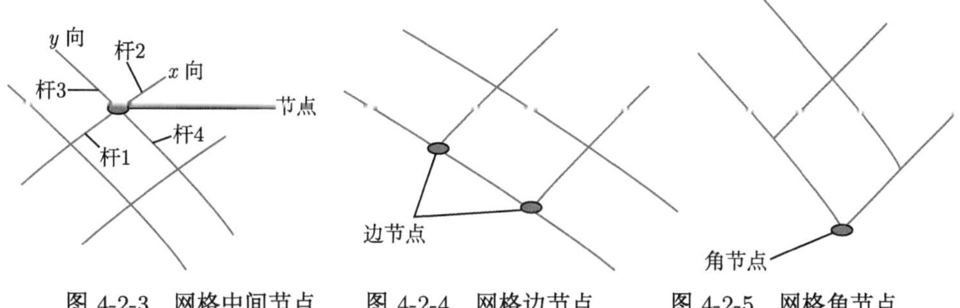

图 4-2-3　网格中间节点　　图 4-2-4　网格边节点　　图 4-2-5　网格角节点

材料：钢杆件采用矩形钢管，材料为 Q390 钢材，弹性模量 $E = 2.06\times10^5$MPa，索采用不锈钢绞线，弹性模量 $E = 1.3\times10^5$MPa。

钢管截面选择原则：稳定性能是网格结构设计中的控制性因素之一 [4]，一般钢杆件以结构整体稳定性计算原则进行设计选取，必要时对钢杆件进行局部屈曲验算。而索支撑空间网格结构的力学性能与传统网格结构相比有较大的不同，因此杆件截面的选取方法有所不同。一般将索截面和索预应力值固定，通过结构的稳定性计算来选择钢杆件截面，验算该结构的挠度、整体稳定性以及构件的刚度、强度和稳定性，并在此基础上，通过验算结构的变形和杆件的应力选择索的截面和预应力值 [5]。

《空间网格结构技术规程》(JGJ7—2010) 规定结构在恒荷载与活荷载标准值作用下的最大挠度值不宜超过短向跨度的 1/400；初始几何缺陷分布采用结构最低阶屈曲模态，且缺陷最大计算值为网壳跨度的 1/300，网壳稳定容许承载力等于网壳稳定承载力除以安全系数 K。按弹塑性全过程分析时，安全系数取为 2.0[6]。单层网壳杆件长细比满足 $\lambda \leqslant 150$。

选定四组不同的杆件截面，三种不同的钢管壁厚，以截面为 120mm×80mm 的钢管截面为基本截面，具体参数如表 4-2-1 所示。

表 4-2-1　网壳结构设计所选参数

参数	取值
跨度/m	30
矢跨比 (f/d)	1/6
网格尺寸/(mm×mm)	1500×1500
钢管截面/(mm×mm)	120×80，150×100，100×100，120×120
钢管壁厚/mm	4，5，6
索截面/mm^2	30.4，86.0，117，236
索初始预应力/MPa	50，100，150，200，250，300
荷载效应基本组合	1.35 恒荷载 +1.4 满跨活荷载、1.35 恒荷载 +1.4 半跨活荷载

在 ANSYS 网壳整体稳定计算时，每一个节点上设计荷载 (恒载 + 活载) 按 7kN 计算，施加网壳跨度 1/300 的初始缺陷，以钢管截面 120mm×80mm，壁厚为 4mm 的网壳结构为基本形式，进行稳定验算，网壳失稳一阶模态如图 4-2-6 所示，网壳失稳时最大位移处的荷载位移曲线如图 4-2-7 所示。当网壳发生失稳破坏时，节点荷载达到设计荷载的 2.39 倍，满足结构整体稳定验算要求。

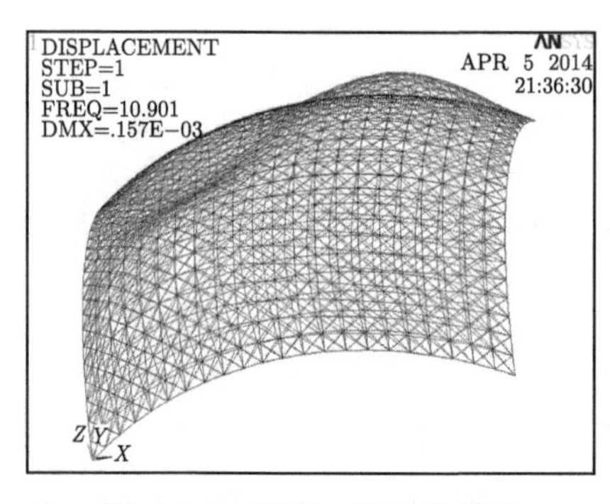

图 4-2-6　网壳一阶屈曲模态

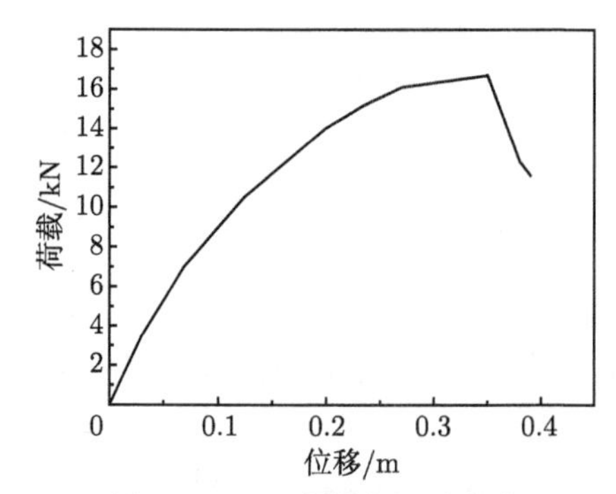

图 4-2-7　网壳荷载位移曲线

在对网壳进行静力计算时，结构中如图 4-2-8 所示区域轴力和弯矩相对较大。较大的弯矩 $M = 1.31\text{kN·m}$，同一杆件的轴力 $N = 50\text{kN}$，因此，结构中的杆件多数为压弯杆件。以弯矩 $M = 0.94\text{kN·m}$ 和轴力 $N = 50\text{kN}$ 作为节点分析的设计荷载，根据《钢结构设计规范》(GB 50017—2003)[7] 的规定，对表 4-2-1 中所选的杆件截面进行验算，具体如下。

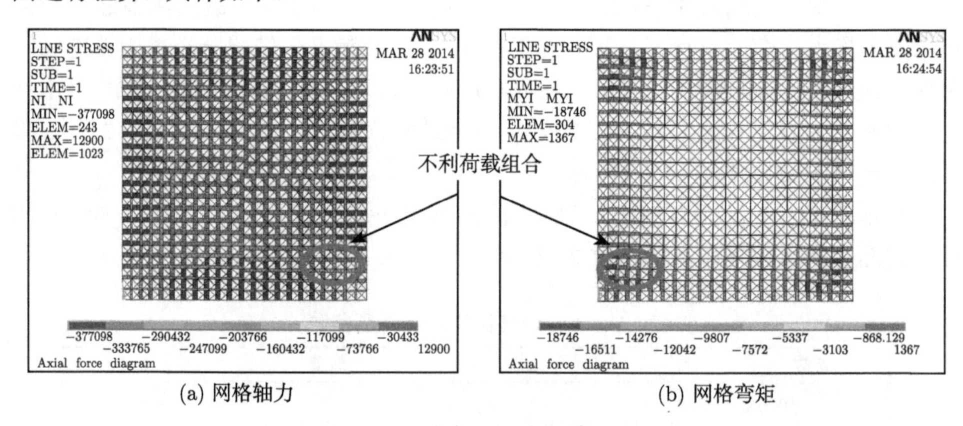

(a) 网格轴力　　　　(b) 网格弯矩

图 4-2-8　30m 跨索支撑单层网格中的内力

《钢结构设计规范》(GB 50017—2003) 规定：压弯和拉弯构件承受静力荷载或间接动力荷载，在两个主平面有弯矩作用时，需满足

$$N/A_n \pm M_x/(\gamma_x W_{nx}) \pm M_y/(\gamma_y W_{ny}) \leqslant f \tag{4-2-1}$$

式中，γ_x、γ_y 为截面发展系数，对于矩形钢管，γ_x 取 1.05，γ_y 取 1.05[7]。

《钢结构设计规范》(GB 50017—2003) 规定：弯矩作用在两个主平面内的双轴对称实腹式工字钢和箱形截面的压弯构件，其稳定性应满足

$$\frac{N}{\varphi_x A}+\frac{\beta_{mx}M_x}{\gamma_x W_{1x}(1-0.8N/N'_{Ex})}+\eta\frac{\beta_{ty}M_y}{\varphi_{by}W_{1y}}\leqslant f \tag{4-2-2}$$

$$\frac{N}{\varphi_y A}+\eta\frac{\beta_{tx}M_x}{\varphi_{bx}W_{1x}}+\frac{\beta_{my}M_y}{\gamma_y W_{1y}(1-0.8N/N'_{Ey})}\leqslant f \tag{4-2-3}$$

式中，φ_x 和 φ_y 分别为对强轴和弱轴的轴心受压构件的稳定系数；φ_{bx} 和 φ_{by} 为均匀弯曲的受弯构件整体稳定性系数；N'_{Ex} 和 N'_{Ey} 为参数；β_{mx} 和 β_{my} 为等效弯矩系数；β_{tx} 和 β_{ty} 为等效弯矩系数 [7]。

4.2.2　索支撑空间网格结构装配式节点构造

在椭圆抛物面索支撑空间网格工程中，索支撑空间网格结构节点的左右、前后杆件与杆件间的夹角均相同。SBP 节点可分为两种基本单元：组合直线杆件和折线型杆件，如图 4-2-9 所示。组合直线杆件中间部分是钢管，两端用熔透对接坡口焊缝与连接盖板相连。图 4-2-10 所示为节点中心部位的连接盖板单元。该杆件单元中心线呈折线型，由厚钢板切削加工而成。工程实践中，只需按上述两种基本图元加工杆件即可。由于中间节点四周的杆件规格均相同，因此有利于钢结构杆件的批量化生产；现场安装施工时，杆件规格的相对统一也为材料存放保管提供了极大的便利。

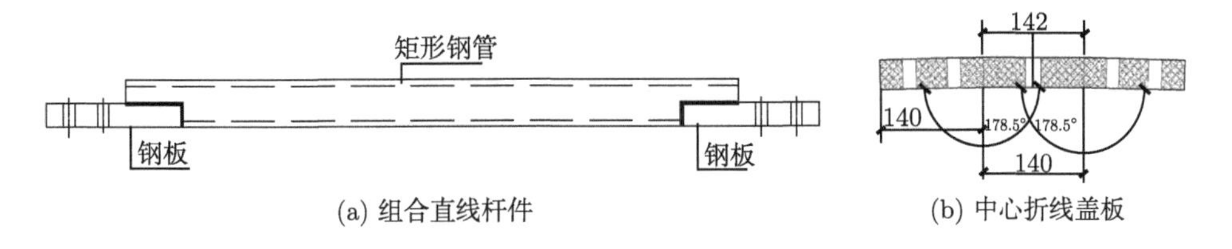

(a) 组合直线杆件　　(b) 中心折线盖板

图 4-2-9　SBP 节点基本单元

组合直线杆件与中心折线盖板连接方式如图 4-2-10 所示，中心一般采用 M20 左右的高强度螺栓连接，与杆件相连部分每侧用两根 M12~M16 的高强度螺栓与周边的杆件单元相连。在节点的 x 方向，中心折线连接盖板在下，两侧直线组合杆端在上，搭接关系如图 4-2-10(a)~(c) 所示；在节点的 y 方向，中心折线连接盖板在上，两侧直线组合杆端在下，搭接关系如图 4-2-10(d) 所示。在节点的连接中，只是变换了直线组合杆与折线连接盖板之间的空间位置关系，杆件的形式如图 4-2-9 所示的基本单元。图 4-2-10(a) 所示的节点杆件通过焊接方式连接，与图 4-2-10(b) 所示的折线钢板通过螺栓连接，形成如图 4-2-10(c) 所示的节点的一部分。图 4-2-10(c)

与图 4-2-10(d) 所示的两个方向的杆件相互扣接，便构成了图 4-2-10(e) 所示的 SBP 节点。为改善螺栓受力的不利情况，在节点端部和中心钢板的连接部位设置垫片，如图 4-2-10(f) 所示。SBP 节点轴力主要通过螺栓受剪进行传递，如图 4-2-11(a) 所示，而 SSB 节点轴力通过垫片挤压及螺栓受剪共同传递，如图 4-2-11(b) 所示。这种节点在施工现场安装非常方便，与焊接相比，劳动力的消耗大大降低，在人工成本飞速上涨的今天，螺栓连接的这种新型节点，可有效减少工程在人工施工安装方面的投资。

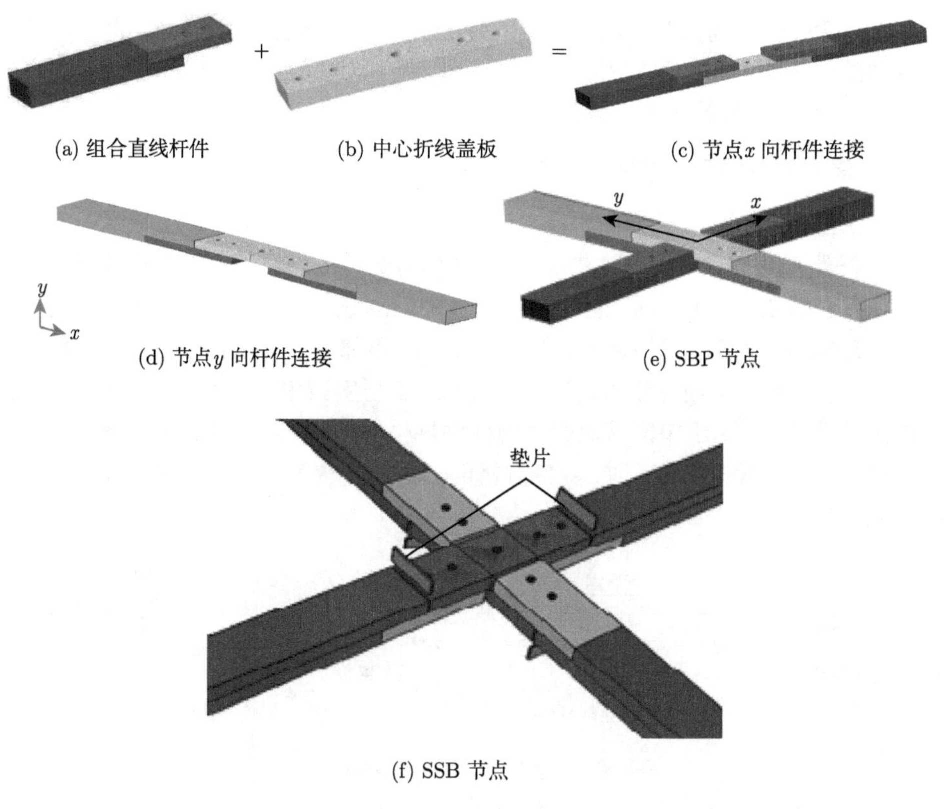

(a) 组合直线杆件　(b) 中心折线盖板　(c) 节点x向杆件连接

(d) 节点y向杆件连接　(e) SBP 节点

(f) SSB 节点

图 4-2-10　索支撑空间网格结构装配式节点构造示意

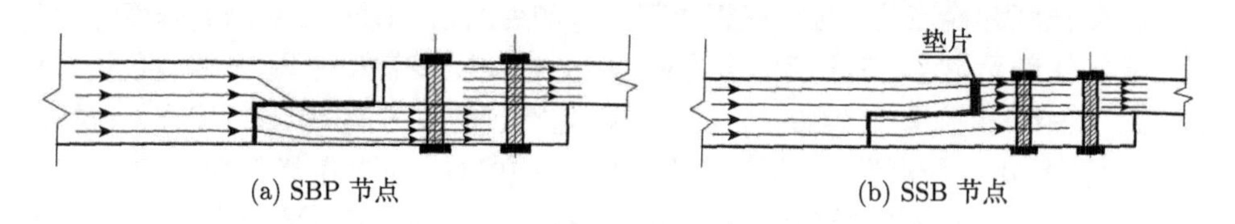

(a) SBP 节点　(b) SSB 节点

图 4-2-11　装配式节点的传力途径

4.3　装配式节点足尺静力试验

4.3.1　试验方案

索支撑空间网格结构中节点主要承受轴力、剪力和弯矩，以轴力为主，为合理模拟装配式节点的受力情况，节点加载分为平面内和平面外，如图 4-3-1 和图 4-3-2 所示。

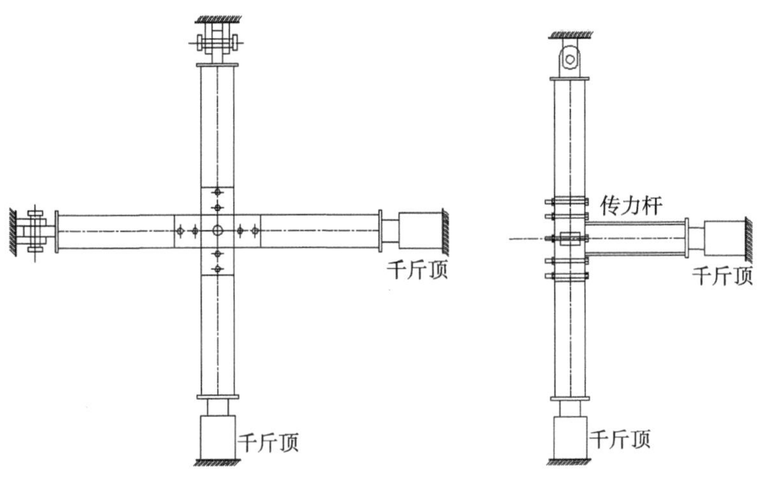

图 4-3-1　节点平面内加载　　　　图 4-3-2　节点平面外加载

节点试验在东南大学九龙湖校区土木工程实验室进行，利用实验室的既有结构 (图 4-3-3) 作为试验节点的反力架，再结合节点的加载方案，实现节点在反力架上的组装，如图 4-3-4 所示。试验节点在水平和竖直两个方向利用千斤顶加载，如

图 4-3-3　实验室既有反力架

图 4-3-4　安装在反力架上的节点

图 4-3-1 所示。通过水平方向的千斤顶施加节点水平方向轴力，通过竖直方向的千斤顶施加节点竖直方向轴力。水平和竖向加载的千斤顶均为 50t 级，利用同一台油泵控制，以保证节点水平和竖向的轴力能同步加载。利用 10t 级手动千斤顶施加节点平面外荷载，如图 4-3-2 所示。节点水平加载装置的示意图如图 4-3-5 所示，为确保水平千斤顶加载稳定，特意设计水平千斤顶支托，如图 4-3-6 和图 4-3-7 所示。竖向加载的反力架利用实验室两根 H 型钢柱间的钢横梁作为可动铰支座，在竖直杆的下部设计短 H 型钢柱支承竖直方向的千斤顶。

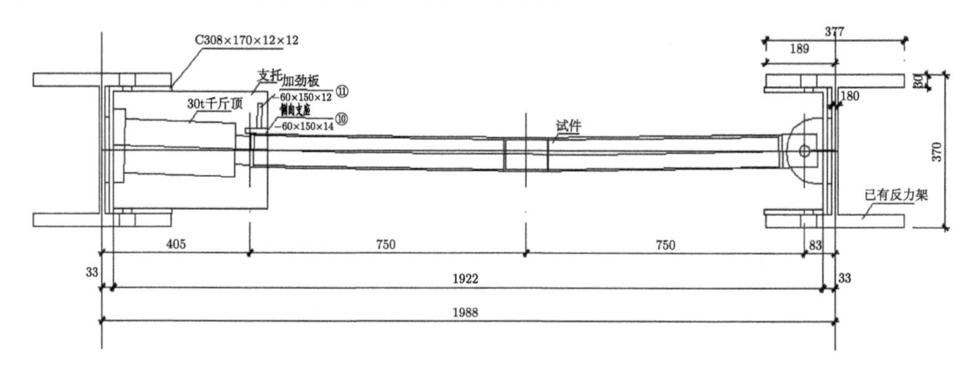

图 4-3-5　水平方向加载装置设计 (单位：mm)

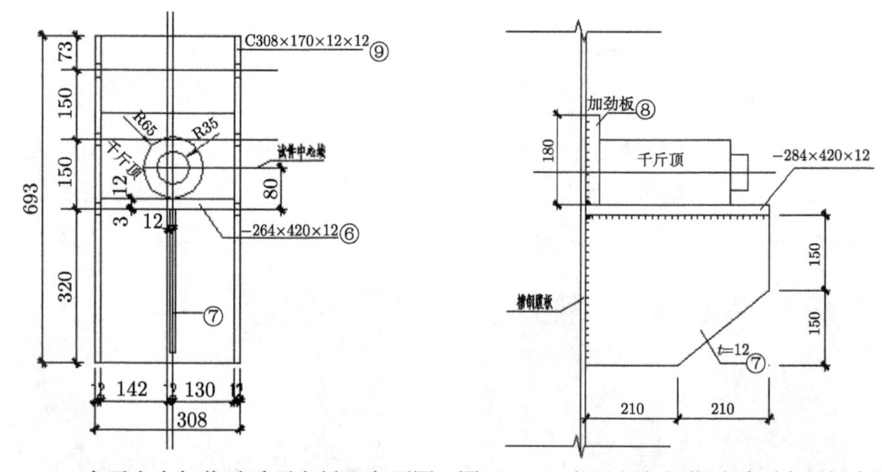

图 4-3-6　水平方向加载千斤顶支托正立面图　图 4-3-7　水平方向加载千斤顶支托侧立面图

SSB 节点选取 120mm×80mm，150mm×100mm，100mm×100mm，120mm×120mm 四种形式，并根据截面将试验节点分为 4 组。除节点钢管截面外，设置钢管壁厚、螺栓直径、螺栓间距三个参数变量。根据不同参数组合，共设计了 20 个 SSB 节点。为了比较 SSB 节点和 SBP 节点受力性能差异，设计 4 个 SBP 节点作为对比组。装配式节点截取的部位为钢管反弯点处。每个节点的参数如表 4-3-1

所示。通过 SSB 节点每一组的前三个节点对比，可以查看钢管壁厚对节点性能的影响；通过每组节点中第一个节点和第四个节点的对比可以查看螺栓间距对节点性能的影响；通过每组节点中第一个节点和第五个节点的对比，可以查看螺栓直径对节点性能的影响。第五组为 SBP 节点，对比相同参数的 SSB 节点可查看垫片对节点性能的影响。

表 4-3-1　24 个不同参数的试验节点

节点形式	节点编号	钢管规格/(mm×mm)	钢管壁厚/mm	螺栓直径/mm	螺栓间距/mm
SSB 节点	1	120×80	4	16	70
	2	120×80	5	16	70
	3	120×80	6	16	70
	4	120×80	4	16	50
	5	120×80	4	12	70
	6	150×100	4	16	70
	7	150×100	5	16	70
	8	150×100	6	16	70
	9	150×100	4	16	50
	10	150×100	4	12	70
	11	100×100	4	16	70
	12	100×100	5	16	70
	13	100×100	6	16	70
	14	100×100	4	16	50
	15	100×100	4	12	70
	16	120×120	4	16	70
	17	120×120	5	16	70
	18	120×120	6	16	70
	19	120×120	4	16	50
	20	120×120	4	12	70
SBP 节点	21	120×80	4	16	70
	22	150×100	4	16	70
	23	100×100	4	16	70
	24	120×120	4	16	70

以 1 号节点为例，节点各参数及尺寸如图 4-3-8 和图 4-3-9 所示，钢管规格为 120mm×80mm，钢管壁厚为 4mm，螺栓间距为 70mm，连接螺栓直径为 20mm，节点周边所用螺栓为 16mm，所有节点均采用 8.8 级高强螺栓。

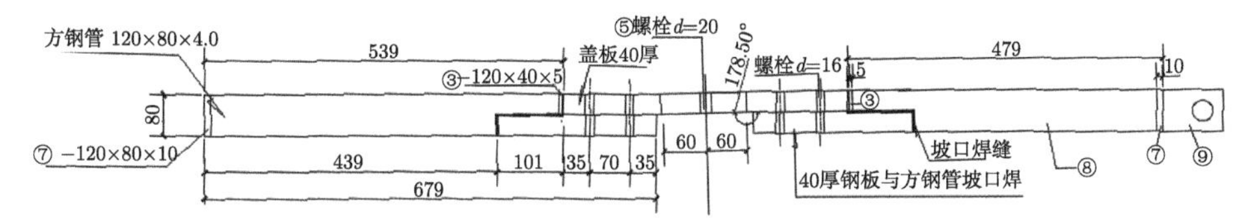

图 4-3-8　1 号节点中心连接盖板与杆件的连接 (上)

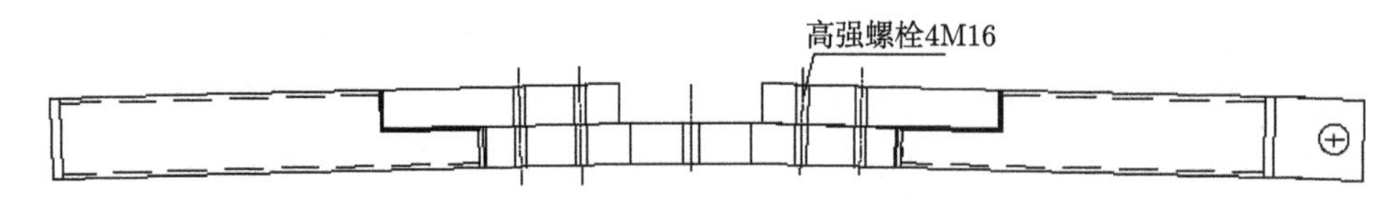

图 4-3-9　1 号节点中心连接盖板与杆件的连接 (下)

1 号节点的具体构造如图 4-3-10~图 4-3-12 所示。

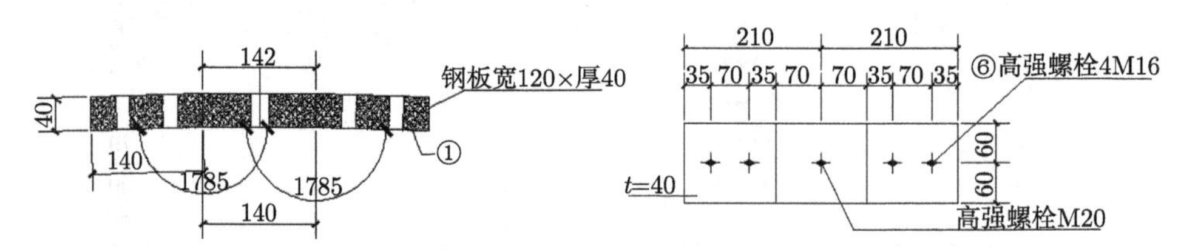

图 4-3-10　中心连接盖板正立面图和展开图

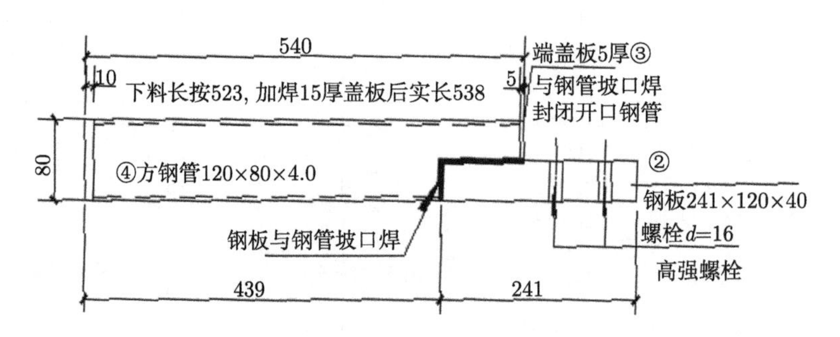

图 4-3-11　千斤顶加载一侧杆件设计

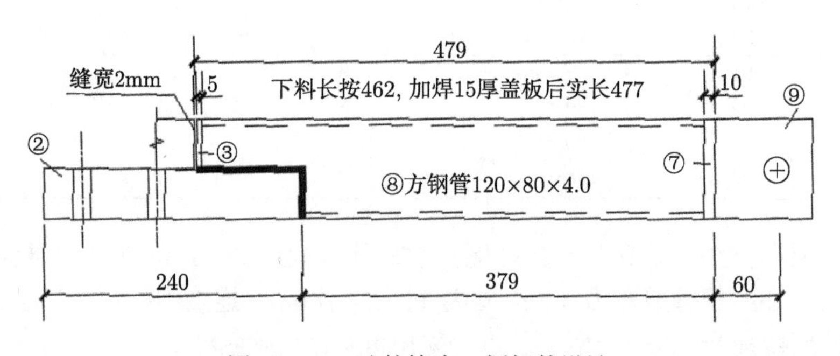

图 4-3-12　试件铰支一侧杆件设计

节点在索支撑空间网格结构中主要承受轴力，弯矩和剪力相对较小，扭矩可忽略不计。试验中通过轴向千斤顶施加轴力，通过平面外千斤顶施加节点弯矩和剪力。试验荷载加载分为预载、正式加载、卸载三个部分。预载分三级进行，每级取标准荷载的 20%，即水平方向 1.4kN，杆轴方向 10kN；然后分级卸载，三级卸完，

加 (卸) 载每级停歇 10min。预载的目的在于：①使试件各部分接触良好，进入正常工作状态，荷载与变形关系趋于稳定；②检验全部试验装置的可靠性；③检验位移计等观测仪表是否正常；④检查人员分工等组织情况。

本试验为研究型试验，加载到设计荷载后，继续加载，直到节点进入破坏阶段。按照模拟荷载等效的原则进行正式加载，面内荷载与面外荷载分级如表 4-3-2 所示，其中第一级荷载为节点的设计荷载。每级加载结束后停歇 5min 时间，确保节点在每级加载结束后能观察到节点的变形情况。由于本试验为破坏性试验，需要确定节点的极限荷载，确定节点极限荷载遵循以下原则：①试件塑性发展明显，千斤顶荷载施加不上或出现卸载；②试件破坏，组合杆件的焊缝开裂或螺栓被剪断；③变形超过试件尺寸的 1/50。

表 4-3-2　面内荷载与面外荷载加载等级

加载分级	面外荷载/kN	面内荷载/kN
1	7	50
2	15	100
3	22	150
4	30	200
5	37	250
6	45	300
7	52	350
8	60	400
9	67	450
10	75	500

试验过程分为以下几步：节点吊装、节点就位、千斤顶对中、分级加载。拼装完的节点一般有 120~150 kg，需利用实验室的吊装葫芦进行吊装。节点吊入加载装置后即用螺栓与耳板固定，根据铅垂线将竖杆调整到竖直位置；在水平杆与右端简支支座间的空隙中铺以厚度适中的钢垫板，确保横杆水平，完成试件最终就位。接着调整水平向加载千斤顶的位置，使其中心线与杆件轴线对齐，并启动油泵使水平杆、竖直杆顶紧定位；节点各向杆件在平面内稳定定位后，对节点中心平面外千斤顶进行定位、对中。对中结束后，再次检查各向千斤顶的中心线与杆件的力学中心是否在同一条线上。上述工作全部完成后即可进行预加载。预加载完成后在节点中心设置位移计，测量节点中心处在平面外荷载作用下的位移随荷载变化而变化的情况。

为了解节点在荷载作用下的内力分布情况，在杆件可能发生较大变形和破坏的部位共布置了 11 个应变花、4 个应变片。应变片主要是用于查看杆件的轴向变形情况。根据试验前的有限元模拟结果，试验节点 4 个方向的杆件破坏基本一致，所以在试验节点一侧，应变花布置比较密集，应变花、应变片的布置如图 4-3-13 所示。节点中心在荷载作用下的位移通过位移计测定，位移计紧靠侧向加载点放置。

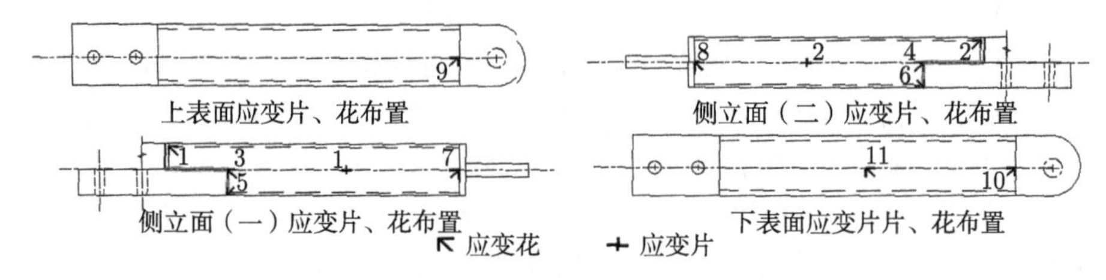

图 4-3-13　杆件各侧面应变片、应变花位置示意图

节点钢管和钢板选用 Q390 钢，在试验前对选用的钢材进行材性试验。用于材性试验的钢材样品如图 4-3-14 所示。钢材样品长度为 250mm，中间宽度为 20mm，厚度为 4mm。试验测得的三个样品的应力–应变曲线如图 4-3-15 所示。测得钢材的屈服强度为 382~392MPa，钢材的弹性模量为 $E = 1.78 \sim 1.93\times10^5$MPa。

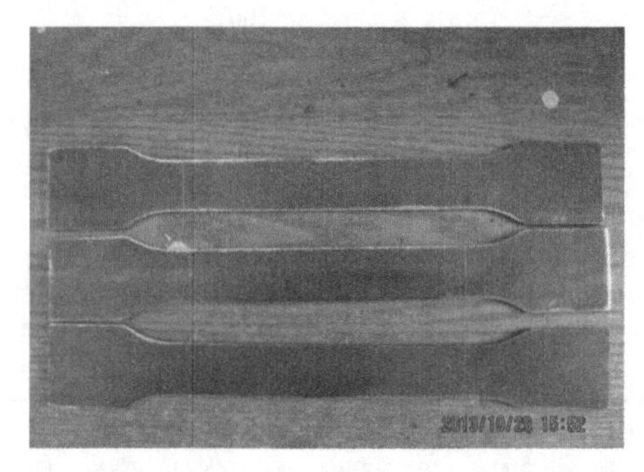

图 4-3-14　材性试验构件及试验结果

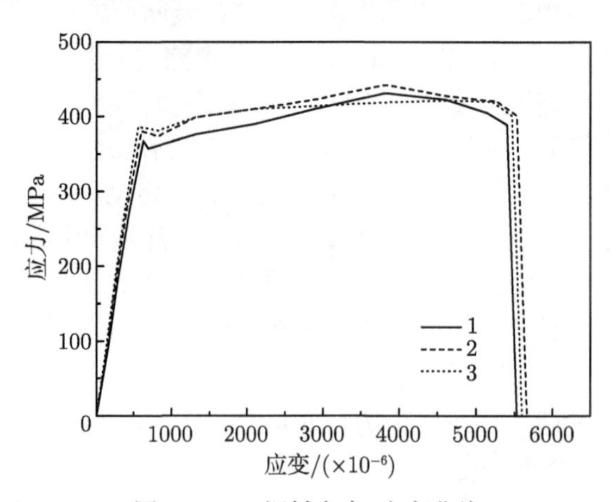

图 4-3-15　钢材应力–应变曲线

4.3.2　节点破坏模式

节点参数的不同可能导致节点的破坏形态不同。每个节点的主要破坏形态汇总如表 4-3-3 所示。节点的破坏形态主要有两种，螺栓破坏 (即螺栓被剪断或弯曲) 和节点端部钢管屈曲。SSB 节点的破坏形式主要表现为螺栓破坏和节点端部钢管屈曲组合。但螺栓间距为 50mm 的 SSB 节点破坏形式均为螺栓被剪断，节点端部没有屈曲，可见螺栓间距对节点有重要影响。SBP 节点的破坏模式均为螺栓破坏。

表 4-3-3　节点主要破坏形态

节点形式	节点编号	主要破坏形态
SSB 节点	1	节点端部有压屈，一根螺栓弯曲
	2	节点端部有压屈，节点有三端分别有一根螺栓弯曲
	3	节点端部有压屈，节点有两端分别有一根螺栓弯曲
	4	节点端部没有压屈，节点有两端分别有一根螺栓被剪断
	5	节点端部有压屈，节点一端一根螺栓被剪断，另外三端分别有一根螺栓弯曲
	6	节点端部没有压屈，一端一根螺栓被剪断，一根螺栓弯曲，另有一端一根螺栓弯曲
	7	节点端部没有压屈，一端一根螺栓被剪断，另有两端分别有一根螺栓弯曲
	8	节点端部没有压屈，一端一根螺栓被剪断，另有一端一根螺栓弯曲
	9	节点端部没有压屈，节点有一端两根螺栓被剪断，有两端分别有一根螺栓弯曲
	10	节点端部没有压屈，节点有一端一根螺栓被剪断，有两端分别有一根螺栓弯曲
	11	节点端部有压屈，节点有两端分别有一根螺栓弯曲
	12	节点端部有压屈，节点有三端分别有一根螺栓弯曲
	13	节点端部有压屈，节点有两端分别有一根螺栓弯曲
	14	节点端部没有压屈，节点有两端分别有一根螺栓被剪断
	15	节点端部有压屈，节点有两端分别有一根螺栓弯曲
	16	节点端部有压屈，节点有两端分别有一根螺栓弯曲
	17	节点端部有压屈，节点有三端分别有一根螺栓弯曲
	18	节点端部有压屈，节点有四端分别有一根螺栓弯曲
	19	节点端部没有压屈，节点有一端两根螺栓被剪断，有两端分别有一根螺栓明显弯曲
	20	节点端部有压屈，节点有一端一根螺栓被剪断，有一端一根螺栓弯曲
SBP 节点	21	节点端部没有压屈，四根螺栓被剪断，四根螺栓出现明显剪切滑移现象
	22	节点端部没有压屈，下部的两根螺栓被剪断，其余六根螺栓出现明显剪切滑移现象
	23	节点端部没有压屈，下部两根螺栓被剪断，其余六根螺栓出现明显剪切滑移现象
	24	节点端部没有压屈，下部两根螺栓被剪断，其余六根螺栓出现明显剪切滑移现象

1 号节点试验破坏形态如图 4-3-16 所示。

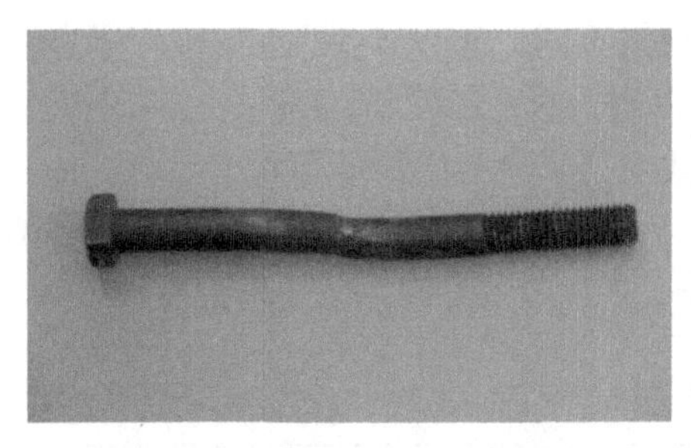

图 4-3-16　1 号节点试验破坏形态

3 号节点的试验破坏形态如图 4-3-17 所示。

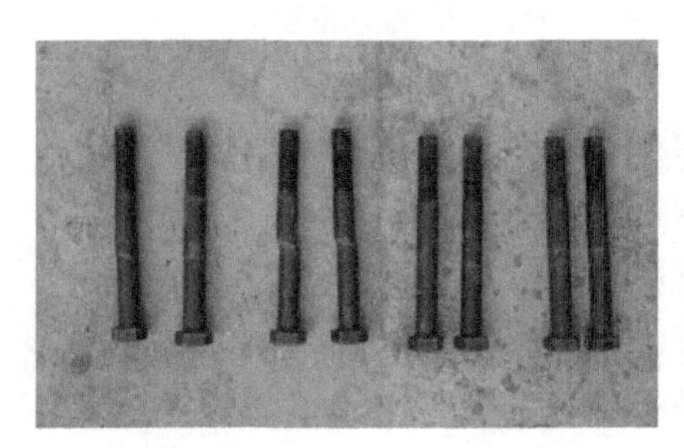

图 4-3-17　3 号节点试验破坏形态

4 号节点的试验破坏形态如图 4-3-18 所示。

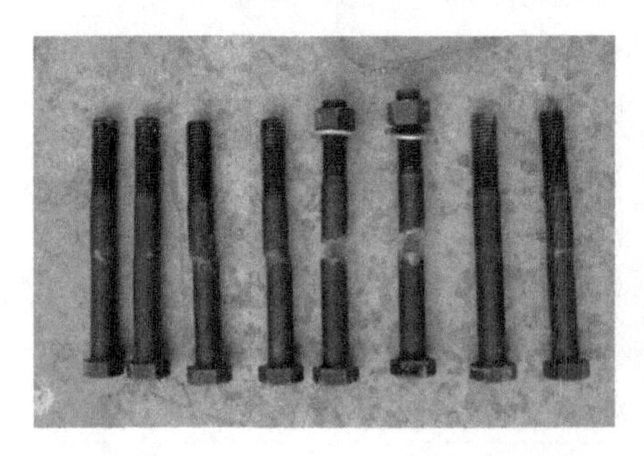

图 4-3-18　4 号节点试验破坏形态

9 号节点的试验破坏形态如图 4-3-19 所示。

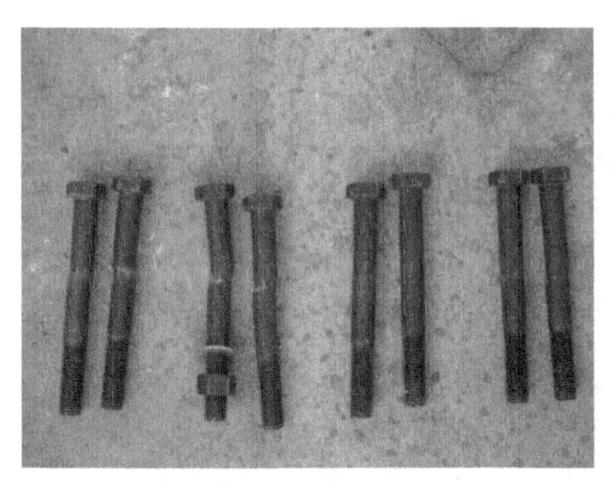

图 4-3-19　9 号节点试验破坏形态

11 号节点的试验破坏形态如图 4-3-20 所示。

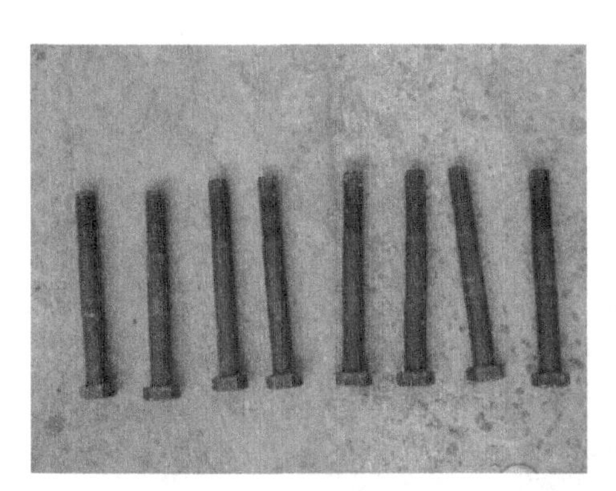

图 4-3-20　11 号节点试验破坏形态

16 号节点的试验破坏形态如图 4-3-21 所示。

图 4-3-21　16 号节点试验破坏形态

21 号节点的试验破坏形态如图 4-3-22 所示。

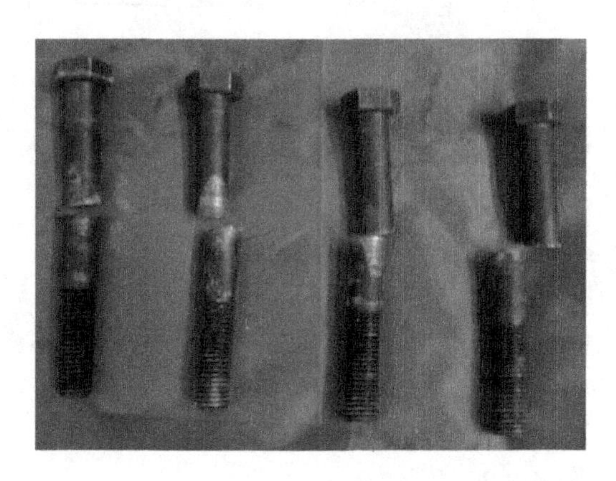
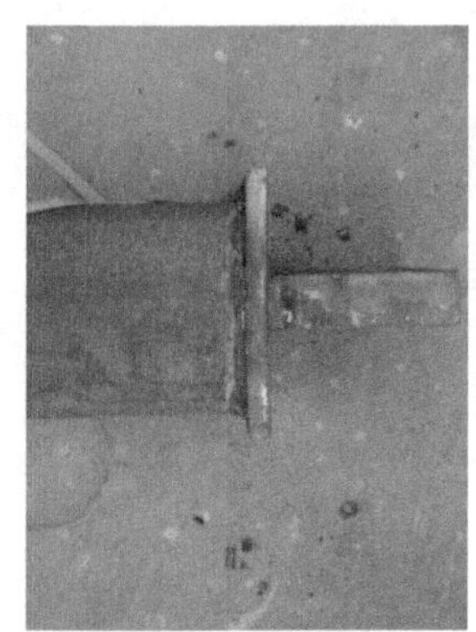

图 4-3-22　21 号节点试验破坏形态

22 号节点的试验破坏形态如图 4-3-23 所示。

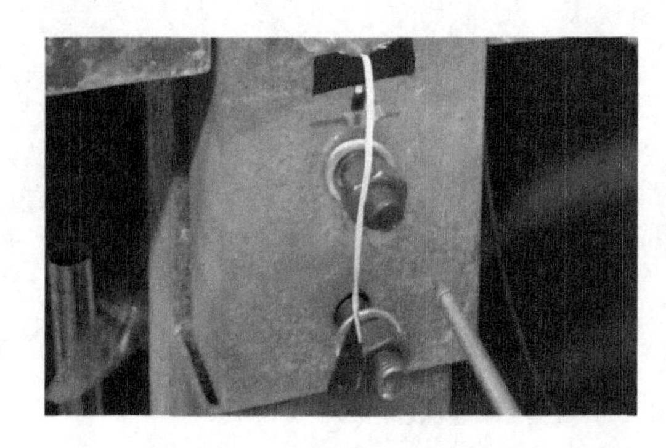
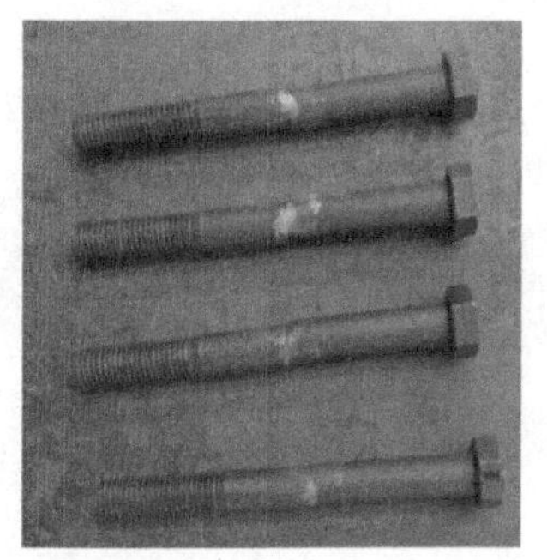

图 4-3-23　22 号节点试验破坏形态

23 号节点的试验破坏形态如图 4-3-24 所示。

图 4-3-24　23 号节点试验破坏形态

24 号节点的试验破坏形态如图 4-3-25 所示。

图 4-3-25　24 号节点试验破坏形态

4.4　SSB 节点试验结果及数值模拟

目前，有限元模拟是一种可以全面了解节点力学性能的方法，有限元模拟的目的在于弥补试验节点的不足。试验只能了解节点局部几个应变花测点的应力和有限的位移，而通过有限元模拟可以全面了解整个节点的应力，也能了解节点各处的位移。模拟的难度在于如何准确模拟试验工况，主要体现在两个方面，一方面是如何实现螺栓和节点钢板接触的模拟 [8]，另一方面是如何准确模拟节点加载环境。通过有限元模拟，能够得到节点的一些参数，进而为节点设计提供一定的参考。

4.4.1　节点数值模型简化

节点主要承受弯矩和轴力，考虑到节点构造比较复杂，采用 solid95 实体单元 [9] 建立节点有限元模型，如图 4-4-1 所示。节点边界根据试验情况设定为铰接。采用接触单元 [10−12] 来模拟节点的螺栓连接，通过设置接触对来模拟螺栓栓杆表面应力大小。节点螺栓和端部构造比较复杂，在实际加载的过程中容易产生应力集中，为了准确地模拟节点的受力形态，将节点螺栓连接部位以及螺栓端部网格划分加密，节点网格划分如图 4-4-2 所示。

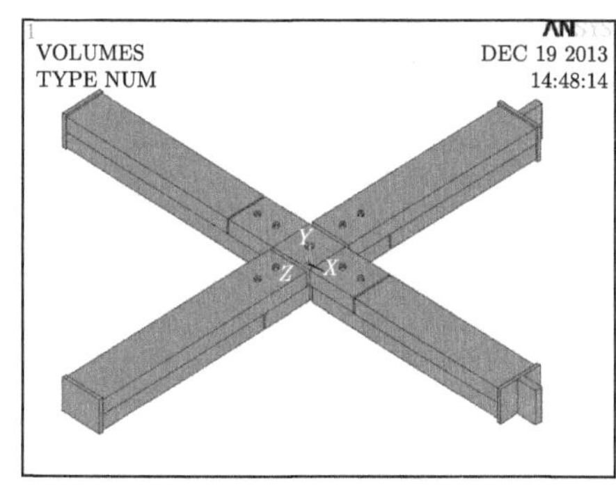

图 4-4-1　整体节点

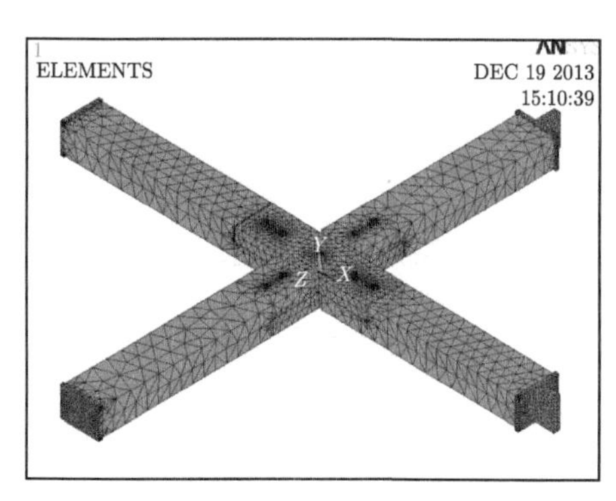

图 4-4-2　网格划分

根据节点和节点所受荷载的对称性，将节点简化为 1/4 模型，如图 4-4-3 和图 4-4-4 所示。以 1 号节点简化为例，选取节点中部和端部进行模拟数据比较，得到的比较结果如表 4-4-1 所示，从表中数据中可以看出，节点简化前后位移和应力基本相等，所以可以用简化的 1/4 模型来模拟整体节点。

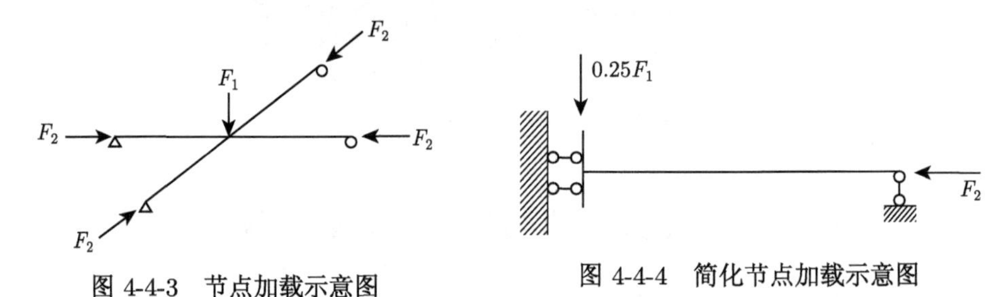

图 4-4-3　节点加载示意图　　　　图 4-4-4　简化节点加载示意图

表 4-4-1　整体节点和 1/4 节点数据对比

荷载/kN		参考量	整体节点	1/4 节点	相对整体误差/%
F_1	F_2				
1.5	10	节点中部某一点位移/mm	0.042	0.042	0
		节点端部某一点位移/mm	0.068	0.068	0
		节点中部某一点应力/MPa	3	3	0
		节点端部某一点应力/MPa	8	8	0
7.5	50	节点中部某一点位移/mm	0.519	0.519	0
		节点端部某一点位移/mm	0.864	0.863	0.11
		节点中部某一点应力/MPa	23	23	0
		节点端部某一点应力/MPa	42	42	0
30	200	节点中部某一点位移/mm	1.273	1.272	0.1
		节点端部某一点位移/mm	2.314	1.314	0.01
		节点中部某一点应力/MPa	86	86	0
		节点端部某一点应力/MPa	152	152	0
60	400	节点中部某一点位移/mm	2.436	2.436	0
		节点端部某一点位移/mm	4.561	4.562	0.01
		节点中部某一点应力/MPa	179	179	0
		节点端部某一点应力/MPa	267	267	0
72	480	节点中部某一点位移/mm	3.785	3.783	0.01
		节点端部某一点位移/mm	6.887	6.885	0.02
		节点中部某一点应力/MPa	241	241	0
		节点端部某一点应力/MPa	336	336	0

节点螺栓栓杆采用 solid95 单元，栓杆与节点的接触面采用 CONTA174 接触单元，摩擦系数取 0.15，惩罚系数取 0.1。除此之外，在垫片与钢板接触部位也采

用接触模拟。这样每个简化节点共设置 3 个接触对，划分为 163224 个单元，如图 4-4-5 和图 4-4-6 所示。节点荷载施加与节点试验情况完全相同。

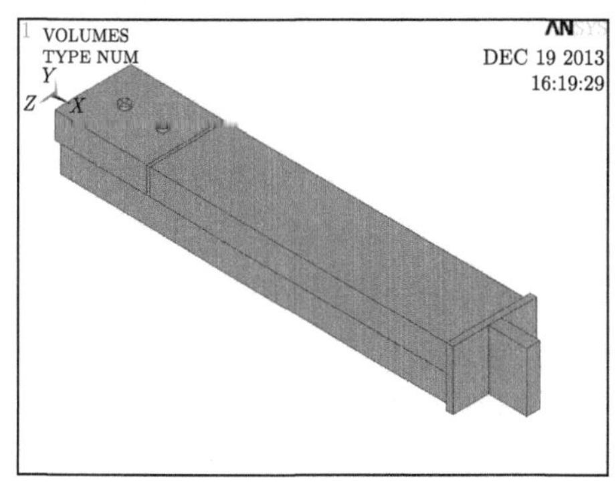

图 4-4-5　1/4 节点

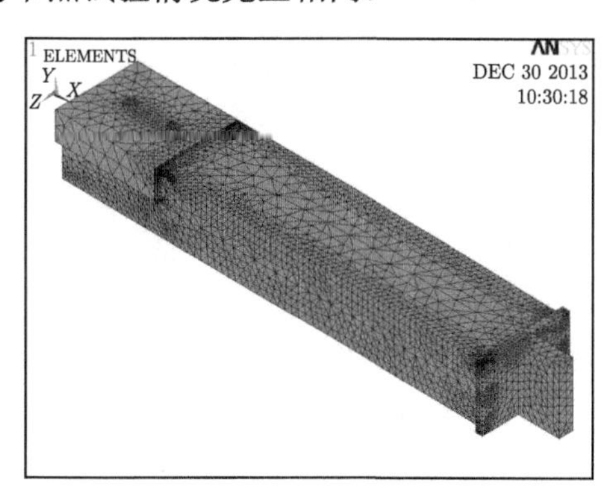

图 4-4-6　1/4 节点网格划分

4.4.2　SSB 节点试验结果及数值模拟

试验节点按节点截面尺寸分为 4 组，本节通过分析节点应力、节点位移、节点荷载位移曲线及螺栓的受力情况，来研究 SSB 节点力学性能。

1. 第 1 组节点

1 号节点钢管截面尺寸为 120mm×80mm，钢管壁厚为 4mm，连接螺栓直径为 16mm，螺栓间距为 70mm。节点在加载过程中螺栓和节点端部均发生破坏，导致节点最后失去承载力。荷载加载到第 10 等级时节点发生破坏，此时节点平面外极限荷载为 71kN。在加载的过程中每个应变花采集到的主应力随荷载的增加会有相应的增加。有限元模拟得到节点的应力结果如图 4-4-7 和图 4-4-8 所示，位移云图如图 4-4-9 所示，节点试验和模拟得到的荷载位移曲线比较如图 4-4-10 所示。1 号节点的破坏形态为螺栓受剪弯曲和节点端部出现压屈。

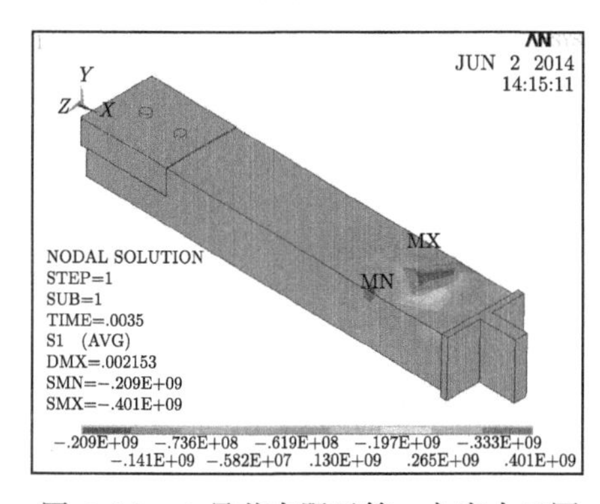

图 4-4-7　1 号节有限元第一主应力云图

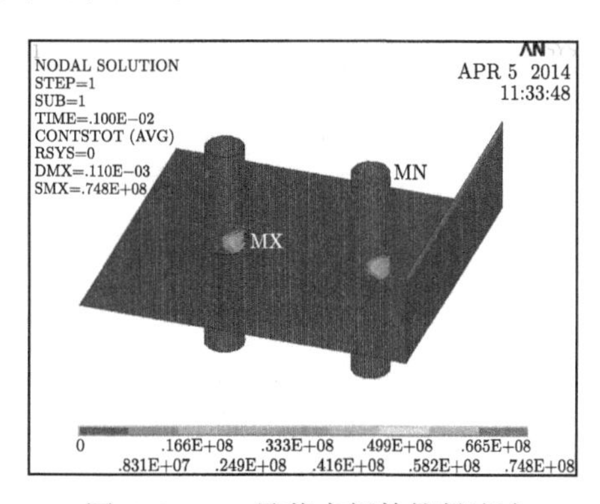

图 4-4-8　1 号节点螺栓接触应力

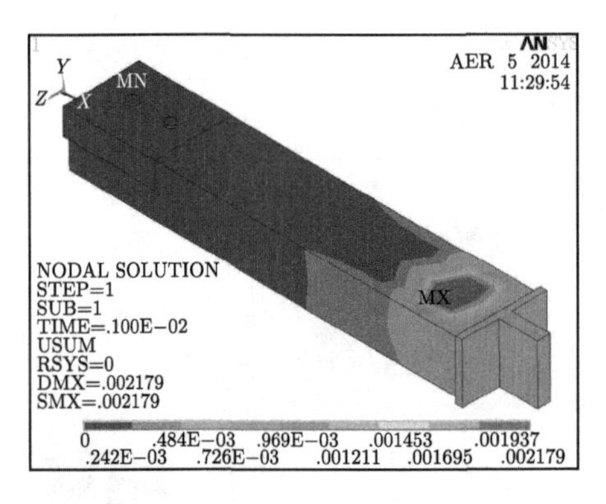

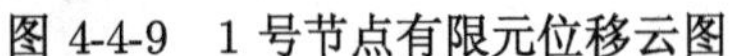
图 4-4-9 1 号节点有限元位移云图

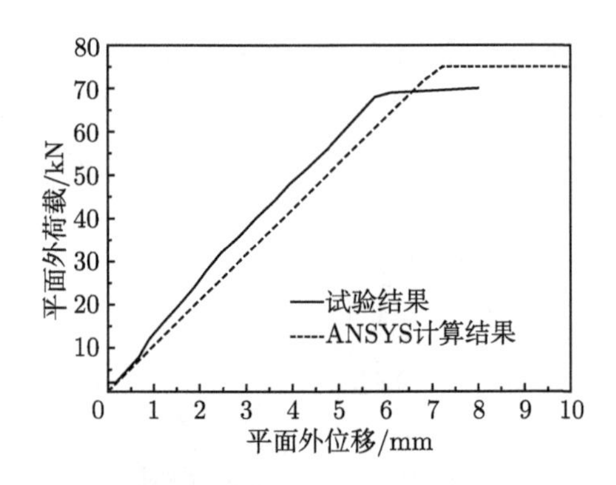

图 4-4-10 1 号节点荷载位移曲线比较

从图 4-4-7 可以看出节点的应力状况，节点端部应力较大，节点钢管端部应力分布比较复杂。采用接触模拟的螺栓表面应力较大，这和试验过程中螺栓出现弯曲相吻合，最大位移发生在节点端部。节点荷载位移曲线比较如图 4-4-10 所示，两条曲线的斜率比较接近，具体的数据比较如表 4-4-2 所示。从表中可以看到，试验节点位移与模拟节点位移有一定的差距，模拟节点的位移偏大。1 号节点 4、9、11 号应变花荷载应力曲线如图 4-4-11 所示。1 号节点模拟得到的应力与试验采集到的应力比较如表 4-4-3 所示。通过比较可以看到，有些测点模拟节点应力和试验节点应力相差较大。

表 4-4-2 1 号节点荷载位移曲线图数据比较

	节点转动刚度/(N/m)	节点极限荷载/kN	弹性阶段节点端部最大位移/mm
试验值	$k_{\mathrm{cr1}} = 1.14\times10^7$	$P_{\mathrm{cr1}} = 71$	$u_1 = 6.44$
模拟值	$k_{\mathrm{cr2}} = 1.09\times10^7$	$P_{\mathrm{cr2}} = 75$	$u_2 = 7.22$

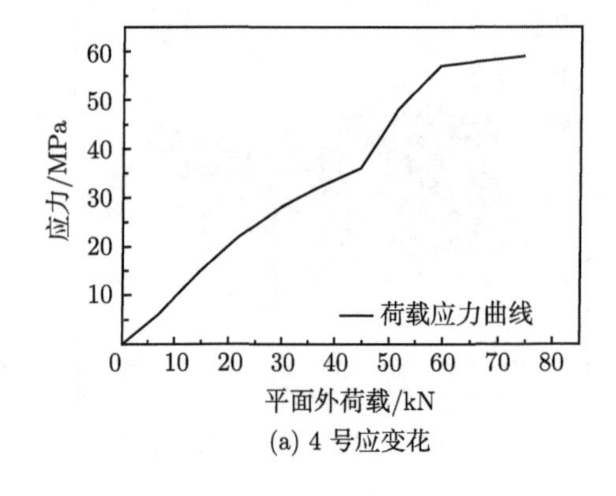

(a) 4 号应变花

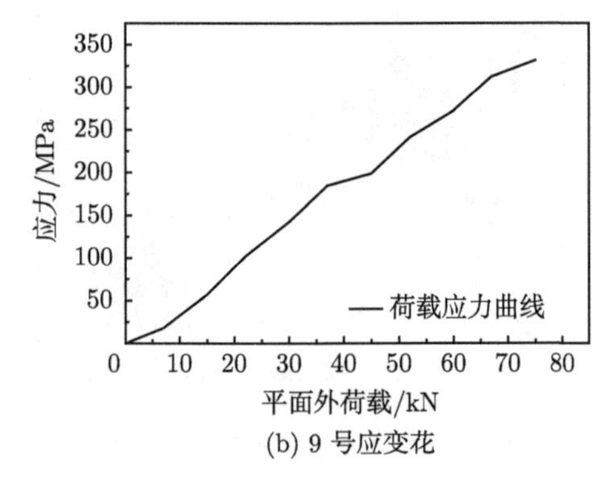

(b) 9 号应变花

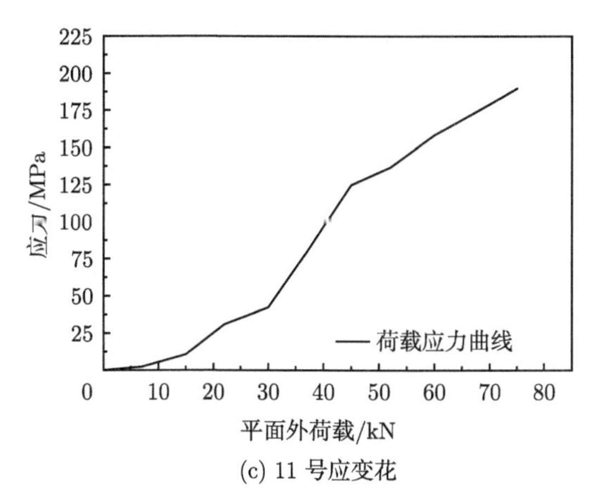

(c) 11 号应变花

图 4-4-11　1 号节点应变花荷载应力曲线

表 4-4-3　1 号节点模拟应力与试验应力比较

应变花编号	试验应力值/MPa	模拟应力值/MPa	相对试验误差/%
1	−40.3	−37.8	−6.2
2	−43.5	−34.1	−21.6
3	−59.0	−43.2	−26.8
4	−47.6	−38.4	−19.3
5	−25.2	−23.3	−7.5
6	−24.8	−25.2	1.6
7	224.9	209.2	−7.0
8	249.7	232.7	−6.8
9	331.4	342.4	3.3
10	328.6	335.6	2.1
11	−189.6	−176.1	−7.1

2 号节点钢管截面尺寸为 120mm×80mm，钢管壁厚为 5mm，连接螺栓直径为 16mm，螺栓间距为 70mm。2 号节点加载到第 10 等级时发生破坏，平面外最大极限荷载为 73kN。在加载的过程中每个应变花采集到的主应力随荷载的增加会有相应的增加。有限元模拟得到节点的应力结果如图 4-4-12 和图 4-4-13 所示，位移云图如图 4-4-14 所示，节点试验和模拟得到的荷载位移曲线比较如图 4-4-15 所示。2 号节点的破坏模式为螺栓弯曲，节点端部出现压屈。

从图 4-4-12 可以看出，节点最大应力主要集中在节点端部附近，通过图 4-4-14 可以看出节点端部出现屈曲，节点端部位移较大。节点模拟荷载位移曲线整体趋势是线性的，和节点试验荷载位移曲线相比，位移有一定差距，在最开始阶段荷载位移曲线比较吻合，在达到极限荷载时，曲线差距比较大。节点试验和模拟的荷载位移曲线数据比较如表 4-4-4 所示。从表中可以看到，两条曲线的最终位移相差较大，节点的极限荷载相差较小。2 号节点 1、10、11 号应变花荷载应力曲线如图 4-4-16 所示。2 号节点模拟得到的应力与试验采集到的应力比较如表 4-4-5 所示。从表中可以看出，节点应力相差较小。试验节点 6 号应变花在试验的过程中发生了损坏，不能得到最终的应力大小。

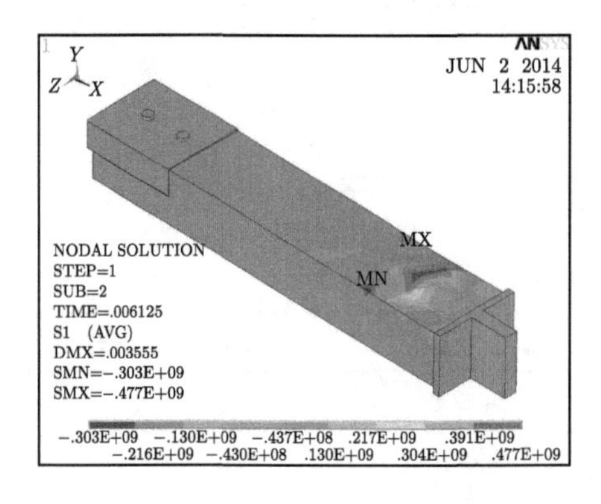

图 4-4-12　2 号节点有限元第一主应力云图

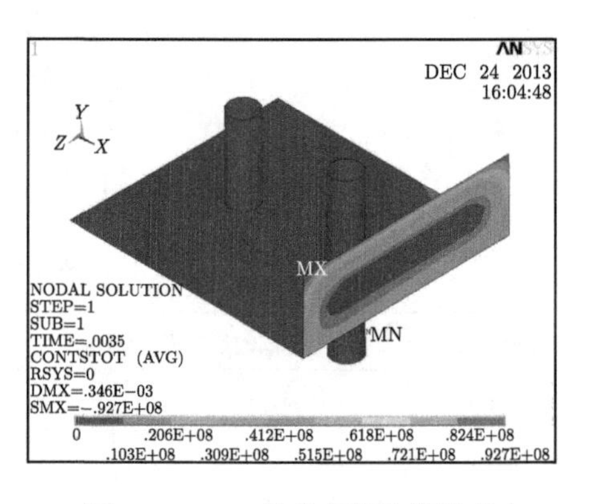

图 4-4-13　2 号节点螺栓接触应力

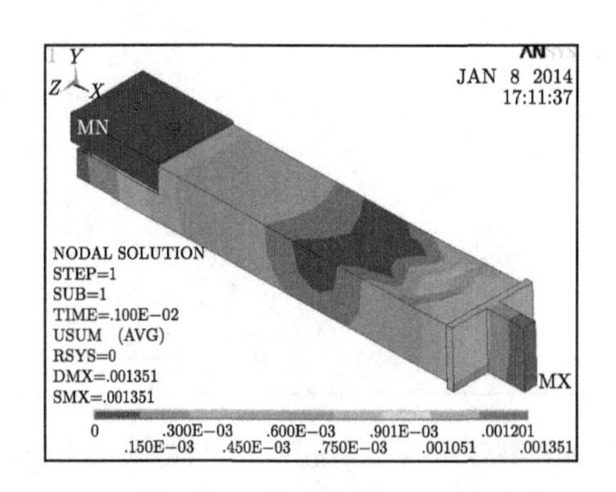

图 4-4-14　2 号节点有限元位移云图

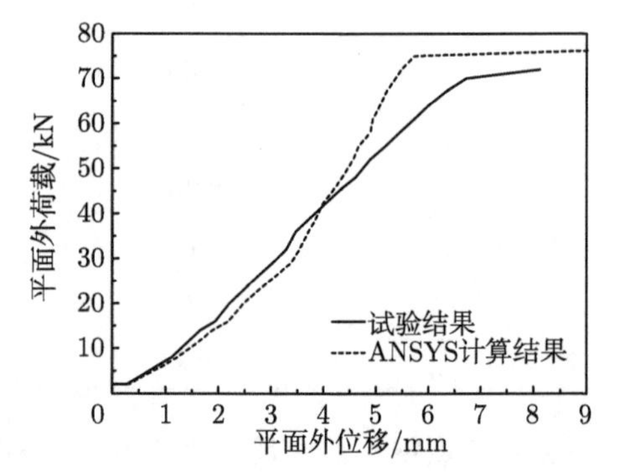

图 4-4-15　2 号节点荷载位移曲线对比

表 4-4-4　2 号节点荷载位移曲线图数据比较

	节点转动刚度/(N/m)	节点极限荷载/kN	弹性阶段节点端部最大位移/mm
试验值	$k_{cr1} = 1.15\times 10^7$	$P_{cr1} = 73$	$u_1 = 6.31$
模拟值	$k_{cr2} = 1.19\times 10^7$	$P_{cr2} = 78$	$u_2 = 5.73$

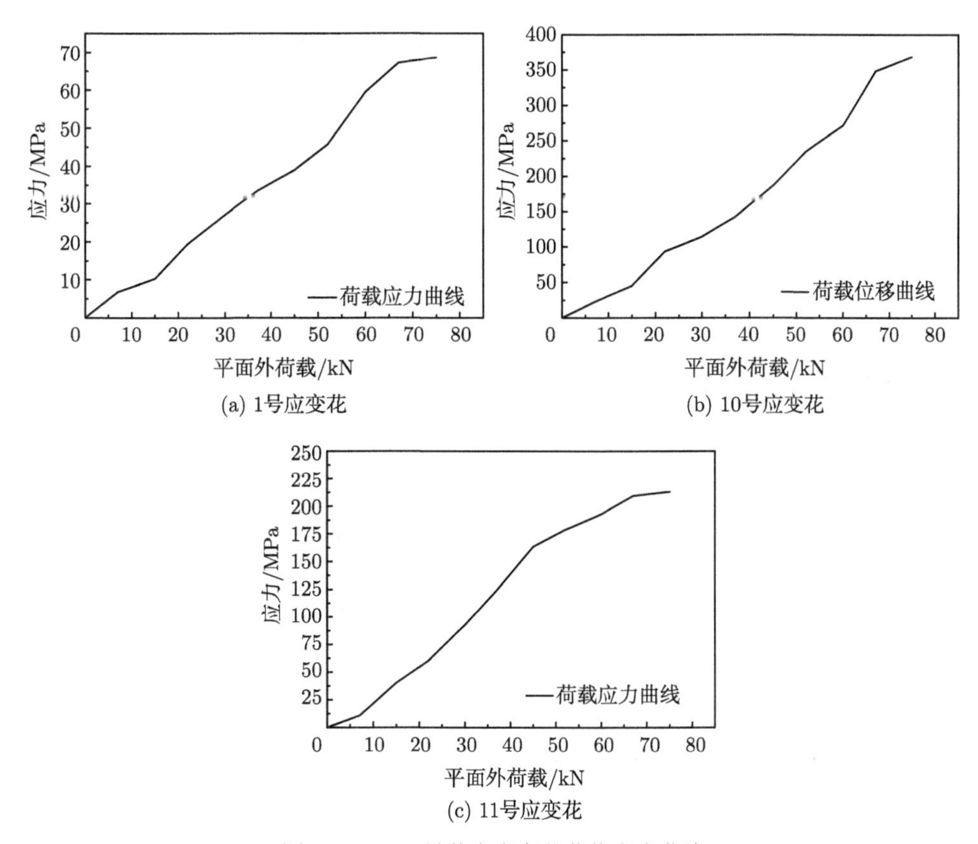

(a) 1号应变花　　(b) 10号应变花　　(c) 11号应变花

图 4-4-16　2 号节点应变花荷载应力曲线

表 4-4-5　2 号节点模拟应力与试验应力比较

应变花编号	试验应力值/MPa	模拟应力值/MPa	相对试验误差/%
1	−88.4	−84.8	−4.1
2	−80.2	−77.1	−3.7
3	−77.6	−78.9	1.7
4	−81.3	−72.7	−10.6
5	−52.5	−56.2	7.0
6	—	−67.2	—
7	348.8	307.1	−12.0
8	367.3	314.7	−14.3
9	343.6	329.2	−4.2
10	368.7	342.2	−7.2
11	−113.1	−124.6	10.2

3 号节点钢管截面尺寸为 120mm×80mm，钢管壁厚为 6mm，连接螺栓直径为 16mm，螺栓间距为 70mm。荷载加载到第 10 等级时节点发生破坏，此时节点平面外极限荷载为 72kN。在加载过程中每个应变花采集到的主应力随荷载的增加会有相应的增加。有限元模拟得到节点的应力结果如图 4-4-17 和图 4-4-18 所示，位移云图如图 4-4-19 所示，节点试验和模拟得到的荷载位移曲线比较如图 4-4-20 所示，3 号节点的破坏模式为节点螺栓弯曲，节点端部出现压屈。

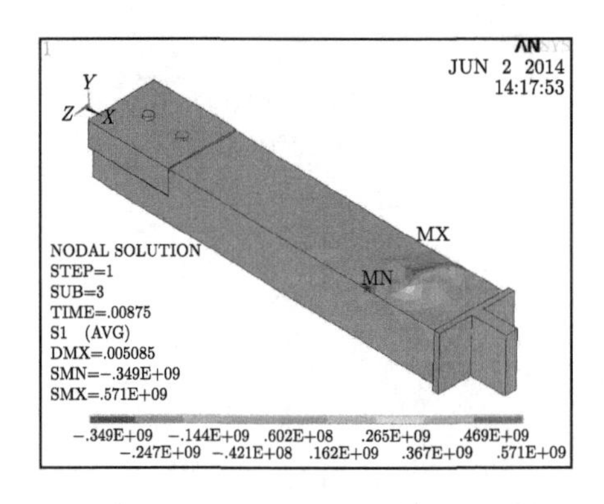

图 4-4-17　3 号节点有限元第一主应力云图

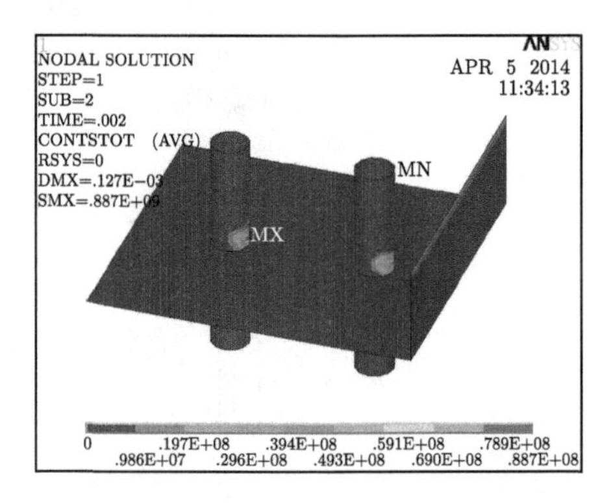

图 4-4-18　3 号节点螺栓接触应力

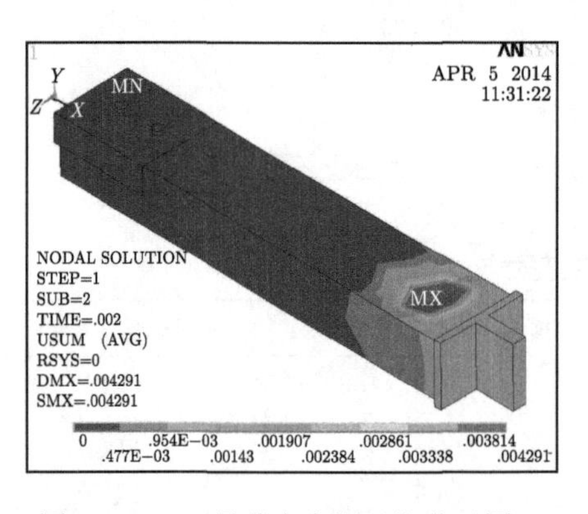

图 4-4-19　3 号节点有限元位移云图

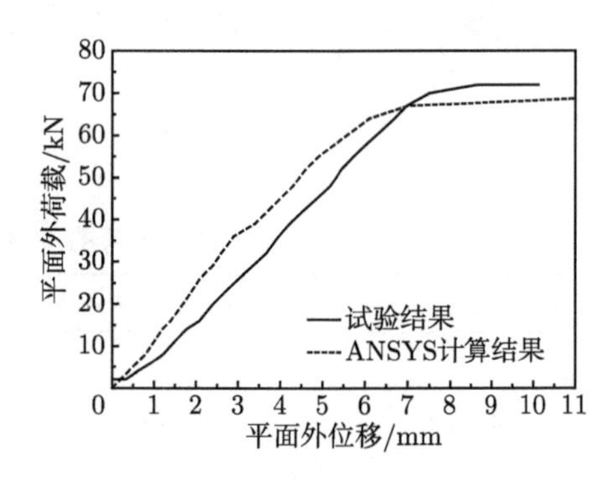

图 4-4-20　3 号节点荷载位移曲线对比

从图 4-4-17 中可以看出，3 号节点应力分布比较均匀，节点端部应力较大。节点的两条荷载位移曲线斜率相差不大，位移有一定的差距。节点试验和模拟的荷载位移曲线数据比较如表 4-4-6 所示。从表中可以得到，试验节点和模拟节点的极限荷载相差较小，荷载位移相差较大，原因可能为试验节点组装过程中螺栓的预紧力不足，导致在加载的过程中可能会出现一定的滑移。3 号节点 5、9、11 号应变花的荷载应力曲线如图 4-4-21 所示。3 号节点模拟得到的应力与采集到的应力比较如表 4-4-7 所示。

表 4-4-6　3 号节点荷载位移曲线图数据比较

	节点转动刚度/(N/m)	节点极限荷载/kN	弹性阶段节点端部最大位移/mm
试验值	$k_{\mathrm{cr1}}=1.13\times10^{7}$	$P_{\mathrm{cr1}}=72$	$u_1=7.63$
模拟值	$k_{\mathrm{cr2}}=1.16\times10^{7}$	$P_{\mathrm{cr2}}=70$	$u_2=7.01$

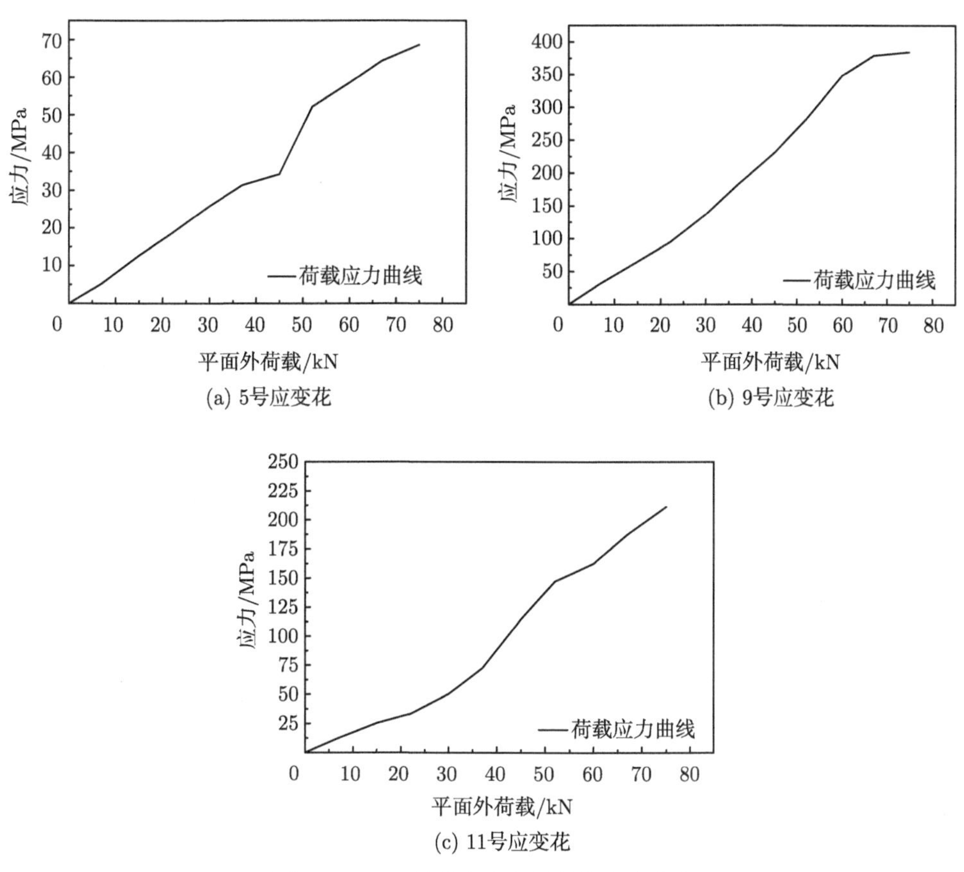

(a) 5号应变花　(b) 9号应变花　(c) 11号应变花

图 4-4-21　3 号节点应变花荷载应力曲线

4 号节点钢管截面尺寸为 120mm×80mm，钢管壁厚为 4mm，连接螺栓直径为 16mm，螺栓间距为 50mm。荷载加载到第 9 等级时节点发生破坏，此时节点平面外极限荷载为 61kN。在加载过程中每个应变花采集到的主应力随荷载的增加会有相应的增加。有限元模拟得到的节点的应力结果如图 4-4-22 和图 4-4-23 所示，位移云图如图 4-4-24 所示，节点试验和模拟得到的荷载位移曲线的比较如图 4-4-25 所示，4 号节点的破坏模式为螺栓受剪破坏，节点端部没有出现压屈。

表 4-4-7　3 号节点模拟应力与试验应力比较

应变花编号	试验应力值/MPa	模拟应力值/MPa	相对试验误差/%
1	−29.6	−34.0	14.9
2	−38.7	−37.2	−3.9
3	−59.2	−41.5	−17.7
4	−54.3	−43.7	−19.5
5	−68.6	−57.6	−16.0
6	−67.1	−55.4	−17.4
7	347.8	278.3	−20.1
8	382.1	286.8	−24.9
9	384.5	372.2	−3.2
10	375.2	362.6	−3.4
11	−111.4	−98.8	−11.3

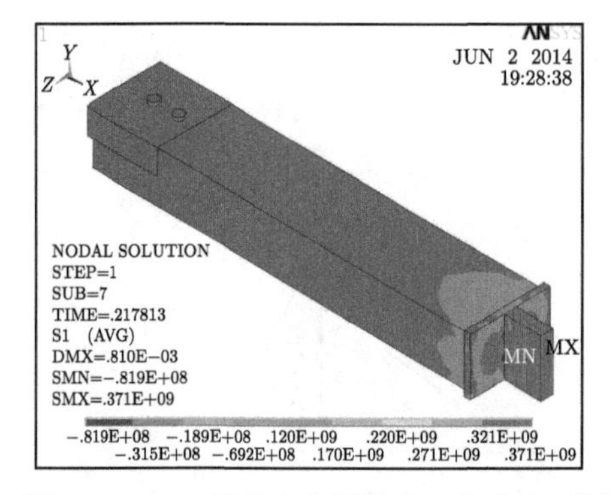

图 4-4-22　4 号节点有限元第一主应力云图

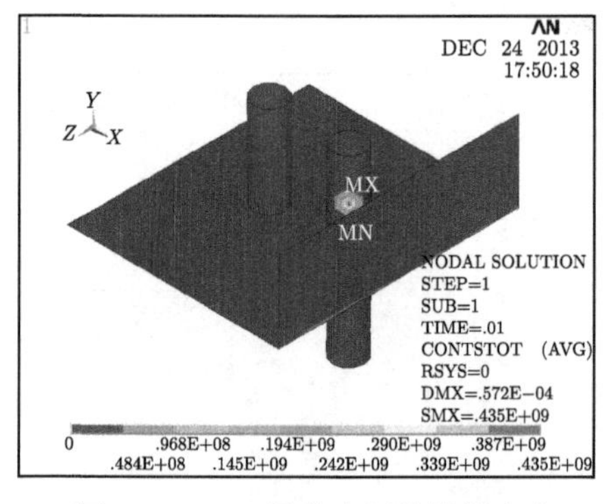

图 4-4-23　4 号节点螺栓接触应力

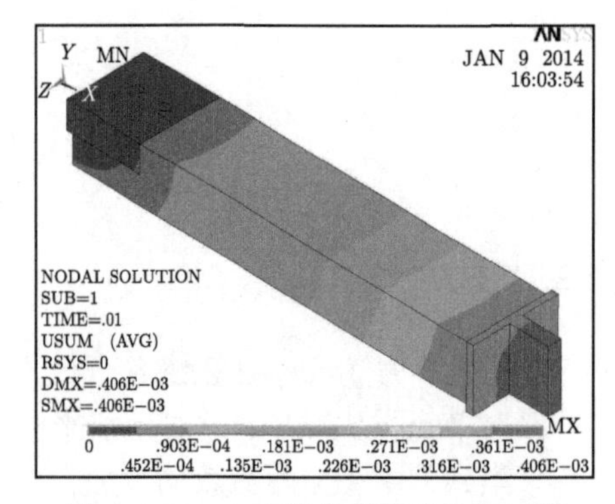

图 4-4-24　4 号节点有限元位移云图

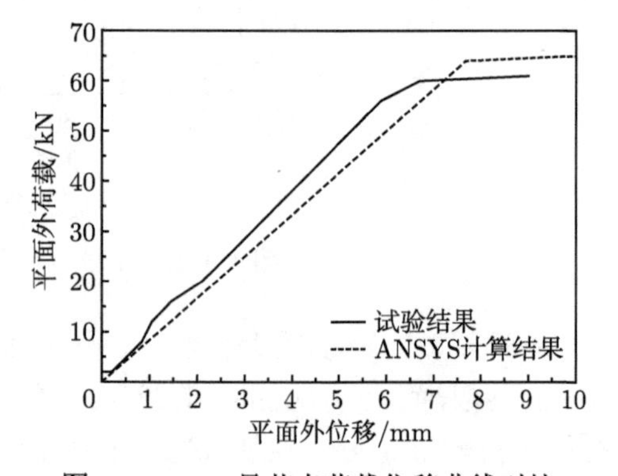

图 4-4-25　4 号节点荷载位移曲线对比

从图 4-4-22 中可以得出，节点最大应力出现在节点端部，节点试验和模拟的荷载位移曲线数据比较如表 4-4-8 所示。4 号节点荷载位移曲线斜率和前 3 个节点相比较略小，极限荷载也略有降低，其破坏形态也与前 3 个节点不同。4 号节点主要破坏形态是螺栓被剪断，节点端部钢管没有发生压屈。4 号节点 4、7、11 号应变花荷载应力曲线如图 4-4-26 所示。4 号节点模拟得到的应力与试验采集到的应力比较如表 4-4-9 所示。

表 4-4-8　4 号节点荷载位移曲线图数据比较

	节点转动刚度/(N/m)	节点极限荷载/kN	弹性阶段节点端部最大位移/mm
试验值	$k_{\text{cr1}} = 9.51\times10^6$	$P_{\text{cr1}} = 61$	$u_1 = 6.73$
模拟值	$k_{\text{cr2}} = 9.37\times10^6$	$P_{\text{cr2}} = 65$	$u_2 = 7.06$

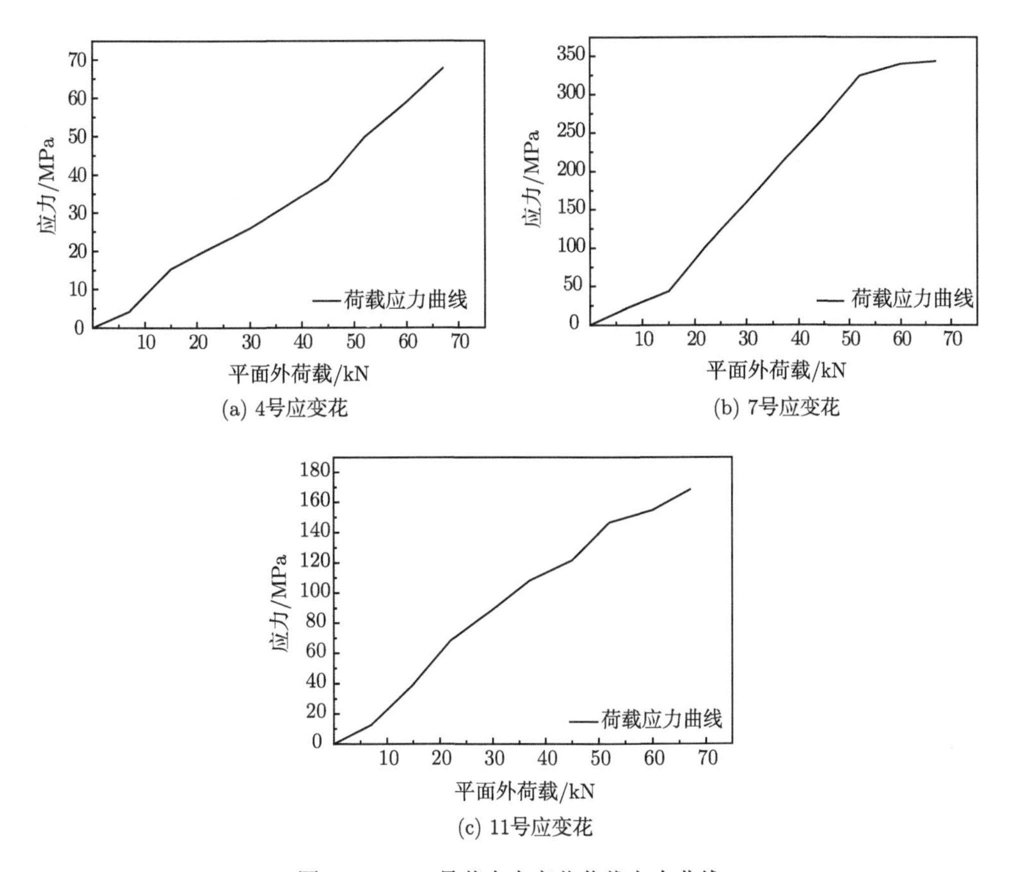

图 4-4-26　4 号节点应变花荷载应力曲线

5 号节点钢管截面尺寸为 120mm×80mm，钢管壁厚为 4mm，连接螺栓直径为 12mm，螺栓间距为 70mm。荷载加载到第 10 等级时节点发生破坏，此时节点平面外极限荷载为 69kN。在加载的过程中每个应变花采集到的主应力随荷载的增加会有相应的增加。有限元模拟得到节点的应力结果如图 4-4-27 和图 4-4-28 所示，位移云图如图 4-4-29 所示，节点试验和模拟得到的荷载位移曲线比较如图 4-4-30 所示。5 号节点的破坏模式为螺栓受剪破坏，节点一端发生不明显的屈曲。

表 4-4-9　4 号节点模拟应力与试验应力比较

应变花编号	试验应力值/MPa	模拟应力值/MPa	相对试验误差/%
1	−68.3	−72.4	6.0
2	−73.1	−69.6	−4.8
3	−65.0	−62.3	−4.1
4	−67.7	−61.2	−9.6
5	−62.1	−58.2	−6.3
6	−64.8	−57.9	−10.6
7	342.9	278.4	−18.8
8	325.2	281.6	−13.4
9	326.5	313.5	−4.0
10	317.5	299.4	−5.7
11	−168.4	−142.2	−15.6

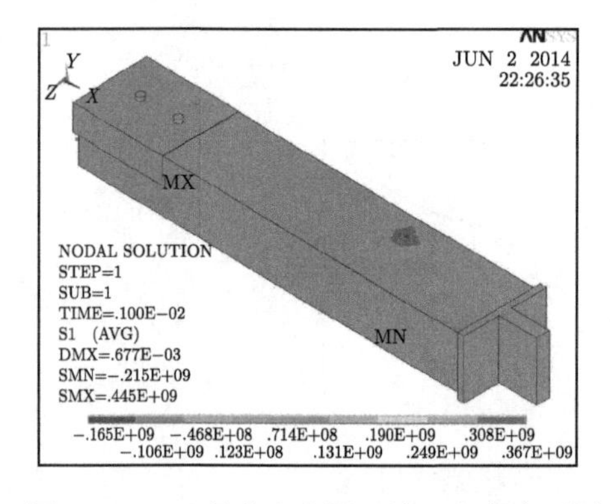

图 4-4-27　5 号节点有限元第一主应力云图

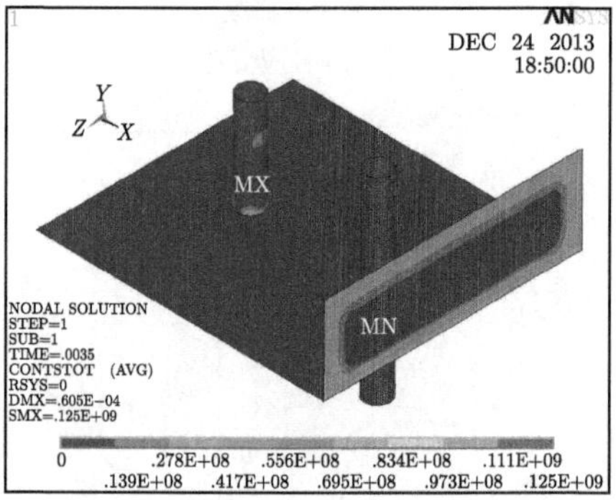

图 4-4-28　5 号节点螺栓接触应力

从图 4-4-27 可以得出，节点应力分布比较均匀，节点端部应力较大。5 号节点各处位移呈现移递进趋势，最大位移出现在节点端部。节点试验和模拟的荷载位移曲线数据比较如表 4-4-10 所示。5 号节点的两条荷载位移曲线在开始阶段吻合良好，随着荷载的增加，两条曲线的差距开始显现。5 号节点 5、8、11 号应变花荷载应力曲线如图 4-4-31 所示。5 号节点模拟得到的应力与试验采集到的应力比较如表 4-4-11 所示。

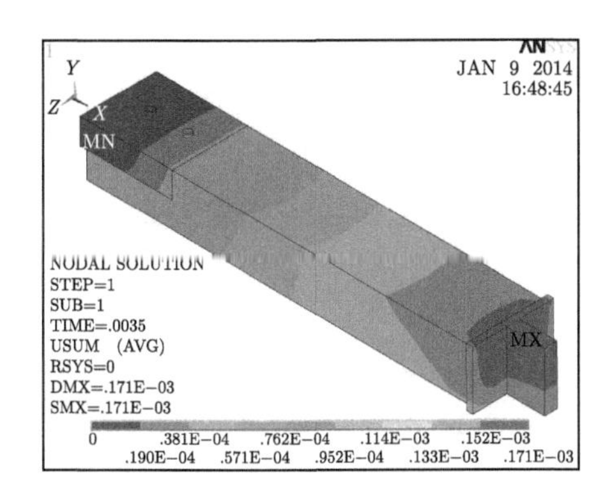

图 4-4-29　5 号节点有限元位移云图

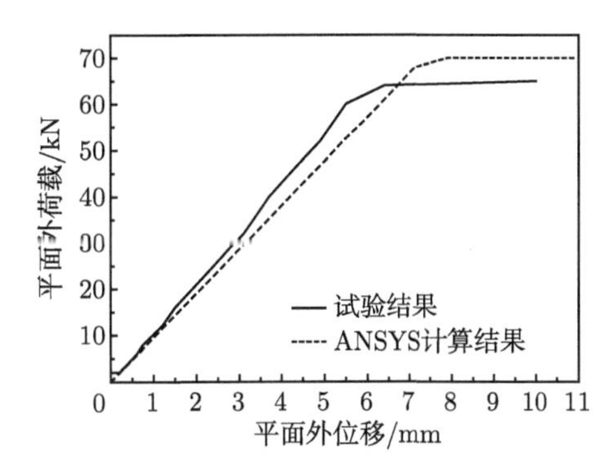

图 4-4-30　5 号节点荷载位移曲线对比

表 4-4-10　5 号节点荷载位移曲线图数据比较

	节点转动刚度/(N/m)	节点极限荷载/kN	弹性阶段节点端部最大位移/mm
试验值	$k_{\mathrm{cr1}} = 1.19\times 10^7$	$P_{\mathrm{cr1}} = 69$	$u_1 = 6.14$
模拟值	$k_{\mathrm{cr2}} = 1.18\times 10^7$	$P_{\mathrm{cr2}} = 73$	$u_2 = 6.72$

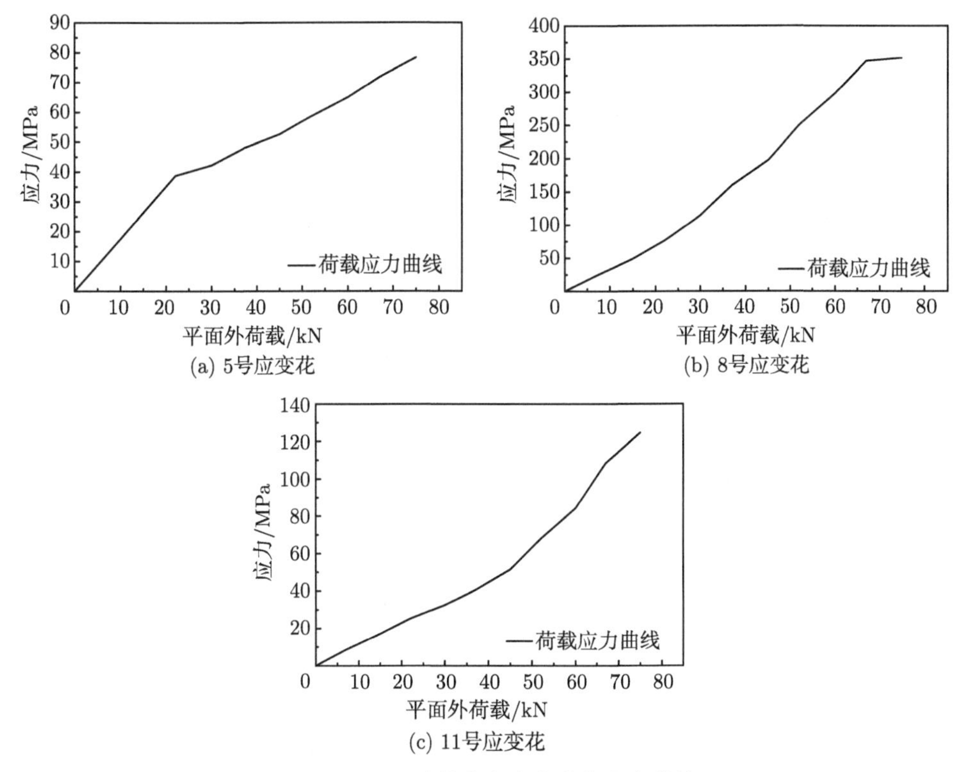

图 4-4-31　5 号节点应变花荷载应力曲线

表 4-4-11　5 号节点模拟应力与试验应力比较

应变花编号	试验应力值/MPa	模拟应力值/MPa	相对试验误差/%
1	−58.6	−61.2	4.4
2	−60.9	−58.1	−4.6
3	−52.6	−46.6	−11.4
4	−56.1	−50.4	−10.1
5	−78.3	−72.3	−7.6
6	−76.5	−69.2	−9.5
7	312.6	287.2	−8.2
8	351.3	294.5	−16.2
9	310.4	299.4	−3.5
10	328.0	313.5	−4.4
11	−94.7	−108.3	14.4

2. 第 2 组节点

6 号节点钢管截面尺寸为 150mm×100mm，钢管壁厚为 4mm，连接螺栓直径为 16mm，螺栓间距为 70mm。荷载加载到第 8 等级时节点发生破坏，此时节点平面外极限荷载为 58kN。在加载的过程中每个应变花采集到的主应力随荷载的增加会有相应的增加。有限元模拟得到节点的应力结果如图 4-4-32 和图 4-4-33 所示，位移云图如图 4-4-34 所示，节点试验和模拟得到的荷载位移曲线的比较如图 4-4-35 所示，6 号节点的破坏模式为螺栓受剪破坏，节点端部没有出现压屈。

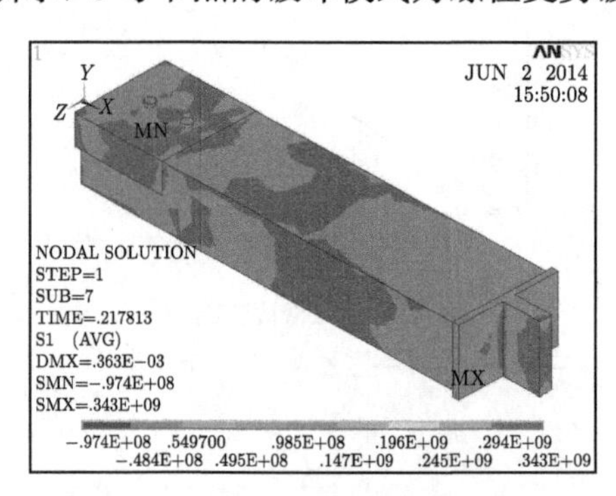

图 4-4-32　6 号节点有限元第一主应力云图

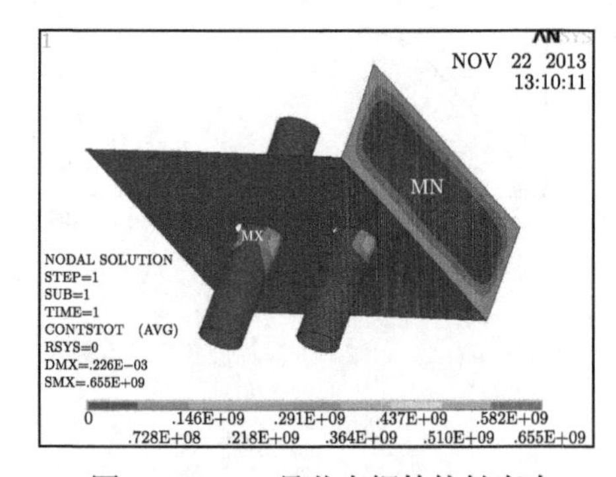

图 4-4-33　6 号节点螺栓接触应力

从图 4-4-32 中可以看出，节点受力比较复杂，应力分布不是很均匀，节点端部应力较大。6 号节点主要破坏形态为螺栓被剪断，从图 4-4-35 中可以看出，螺栓被剪断后，节点丧失承载力，但是从模拟荷载位移曲线中看出，节点基本达到极限承载力。节点试验和模拟的荷载位移曲线数据比较如表 4-4-12 所示。从表中可以看出 6 号节点两条荷载位移曲线的斜率吻合良好，但是斜率明显大于前 5 个节点，节点整体刚性比较大。6 号节点 3、8、11 号应变花荷载应力曲线如图 4-4-36 所示。6

号节点模拟得到的应力与试验采集到应力比较如表 4-4-13 所示。

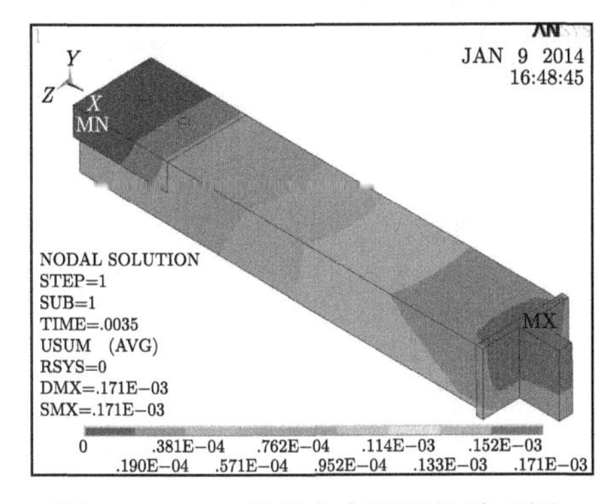

图 4-4-34　6 号节点有限元位移云图

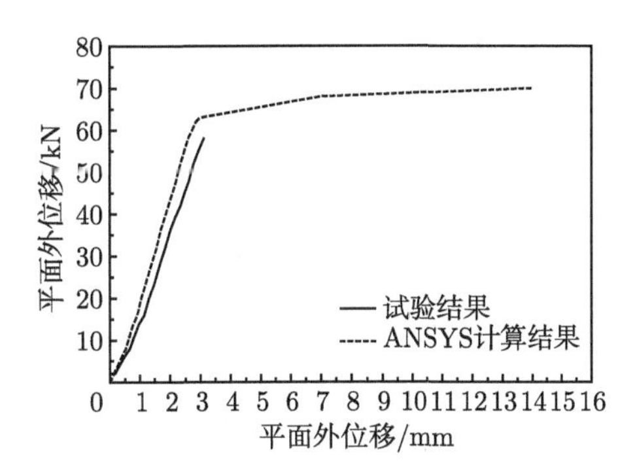

图 4-4-35　6 号节点荷载位移曲线对比

表 4-4-12　6 号节点荷载位移曲线图数据比较

	节点转动刚度/(N/m)	节点极限荷载/kN	弹性阶段节点端部最大位移/mm
试验值	$k_{\mathrm{cr1}} = 1.53\times10^7$	$P_{\mathrm{cr1}} = 59$	$u_1 = 3.64$
模拟值	$k_{\mathrm{cr2}} = 1.54\times10^7$	$P_{\mathrm{cr2}} = 64$	$u_2 = 3.92$

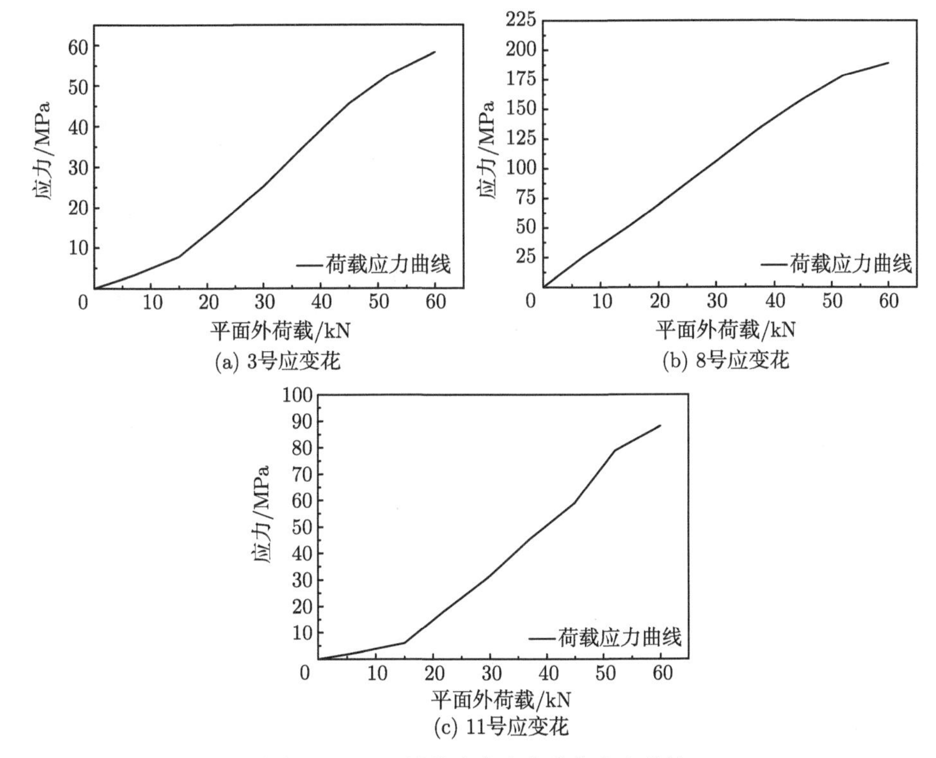

图 4-4-36　6 号节点应变花荷载应力曲线

表 4-4-13　6 号节点模拟应力与试验应力比较

应变花编号	试验应力值/MPa	模拟应力值/MPa	相对试验误差/%
1	−55.2	−54.6	−1.1
2	−54.7	−49.2	−10.1
3	−58.3	−52.4	−10.1
4	−57.6	−56.3	−2.3
5	−44.9	−37.5	−16.4
6	−46.2	−39.4	−14.7
7	168.4	148.7	−11.7
8	162.3	141.4	−12.9
9	189.1	176.7	−6.6
10	187.0	180.5	−3.5
11	−88.2	−71.3	−19.1

7 号节点钢管截面尺寸为 150mm×100mm，钢管壁厚为 5mm，连接螺栓直径为 16mm，螺栓间距为 70mm。荷载加载到第 8 等级时节点发生破坏，此时节点平面外极限荷载为 60kN。在加载的过程中每个应变花采集到的主应力随荷载的增加会有相应的增加。有限元模拟得到节点的应力结果如图 4-4-37 和图 4-4-38 所示，位移云图如图 4-4-39 所示，节点试验和模拟得到的荷载位移曲线的比较如图 4-4-40 所示，7 号节点的破坏模式为螺栓受剪破坏，节点端部没有出现压屈。

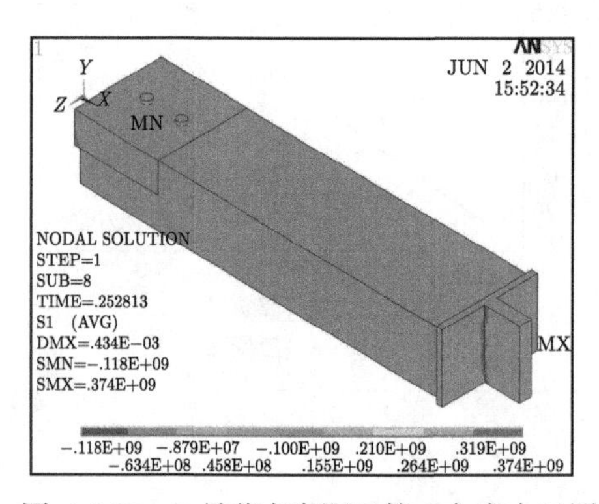

图 4-4-37　7 号节点有限元第一主应力云图

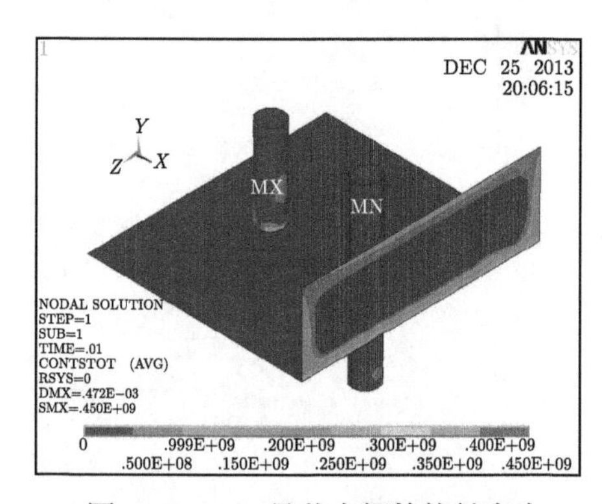

图 4-4-38　7 号节点螺栓接触应力

从图 4-4-37 中可以看出，7 号节点的应力分布比较复杂，节点螺栓受力比较大，节点的主要破坏形态是螺栓被剪坏。7 号节点两条荷载位移曲线吻合良好，荷载位移相差不多。节点试验和模拟的荷载位移曲线数据比较如表 4-4-14 所示。从表中可以看出，节点两条荷载位移曲线的斜率、极限荷载以及极限荷载下的位移均相差较小。7 号节点 4、7、11 号应变花荷载应力曲线如图 4-4-41 所示。7 号节点模拟得到的应力与试验采集到的应力比较如表 4-4-15 所示。

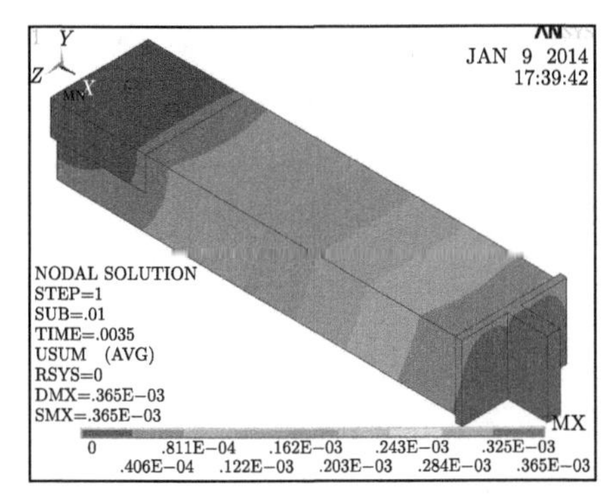

图 4-4-39　7 号节点有限元位移云图

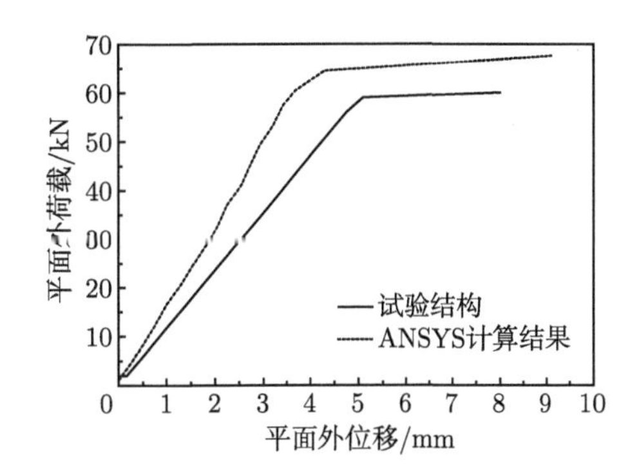

图 4-4-40　7 号节点荷载位移曲线对比

表 4-4-14　7 号节点荷载位移曲线图数据比较

	节点转动刚度/(N/m)	节点极限荷载/kN	弹性阶段节点端部最大位移/mm
试验值	$k_{\mathrm{cr1}} = 1.25\times10^7$	$P_{\mathrm{cr1}} = 60$	$u_1 = 4.81$
模拟值	$k_{\mathrm{cr2}} = 1.55\times10^7$	$P_{\mathrm{cr2}} = 63$	$u_2 = 5.14$

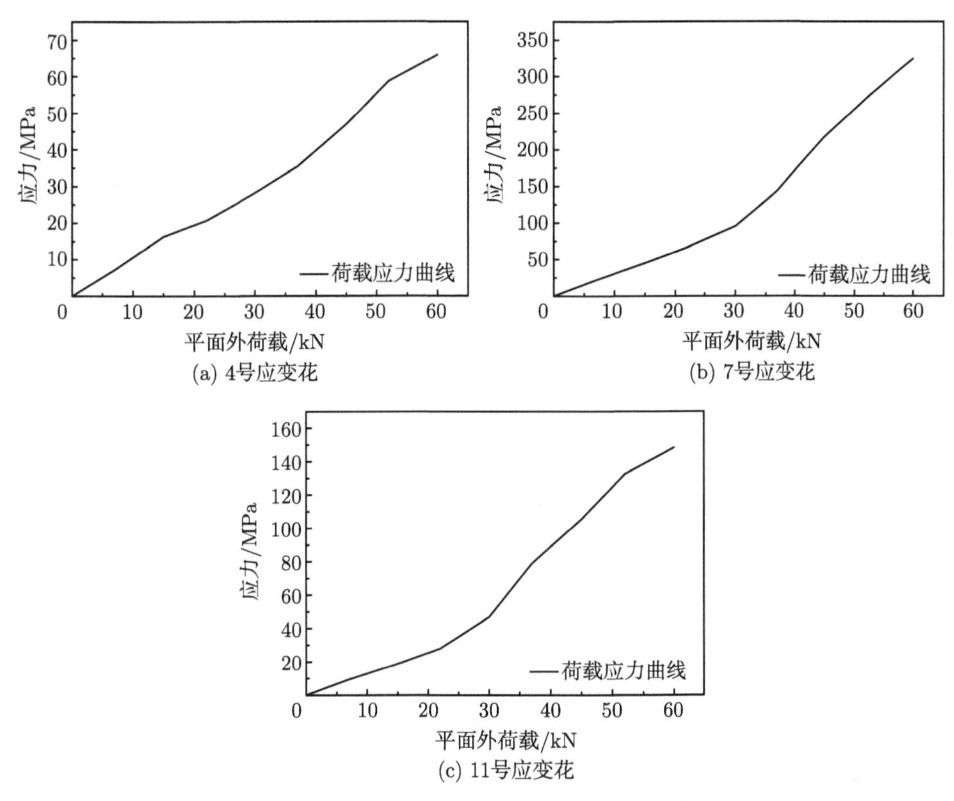

图 4-4-41　7 号节点应变花荷载应力曲线

表 4-4-15　7 号节点模拟应力与试验应力比较

应变花编号	试验应力值/MPa	模拟应力值/MPa	相对试验误差/%
1	−58.6	−54.2	−7.5
2	−62.3	−57.4	−7.9
3	−64.2	−68.3	6.4
4	−65.9	−62.1	−5.8
5	−62.7	−60.6	−3.3
6	−67.5	−63.7	−5.6
7	328.4	267.8	−18.5
8	319.7	262.3	−18.0
9	306.8	275.1	−10.3
10	324.1	283.2	−12.6
11	−118.3	−101.4	−14.3

7 号节点模拟状况与试验状况对比如图 4-4-42 所示，试验过程中节点端部没有发生屈曲，在模拟的过程中，节点端部也没有发生屈曲。

(a)

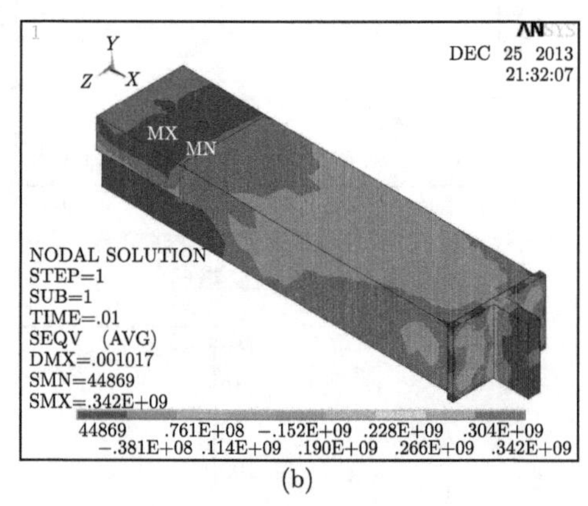

(b)

图 4-4-42　7 号节点试验情况与模拟应力比较

8 号节点钢管截面尺寸为 150mm×100mm，钢管壁厚为 6mm，连接螺栓直径为 16mm，螺栓间距为 70mm。荷载加载到第 8 等级时节点发生破坏，此时节点平面外极限荷载为 58kN。在加载的过程中每个应变花采集到的主应力随荷载的增加会有相应的增加。有限元模拟得到节点的应力结果如图 4-4-43 和图 4-4-44 所示，位移云图如图 4-4-45 所示，节点试验和模拟得到的荷载位移曲线的比较如图 4-4-46

所示，8 号节点的破坏模式为螺栓受剪破坏，节点端部没有出现压屈。

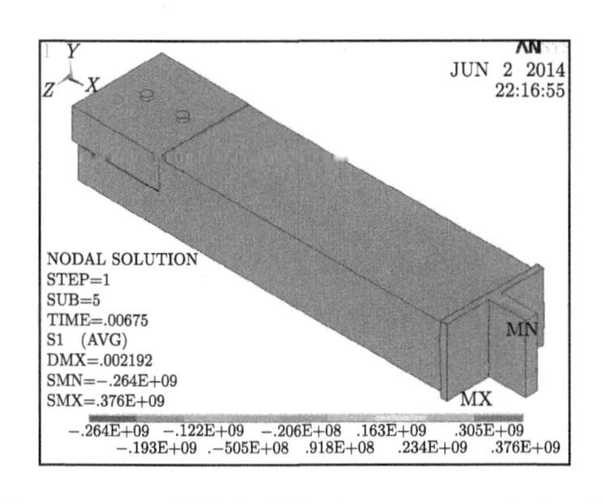

图 4-4-43　8 号节点有限元 von Mises 应力云图

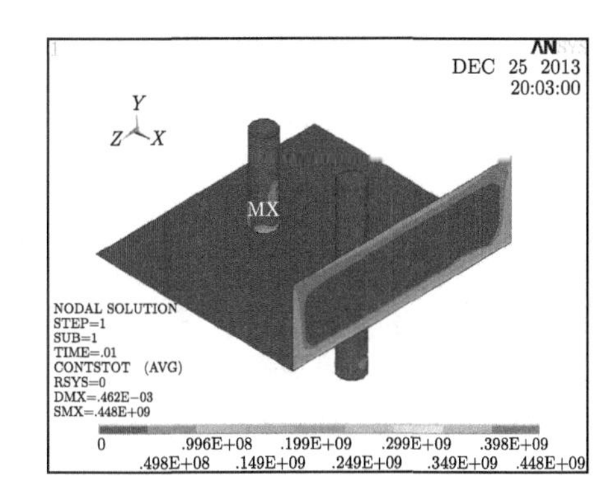

图 4-4-44　8 号节点螺栓接触应力

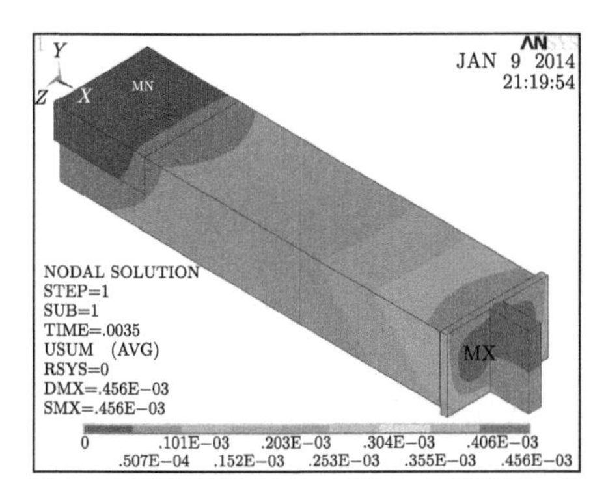

图 4-4-45　8 号节点有限元位移云图

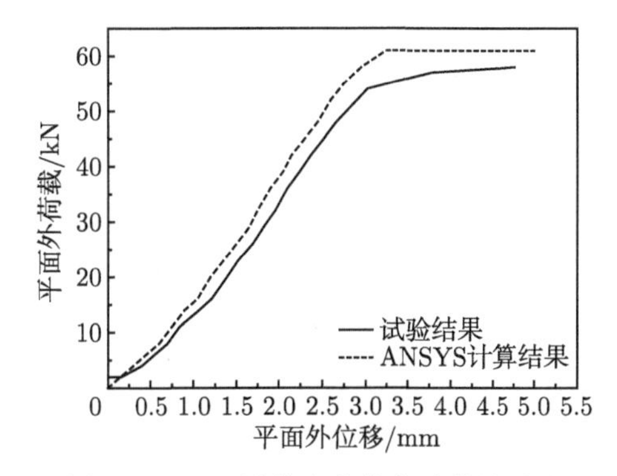

图 4-4-46　8 号节点荷载位移曲线对比

从图 4-4-43 可以得出，节点应力分布比较均匀，最大应力出现在节点端部，螺栓处的应力偏大。节点位移呈现递进趋势，最大位移出现在节点端部。8 号节点两条荷载位移曲线吻合良好，节点试验和模拟的荷载位移曲线数据比较如表 4-4-16 所示。从表中可以看出，曲线的各项参数吻合良好，但是和其他节点相比较，8 号节点荷载位移曲线的斜率偏大，节点整体刚性较大。8 号节点 1、8、11 号应变花荷载应力曲线如图 4-4-47 所示。8 号节点模拟得到的应力与试验采集到的应力比较如表 4-4-17 所示。

表 4-4-16　8 号节点荷载位移曲线图数据比较

	节点转动刚度/(N/m)	节点极限荷载/kN	弹性阶段节点端部最大位移/mm
试验值	$k_{cr1}=1.54\times10^{7}$	$P_{cr1}=62$	$u_1=3.89$
模拟值	$k_{cr2}=1.56\times10^{7}$	$P_{cr2}=61$	$u_2=3.67$

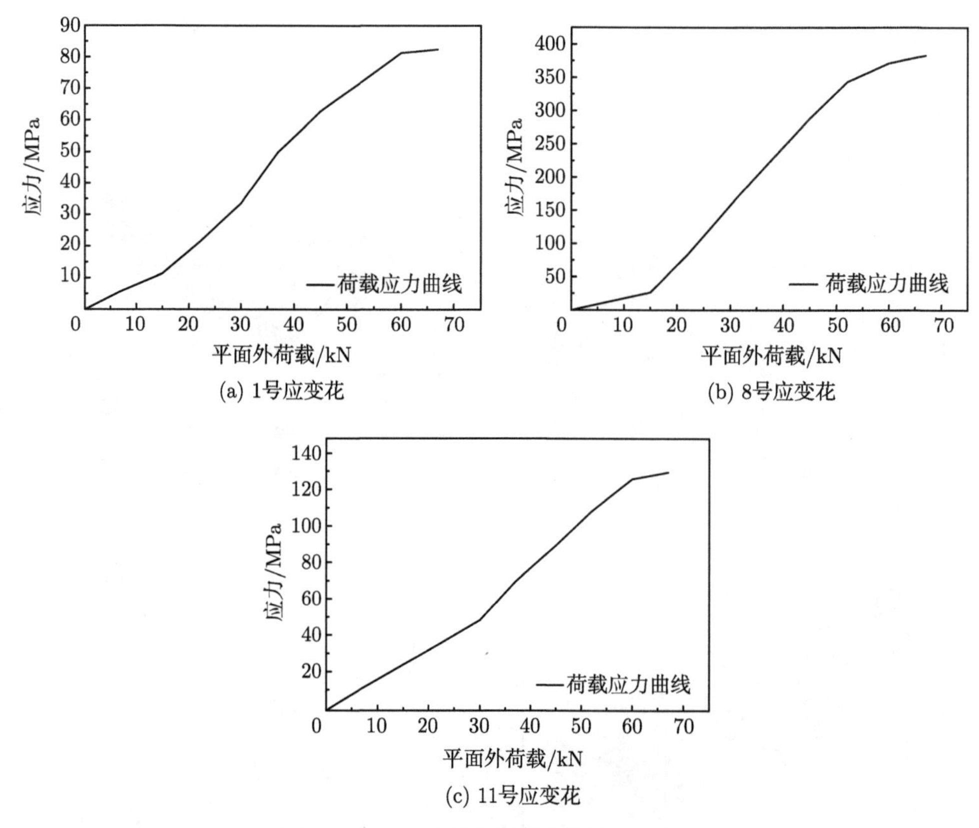

图 4-4-47　8 号节点应变花荷载应力曲线

表 4-4-17　8 号节点模拟应力与试验应力比较

应变花编号	试验应力值/MPa	模拟应力值/MPa	相对试验误差/%
1	−82.4	−84.2	2.2
2	−80.9	−79.4	−1.9
3	−78.8	−71.5	−9.3
4	−81.4	−76.5	−6.0
5	−69.7	−62.6	−10.2
6	−68.1	−63.3	−7.0
7	351.6	297.7	−15.3
8	383.0	293.1	−23.5
9	363.5	334.5	−8.0
10	371.2	328.7	−11.7
11	−81.3	−68.6	−15.6

9 号节点钢管截面尺寸为 150mm×100mm，钢管壁厚为 4mm，连接螺栓直径为 16mm，螺栓间距为 50mm。荷载加载到第 8 等级时节点发生破坏，此时节点平面外极限荷载为 60kN。在加载的过程中每个应变花采集到的主应力随荷载的增加会有相应的增加。有限元模拟得到节点的应力结果如图 4-4-48 和图 4-4-49 所示，位移云图如图 4-4-50 所示，节点试验和模拟得到的荷载位移曲线的比较如图 4-4-51 所示，9 号节点的破坏模式为螺栓受剪破坏，节点端部没有出现压屈。

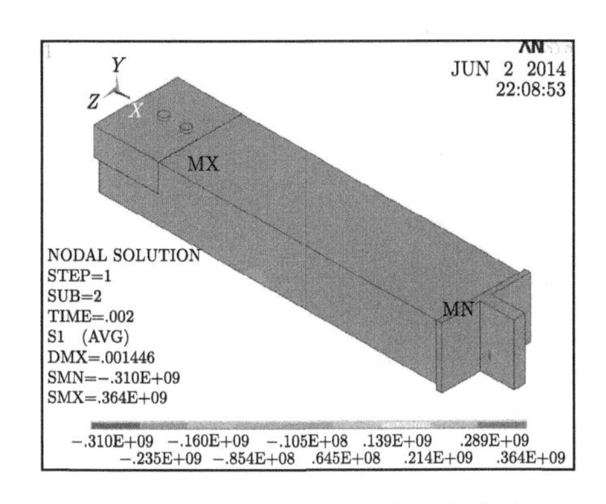

图 4-4-48　9 号节点有限元第一主应力云图

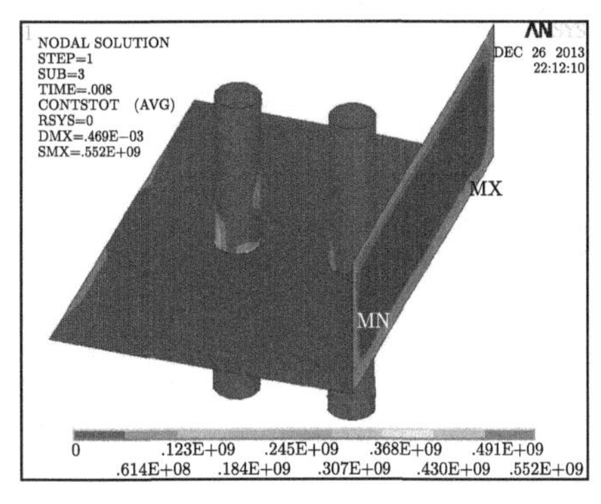

图 4-4-49　9 号节点螺栓接触应力

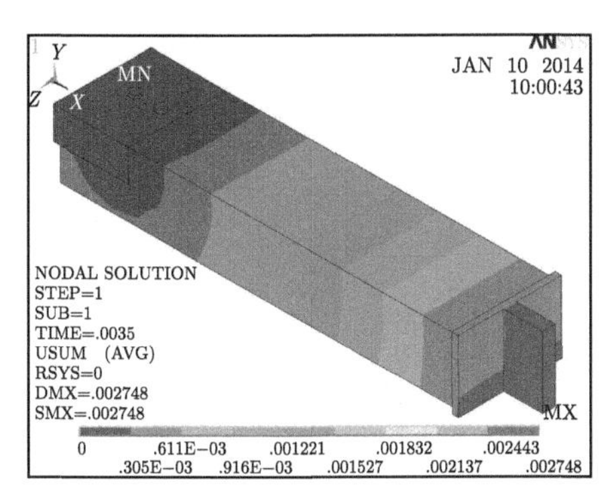

图 4-4-50　9 号节点有限元位移云图

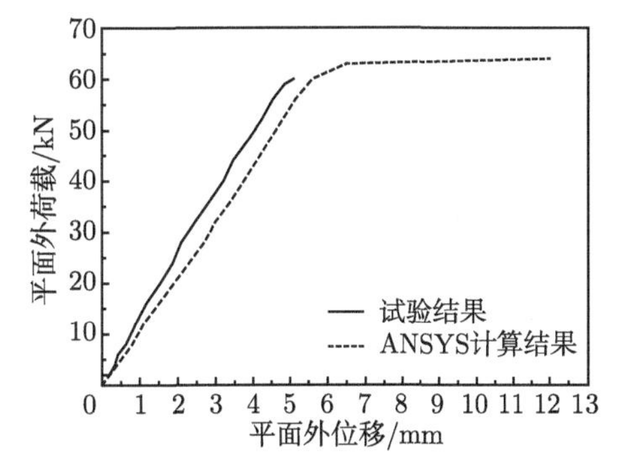

图 4-4-51　9 号节点荷载位移曲线对比

从图 4-4-48 中得出，节点钢管应力分布比较均匀，节点最大应力出现在节点端部。节点位移呈现递进趋势，最大位移出现在节点端部。9 号节点在加载过程中螺栓被剪坏，但节点已经出现失稳的趋势。由图 4-4-51 可知，试验和模拟荷载位移曲线的斜率有一定的差距，两者极限荷载比较接近。节点试验和模拟的荷载位移曲线数据比较如表 4-4-18 所示。从表中可以看出，两条曲线的差别较小。9 号节点螺栓被剪断，节点丧失承载力。9 号节点 6、10、11 号应变花荷载应力曲线如图 4-4-52

所示。9 号节点模拟得到的应力与试验采集到的应力比较如表 4-4-19 所示。

表 4-4-18　9 号节点荷载位移曲线图数据比较

	节点转动刚度/(N/m)	节点极限荷载/kN	弹性阶段节点端部最大位移/mm
试验值	$k_{\mathrm{cr1}} = 1.26\times10^7$	$P_{\mathrm{cr1}} = 60$	$u_1 = 4.76$
模拟值	$k_{\mathrm{cr2}} = 1.25\times10^7$	$P_{\mathrm{cr2}} = 64$	$u_2 = 5.14$

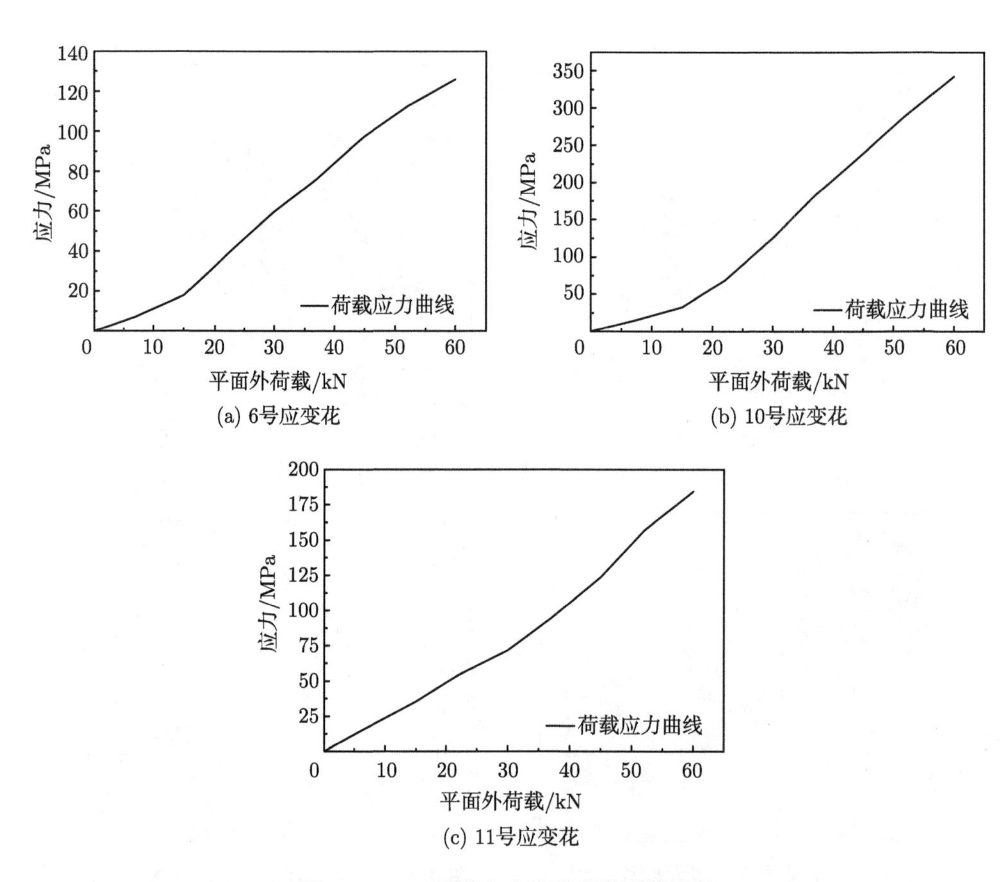

图 4-4-52　9 号节点应变花荷载应力曲线

10 号节点钢管截面尺寸为 150mm×100mm，钢管壁厚为 4mm，连接螺栓直径为 12mm，螺栓间距为 70mm。荷载加载到第 7 等级时节点发生破坏，此时节点平面外极限荷载为 52kN。在加载的过程中每个应变花采集到的主应力随荷载的增加会有相应的增加。有限元模拟得到节点的应力结果如图 4-4-53 和图 4-4-54 所示，位移云图如图 4-4-55 所示，节点试验和模拟得到的荷载位移曲线的比较如图 4-4-56 所示，10 号节点的破坏模式为螺栓受剪破坏，节点端部没有出现压屈。

表 4-4-19　9 号节点模拟应力与试验应力比较

应变花编号	试验应力值/MPa	模拟应力值/MPa	相对试验误差/%
1	−52.1	−48.2	−7.5
2	−54.8	−51.4	−6.2
3	62.7	−69.0	11.0
4	−60.6	−65.7	8.4
5	−83.4	−76.5	−8.3
6	−86.0	−79.2	−7.9
7	321.5	257.4	−19.9
8	309.4	264.9	−14.4
9	325.8	306.8	−5.8
10	342.6	321.3	−6.2
11	−84.3	−69.5	−17.6

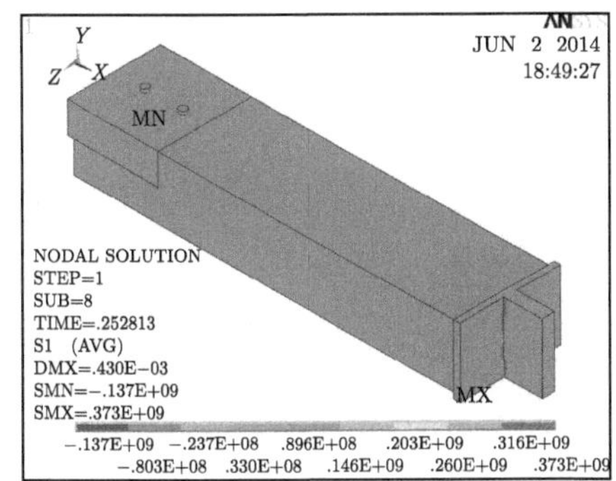

图 4-4-53　10 号节点有限元第一主应力云图

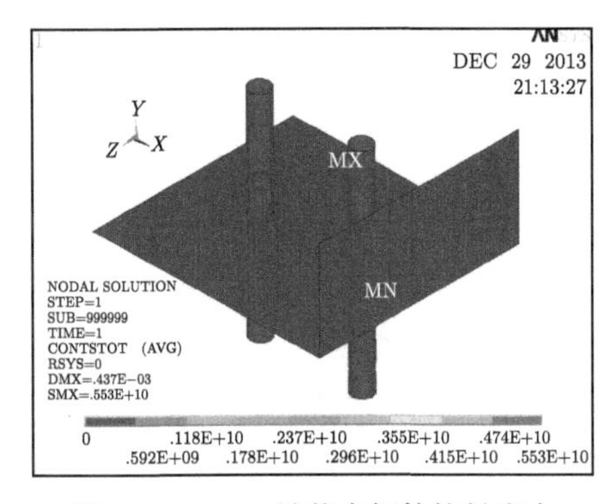

图 4-4-54　10 号节点螺栓接触应力

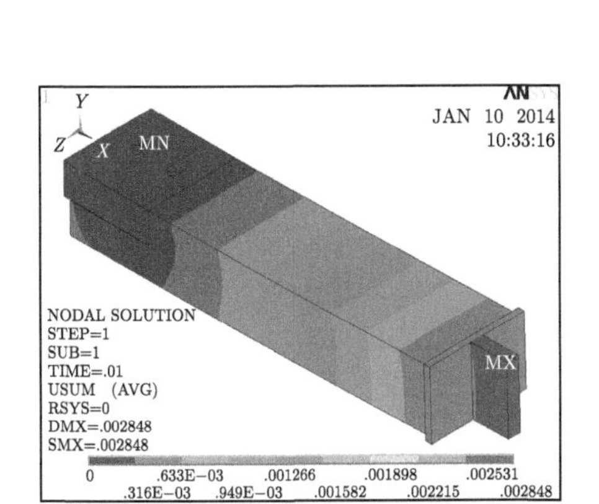

图 4-4-55　10 号节点有限元位移云图

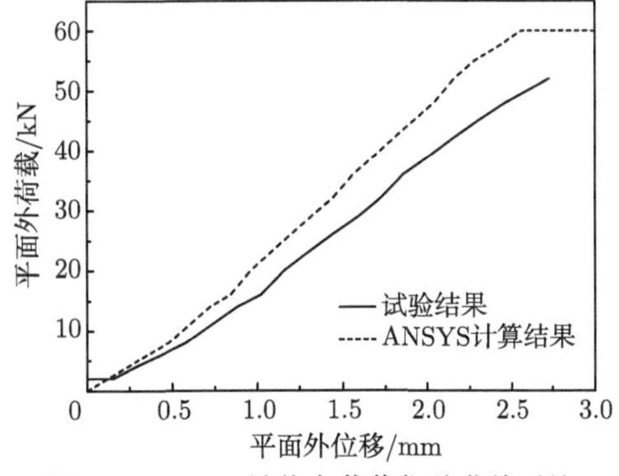

图 4-4-56　10 号节点荷载位移曲线对比

从图 4-4-53 中可以得出，10 节点应力分布和 9 号节点的应力分布相似，螺栓处的极限应力较大，与试验过程中螺栓被剪断相吻合。从图 4-4-56 可以得出，10 号节点的模拟荷载位移曲线和试验荷载位移曲线存在较大偏差，可能是由于试验节点螺栓连接部位没有处理好。节点试验和模拟的荷载位移曲线数据比较如表 4-4-20 所示。从表中可以得出，两条曲线的斜率较大，极限荷载以及极限荷载下的位移相差较小。10 号节点 6、10、11 号应变花荷载应力曲线如图 4-4-57 所示。10 号节点模拟应力与试验应力比较如表 4-4-21 所示。

表 4-4-20　10 号节点荷载位移曲线图数据比较

	节点转动刚度/(N/m)	节点极限荷载/kN	弹性阶段节点端部最大位移/mm
试验值	$k_{\mathrm{cr1}} = 1.56\times 10^7$	$P_{\mathrm{cr1}} = 52$	$u_1 = 2.93$
模拟值	$k_{\mathrm{cr2}} = 1.66\times 10^7$	$P_{\mathrm{cr2}} = 57$	$u_2 = 2.87$

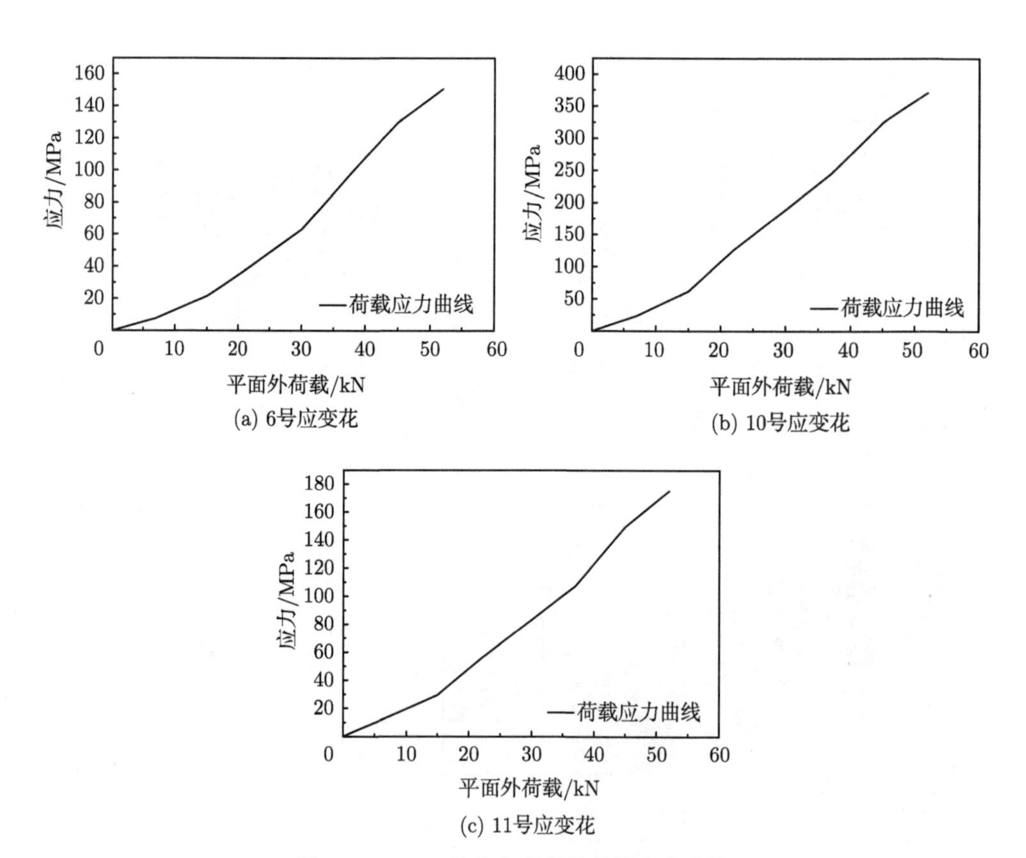

图 4-4-57　10 号节点应变花荷载应力曲线

表 4-4-21　10 号节点模拟应力与试验应力比较

应变花编号	试验应力值/MPa	模拟应力值/MPa	相对试验误差/%
1	−77.3	−66.7	−13.7
2	−75.9	−63.4	−16.5
3	−69.7	−67.6	−3.0
4	−78.7	−65.1	−17.3
5	−93.1	−88.4	−5.1
6	−97.6	−82.1	−15.9
7	356.4	296.2	−16.9
8	366.9	301.3	−17.9
9	342.8	316.7	−7.6
10	371.0	323.9	−12.7
11	−75.2	−88.2	17.3

3. 第 3 组节点

11 号节点钢管截面尺寸为 100mm×100mm，钢管壁厚为 4mm，连接螺栓直径为 16mm，螺栓间距为 70mm。荷载加载到第 10 等级时节点发生破坏，此时节点平面外极限荷载为 71kN。在加载的过程中每个应变花采集到的主应力随荷载的增加会有相应的增加。有限元模拟得到节点的应力结果如图 4-4-58 和图 4-4-59 所示，位移云图如图 4-4-60 所示，节点试验和模拟得到的荷载位移曲线的比较如图 4-4-61 所示，11 号节点的破坏模式为螺栓弯曲，节点端部出现压屈。

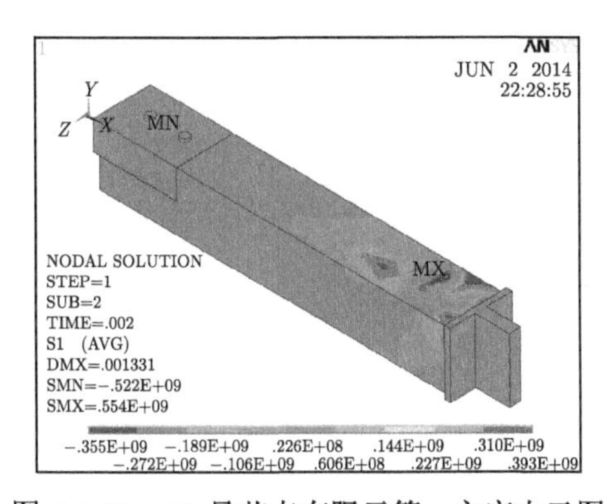

图 4-4-58　11 号节点有限元第一主应力云图

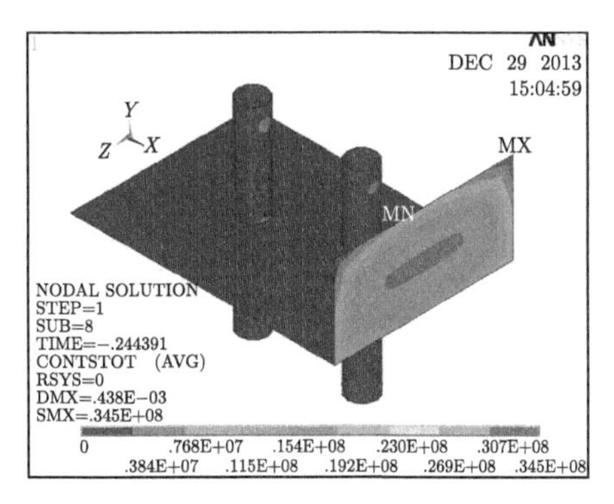

图 4-4-59　11 号节点螺栓接触应力

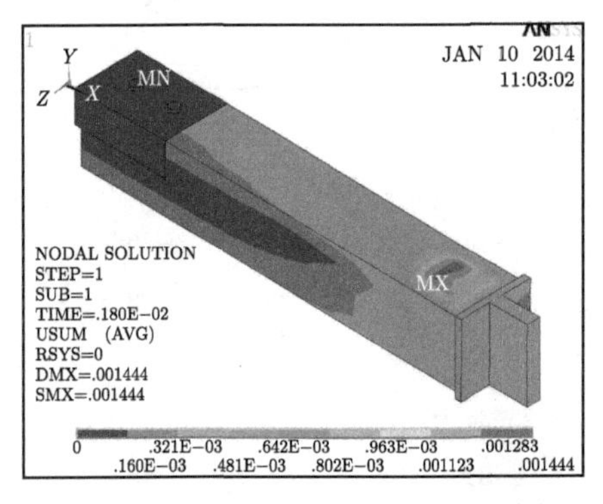

图 4-4-60 11 号节点有限元位移云图

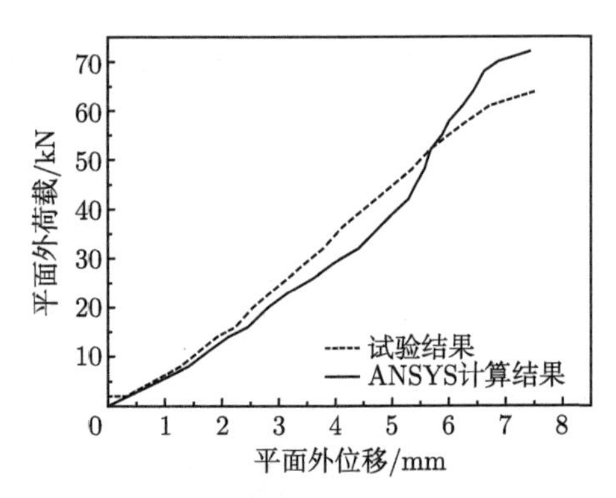

图 4-4-61 11 号节点荷载位移曲线对比

从图 4-4-48 中可以得出，节点钢管部位受力比较复杂，可以看出钢管已发生明显变形，节点位移最大的地方和应力相对应。11 号节点在加载的过程中钢管出现屈曲，节点出现瞬时卸载。从图 4-4-51 对比可以得出，11 号节点的模拟荷载位移曲线斜率相差较大，其原因为组装节点时螺栓的预紧力不够。节点试验和模拟的荷载位移曲线数据比较如表 4-4-22 所示。从表中可以看出，节点 11 号节点的两条荷载位移曲线斜率相近，荷载位移差距比较大。11 号节点 6、7、11 号应变花荷载应力曲线如图 4-4-62 所示。11 号节点模拟应力与试验应力比较如表 4-4-23 所示。

表 4-4-22 11 号节点荷载位移曲线图数据比较

	节点转动刚度/(N/m)	节点极限荷载/kN	弹性阶段节点端部最大位移/mm
试验值	$k_{\mathrm{cr1}}=1.07\times10^7$	$P_{\mathrm{cr1}}=66$	$u_1=6.32$
模拟值	$k_{\mathrm{cr2}}=1.02\times10^7$	$P_{\mathrm{cr2}}=71$	$u_2=6.94$

表 4-4-23 11 号节点模拟应力与试验应力比较

应变花编号	试验应力值/MPa	模拟应力值/MPa	相对试验误差/%
1	−45.3	−42.2	−6.8
2	−42.2	−36.3	−14.0
3	−49.6	−54.5	9.9
4	−47.9	−52.0	8.6
5	−67.1	−60.1	−10.4
6	−69.5	−59.8	−14.0
7	388.4	313.4	−19.3
8	379.6	308.7	−18.7
9	378.2	332.1	−12.2
10	366.8	325.6	−11.2
11	−156.7	−147.3	−6.0

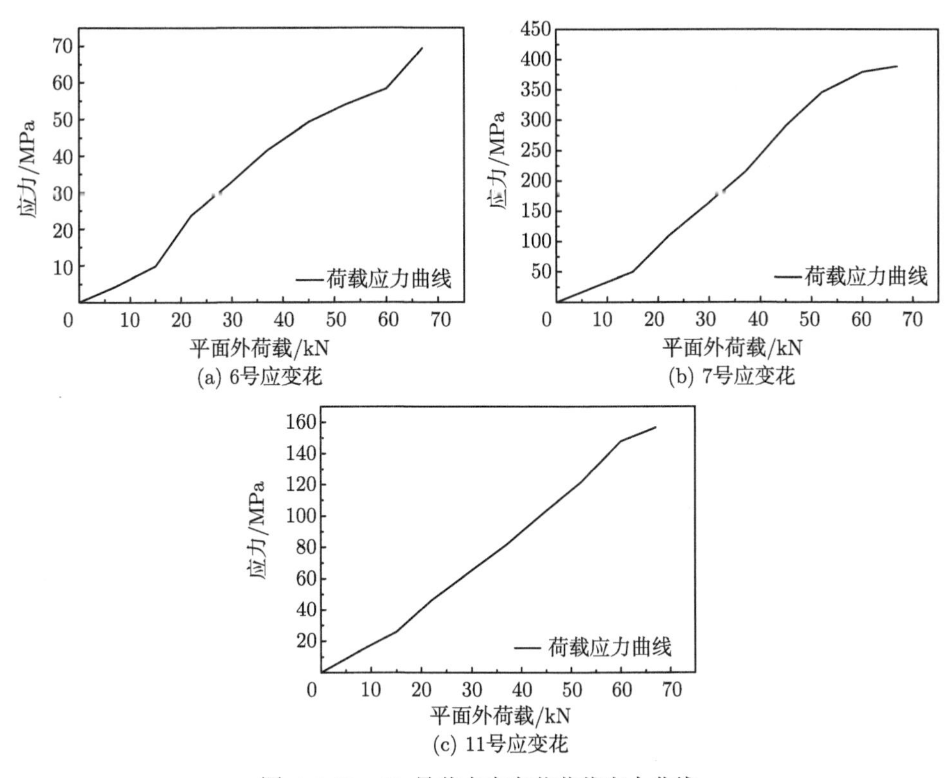

图 4-4-62　11 号节点应变花荷载应力曲线

12 号节点钢管截面尺寸为 100mm×100mm，钢管壁厚为 5mm，连接螺栓直径为 16mm，螺栓间距为 70mm。荷载加载到第 10 等级时节点发生破坏，此时节点平面外极限荷载为 73kN。在加载的过程中每个应变花采集到的主应力随荷载的增加会有相应的增加。有限元模拟得到节点的应力结果如图 4-4-63 和图 4-4-64 所示，位

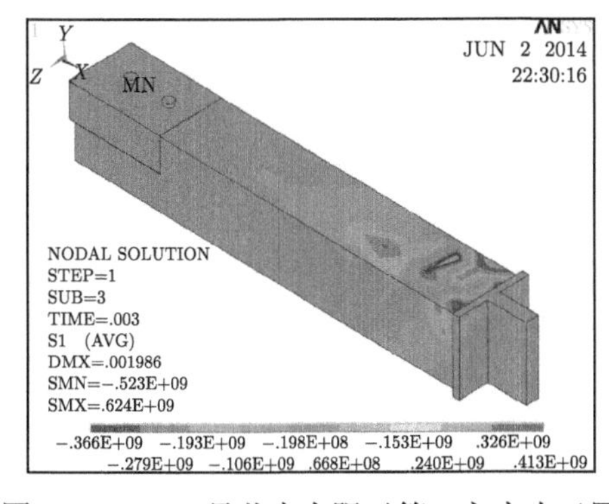

图 4-4-63　12 号节点有限元第一主应力云图

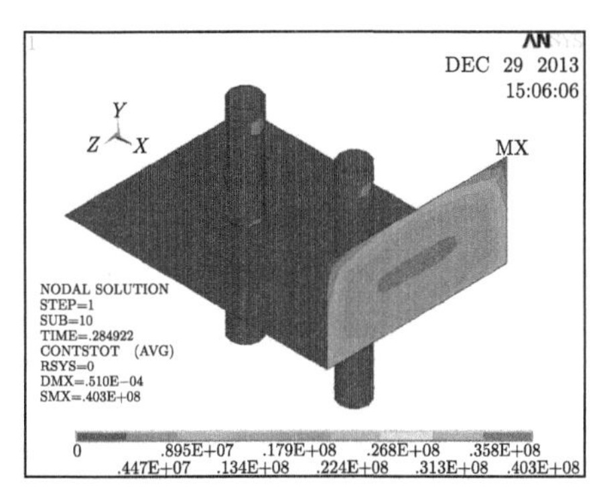

图 4-4-64　12 号节点螺栓接触应力

移云图如图 4-4-65 所示，节点试验和模拟得到的荷载位移曲线的比较如图 4-4-66 所示，12 号节点的破坏模式为螺栓弯曲，节点端部出现压屈。

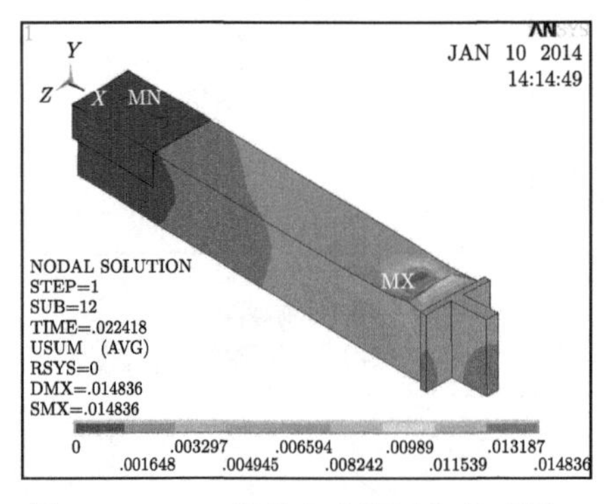

图 4-4-65　12 号节点有限元位移云图

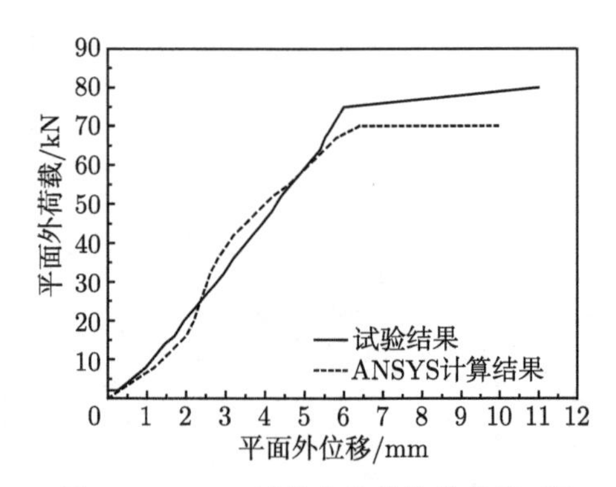

图 4-4-66　12 号节点荷载位移曲线对比

从图 4-4-63 可以得出，节点钢管部位的应力比较复杂，最大应力出现在钢管屈曲部位。12 号节点的破坏形态主要是节点钢管屈曲。试验节点荷载位移曲线和模拟节点荷载位移曲线弹性段斜率吻合良好，节点试验和模拟的荷载位移曲线数据比较如表 4-4-24 所示。从表中可以得出，两条荷载位移曲线弹性阶段比较接近，荷载位移也比较接近。12 号节点 4、7、11 号应变花荷载应力曲线如图 4-4-67 所示。12 号节点模拟应力与试验应力比较如表 4-4-25 所示。

表 4-4-24　12 号节点荷载位移曲线图数据比较

	节点转动刚度/(N/m)	节点极限荷载/kN	弹性阶段节点端部最大位移/mm
试验值	$k_{\mathrm{cr1}}=1.12\times10^7$	$P_{\mathrm{cr1}}=73$	$u_1=6.17$
模拟值	$k_{\mathrm{cr2}}=1.10\times10^7$	$P_{\mathrm{cr2}}=69$	$u_2=6.43$

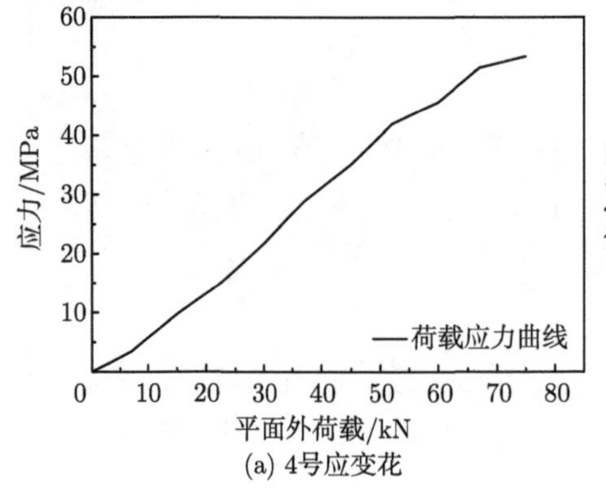

(a) 4号应变花

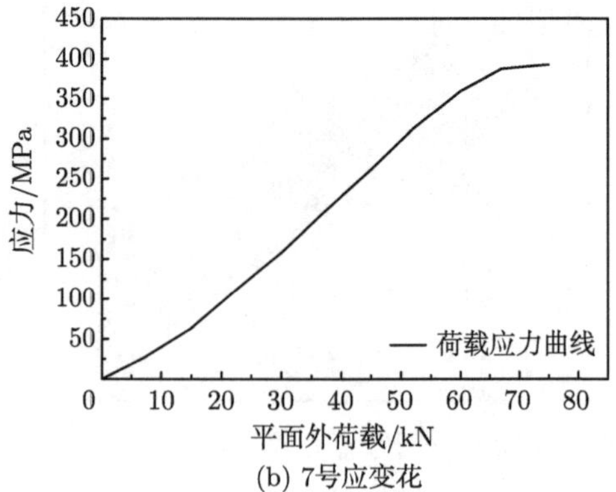

(b) 7号应变花

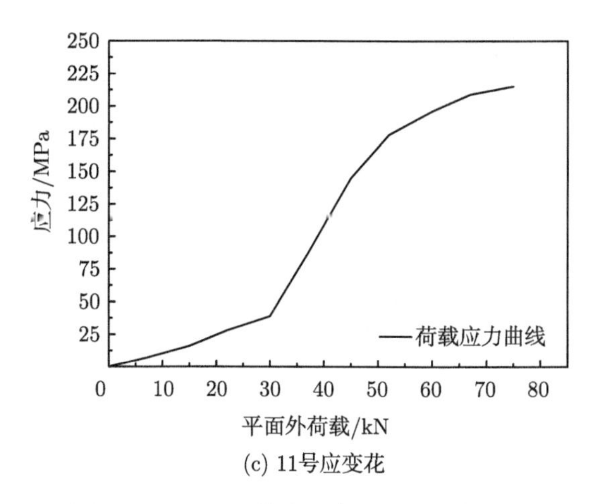

(c) 11号应变花

图 4-4-67　12 号节点应变花荷载应力曲线

表 4-4-25　12 号节点模拟应力与试验应力比较

应变花编号	试验应力值/MPa	模拟应力值/MPa	相对试验误差/%
1	−45.5	−49.1	7.9
2	−46.8	−50.3	7.5
3	−52.3	−47.2	−9.6
4	−53.4	−46.9	−12.2
5	−50.9	−47.7	−6.3
6	−51.6	−45.5	−11.8
7	392.6	325.7	−17.0
8	391.3	319.4	−18.4
9	384.2	323.6	−15.8
10	378.1	318.9	−14.7
11	−115.3	−95.8	−16.9

13 号节点钢管截面尺寸为 100mm×100mm，钢管壁厚为 6mm，连接螺栓直径为 16mm，螺栓间距为 70mm。荷载加载到第 10 等级时节点发生破坏，此时节点平面外极限荷载为 74kN。在加载的过程中每个应变花采集到的主应力随荷载的增加会有相应的增加。有限元模拟得到节点的应力结果如图 4-4-68 和图 4-4-69 所示，位移云图如图 4-4-70 所示，节点试验和模拟得到的荷载位移曲线的比较如图 4-4-71 所示，13 号节点的破坏模式为螺栓弯曲，节点端部出现压屈。

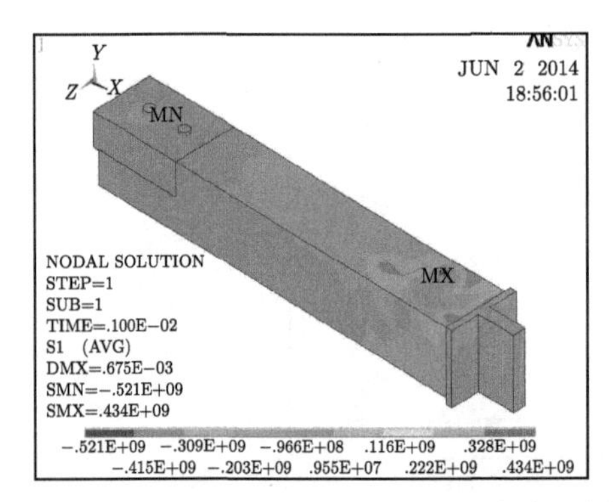

图 4-4-68　13 号节点有限元第一主应力云图

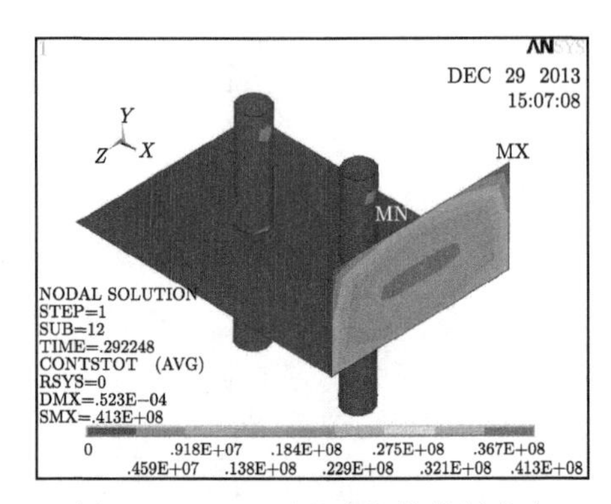

图 4-4-69　13 号节点螺栓接触应力

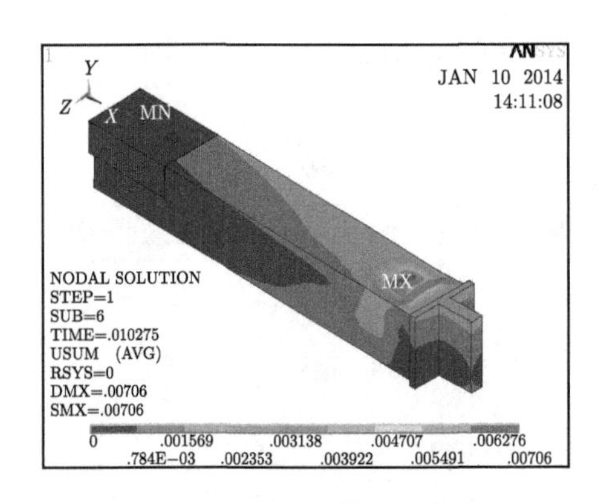

图 4-4-70　13 号节点有限元位移云图

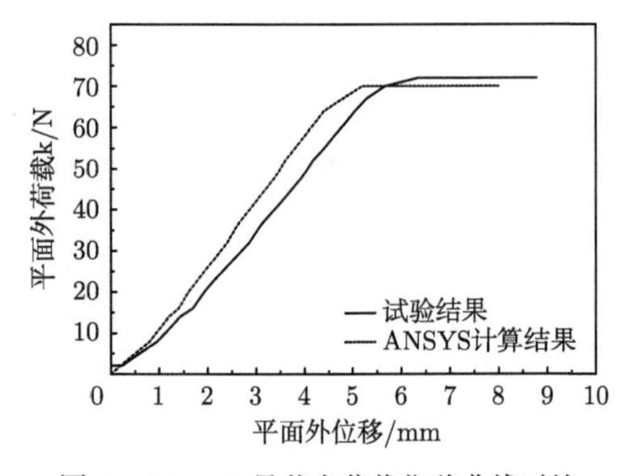

图 4-4-71　13 号节点荷载位移曲线对比

从图 4-4-68 中可以得出，节点钢管部位的应力比较复杂，最大应力出现在钢管屈曲部位。13 号节点的破坏形态主要是节点钢管屈曲，螺栓被剪弯曲。试验节点荷载位移曲线和模拟节点荷载位移曲线弹性段吻合良好，节点试验和模拟的荷载位移曲线数据比较如表 4-4-26 所示。从表中可以得出，节点两条随着加载的过程位移相差较大，曲线斜率以及极限荷载相差较小。13 号节点 5、10、11 号应变花荷载应力曲线如图 4-4-72 所示。13 号节点模拟得到的应力与试验采集到的应力比较如表 4-4-27 所示。

表 4-4-26　13 号节点荷载位移曲线图数据比较

	节点转动刚度/(N/m)	节点极限荷载/kN	弹性阶段节点端部最大位移/mm
试验值	$k_{cr1}=1.15\times10^7$	$P_{cr1}=74$	$u_1=6.82$
模拟值	$k_{cr2}=1.17\times10^7$	$P_{cr2}=70$	$u_2=6.35$

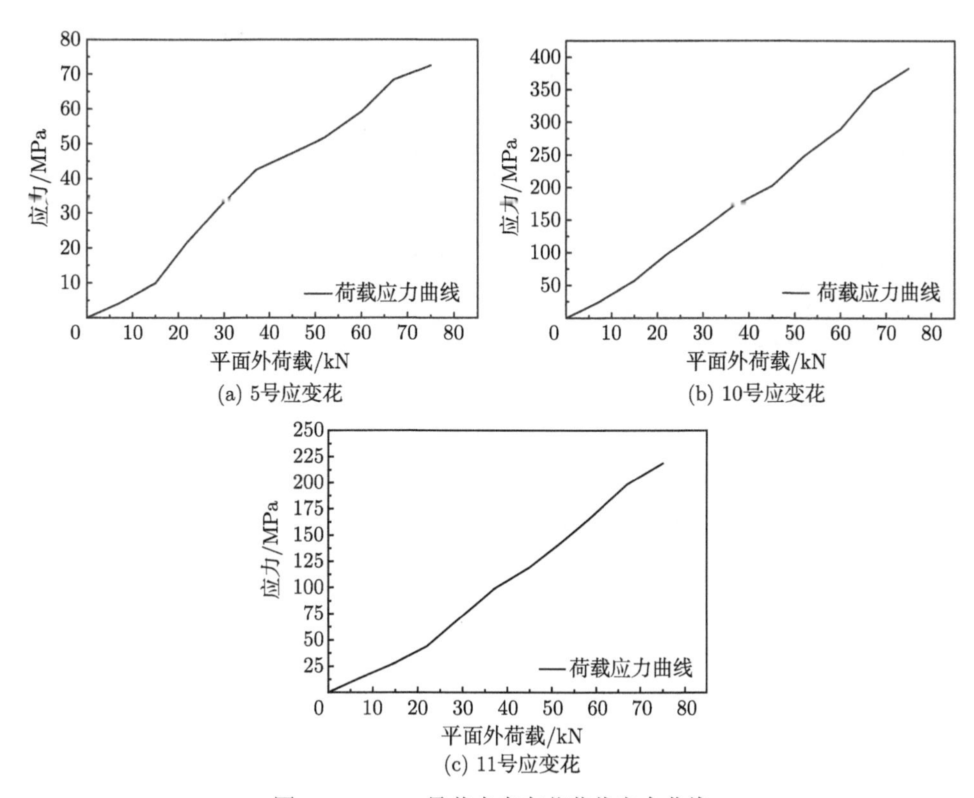

图 4-4-72　13 号节点应变花荷载应力曲线

表 4-4-27　13 号节点模拟应力与试验应力比较

应变花编号	试验应力值/MPa	模拟应力值/MPa	相对试验误差/%
1	−36.8	−34.5	− 6.3
2	−34.5	−31.6	−8.4
3	−32.0	−28.4	−11.3
4	−33.4	−30.5	−8.7
5	−72.5	−78.8	8.7
6	−68.1	−72.9	7.0
7	374.6	319.4	−14.7
8	376.2	306.7	−18.5
9	—	344.2	—
10	382.4	326.1	−13.9
11	−118.7	−135.4	14.1

9 号应变花在安置节点的时候发生破损，未采集到最大应力。试验节点破坏形态和模拟节点破坏形态的对比如图 4-4-73 所示。

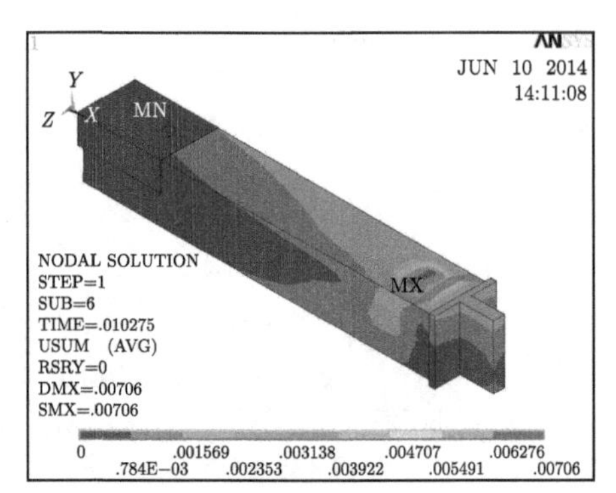

图 4-4-73　13 号节点试验情况与模拟位移比较

14 号节点钢管截面尺寸为 100mm×100mm，钢管壁厚为 4mm，连接螺栓直径为 16mm，螺栓间距为 50mm。荷载加载到第 9 等级时节点发生破坏，此时节点平面外极限荷载为 61kN。在加载的过程中每个应变花采集到的主应力随荷载的增加会有相应的增加。有限元模拟得到节点的应力结果如图 4-4-74 和图 4-4-75 所示，位移云图如图 4-4-76 所示，节点试验和模拟得到的荷载位移曲线的比较如图 4-4-77 所示，14 号节点的破坏模式为螺栓被剪断，节点端部没有出现压屈。

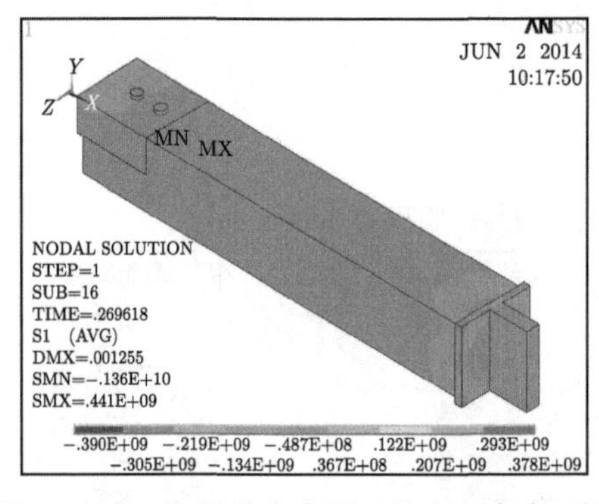

图 4-4-74　14 号节点有限元第一主应力云图

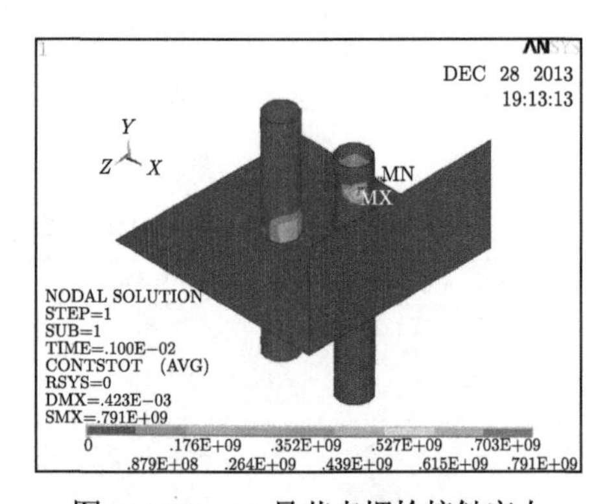

图 4-4-75　14 号节点螺栓接触应力

从图 4-4-74 中可以看到，节点应力分布比较复杂，螺栓处的应力相对较大，14 号节点试验破坏形态与前 3 个节点明显不同。14 号节点试验破坏主要是螺栓被剪断，节点端部钢管没有发现明显的屈曲。当螺栓被剪断后，节点瞬间失去承载力。节点两条荷载位移曲线吻合相对较好，具体数据比较如表 4-4-28 所示。从表中可以看到，节点两条荷载位移曲线吻合相对良好，在弹性极限荷载状态下的位移相差偏大。14 号节点 2、10、11 号应变花荷载应力曲线如图 4-4-78 所示。14 号节点模拟得到的应力与试验采集到应力比较如表 4-4-29 所示。

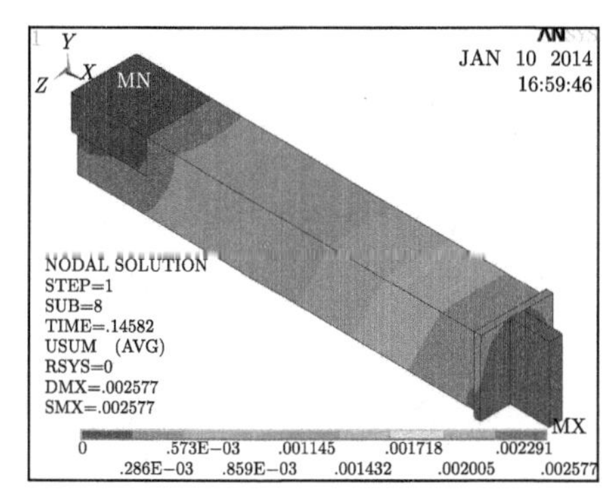

图 4-4-76　14 号节点有限元位移云图

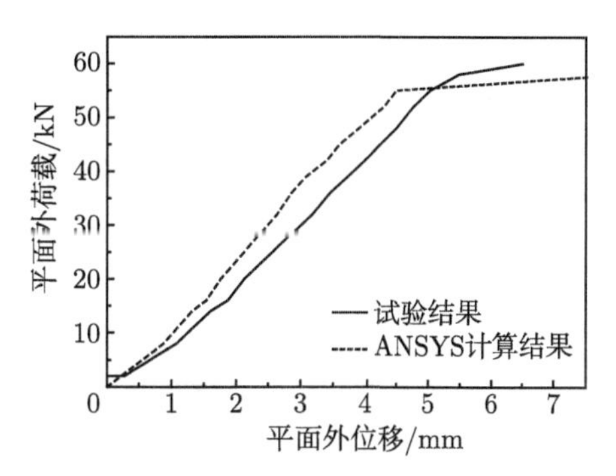

图 4-4-77　14 号节点荷载位移曲线对比

表 4-4-28　14 号节点荷载位移曲线图数据比较

	节点转动刚度/(N/m)	节点极限荷载/kN	弹性阶段节点端部最大位移/mm
试验值	$k_{\mathrm{cr1}}=1.12\times10^7$	$P_{\mathrm{cr1}}=61$	$u_1=5.46$
模拟值	$k_{\mathrm{cr2}}=1.13\times10^7$	$P_{\mathrm{cr2}}=58$	$u_2=4.97$

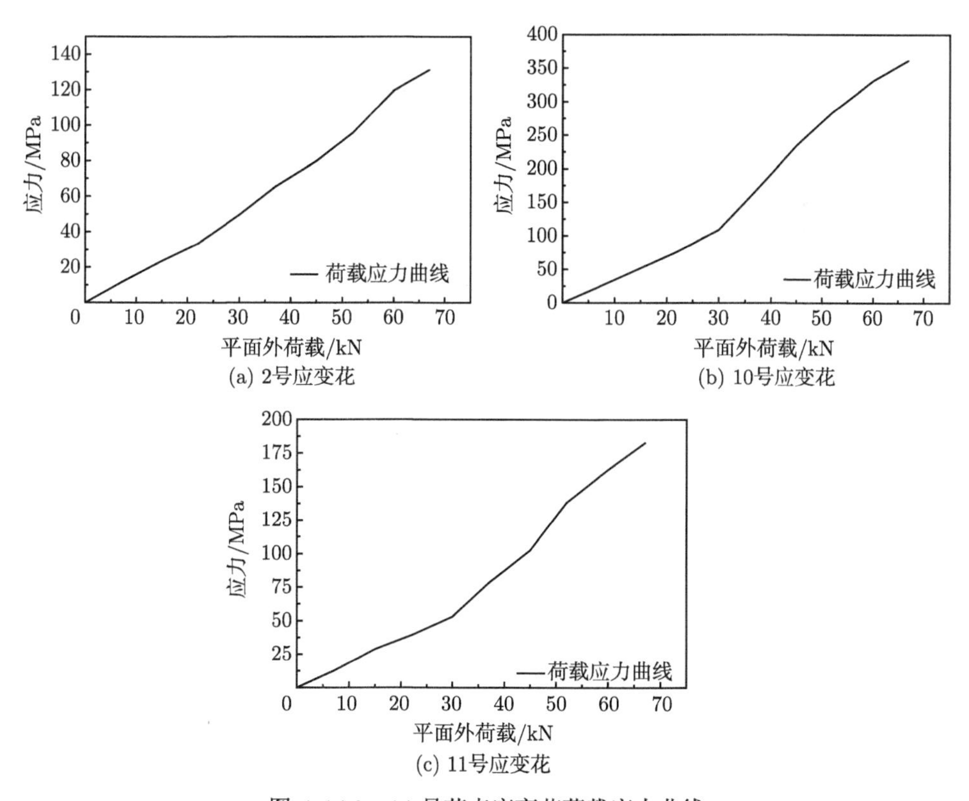

图 4-4-78　14 号节点应变花荷载应力曲线

表 4-4-29　14 号节点模拟应力与试验应力比较

应变花编号	试验应力值/MPa	模拟应力值/MPa	相对试验误差/%
1	−84.8	−77.8	−8.3
2	−81.3	−72.4	−10.9
3	−74.8	−75.6	1.1
4	−76.7	−68.7	−10.4
5	−71.2	−62.5	−12.2
6	−78.1	−61.2	−21.6
7	321.9	264.6	−17.8
8	335.4	275.3	−17.9
9	354.7	314.7	−8.5
10	361.5	317.4	−6.7
11	−82.6	−67.0	−18.9

试验节点情况与模拟情况比较如图 4-4-79 所示。14 号节点试验以螺栓破坏为主，有限元接触模拟螺栓与试验螺栓比较如图 4-4-80 所示。

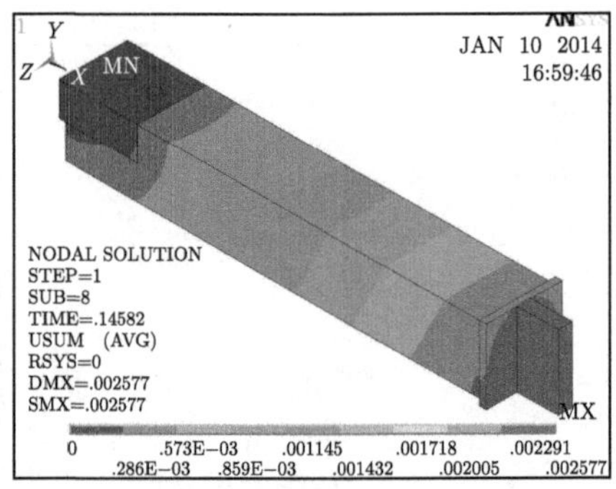

图 4-4-79　14 号节点试验情况与模拟位移比较

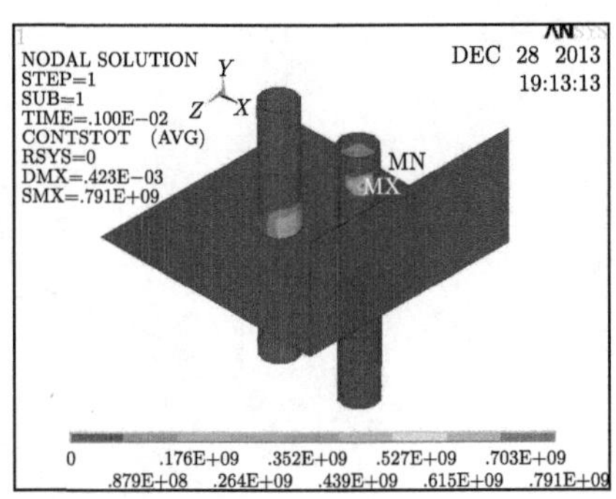

图 4-4-80　14 号节点螺栓试验与螺栓对比

15 号节点钢管截面尺寸为 100mm×100mm，钢管壁厚为 4mm，连接螺栓直径为 12mm，螺栓间距为 70mm。荷载加载到第 10 等级时节点发生破坏，此时节点平面外极限荷载为 69kN。在加载的过程中每个应变花采集到的主应力随荷载的增加会有相应的增加。有限元模拟得到节点的应力结果如图 4-4-81 和图 4-4-82 所示，位移云图如图 4-4-83 所示，节点试验和模拟得到的荷载位移曲线的比较如图 4-4-84 所示，15 号节点的破坏模式为螺栓被剪断，节点端部出现压屈。

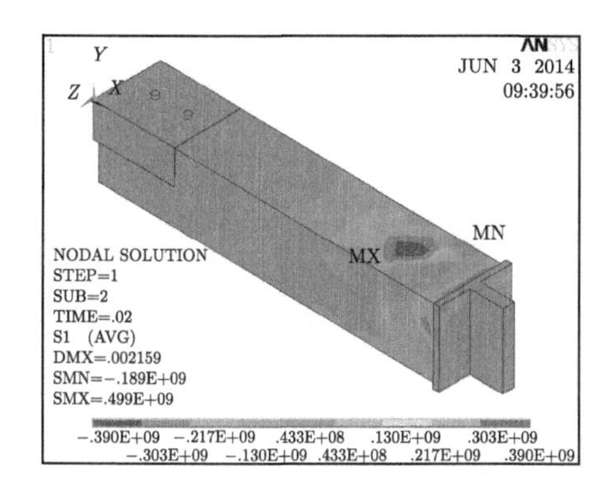

图 4-4-81　15 号节点有限元第一主应力云图

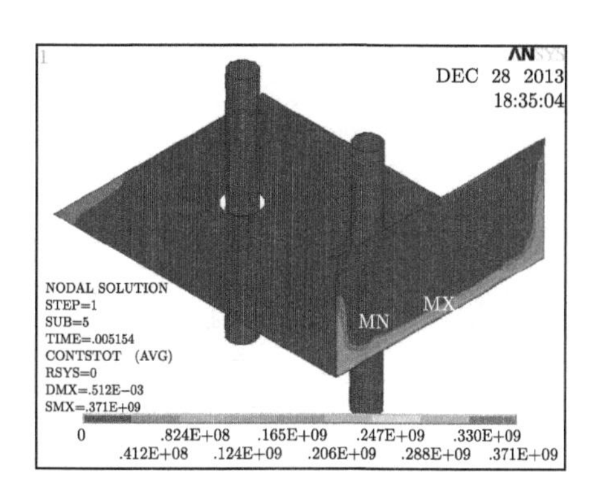

图 4-4-82　15 号节点螺栓接触应力

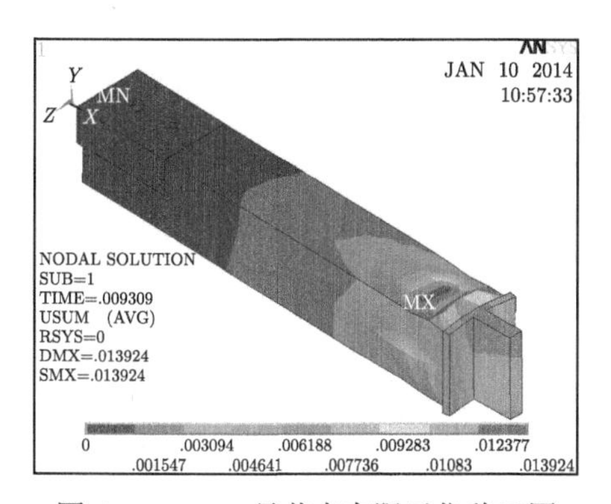

图 4-4-83　15 号节点有限元位移云图

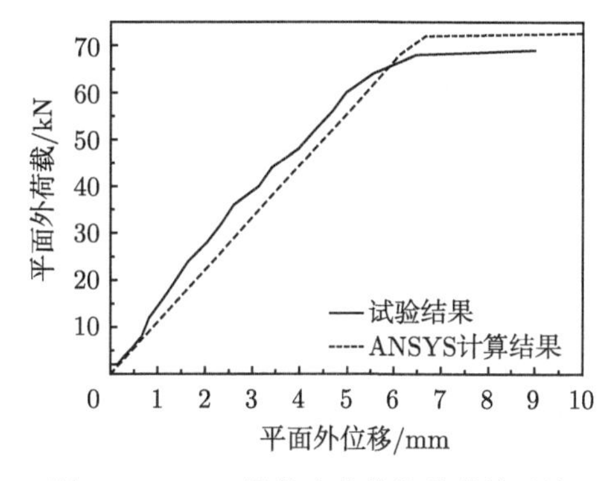

图 4-4-84　15 号节点荷载位移曲线对比

从图 4-4-81 中可以得出，节点应力分布不均匀，节点破坏形态以端部屈曲为主。从图 4-4-84 中比较可以得出，15 号节点模拟荷载位移曲线与试验荷载位移曲线整体吻合比较良好，但是试验荷载位移曲线在加载初期有一定的凸起。节点试验和模拟的荷载位移曲线数据比较如表 4-4-30 所示。15 号节点 1、9、11 号应变花荷载应力曲线如图 4-4-85 所示。15 号节点模拟得到的应力与试验采集到的应力比较如表 4-4-31 所示。

表 4-4-30　15 号节点荷载位移曲线图数据比较

	节点转动刚度/(N/m)	节点极限荷载/kN	弹性阶段节点端部最大位移/mm
试验值	$k_{cr1} = 1.18\times10^7$	P_{cr1} = 试验值	$k_{cr1} = 1.18\times10^7$
模拟值	$k_{cr2} = 1.17\times10^7$	P_{cr2} = 模拟值	$k_{cr2} = 1.17\times10^7$

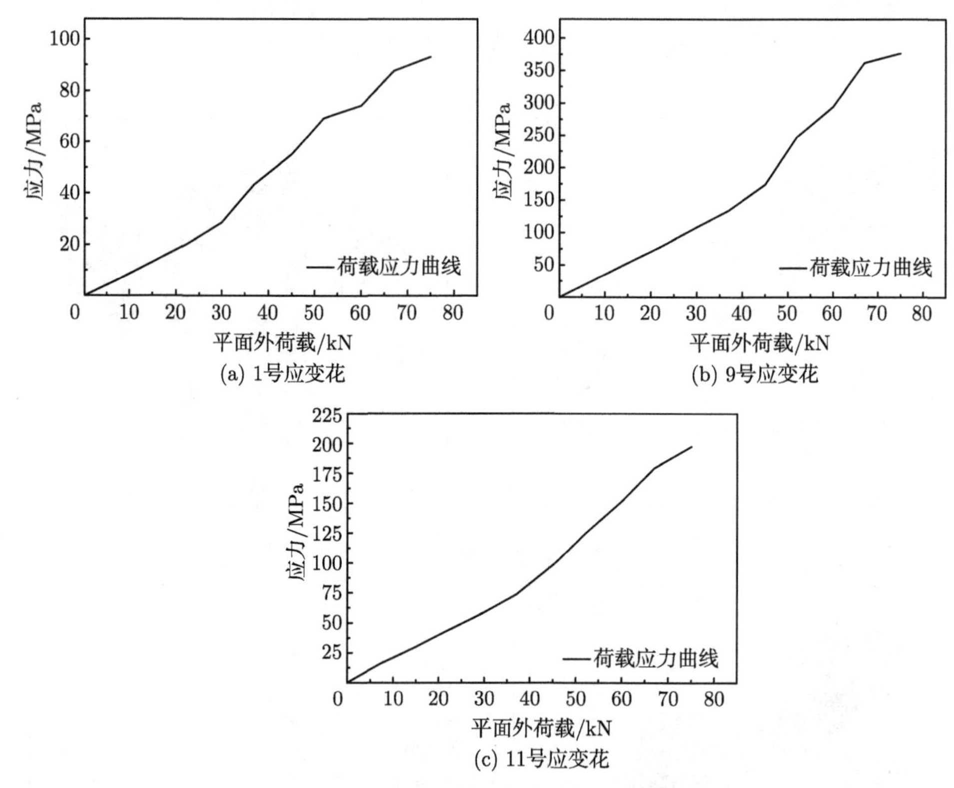

图 4-4-85　15 号节点应变花荷载应力曲线

表 4-4-31　15 号节点模拟应力与试验应力比较

应变花编号	试验应力值/MPa	模拟应力值/MPa	相对试验误差/%
1	−93.2	−91.2	−2.1
2	−91.5	−88.0	−3.8
3	−82.6	−79.8	−3.4
4	−80.7	−74.9	−7.2
5	−84.3	−76.4	−9.4
6	−85.1	−77.6	−8.8
7	364.1	301.3	−17.2
8	367.2	296.7	−19.2
9	376.8	337.4	−10.5
10	361.3	326.7	−9.6
11	−97.2	−107.4	10.5

4. 第 4 组节点

16 号节点钢管截面尺寸为 120mm×120mm，钢管壁厚为 4mm，连接螺栓直径为 16mm，螺栓间距为 70mm。荷载加载到第 10 等级时节点发生破坏，此时节点平面外极限荷载为 70kN。在加载的过程中每个应变花采集到的主应力随荷载的增加会有相应的增加。有限元模拟得到节点的应力结果如图 4-4-86 和图 4-4-87 所示，位移云图如图 4-4-88 所示，节点试验和模拟得到的荷载位移曲线的比较如图 4-4-89 所示，16 号节点的破坏模式为螺栓弯曲，节点端部出现压屈。

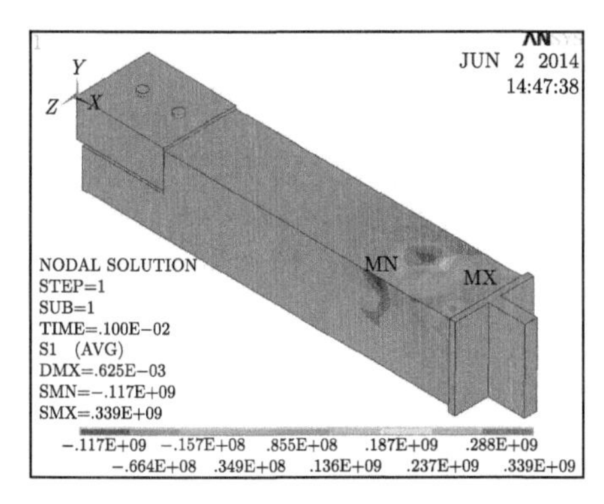

图 4-4-86　16 号节点有限元第一主应力云图

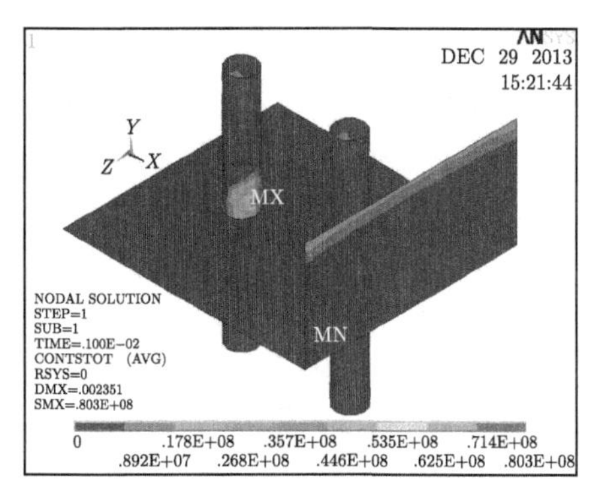

图 4-4-87　16 号节点螺栓接触应力

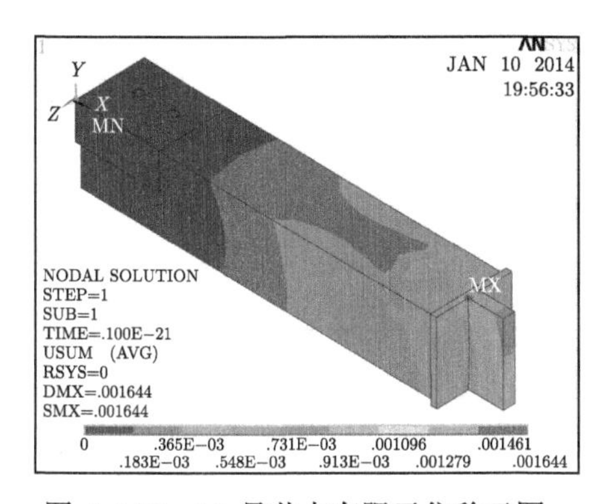

图 4-4-88　16 号节点有限元位移云图

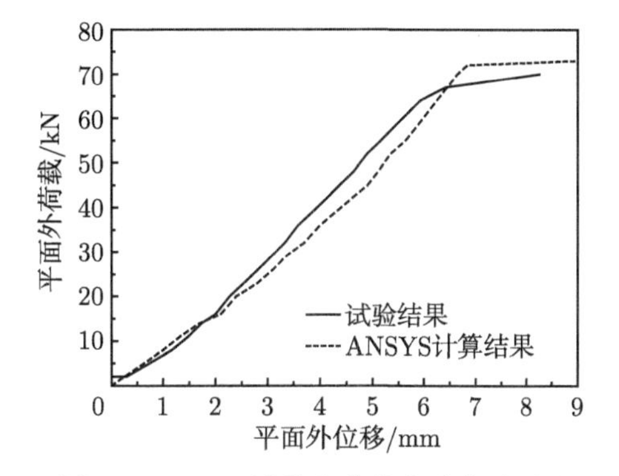

图 4-4-89　16 号节点荷载位移曲线对比

从图 4-4-86 中可以得到，16 号节点端部应力较大，螺栓处应力也相对较大，节点最大位移出现在端部。节点试验和模拟的荷载在位移曲线趋势吻合相对较好，具体数据比较如表 4-4-32 所示。16 号节点 5、9、11 号应变花荷载应力曲线如图 4-4-90 所示。16 号节点模拟得到的应力与试验采集到的应力比较如表 4-4-33 所示。

表 4-4-32　16 号节点荷载位移曲线图数据比较

	节点转动刚度/(N/m)	节点极限荷载/kN	弹性阶段节点端部最大位移/mm
试验值	$k_{\mathrm{cr1}} = 1.09\times 10^7$	$P_{\mathrm{cr1}} = 70$	$u_1 = 6.42$
模拟值	$k_{\mathrm{cr2}} = 1.07\times 10^7$	$P_{\mathrm{cr2}} = 73$	$u_2 = 6.85$

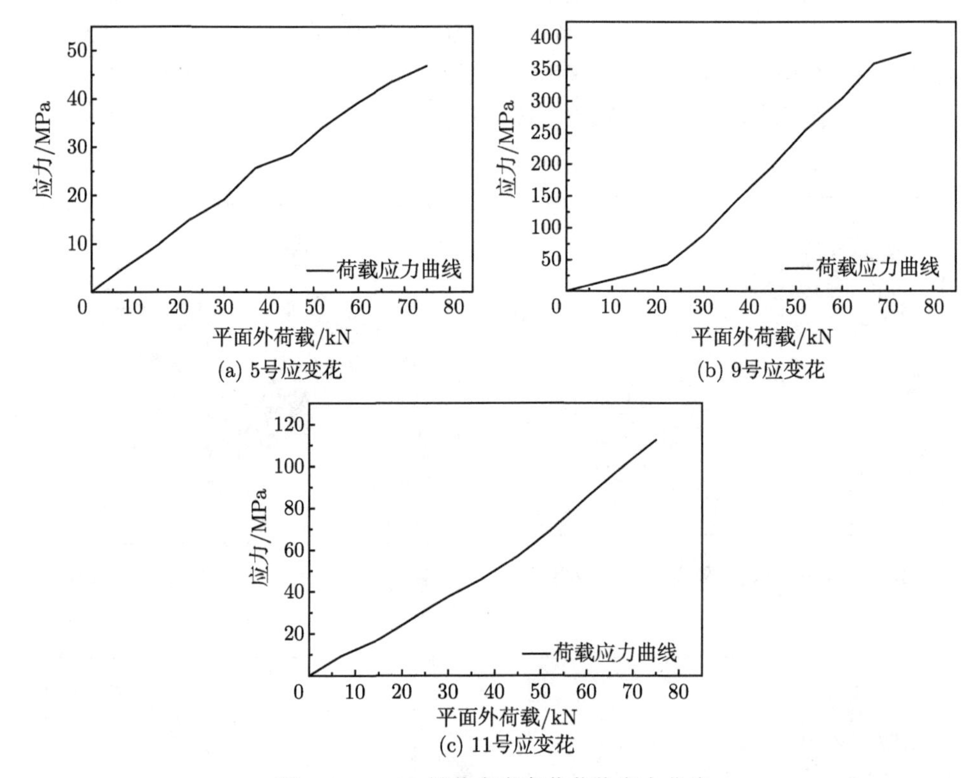

(a) 5号应变花　(b) 9号应变花　(c) 11号应变花

图 4-4-90　16 号节点应变花荷载应力曲线

表 4-4-33　16 号节点模拟应力与试验应力比较

应变花编号	试验应力值/MPa	模拟应力值/MPa	相对试验误差/%
1	−21.1	−23.3	10.4
2	−25.4	−28.1	10.6
3	−34.3	−36.6	6.7
4	−34.2	−32.2	5.8
5	−46.8	−39.6	−15.4
6	−45.9	−38.7	−14.7
7	354.2	272.1	−23.2
8	367.3	269.8	−26.5
9	376.1	306.9	−18.4
10	355.0	293.4	−10.8
11	−112.5	−108.6	−3.5

17 号节点钢管截面尺寸为 120mm×120mm，钢管壁厚为 5mm，连接螺栓直径为 16mm，螺栓间距为 70mm。荷载加载到第 10 等级时节点发生破坏，此时节点平面外极限荷载为 73kN。在加载的过程中每个应变花采集到的主应力随荷载的增加会有相应的增加。有限元模拟得到的节点的应力结果如图 4-4-91 和图 4-4-92 所示，位移云图如图 4-4-93 所示，节点试验和模拟得到的荷载位移曲线的比较如图 4-4-94 所示，17 号节点的破坏模式为螺栓弯曲，节点端部出现压屈。

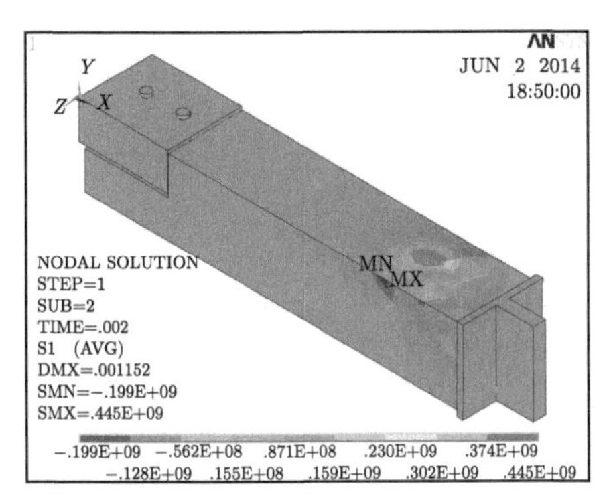

图 4-4-91　17 号节点有限元第一主应力云图

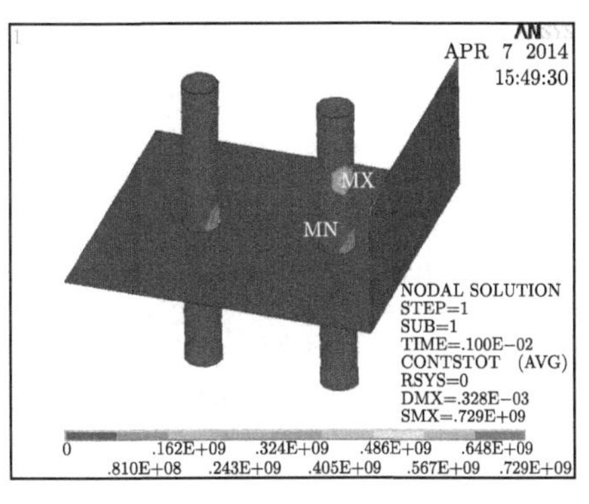

图 4-4-92　17 号节点螺栓接触应力

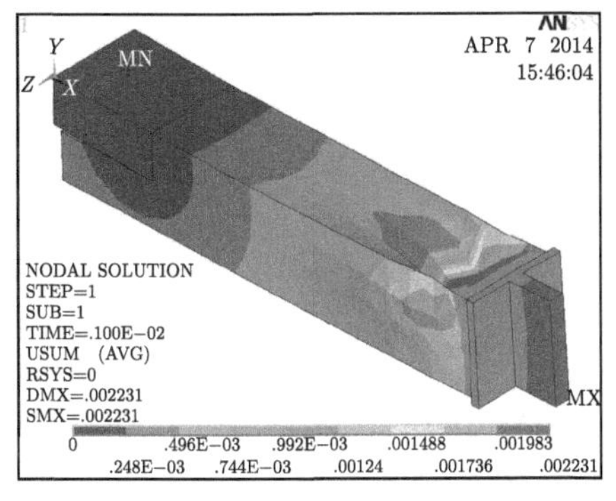

图 4-4-93　17 号节点有限元位移云图

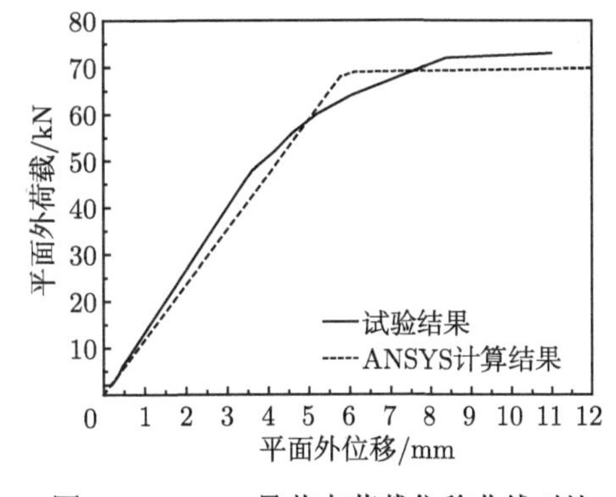

图 4-4-94　17 号节点荷载位移曲线对比

从图 4-4-91 中可以得出，节点的最大应力出现在节点钢管屈曲的部位，最大位移出现在节点的端部。17 号节点试验和模拟的荷载位移曲线在最开始的弹性阶段吻合较好，试验节点的荷载位移曲线和其他节点试验荷载位移曲线相比线性段体现的并不明显，荷载位移曲线的数据比较如表 4-4-34 所示。从表中可以得到，节点的两条荷载位移曲线斜率以及位移相差较大。17 号节点 2、10、11 号应变花荷载应力曲线如图 4-4-95 所示。17 号节点模拟得到的应力与试验采集到的应力比较如表 4-4-35 所示。

表 4-4-34　17 号节点荷载位移曲线图数据比较

	节点转动刚度/(N/m)	节点极限荷载/kN	弹性阶段节点端部最大位移/mm
试验值	$k_{cr1} = 1.14\times 10^7$	$P_{cr1} = 73$	$u_1 = 6.78$
模拟值	$k_{cr2} = 1.15\times 10^7$	$P_{cr2} = 70$	$u_2 = 6.12$

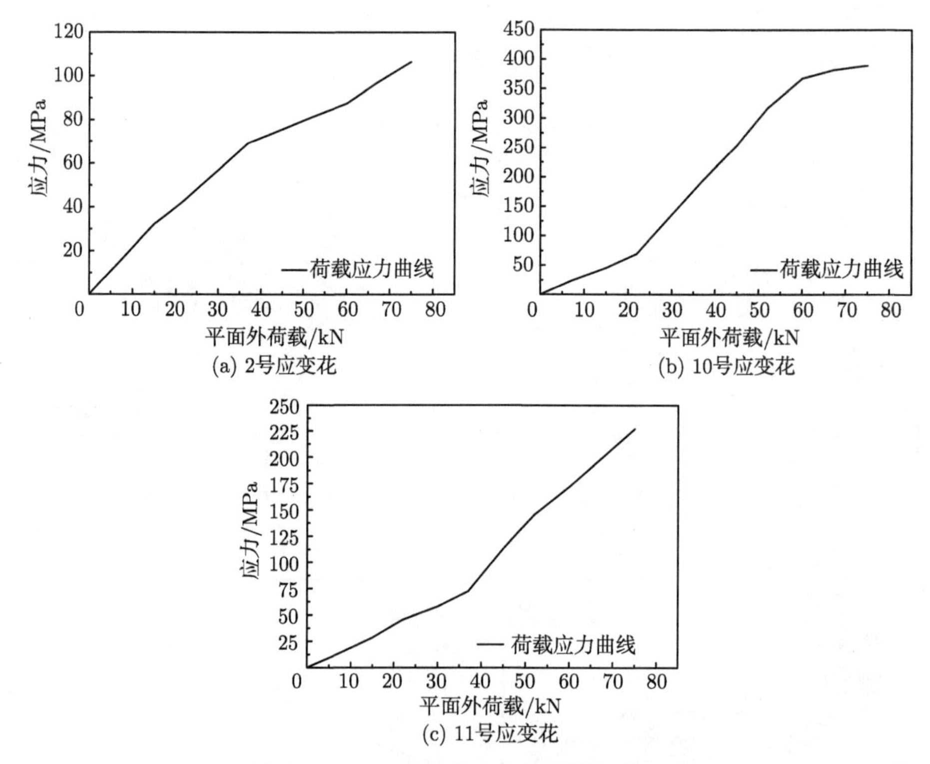

图 4-4-95　17 号节点应变花荷载应力曲线

表 4-4-35　17 号节点模拟应力与试验应力比较

应变花编号	试验应力值/MPa	模拟应力值/MPa	相对试验误差/%
1	−83.8	−78.2	−6.7
2	−86.6	−81.1	−6.4
3	−91.7	−78.8	−14.1
4	−92.6	−82.9	−10.5
5	−92.3	−89.4	−3.1
6	−93.1	−90.6	−2.7
7	378.5	314.7	−16.9
8	368.2	310.6	−15.6
9	374.3	333.2	−11.0
10	389.4	327.7	−15.8
11	−127.0	−133.6	5.2

试验节点形态和模拟节点形态比较如图 4-4-96 所示。

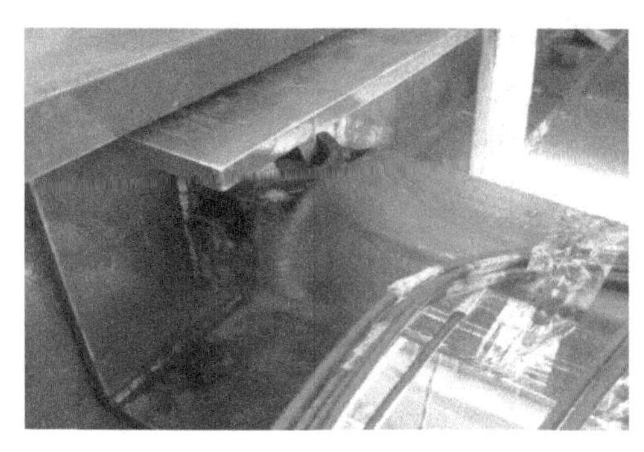

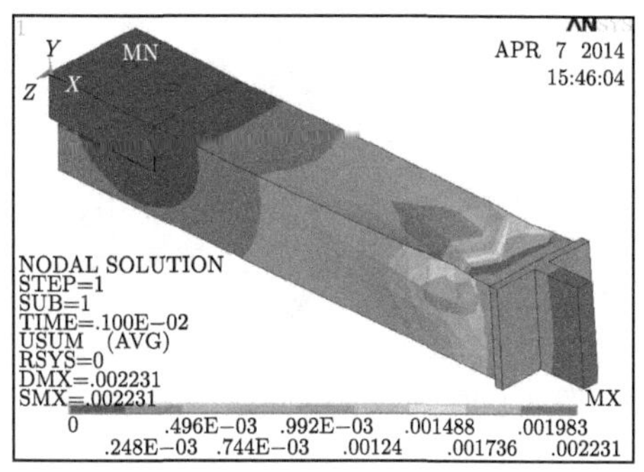

图 4-4-96　17 号节点钢管试验情况与模拟位移比较

18 号节点钢管截面尺寸为 120mm×120mm，钢管壁厚为 6mm，连接螺栓直径为 16mm，螺栓间距为 70mm。荷载加载到第 10 等级时节点发生破坏，此时节点平面外极限荷载为 75kN。在加载的过程中每个应变花采集到的主应力随荷载的增加会有相应的增加。有限元模拟得到节点的应力结果如图 4-4-97 和图 4-4-98 所示，位移云图如图 4-4-99 所示，节点试验和模拟得到的荷载位移曲线的比较如图 4-4-100 所示，18 号节点的破坏模式为螺栓弯曲，节点端部出现压屈。

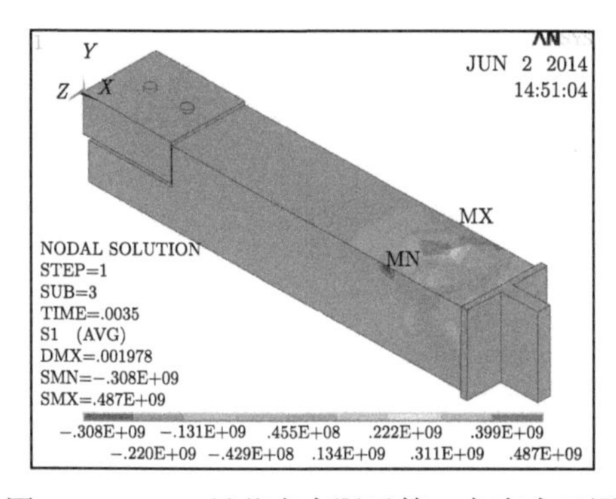

图 4-4-97　18 号节点有限元第一主应力云图

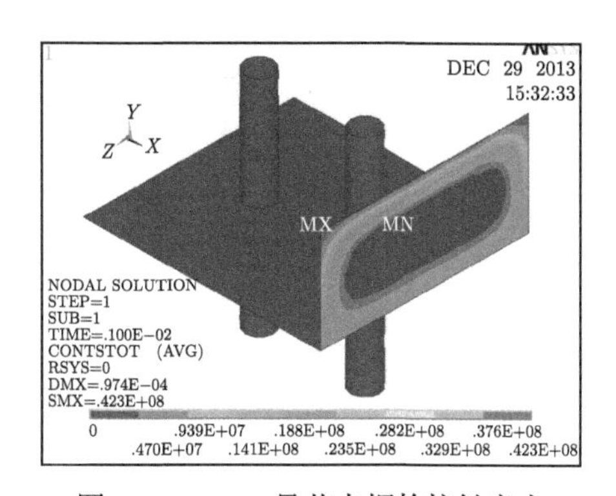

图 4-4-98　18 号节点螺栓接触应力

从图 4-4-97 中可以得出，节点端部和螺栓表面的应力比较大，螺栓连接部位位移较大。18 号节点试验和模拟的荷载位移曲线在线性段的斜率比较相近，最后的荷载位移相差较大，其数据比较如表 4-4-36 所示。18 号节点 5、10、11 号应变花应力曲线如图 4-4-101 所示。18 号节点模拟得到的应力与试验采集到的应力比较如表 4-4-37 所示。

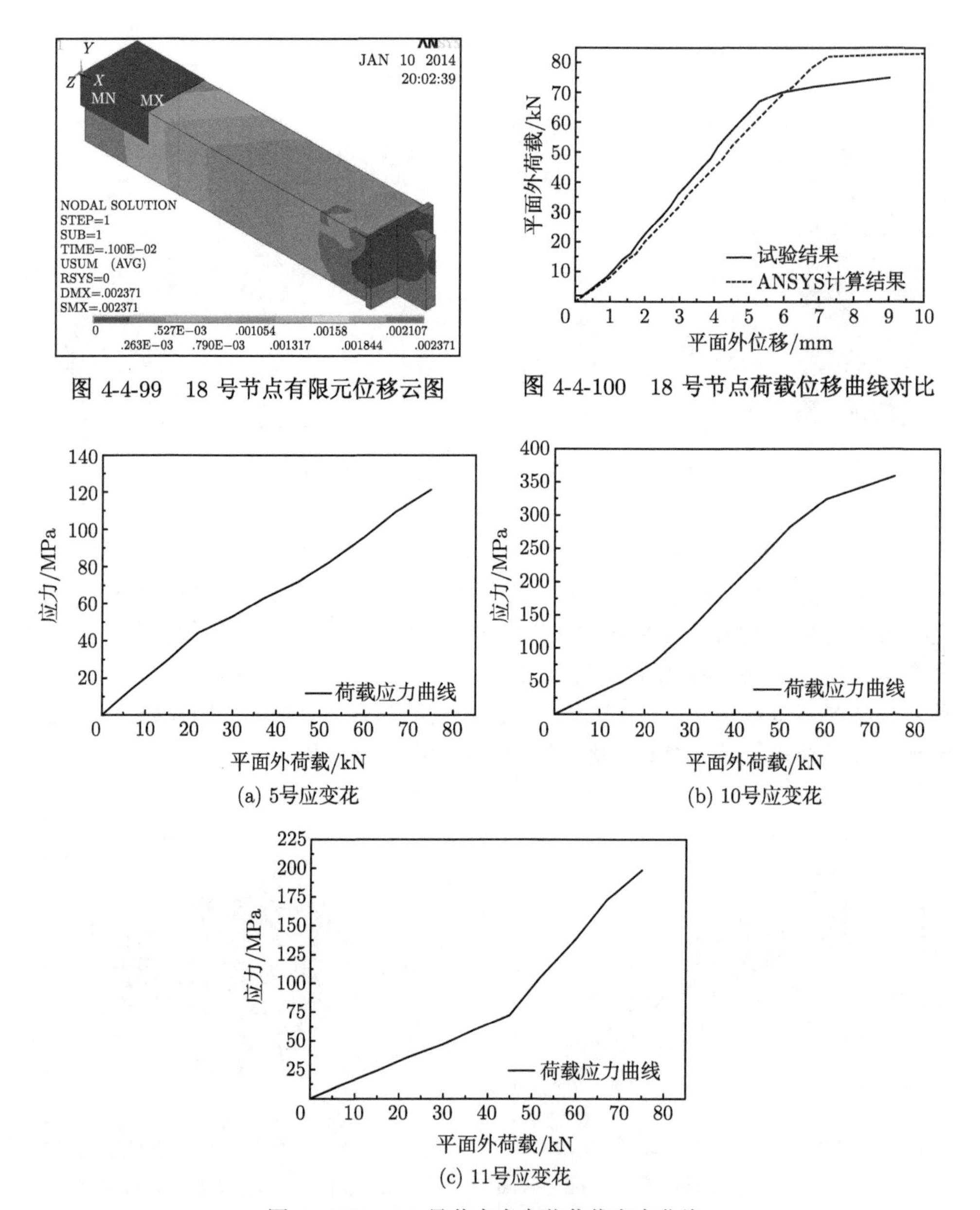

图 4-4-99　18 号节点有限元位移云图

图 4-4-100　18 号节点荷载位移曲线对比

图 4-4-101　18 号节点应变花荷载应力曲线

表 4-4-36　18 号节点荷载位移曲线图数据比较

	节点转动刚度/(N/m)	节点极限荷载/kN	弹性阶段节点端部最大位移/mm
试验值	$k_{\mathrm{cr1}}=1.21\times 10^7$	$P_{\mathrm{cr1}}=77$	$u_1=6.35$
模拟值	$k_{\mathrm{cr2}}=1.19\times 10^7$	$P_{\mathrm{cr2}}=82$	$u_2=6.92$

表 4-4-37　18 号节点模拟应力与试验应力比较

应变花编号	试验应力值/MPa	模拟应力值/MPa	相对试验误差/%
1	−88.1	−91.2	3.5
2	−80.9	−85.3	5.4
3	−82.5	−78.8	−4.5
4	04.0	−79.4	−6.4
5	−99.6	−84.6	−15.1
6	−91.3	−78.1	−14.5
7	337.8	287.4	−14.9
8	352.5	291.8	−17.2
9	357.4	311.2	−12.9
10	359.6	307.3	−13.8
11	−98.7	−111.8	13.3

19 号节点钢管截面尺寸为 120mm×120mm，钢管壁厚为 4mm，连接螺栓直径为 16mm，螺栓间距为 50mm。荷载加载到第 8 等级时节点发生破坏，此时节点平面外极限荷载为 60kN。在加载的过程中每个应变花采集到的主应力随荷载的增加会有相应的增加。有限元模拟得到的节点的应力结果如图 4-4-102 和图 4-4-103 所示，位移云图如图 4-4-104 所示，节点试验和模拟得到的荷载位移曲线的比较如图 4-4-105 所示，19 号节点的破坏模式外围螺栓被剪断，节点端部出现压屈。

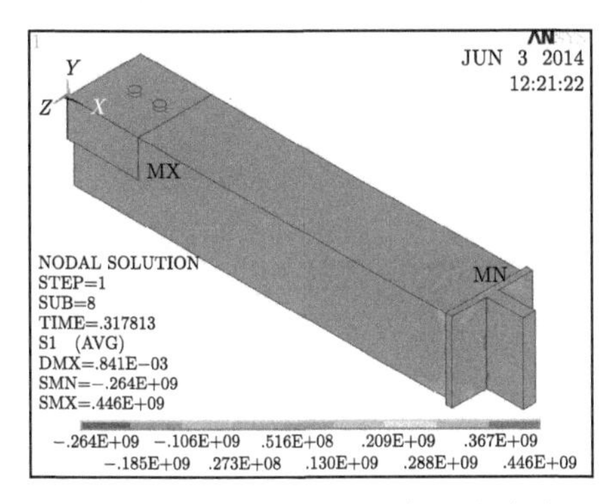

图 4-4-102　19 号节点有限元第一主应力云图

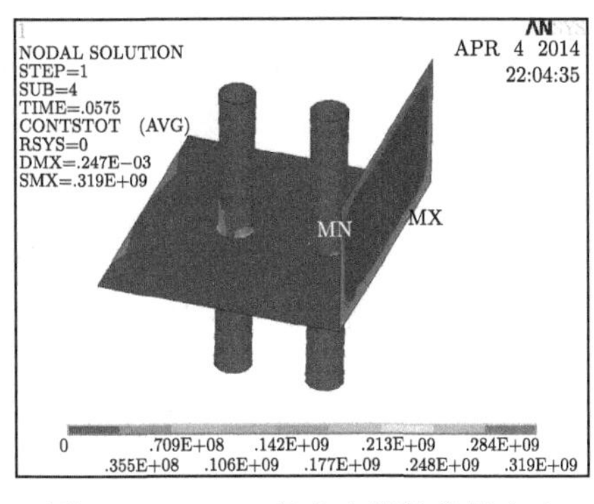

图 4-4-103　19 号节点螺栓接触应力

从图 4-4-102 中可以得到，节点的最大应力出现在屈曲钢管附近，螺栓表面应力较大，在试验的过程中，19 号螺栓的主要破坏形态是螺栓被剪断，节点丧失承载力。节点试验和模拟的荷载位移曲线整体比较吻合，在极限荷载时两条曲线的荷载和位移有一定的差距，其数据比较如表 4-4-38 所示。从表中可以看到节点的荷载位移曲线 3 个参数吻合良好。19 号节点 3、7、11 号应变花荷载应力曲线如图 4-4-106 所示。19 号节点模拟得到的应力与试验采集到应力比较如表4-4-39所示。

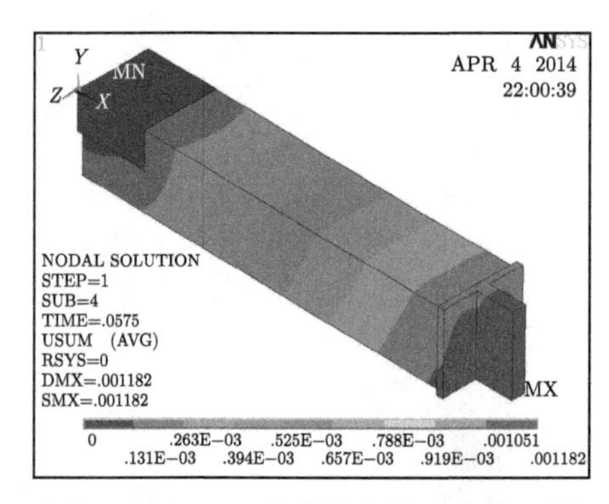

图 4-4-104　19 号节点有限元位移云图

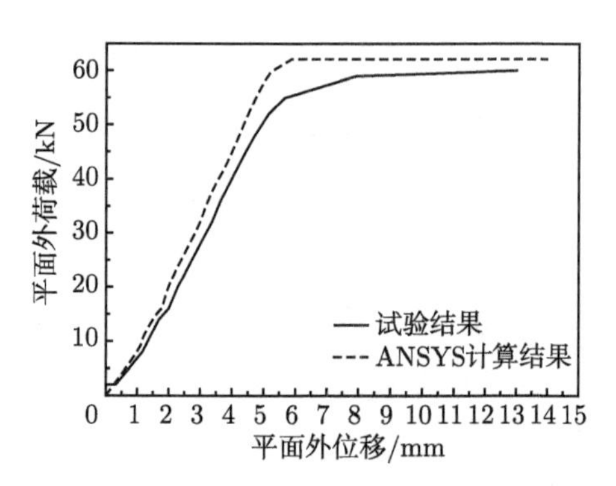

图 4-4-105　19 号节点荷载位移曲线对比

表 4-4-38　19 号节点荷载位移曲线图数据比较

	节点转动刚度/(N/m)	节点极限荷载/kN	弹性阶段节点端部最大位移/mm
试验值	$k_{cr1} = 1.07\times10^7$	$P_{cr1} = 60$	$u_1 = 5.16$
模拟值	$k_{cr2} = 1.08\times 10^7$	$P_{cr2} = 62$	$u_2 = 5.25$

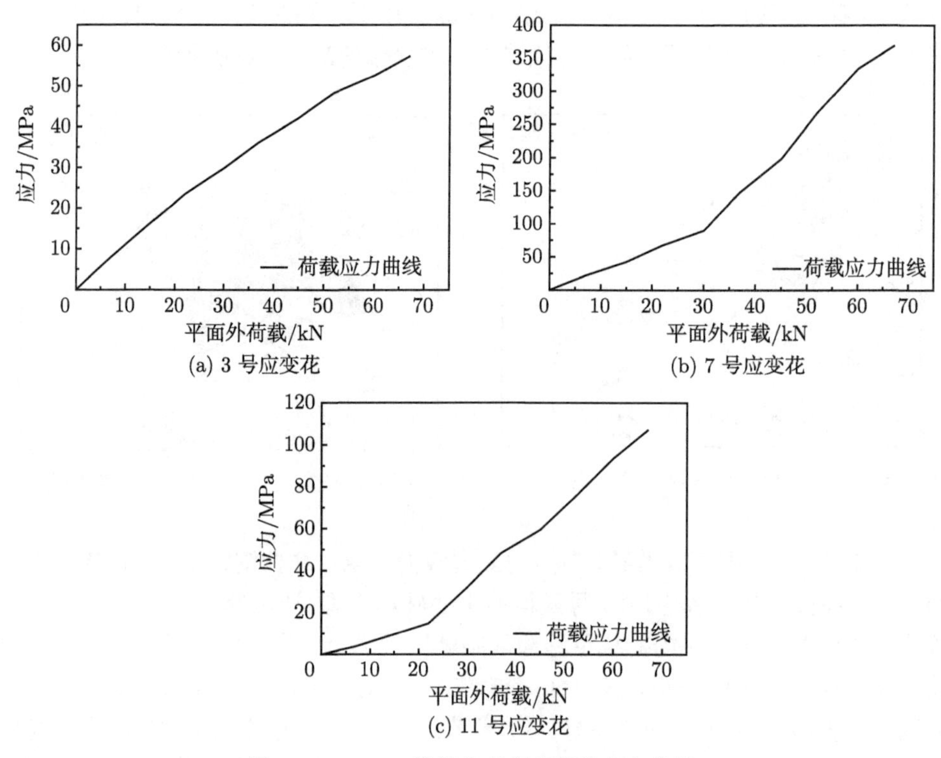

图 4-4-106　19 号节点应变花荷载应力曲线

表 4-4-39　19 号节点模拟应力与试验应力比较

应变花编号	试验应力值/MPa	模拟应力值/MPa	相对试验误差/%
1	−39.1	−43.4	11.0
2	−40.7	−44.6	9.6
3	−57.3	−62.2	8.6
4	−55.1	−59.4	7.8
5	−52.4	−47.3	−9.7
6	−54.5	−51.2	−6.1
7	368.6	285.6	−22.5
8	351.2	277.4	−21.0
9	364.8	297.6	−18.4
10	358.4	301.9	−15.8
11	−107.0	−98.7	−7.8

20 号节点钢管截面尺寸为 120mm×120mm，钢管壁厚为 4mm，连接螺栓直径为 16mm，螺栓间距为 50mm。荷载加载到第 9 等级时节点发生破坏，此时节点平面外极限荷载为 62kN。在加载的过程中每个应变花采集到的主应力随荷载的增加会有相应的增加。有限元模拟得到的节点的应力结果如图 4-4-107 和图 4-4-108 所示，位移云图如图 4-4-109 所示，节点试验和模拟得到的荷载位移曲线的比较如图 4-4-110 所示，20 号节点的破坏模式为节点螺栓被剪断，节点端部出现压屈。

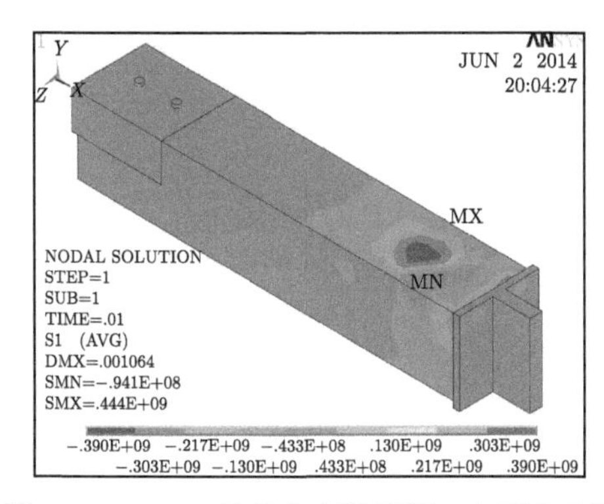

图 4-4-107　20 号节点有限元第一主应力云图

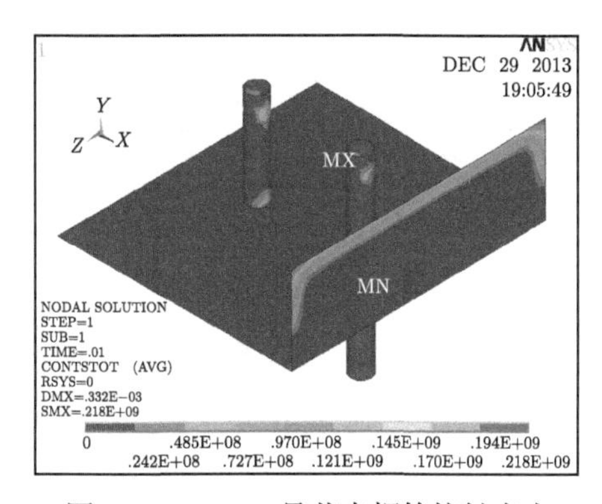

图 4-4-108　20 号节点螺栓接触应力

从图 4-4-107 中可以得到，节点端部应力比较复杂，节点的最大位移出现在端部。节点试验和模拟的荷载位移曲线数据比较如表 4-4-40 所示。20 号节点 3、7、11 号应变花荷载应力曲线如图 4-4-111 所示。20 号节点模拟得到的应力和试验采集到的应力比较如表 4-4-41 所示。

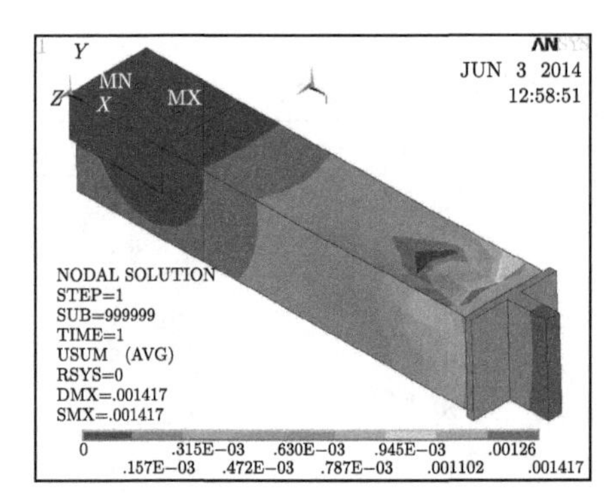

图 4-4-109　20 号节点有限元位移云图

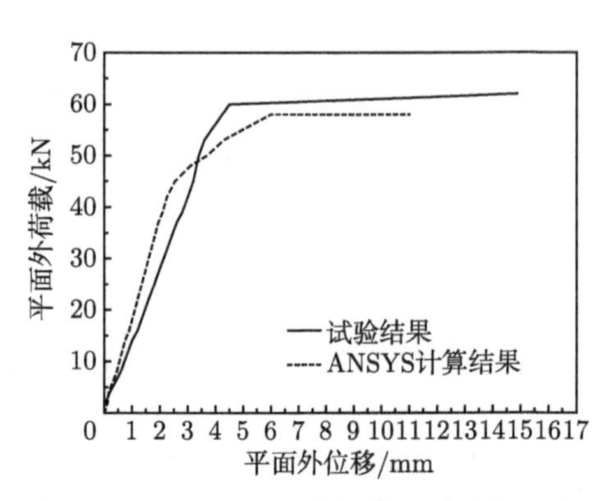

图 4-4-110　20 号节点荷载位移曲线对比

表 4-4-40　20 号节点荷载位移曲线图数据比较

	节点转动刚度/(N/m)	节点极限荷载/kN	弹性阶段节点端部最大位移/mm
试验值	$k_{\rm cr1}=1.23\times10^7$	$P_{\rm cr1}=62$	$u_1=5.18$
模拟值	$k_{\rm cr2}=1.21\times10^7$	$P_{\rm cr2}=58$	$u_2=4.87$

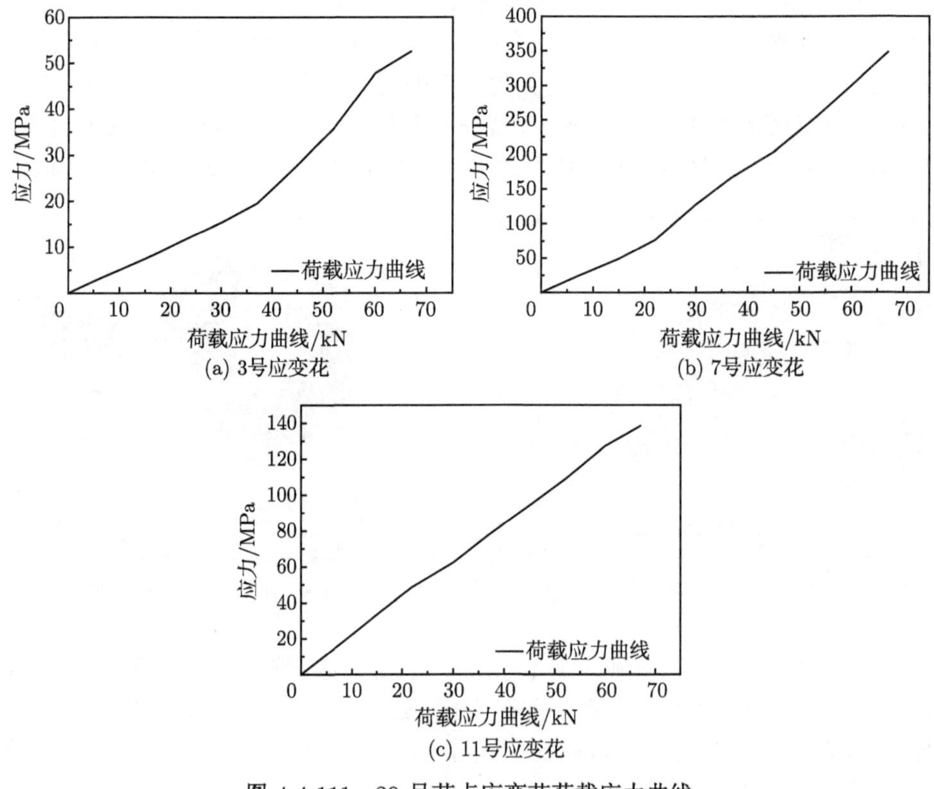

图 4-4-111　20 号节点应变花荷载应力曲线

表 4-4-41　20 号节点模拟应力与试验应力比较

应变花编号	试验应力值/MPa	模拟应力值/MPa	相对试验误差/%
1	−35.2	−32.1	−8.8
2	−38.0	−34.3	−9.7
3	−52.5	−38.8	−26.1
4	−44.8	−37.4	−16.5
5	−73.4	−65.9	−10.2
6	−68.8	−63.7	−7.4
7	347.6	304.6	−12.4
8	338.1	294.1	−13.0
9	327.5	269.2	−17.8
10	326.0	273.5	−16.1
11	−138.3	−126.2	−8.7

20 号节点试验形态和模拟形态比较如图 4-4-112 所示。

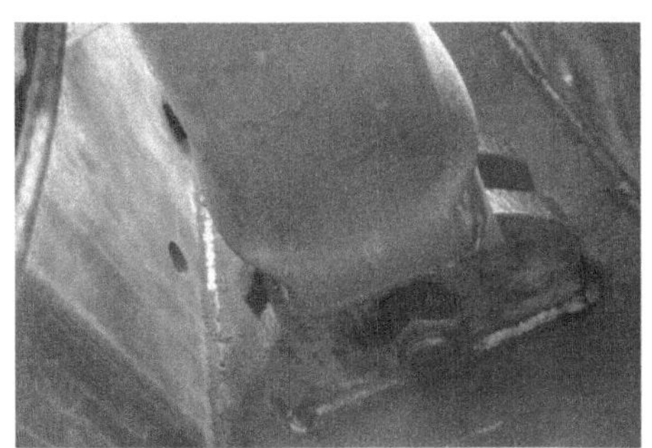

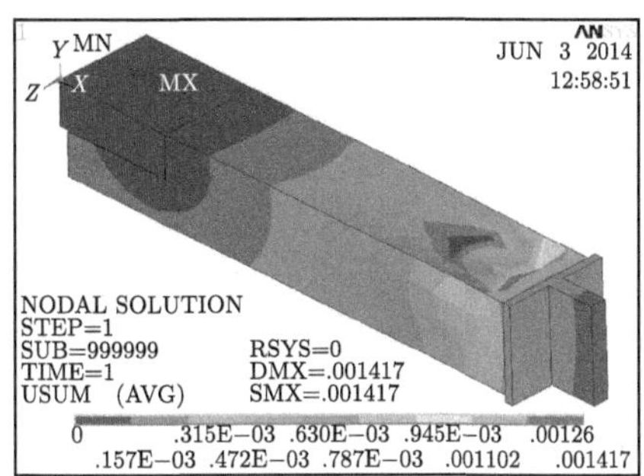

图 4-4-112　20 号节点试验情况与模拟位移比较

5. 数据汇总

将 1~20 号节点的平面外转动刚度数据汇总，如表 4-4-42 所示。

表 4-4-42　节点平面外转动数据汇总

节点编号	试验值 $k_{\rm cr1}/(\times10^7{\rm N/m})$	模拟值 $k_{\rm cr2}/(\times10^7{\rm N/m})$	$\lvert k_{\rm cr1}-k_{\rm cr2}\rvert/k_{\rm cr1}\times100\%$
1	1.14	1.09	4.39
2	1.15	1.19	3.48
3	1.13	1.16	2.65
4	0.95	0.94	1.05
5	1.19	1.18	0.84
6	1.53	1.54	0.65

续表

节点编号	试验值 $k_{cr1}/(\times10^7\text{N/m})$	模拟值 $k_{cr2}/(\times10^7\text{N/m})$	$\lvert k_{cr1}-k_{cr2}\rvert/k_{cr1}\times100\%$
7	1.25	1.55	24.0
8	1.54	1.56	1.30
9	1.26	1.25	0.79
10	1.56	1.66	6.41
11	1.07	1.02	4.67
12	1.12	1.10	1.79
13	1.15	1.17	1.74
14	1.12	1.13	0.89
15	1.18	1.17	0.85
16	1.09	1.07	1.83
17	1.14	1.15	0.88
18	1.21	1.19	1.65
19	1.07	1.08	0.93
20	1.23	1.21	1.63

将 1~20 号节点极限荷载数据汇总，如表 4-4-43 所示。

表 4-4-43　节点极限荷载数据汇总

节点编号	试验值 P_{cr1}/kN	模拟值 P_{cr2}/kN	$\lvert P_{cr1}-P_{cr2}\rvert/P_{cr1}\times100\%$
1	71	75	5.63
2	73	78	6.85
3	72	70	2.78
4	61	65	6.56
5	69	73	5.80
6	59	64	8.47
7	60	63	5.00
8	62	61	1.61
9	60	64	6.67
10	52	57	9.62
11	66	71	7.58
12	73	69	5.48
13	74	70	5.41
14	61	58	4.92
15	64	69	7.81
16	70	73	4.30
17	73	70	4.11
18	77	82	6.49
19	60	62	3.33
20	62	58	6.45

将 1~20 号节点平面外弹性阶段最大位移数据汇总，如表 4-4-44 所示。

表 4-4-44 弹性阶段节点平面外最大位移汇总

节点编号	试验值 u_{cr1}/mm	模拟值 u_{cr2}/mm	$\lvert u_{cr1}-u_{cr2}\rvert/u_{cr1}\times 100\%$
1	6.44	7.08	9.94
2	6.31	5.73	9.19
3	7.63	7.01	8.13
4	6.73	7.06	4.90
5	6.14	6.72	9.45
6	3.64	3.92	7.69
7	4.81	5.14	6.86
8	3.89	3.67	5.66
9	4.76	5.14	7.98
10	2.93	2.87	2.05
11	6.32	6.94	9.81
12	6.17	6.43	4.21
13	6.82	6.35	6.89
14	5.46	4.97	8.97
15	6.13	6.67	8.81
16	6.42	6.85	6.70
17	6.78	6.12	9.73
18	6.35	6.92	8.98
19	5.16	5.25	1.74
20	5.18	4.87	5.98

通过以上有限元模拟计算，可以看到模拟结果和试验结果有一定的差距。20 个节点的最大极限荷载、节点弹性阶段最大位移误差均在 10% 以内，节点的转动刚度除 7 号节点外，其余误差均在 10% 以内。节点各测点应力相对试验采集主应力最大误差在 20% 左右。总结误差产生的原因，主要有以下两个方面：

(1) 节点的试验边界条件和数值模拟边界存在一定的差异，导致试验结果和数值模拟结果存在一定的误差；

(2) 节点在试验加载的过程中，会出现偏心的影响，导致应力误差的存在。

4.4.3 节点参数影响

根据节点截面尺寸，将节点分为四组。每组节点均有钢管壁厚、螺栓直径、螺栓间距不同的节点，通过比较每组中不同参数的节点试验数据，研究各参数对节点性能的影响。

(1) 每组不同钢管壁厚的节点荷载位移曲线比较如图 4-4-113 所示。

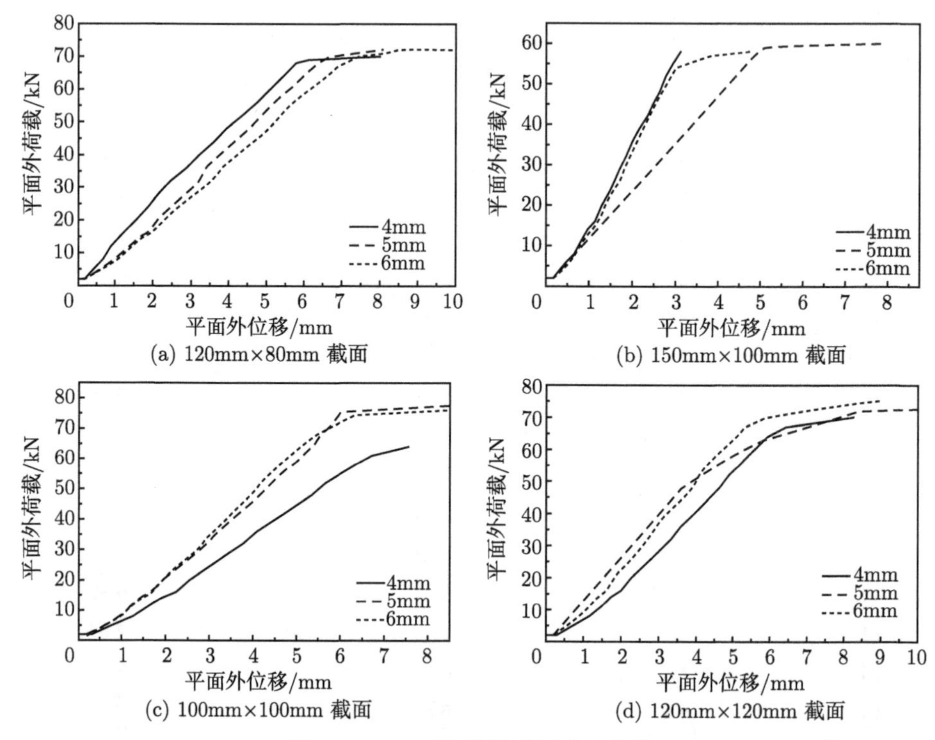

图 4-4-113　不同钢管壁厚节点比较

计算节点荷载位移曲线弹性段的斜率，四组钢管壁厚不同的节点荷载位移曲线数据汇总如表 4-4-45 所示。

表 4-4-45　钢管壁厚不同的节点荷载位移曲线数据比较

节点截面尺寸/(mm×mm)	钢管壁厚/mm	转动刚度/($\times10^7$N/m)	极限荷载/kN
120×80	4	1.14	71
	5	1.15	73
	6	1.13	72
150×100	4	1.53	59
	5	1.25	60
	6	1.54	62
100×100	4	1.07	66
	5	1.12	73
	6	1.15	74
120×120	4	1.09	70
	5	1.14	73
	6	1.21	77

通过比较试验数据可以得知，钢管壁厚对节点的极限承载力有一定的影响。随

着钢管壁厚的增加，节点的承载力会相应增加，但是增加并不是太明显。节点的转动刚度随着钢管壁厚的增加，也会相应增加。截面为 150mm×100mm，钢管壁厚为 5mm 的节点，在节点组装时，垫片没有安装牢固，导致节点的转动刚度偏低。

(2) 每组不同螺栓直径的节点荷载位移曲线比较如图 4-4-114 所示。

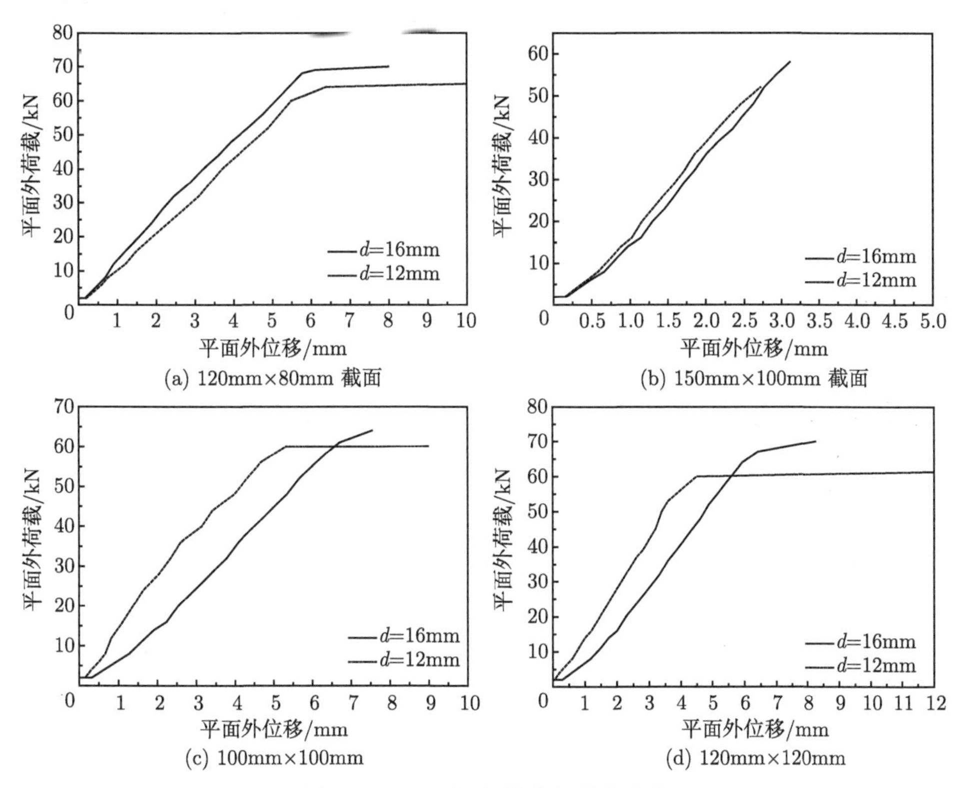

(a) 120mm×80mm 截面　(b) 150mm×100mm 截面　(c) 100mm×100mm　(d) 120mm×120mm

图 4-4-114　不同螺栓直径节点比较

四组螺栓直径不同的节点荷载位移曲线数据汇总如表 4-4-46 所示。

表 4-4-46　螺栓直径不同的节点荷载位移曲线数据比较

钢管截面/(mm×mm)	螺栓直径/mm	转动刚度/($\times10^7$N/m)	极限荷载/kN
120×80	16	1.12	71
	12	1.19	69
150×100	16	1.53	59
	12	1.56	52
100×100	16	1.07	66
	12	1.18	64
120×120	16	1.09	70
	12	1.23	62

通过比较得到的试验数据可以得知，螺栓直径为 12mm 的节点较螺栓直径为 16mm 的节点，承载力会有一定程度的降低。当螺栓直径较大时，对钢板截面的削弱会有一定的影响，节点的转动刚度会有一定的降低，螺栓直径为 12mm 的节点，其转动刚度会大于螺栓直径为 16mm 的节点。

(3) 每组不同螺栓间距的节点荷载位移曲线比较如图 4-4-115 所示。

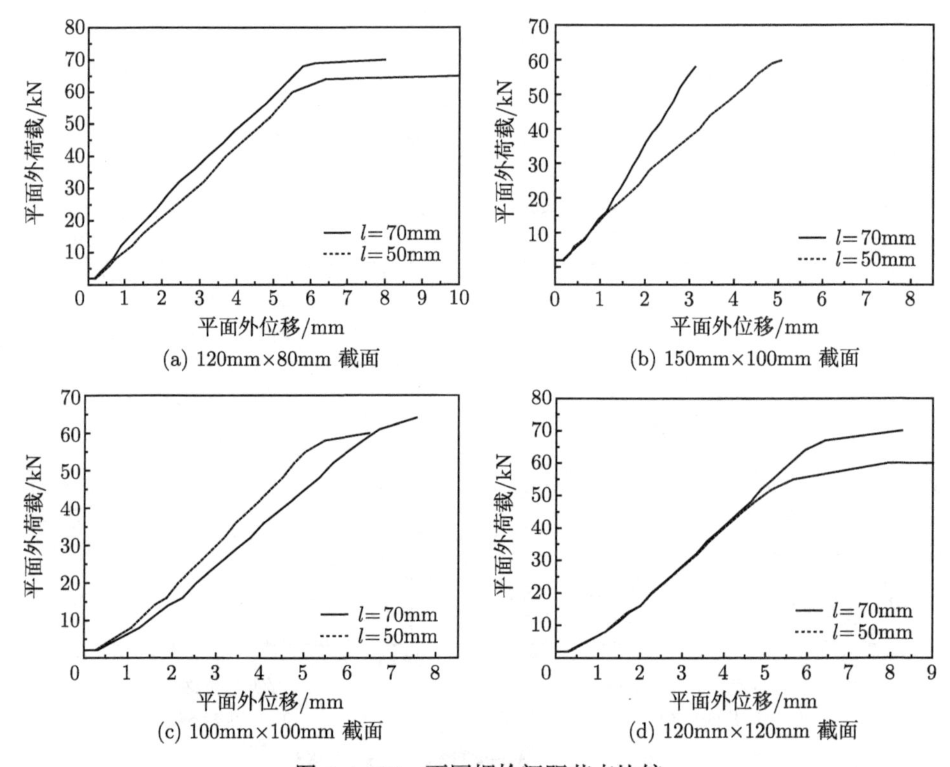

图 4-4-115　不同螺栓间距节点比较

四组螺栓间距不同的节点荷载位移曲线数据汇总如表 4-4-47 所示。

表 4-4-47　螺栓间距不同的节点荷载位移曲线数据比较

钢管截面/(mm×mm)	螺栓间距/mm	转动刚度/(×10⁷N/m)	极限荷载/kN
120×80	70	1.12	71
	50	0.95	61
150×100	70	1.59	59
	50	1.26	60
100×100	70	1.07	66
	50	1.12	61
120×120	70	1.09	70
	50	1.07	60

通过比较的试验数据可以得知，螺栓间距为 50mm 的节点较螺栓间距为 70mm 的节点，承载力有明显的降低，节点的转动刚度有降低的趋势。

各参数对节点性能的影响规律汇总如表 4-4-48 所示。

表 4-4-48　各参数对节点性能的影响规律

截面形式及影响结果		钢管壁厚影响	螺栓直径影响	螺栓间距影响
矩形截面	转动刚度	随着壁厚增加，转动刚度会有相应的增加趋势	12mm 节点转动刚度较大，16mm 节点转动刚度较小	50mm 节点转动刚度较小，70mm 节点转动刚度较大
	承载力	随着钢管壁厚的增加，承载力会有提高	12mm 节点承载力较小，16mm 节点承载力较大	50mm 节点承载力较小，70mm 节点承载力较大
方形截面	转动刚度	随着壁厚增加，转动刚度会相应提高	12mm 节点转动刚度较大，16mm 节点转动刚度较小	50mm 节点转动刚度较小，70mm 节点转动刚度较大
	承载力	随着壁厚增加，承载力会相应提高	12mm 节点承载力较小，16mm 节点承载力较大	50mm 节点承载力较小，70mm 节点承载力较大

4.5　SSB 节点静力性能

4.5.1　节点平面外刚度

传统的网格结构分析和设计都假定其节点连接为理想的铰接和刚接，这种理想化的假设大大简化了结构的设计分析过程。本试验的节点为装配式节点，对于节点的刚度，是接近于刚性节点还是铰接点，还不能确定。通过有限元模拟结果和试验结果的比较，为节点刚度提供一个参考。采用相同的有限元模拟方法，对刚性节点进行分析计算，刚性节点全节点为一个整体。采用同样的边界条件和荷载工况，可以得到刚性节点的荷载位移曲线。本节对 8 个节点做刚性有限元模拟，每种规格的节点选取 2 个，分别为 1、2、6、7、11、12、16、17 号节点。

1 号刚性节点与 SSB 节点的应力分布如图 4-5-1 和图 4-5-2 所示，在 ANSYS 计算不收敛时，两个节点在荷载下的应力分布基本一致，节点的最大应力出现在端部。两种节点的位移云图分别如图 4-5-3 和图 4-5-4 所示，刚性节点极限荷载下的位移和 SSB 节点在极限荷载下的位移相似，其中刚性节点的破坏形式是节点端部屈曲，SSB 节点的破坏形式为螺栓受剪破坏，钢管出现屈曲。

节点荷载位移曲线比较如图 4-5-5 所示，刚性节点和 SSB 节点的荷载位移曲线差异主要体现在曲线斜率和最大荷载上，刚性节点荷载位移曲线的斜率和最大荷载大于 SSB 节点的，斜率表示节点的平面外转动刚度，具体的数据比较如表 4-5-1

所示，表中位移均为节点弹性阶段最大位移。从表中可以得知，刚性节点的刚度、荷载比 SSB 节点的偏大。

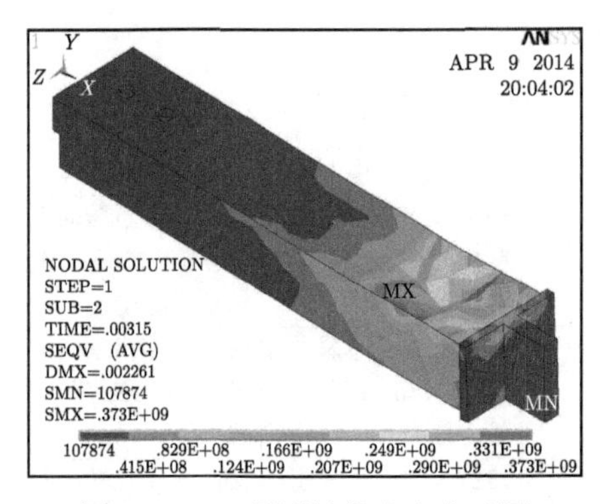

图 4-5-1　1 号刚性节点应力云图

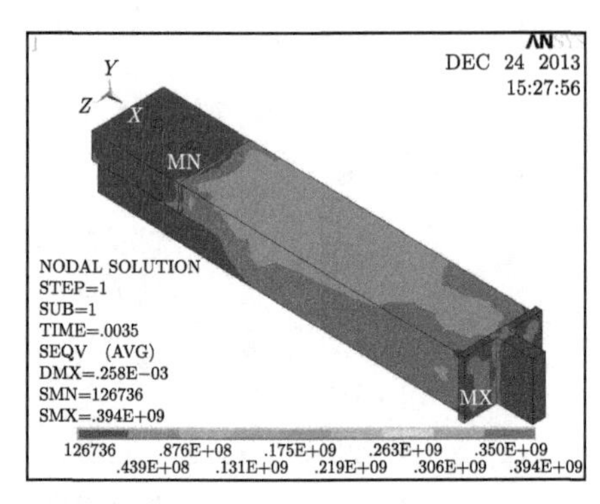

图 4-5-2　1 号 SSB 节点应力云图

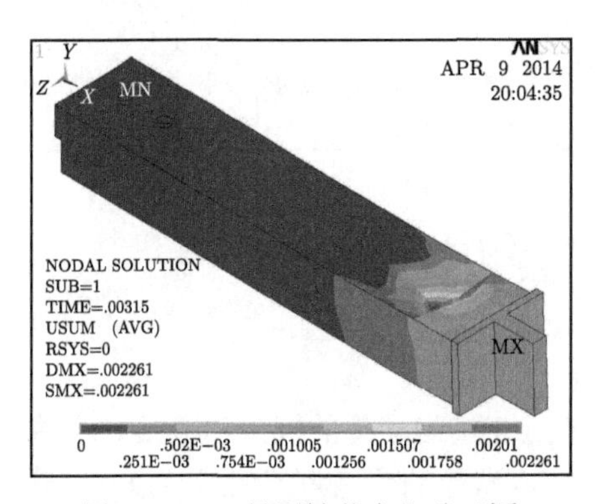

图 4-5-3　1 号刚性节点位移云图

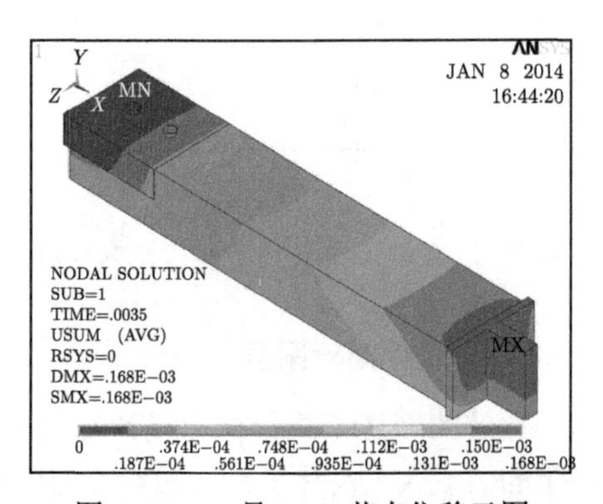

图 4-5-4　1 号 SSB 节点位移云图

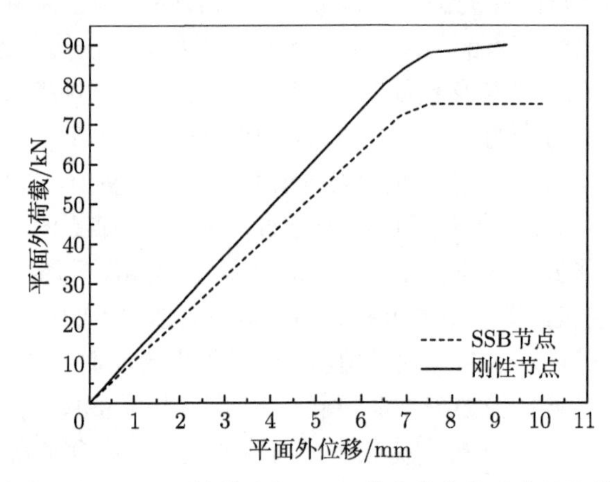

图 4-5-5　1 号刚性节点和 SSB 节点荷载位移曲线比较

表 4-5-1　1 号刚性节点与 SSB 节点平面外刚度比较

	节点转动刚度/(N/m)	极限荷载/kN	平面外位移/mm	平面内位移/mm
刚性节点	1.42×10^7	88	6.97	0.12
SSB 节点	1.09×10^7	75	7.22	1.08

2 号刚性节点与 SSB 节点的应力分布如图 4-5-6 和图 4-5-7 所示，在 ANSYS 计算不收敛时，两个节点在荷载下的应力分布差距比较大，节点的最大应力出现在端部，SSB 节点端部出现屈曲。两种节点的位移云图分别如图 4-5-8 和图 4-5-9 所示，刚性节点的位移变化较均匀，破坏以节点钢管屈曲为主，SSB 节点的位移变化比较复杂，SSB 节点钢管发生向内屈曲。

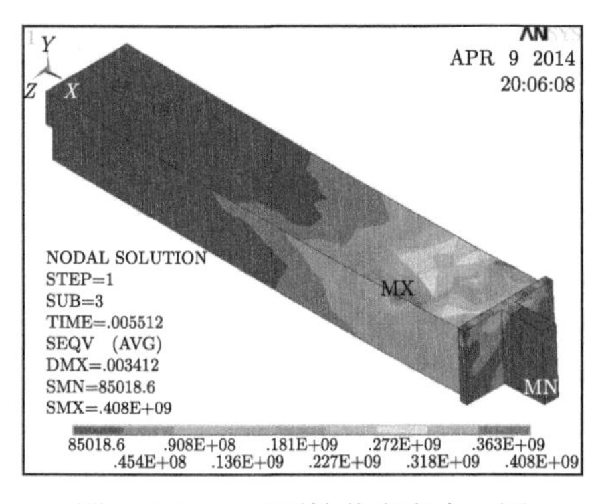

图 4-5-6　2 号刚性节点应力云图

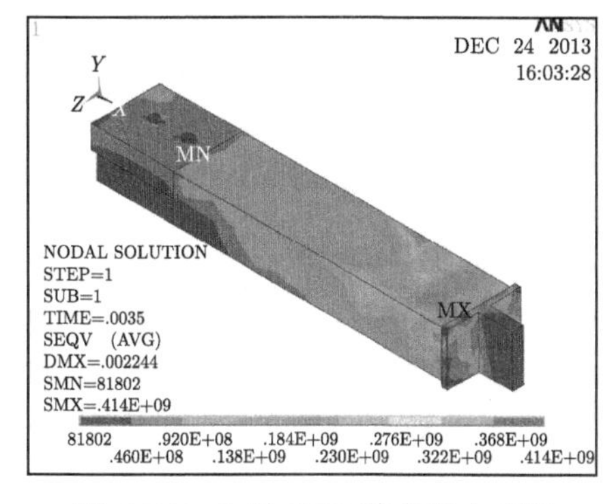

图 4-5-7　2 号 SSB 节点应力云图

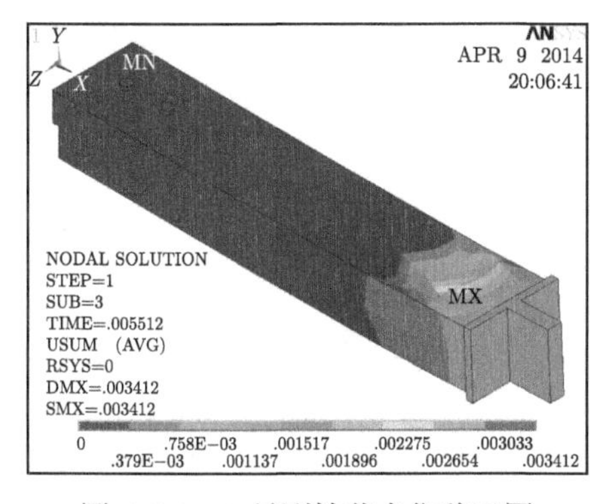

图 4-5-8　2 号刚性节点位移云图

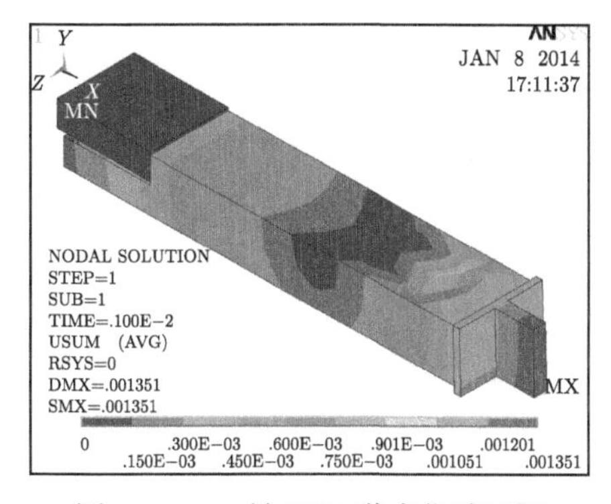

图 4-5-9　2 号 SSB 节点位移云图

节点荷载位移曲线比较如图 4-5-10 所示，刚性节点和 SSB 节点的荷载位移曲线差异主要体现在曲线斜率和最大荷载上，刚性节点荷载位移曲线的斜率和最大荷载大于 SSB 节点的，斜率表示节点的平面外转动刚度，且刚性节点荷载位移曲线的线性段比较明显，具体的数据比较如表 4-5-2 所示，表中位移均为节点弹性阶段最大位移。从表中可以得出，节点荷载位移曲线差距主要体现在曲线斜率和最大荷载上。

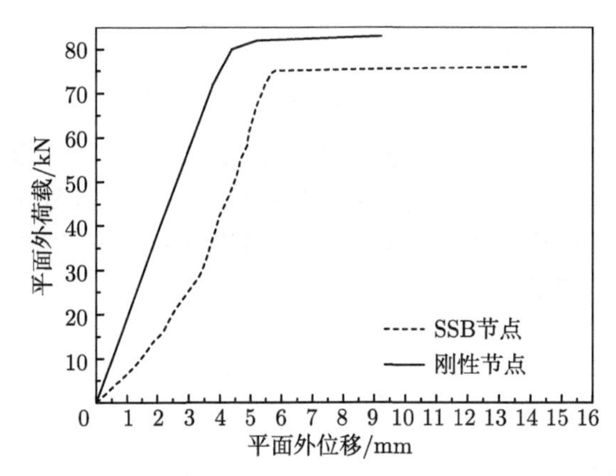

图 4-5-10　2 号刚性节点和 SSB 节点荷载位移曲线比较

表 4-5-2　2 号刚性节点与 SSB 节点平面外刚度比较

	节点转动刚度/(N/m)	极限荷载/kN	平面外位移/mm	平面内位移/mm
刚性节点	1.51×10^7	93	5.24	0.09
SSB 节点	1.19×10^7	78	5.73	0.94

6 号刚性节点与 SSB 节点的应力分布如图 4-5-11 和图 4-5-12 所示，在 ANSYS 计算不收敛时，两个节点在荷载下的应力分布差距很大，节点的最大应力均出现在端部。两种节点的位移云图分别如图 4-5-13 和图 4-5-14 所示, 刚性节点为端部发生屈曲破坏，导致节点计算不收敛，SSB 节点端部没有屈曲现象，其以螺栓破坏为主。

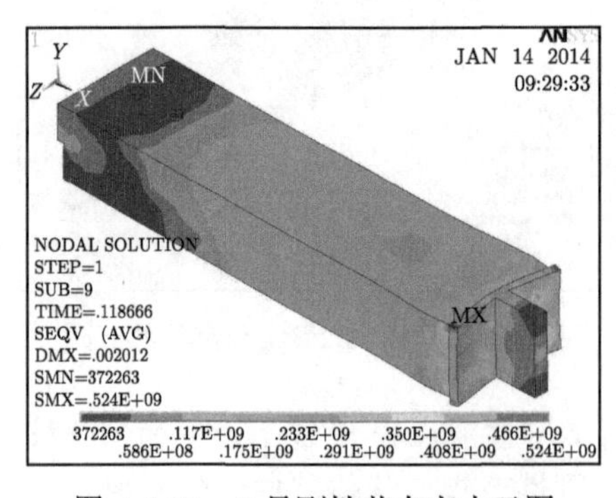

图 4-5-11　6 号刚性节点应力云图

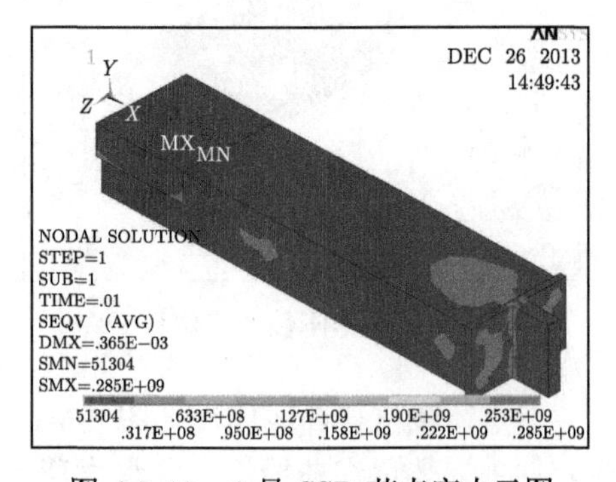

图 4-5-12　6 号 SSB 节点应力云图

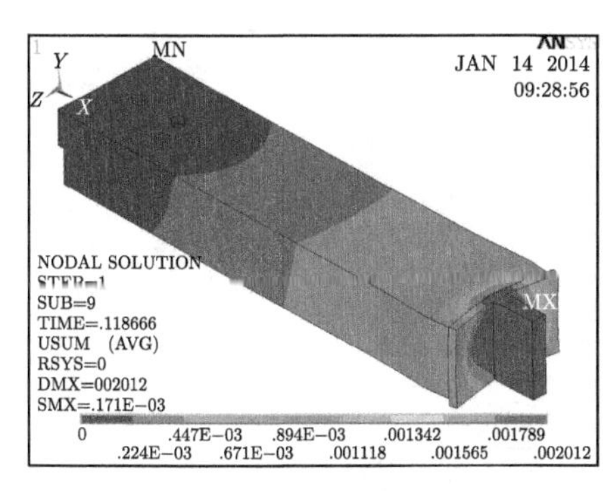

图 4-5-13 6 号刚性节点位移云图

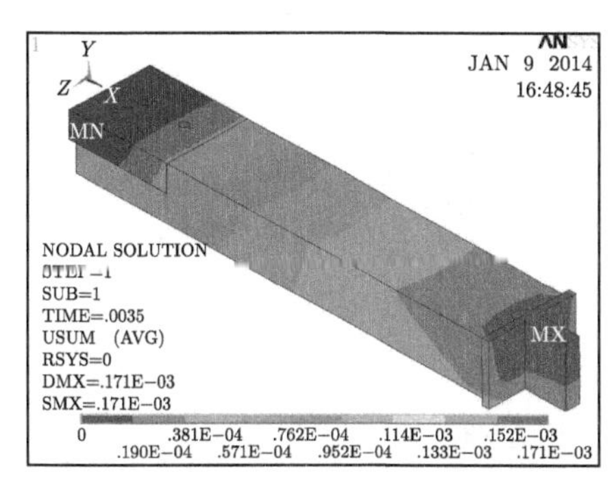

图 4-5-14 6 号 SSB 节点位移云图

节点荷载位移曲线比较如图 4-5-15 所示，从图中可以明显看出刚性节点的最大极限荷载明显高于 SSB 节点的，两条曲线的斜率相近，即两种节点的刚度差距相对较小。具体的数据比较如表 4-5-3 所示，表中位移均为节点弹性阶段最大位移。从表中可以看出，两条曲线的斜率相差较小，节点平面外位移相差较小。

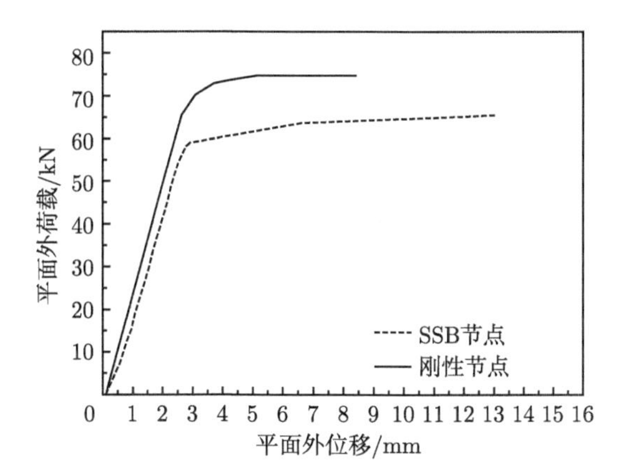

图 4-5-15 6 号刚性节点和 SSB 节点荷载位移曲线比较

表 4-5-3 6 号刚性节点与 SSB 节点平面外刚度比较

	节点转动刚度/(N/m)	极限荷载/kN	平面外位移/mm	平面内位移/mm
刚性节点	1.79×10^7	75	4.07	0.07
SSB 节点	1.54×10^7	64	3.92	0.65

7 号刚性节点与 SSB 节点的应力分布如图 4-5-16 和图 4-5-17 所示，在 ANSYS 计算不收敛时，两个节点在荷载下的应力分布差距较大，节点的最大应力均出现在端部。两种节点的位移云图分别如图 4-5-18 和图 4-5-19 所示, 刚性节点破坏形态为钢管屈曲，SSB 节点以螺栓破坏为主。

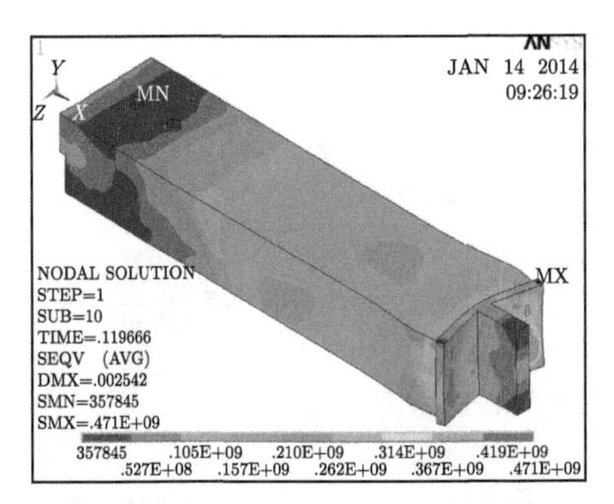

图 4-5-16 7 号刚性节点应力云图

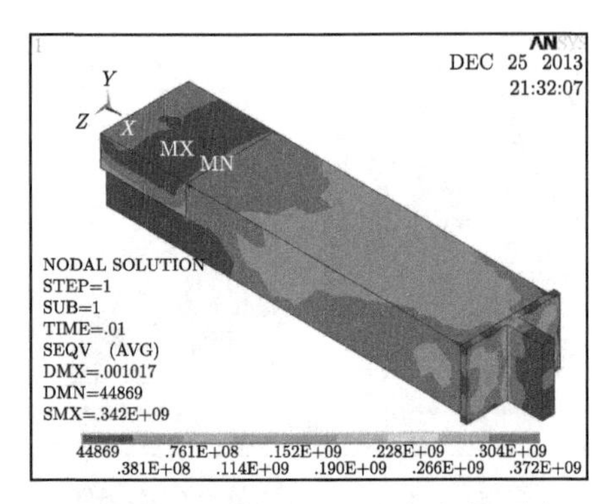

图 4-5-17 7 号 SSB 节点应力云图

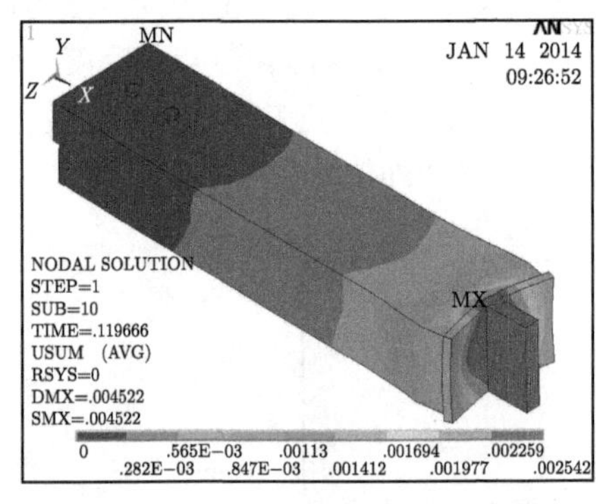

图 4-5-18 7 号刚性节点位移云图

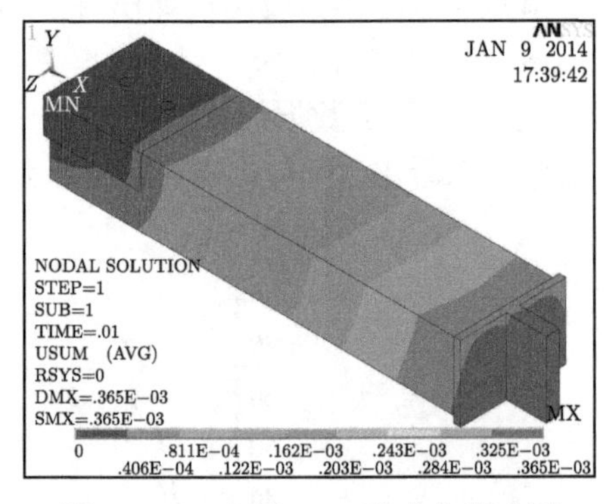

图 4-5-19 7 号 SSB 节点位移云图

节点荷载位移曲线比较如图 4-5-20 所示，从图中可以看出刚性节点和 SSB 节点的荷载位移曲线相差比较大。差距体现在曲线斜率和最大极限荷载上，具体的数据比较如表 4-5-4 所示，表中位移均为节点弹性阶段最大位移。从表中可以看出，节点刚性处理后荷载位移曲线与 SSB 情况差距较大。

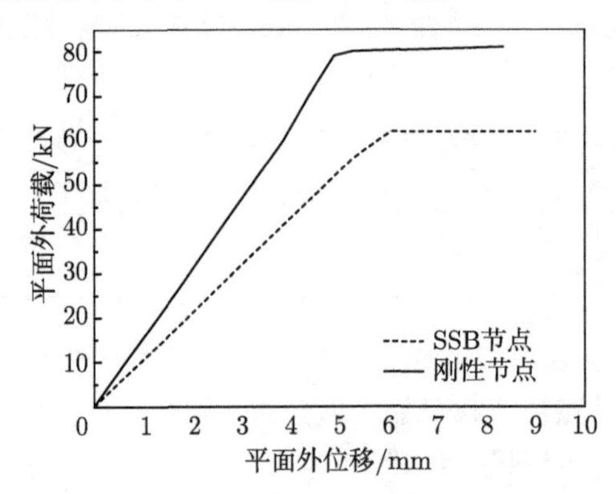

图 4-5-20 7 号刚性节点和 SSB 节点荷载位移曲线比较

表 4-5-4　7 号刚性节点与 SSB 节点平面外刚度比较

	节点转动刚度/(N/m)	极限荷载/kN	平面外位移/mm	平面内位移/mm
刚性节点	1.88×10^7	81	4.75	0.08
SSB 节点	1.55×10^7	63	5.14	0.77

11 号刚性节点与 SSB 节点的应力分布如图 4-5-21 和图 4-5-22 所示，两种节点的位移云图分别如图 4-5-23 和图 4-5-24 所示, 刚性节点的破坏形式为钢管屈曲，SSB 节点破坏形态为螺栓破坏和钢管屈曲。

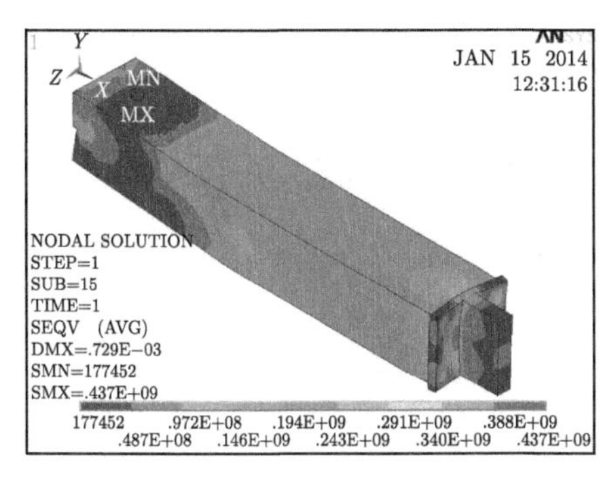

图 4-5-21　11 号刚性节点应力云图

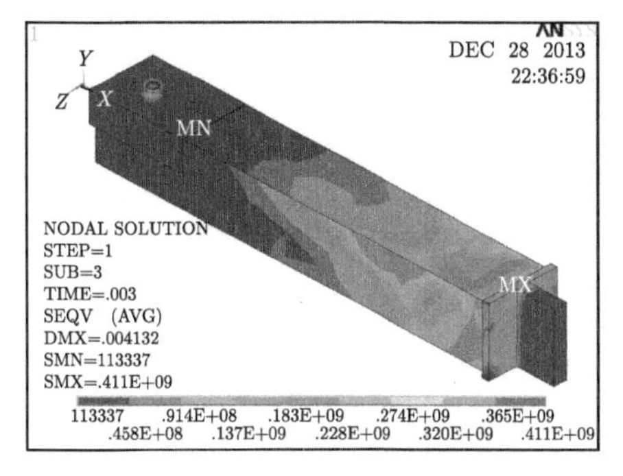

图 4-5-22　11 号 SSB 节点应力云图

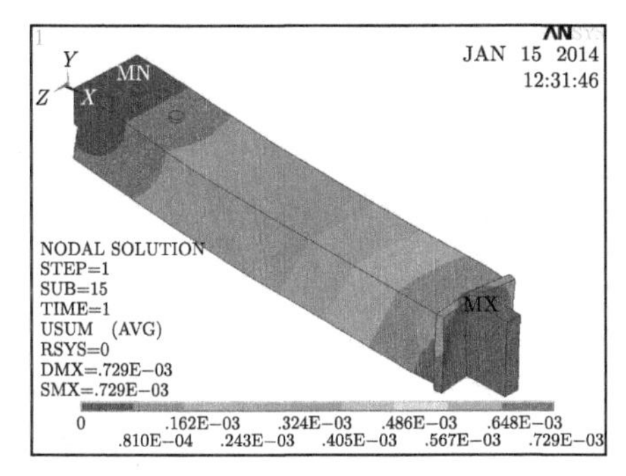

图 4-5-23　11 号刚性节点位移云图

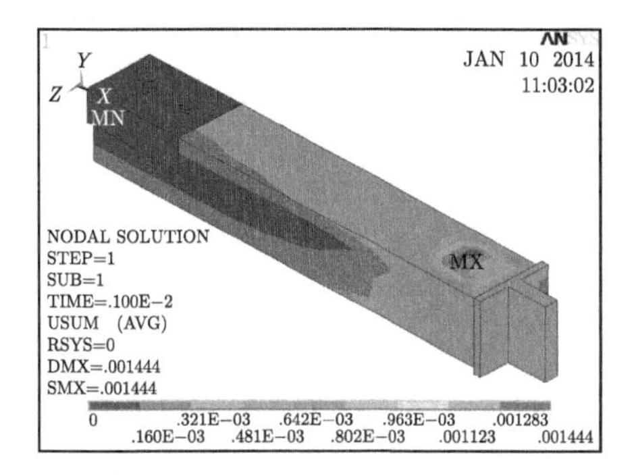

图 4-5-24　11 号 SSB 节点位移云图

通过图 4-5-23 和图 4-5-24 可以得出，刚性节点位移分布与 SSB 节点的位移分布也有很大的不同。节点荷载位移曲线对比如图 4-5-25 所示，刚性节点和 SSB 节点荷载位移曲线的差距同样体现在曲线斜率和最大荷载上，具体的数据比较如表 4-5-5 所示，表中位移均为节点弹性阶段最大位移。

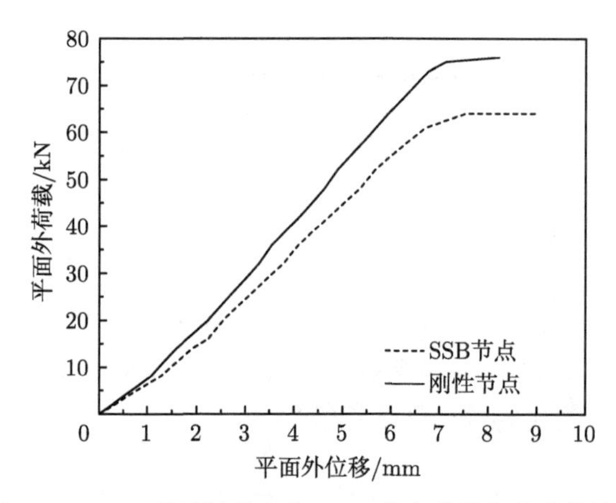

图 4-5-25　11 号刚性节点和 SSB 节点荷载位移曲线比较

表 4-5-5　11 号刚性节点与 SSB 节点平面外刚度比较

	节点转动刚度/(N/m)	极限荷载/kN	平面外位移/mm	平面内位移/mm
刚性节点	1.29×10^7	84	6.75	0.15
SSB 节点	1.02×10^7	71	6.94	1.12

12 号刚性节点与 SSB 节点的应力分布如图 4-5-26 和图 4-5-27 所示，两种节点的应力分布截然不同，SSB 节点的应力分布较复杂，两种节点的最大应力均出现在节点端部。两种节点的位移云图分别如图 4-5-28 和图 4-5-29 所示, 刚性节点端部有明显屈曲，导致计算不收敛，SSB 节点的破坏形态为螺栓破坏和钢管屈曲。

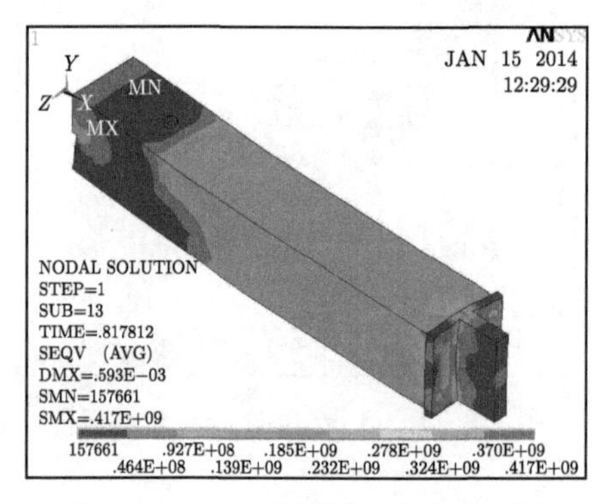

图 4-5-26　12 号刚性节点应力云图

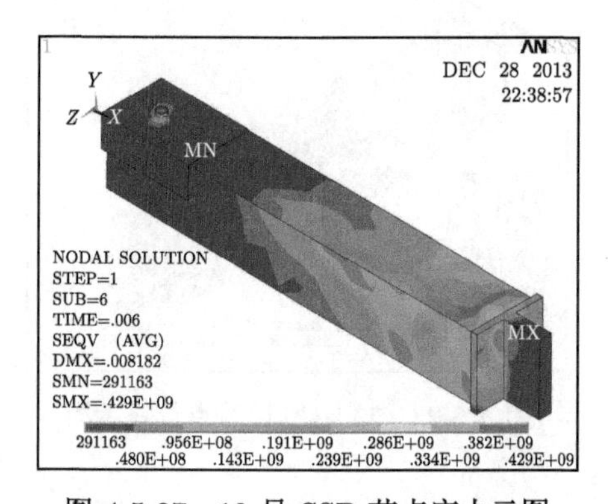

图 4-5-27　12 号 SSB 节点应力云图

节点荷载位移曲线比较如图 4-5-30 所示，差距主要体现在曲线斜率和最大极限荷载上，具体的数据比较如表 4-5-6 所示，表中位移均为节点弹性阶段最大位移。从表中可以得出，荷载位移曲线的差距主要体现在曲线斜率和最大极限荷载上。

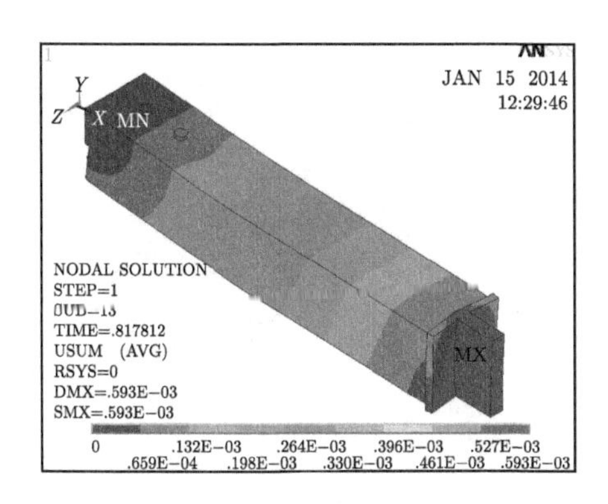

图 4-5-28　12 号刚性节点位移云图

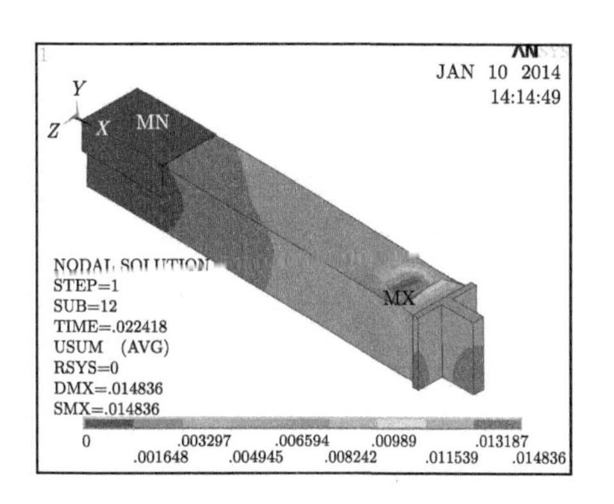

图 4-5-29　12 号 SSB 节点位移云图

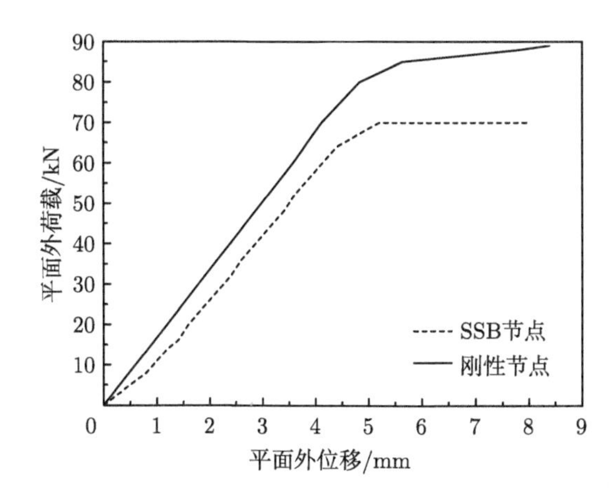

图 4-5-30　12 号刚性节点和 SSB 节点荷载位移曲线比较

表 4-5-6　12 号刚性节点与 SSB 节点平面外刚度比较

	节点转动刚度/(N/m)	极限荷载/kN	平面外最大位移/mm	平面内位移/mm
刚性节点	1.35×10^7	81	5.75	0.09
SSB 节点	1.10×10^7	69	6.43	1.07

16 号刚性节点与 SSB 节点的应力分布如图 4-5-31 和图 4-5-32 所示，两种节点的应力分布截然不同，从图中可以看到，SSB 节点应力分布较不均匀，两种节点的最大应力均出现在接地的那一端部。两种节点的位移云图分别如图 4-5-33 和图 4-5-34 所示, 刚性节点位移云图与 SSB 节点位移云图明显不同，刚性节点的位移整体分布比较均匀，SSB 节点的位移变化不是很均匀，两种节点的最大位移均出现在节点端部。刚性节点的破坏形态为钢管屈曲，SSB 节点以螺栓破坏为主，节点端部出现不明显的屈曲。

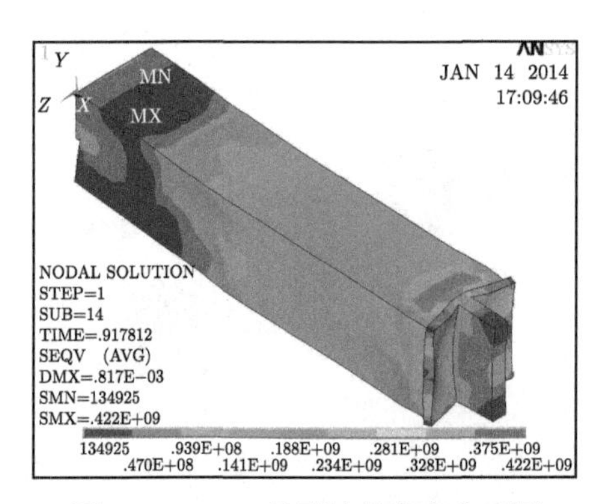

图 4-5-31　16 号刚性节点应力云图

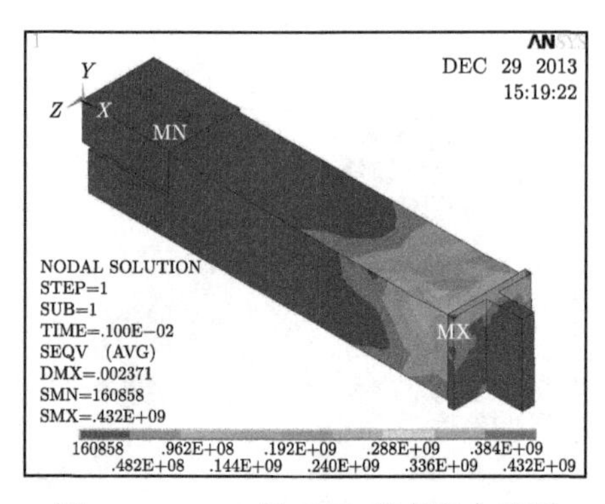

图 4-5-32　16 号 SSB 节点应力云图

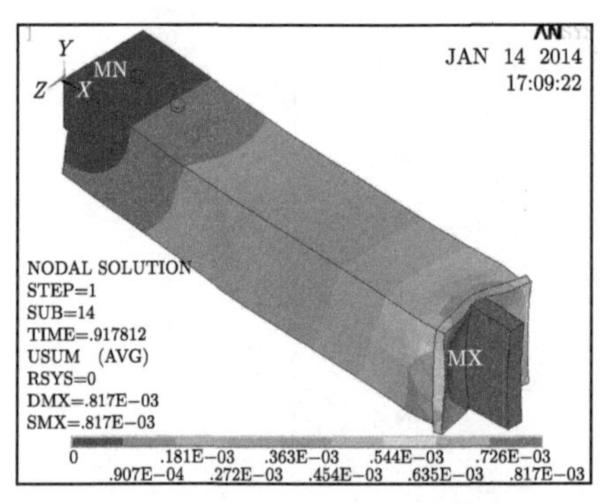

图 4-5-33　16 号刚性节点位移云图

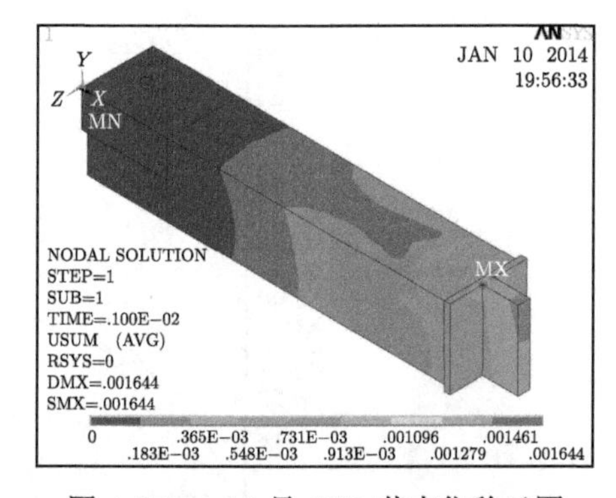

图 4-5-34　16 号 SSB 节点位移云图

节点的荷载位移曲线对比如图 4-5-35 所示，刚性节点的荷载位移曲线线性段比较明显，刚性节点与 SSB 节点的荷载位移曲线数据比较如表 4-5-7 所示，表中位移均为节点弹性阶段最大位移。从表中可以看出，节点荷载位移曲线的差距主要体现在荷载位移曲线斜率和最大极限荷载上。

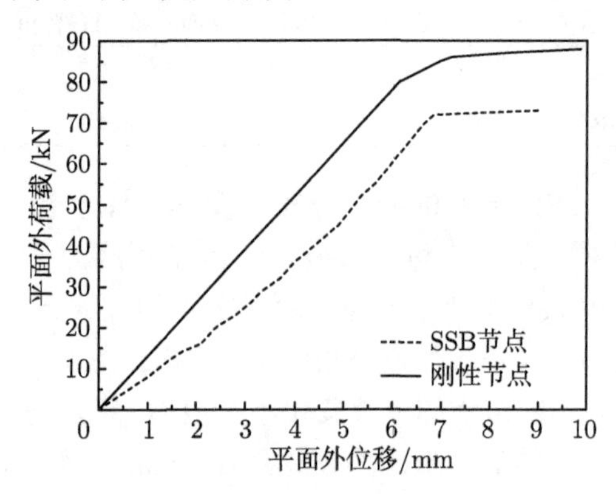

图 4-5-35　16 号刚性节点和 SSB 节点荷载位移曲线比较

表 4-5-7　16 号刚性节点与 SSB 节点平面外刚度比较

	节点转动刚度/(N/m)	极限荷载/kN	平面外位移/mm	平面内位移/mm
刚性节点	1.32×10^7	86	6.14	0.18
SSB 节点	1.07×10^7	73	6.85	1.21

17 号刚性节点与 SSB 节点的应力分布如图 4-5-36 和图 4-5-37 所示，两种节点的应力分布截然不同，但两种节点的最大应力均出现在节点的端部。两种节点的位移云图分别如图 4-5-38 和图 4-5-39 所示，刚性节点位移云图与 SSB 节点位移云图明显不同，刚性节点破坏以端部屈曲为主，SSB 节点以螺栓破坏为主，钢管端部出现屈曲。

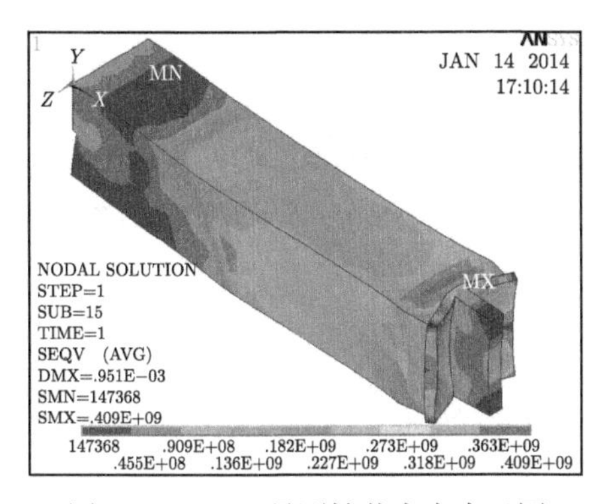

图 4-5-36　17 号刚性节点应力云图

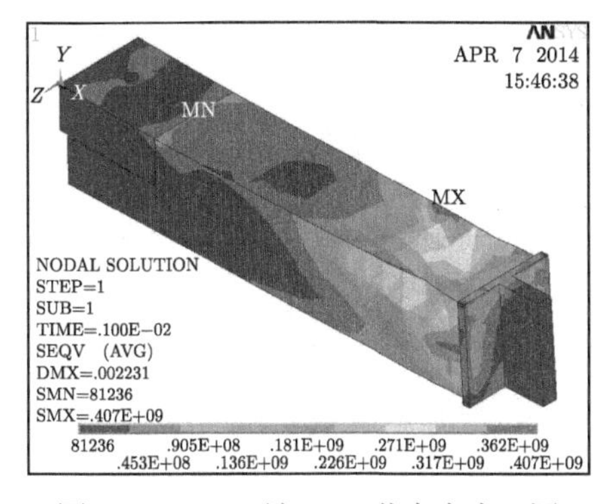

图 4-5-37　17 号 SSB 节点应力云图

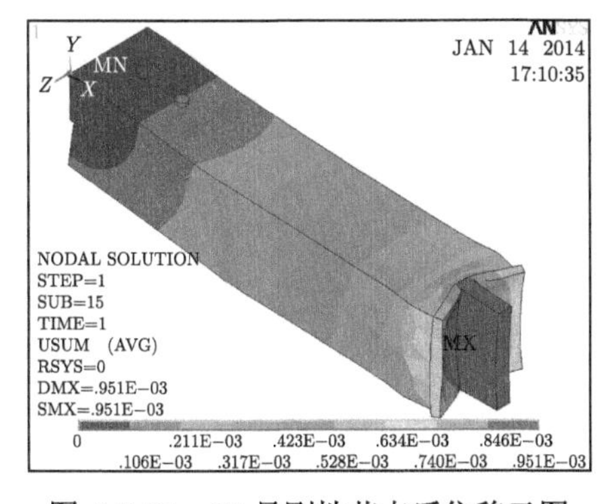

图 4-5-38　17 号刚性节点后位移云图

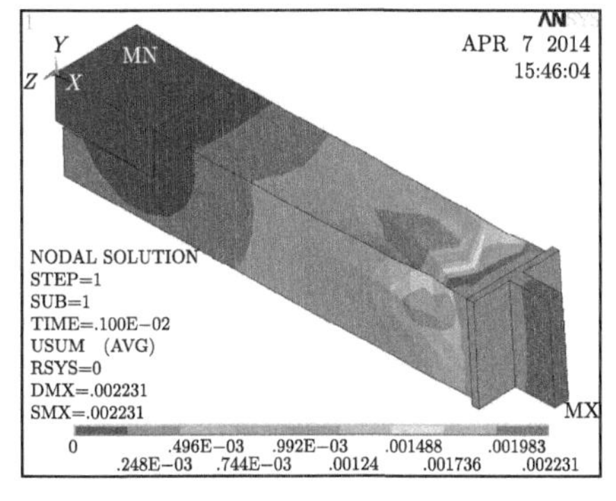

图 4-5-39　17 号 SSB 节点位移云图

节点荷载位移曲线比较如图 4-5-40 所示，刚性节点和 SSB 节点的荷载位移曲线差距主要体现在曲线斜率和最大极限荷载上，具体的数据比较如表 4-5-8 所示，表中位移均为节点弹性阶段最大位移。

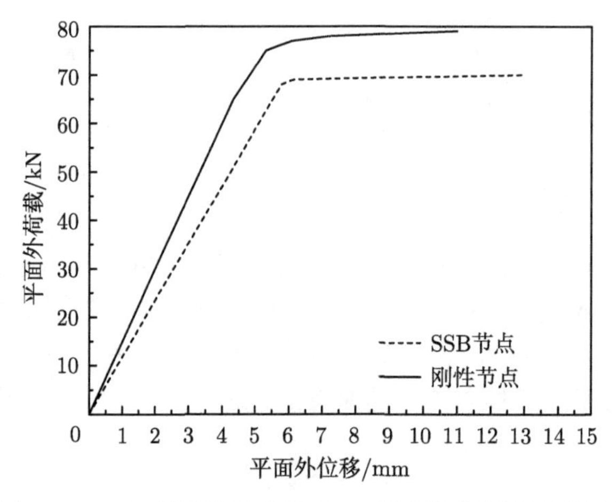

图 4-5-40　17 号刚性节点和 SSB 节点荷载位移曲线比较

表 4-5-8　17 号刚性节点与 SSB 节点平面外刚度比较

	节点转动刚度/(N/m)	极限荷载/kN	平面外位移/mm	平面内位移/mm
刚性节点	1.43×10^7	82	5.87	0.12
SSB 节点	1.15×10^7	70	6.12	1.01

将得到的 8 个节点数据汇总，得到有关节点刚度变化的规律，汇总结果如表 4-5-9 所示。

表 4-5-9　刚性节点和 SSB 节点数据汇总

节点编号	转动刚度/(N/m)		k_1/k_2	最大荷载/kN		F_1/F_2
	刚性节点 k_1	SSB 节点 k_2		刚性节点 F_1	SSB 节点 F_2	
1	1.42×10^7	1.10×10^7	0.775	88	75	0.852
2	1.51×10^7	1.19×10^7	0.788	93	78	0.839
6	1.79×10^7	1.54×10^7	0.860	75	64	0.853
7	1.88×10^7	1.55×10^7	0.824	81	63	0.778
11	1.29×10^7	1.02×10^7	0.791	84	71	0.845
12	1.35×10^7	1.10×10^7	0.815	81	69	0.852
16	1.32×10^7	1.07×10^7	0.811	86	73	0.849
17	1.43×10^7	1.15×10^7	0.804	82	70	0.854

从表中可以看出，SSB 节点荷载位移曲线斜率约为刚性节点的 80%，最大荷载约为刚性节点的 85%。在 4 组节点中，1 组 (1 号节点和 2 号节点)、3 组 (11 号节点和 12 号节点)、4 组 (16 号节点和 17 号节点) 数据比较稳定，2 组 (6 号节点和

7 号节点) 数据和其他组节点相比数据浮动较大，2 组节点规格为 150mm×100mm，为矩形钢管截面中的大截面。通过比较可知，SSB 节点并不是刚性节点，和刚性节点在刚度上有一定的差距，是介于刚性节点和铰接节点之间的一种半刚性节点。在实际网格工程整体建模时，可以将该节点作为半刚性节点考虑，平面外刚度取值约为刚性节点的 80%。

在试验和模拟的过程中，节点主要承受的荷载为平面内两个方向的轴力和平面外荷载，通过试验和模拟，可以得出节点平面外的刚度。由于节点主要考虑节点平面外刚度，所以在试验过程中没有布置仪器采集节点平面内的位移变化。通过有限元模拟，可以得到节点在平面外荷载作用下节点在平面内的位移。将 4 组节点在模拟过程中的位移汇总如表 4-5-10 所示。

表 4-5-10　节点平面内位移和平面外位移汇总

节点编号	平面内位移 u_1/mm	平面外位移 u_2/mm	u_1/u_2	刚性节点平面内位移 u_3/mm	u_1/u_3
1	1.08	7.22	0.150	0.12	9.00
2	0.94	5.73	0.164	0.09	10.44
6	0.65	3.92	0.169	0.07	9.29
7	0.77	5.14	0.150	0.08	9.63
11	1.12	6.94	0.161	0.15	7.47
12	1.07	6.43	0.166	0.09	11.89
16	1.21	6.85	0.177	0.18	6.22
17	1.01	6.12	0.165	0.12	8.42

从表中可以看出，SSB 节点模拟得到的平面内位移约为平面外位移的 16%，在加载的过程中，节点在平面内会有一定的转动。与模拟刚性节点平面内的位移比较，可以看出 SSB 节点的平面内位移为刚性节点的 7~11 倍。与刚性节点相比，节点平面内的刚度较差。SSB 节点平面内刚度主要体现在两个连接螺栓上，在荷载的作用下，SSB 节点平面内刚度较刚节点平面内刚度有一定不足，下面对 SSB 节点平面内刚度做具体分析。

4.5.2　节点平面内刚度

试验中节点主要承受轴向力和平面外力，节点平面内没有施加荷载，为了更加全面地得知节点的力学性能，通过有限元的模拟来对节点平面内刚度进行分析。同样选取 1、2、6、7、11、12、16、17 等 8 个节点进行模拟，在节点平面内施加荷载，加载示意如图 4-5-41 所示。

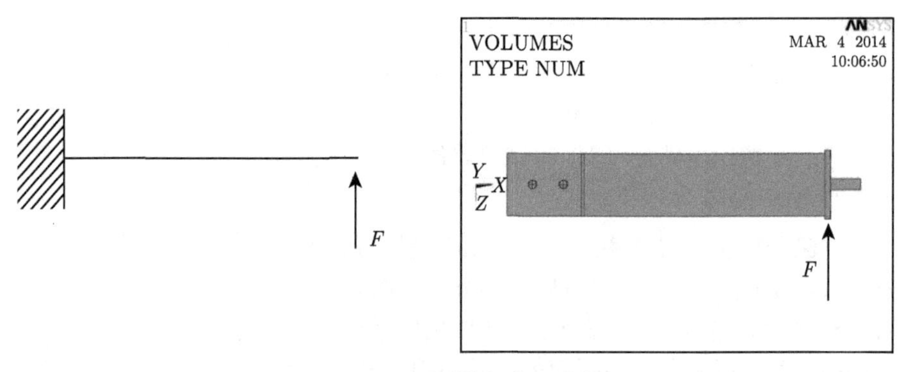

图 4-5-41　平面外加载示意图

节点平面内主要由两根螺栓承受外力，通过两根螺栓来承担外力产生的弯矩。1 号节点在力 F 作用下的结果如图 4-5-42～图 4-5-46 所示，通过模拟可以得到 SSB 节点螺栓受剪破坏导致计算不收敛，刚性节点出现钢管整体屈曲破坏。

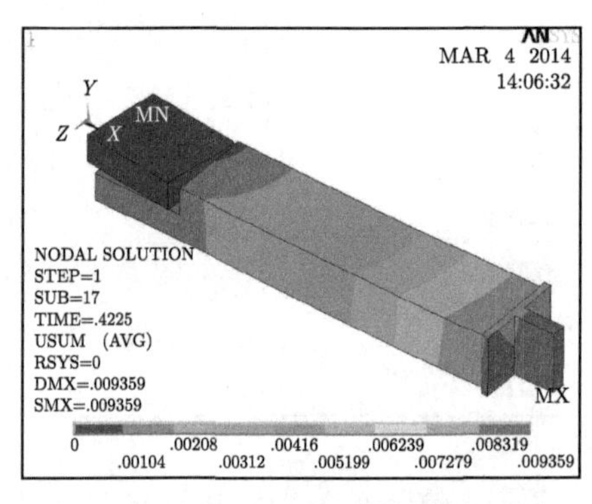

图 4-5-42　1 号 SSB 节点位移云图

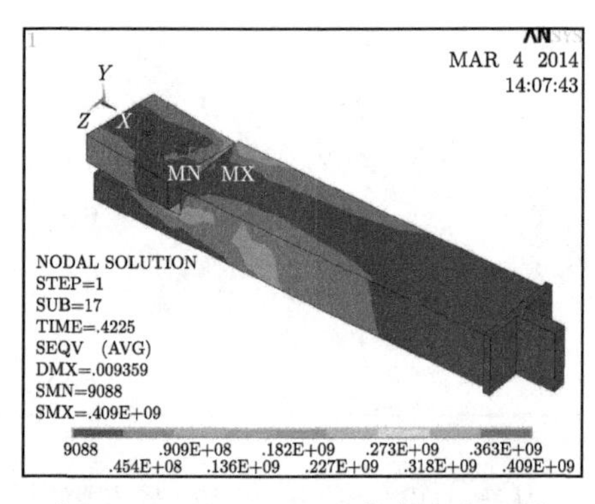

图 4-5-43　1 号 SSB 节点应力云图

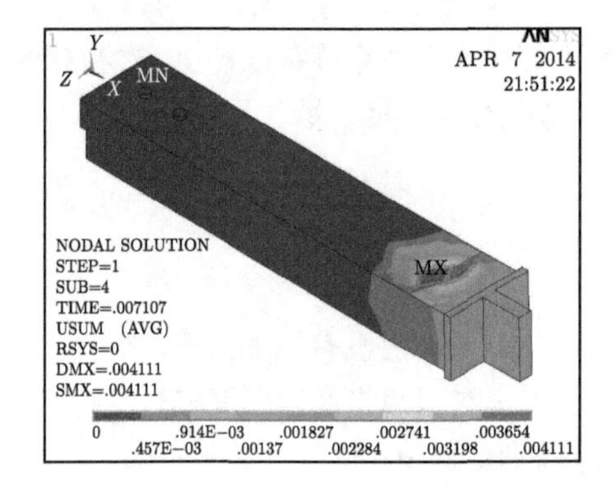

图 4-5-44　1 号刚性节点位移云图

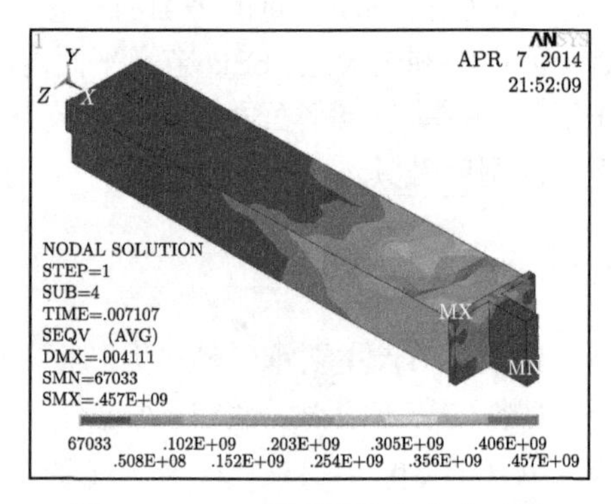

图 4-5-45　1 号刚性节点应力云图

从图 4-5-42 中可以看出，在平面内的力 F 作用下，SSB 节点变形较大，主要由两根螺栓承担外力 F 产生的弯矩，随着外力逐渐增大，螺栓处受力较大，最终螺栓破坏导致节点失去承载力。图 4-5-47 为 SSB 节点与刚性节点荷载位移曲线的比较，从图中可以看出 SSB 节点的平面内转动刚度明显低于刚性节点的平面内转动刚度，具体的数据汇总如表 4-5-11 所示。从表中可以看到 SSB 节点的平面内转动刚度较小，明显低于刚性节点的转动刚度，最大弹性荷载差距较大。

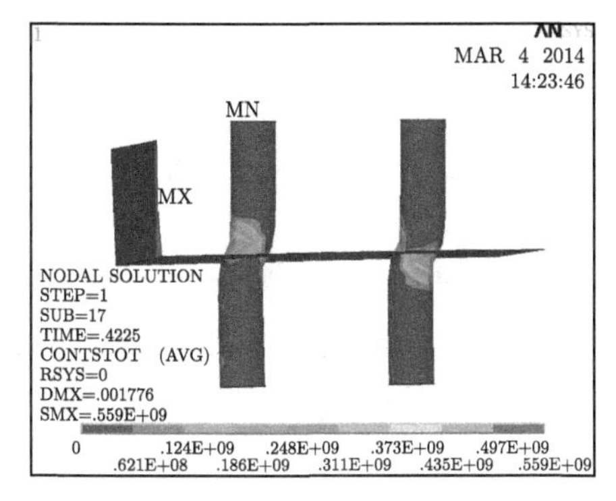

图 4-5-46　1 号 SSB 节点螺栓处应力

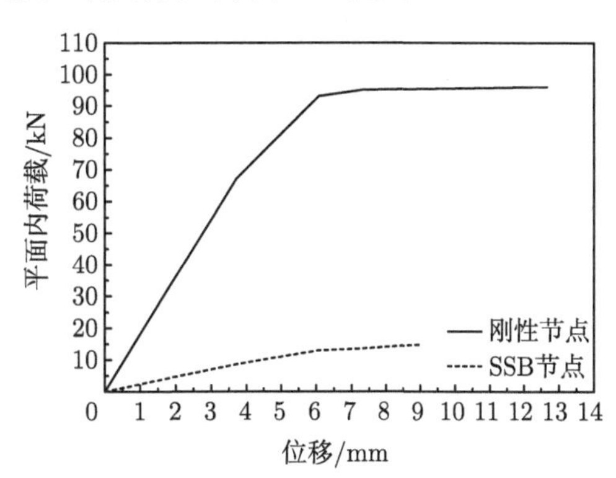

图 4-5-47　1 号节点荷载位移曲线

表 4-5-11　1 号刚性节点和 SSB 节点平面内刚度比较

节点类型	节点转动刚度/(N/m)	极限荷载/kN	弹性阶段节点最大位移/mm
刚性节点	1.56×10^7	94	6.23
SSB 节点	0.25×10^7	14	5.34

2 号刚性节点和 SSB 节点在力 F 作用下的结果如图 4-5-48~图 4-5-52 所示。SSB 节点以螺栓受剪破坏为主，节点钢管没有出现屈曲；刚性节点的破坏形态为节点钢管整体屈曲。

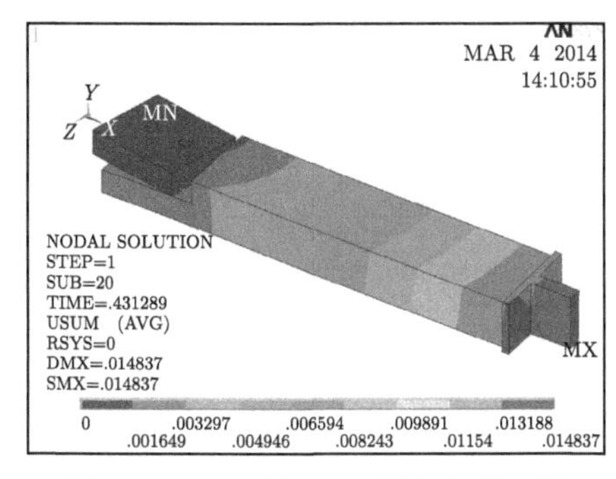

图 4-5-48　2 号 SSB 节点位移云图

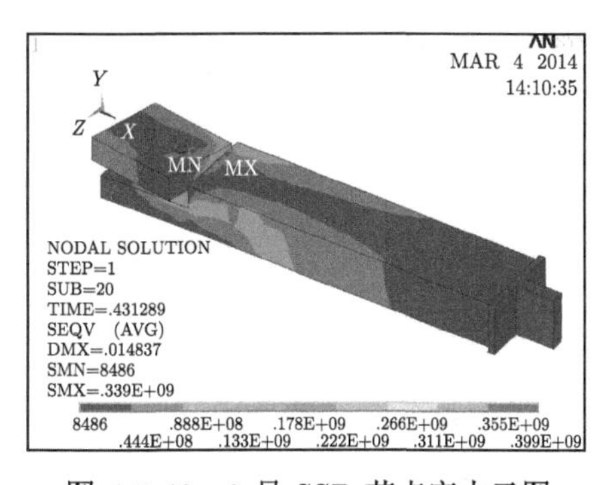

图 4-5-49　2 号 SSB 节点应力云图

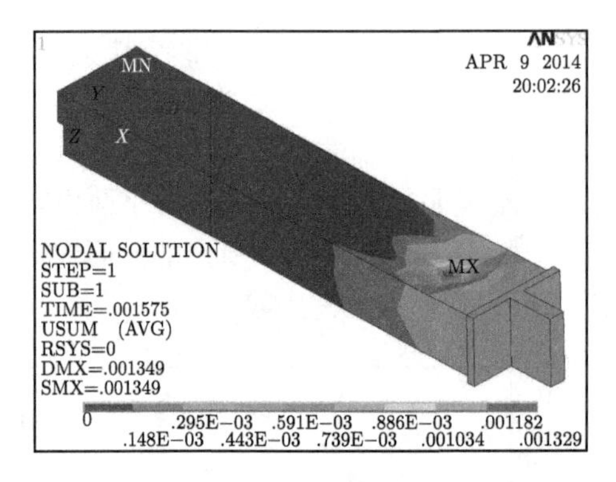

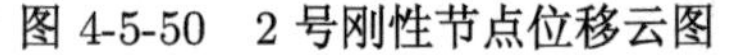
图 4-5-50　2 号刚性节点位移云图

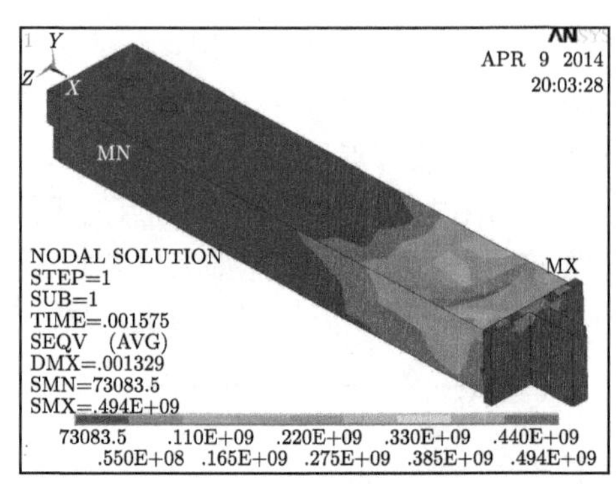

图 4-5-51　2 号刚性节点应力云图

从图 4-5-48 和图 4-5-49 中可以看出，SSB 节点随着荷载的增加，变形逐渐过大，导致螺栓被剪断。图 4-5-53 为刚性节点与 SSB 节点荷载位移曲线比较，具体的数据比较如表 4-5-12 所示。从表中可以看出，SSB 节点的转动刚度明显低于刚性节点。

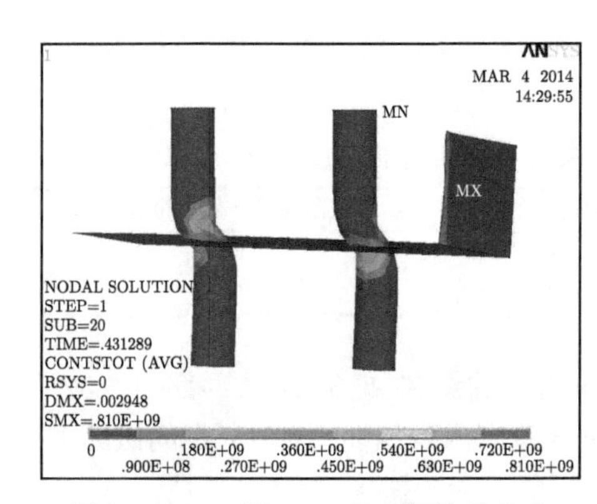

图 4-5-52　2 号 SSB 节点螺栓处应力

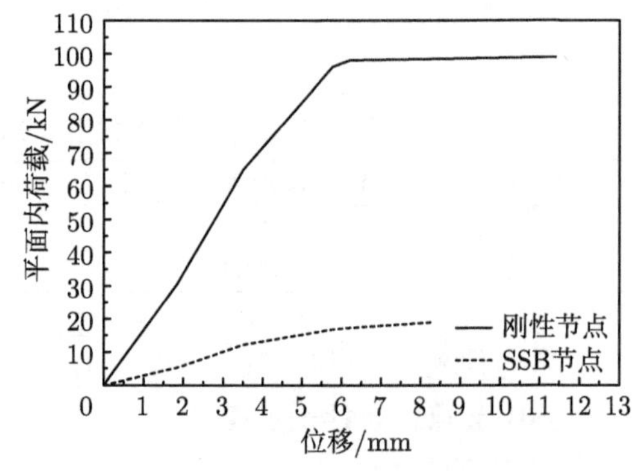

图 4-5-53　2 号节点荷载位移曲线

表 4-5-12　2 号刚性节点和 SSB 节点平面内刚度比较

节点类型	节点转动刚度/(N/m)	极限荷载/kN	弹性阶段节点最大位移/mm
刚性节点	1.68×10^{7}	98	5.96
SSB 节点	0.30×10^{7}	18	5.13

6 号刚性节点和 SSB 节点在力 F 作用下的结果如图 4-5-54~图 4-5-58 所示。SSB 节点以螺栓受剪破坏为主，钢管没有出现屈曲；刚性节点的破坏形态为节点钢管屈曲。

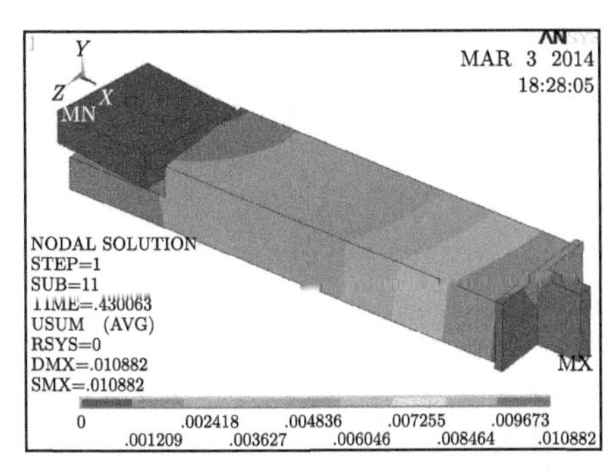

图 4-5-54　6 号 SSB 节点位移云图

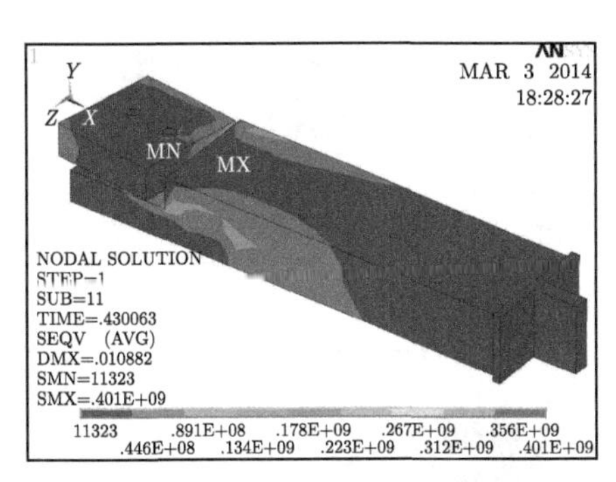

图 4-5-55　6 号 SSB 节点的应力云图

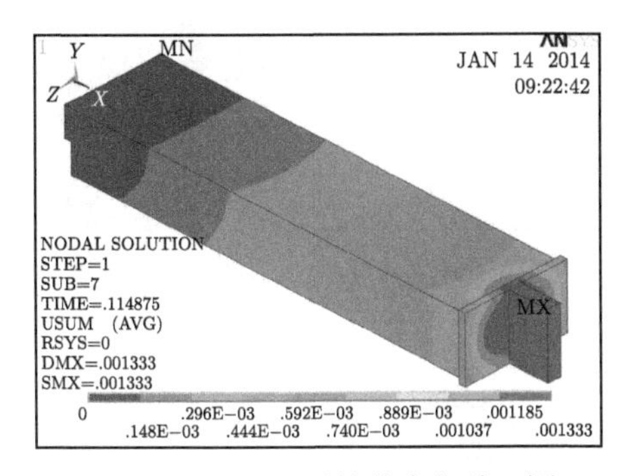

图 4-5-56　6 号刚性节点位移云图

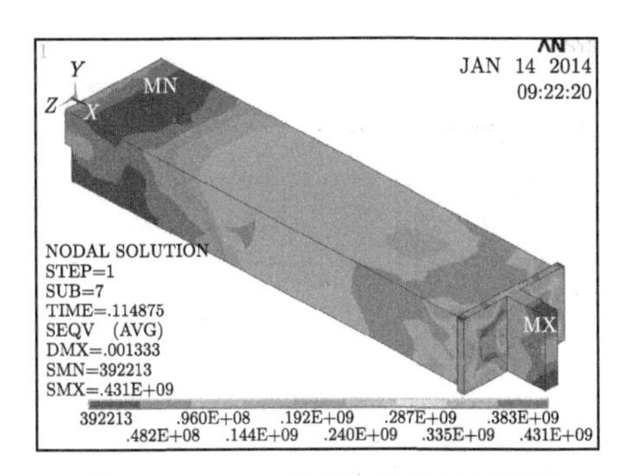

图 4-5-57　6 号刚性节点应力云图

从图 4-5-54 和图 4-5-55 中可以看出，SSB 节点随着荷载的增加，变形逐渐过大，导致螺栓被剪断。图 4-5-59 为刚性节点与 SSB 节点荷载位移曲线比较，具体的数据比较如表 4-5-13 所示。

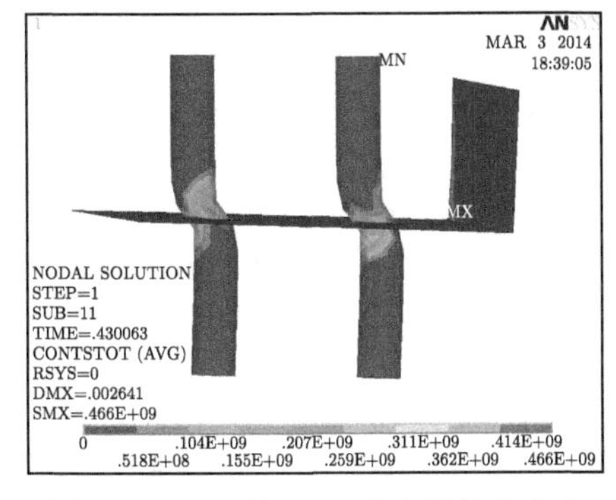

图 4-5-58　6 号 SSB 节点螺栓处应力

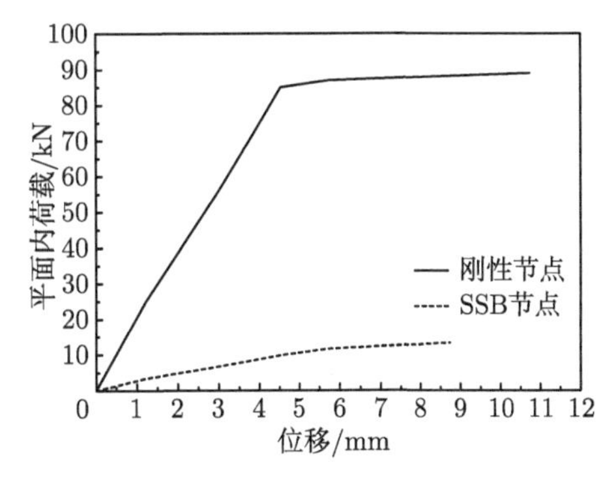

图 4-5-59　6 号节点荷载位移曲线

7 号刚性节点和 SSB 节点在力 F 作用下的结果如图 4-5-60~图 4-5-64 所示。SSB 节点的破坏形态为螺栓破坏，节点钢管没有出现屈曲；刚性节点的破坏形态以钢管端部屈曲为主。

表 4-5-13　6 号刚性节点和 SSB 节点平面内刚度比较

节点类型	节点转动刚度/(N/m)	极限荷载/kN	弹性阶段节点最大位移/mm
刚性节点	1.93×10^{7}	86	4.68
SSB 节点	0.23×10^{7}	11	3.89

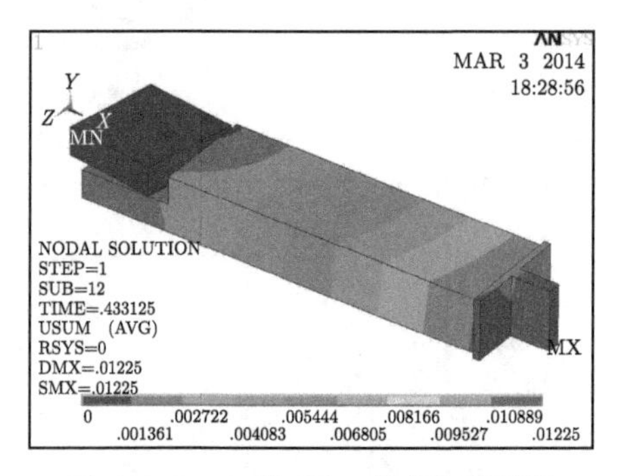

图 4-5-60　7 号 SSB 节点位移云图

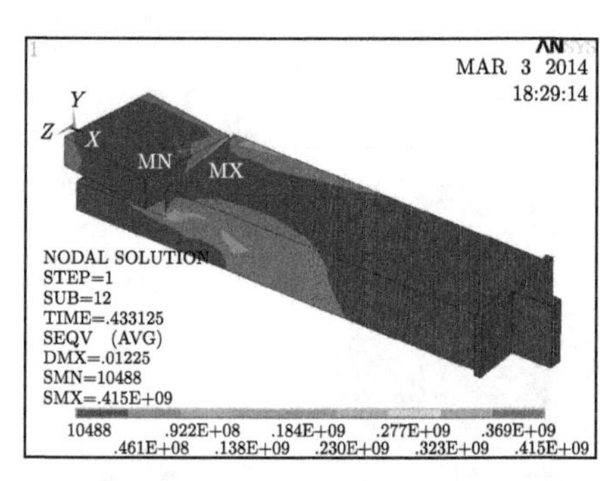

图 4-5-61　7 号 SSB 节点应力云图

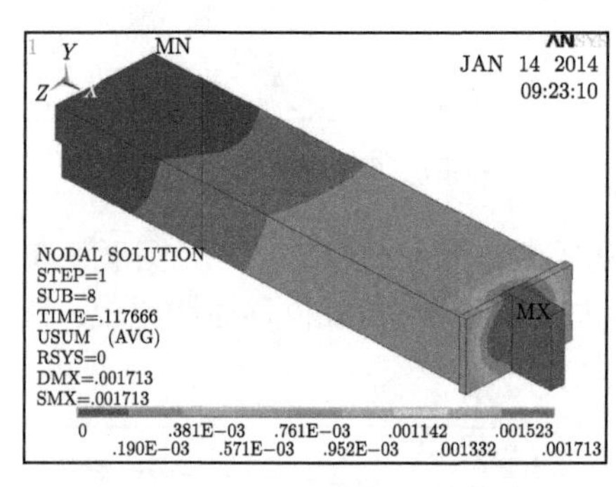

图 4-5-62　7 号刚性节点位移云图

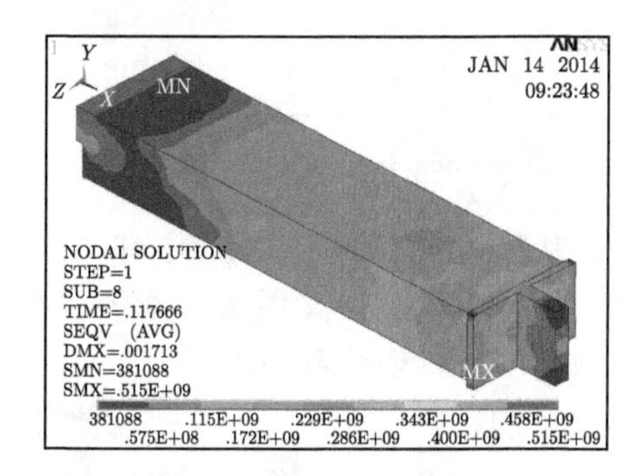

图 4-5-63　7 号刚性节点应力云图

从图 4-5-60 和图 4-5-61 中可以看出，SSB 节点随着荷载的增加，变形逐渐过大，导致螺栓被剪断。图 4-5-65 为刚性节点与 SSB 节点荷载位移曲线比较，具体的数据比较如表 4-5-14 所示。

表 4-5-14　7 号刚性节点和 SSB 节点平面内刚度比较

节点类型	节点转动刚度/(N/m)	极限荷载/kN	弹性阶段节点最大位移/mm
刚性节点	1.89×10^{7}	90	4.81
SSB 节点	0.26×10^{7}	13	4.42

11 号刚性节点和 SSB 节点在力 F 作用下的结果如图 4-5-66~图 4-5-70 所示。SSB 节点以螺栓受剪破坏为主，钢管没有出现屈曲；刚性节点的破坏形态为节

点钢管屈曲。

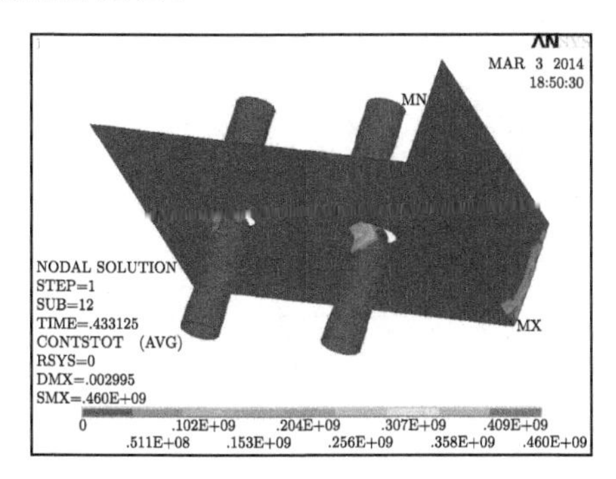

图 4-5-64　7 号 SSB 节点螺栓处应力

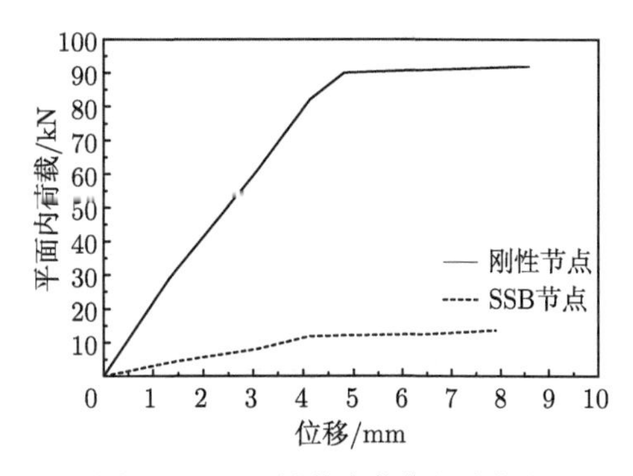

图 4-5-65　7 号节点荷载位移曲线

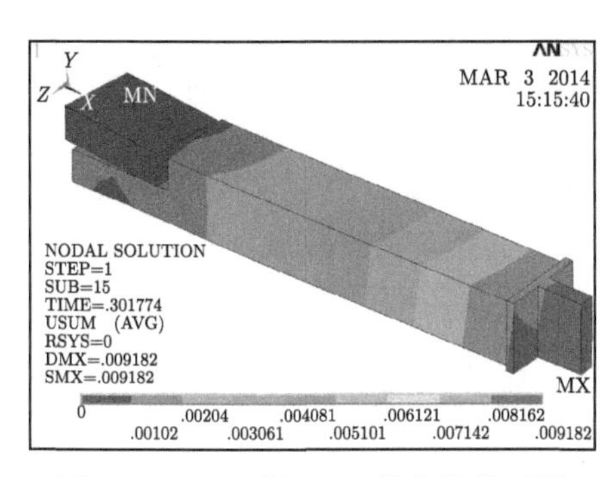

图 4-5-66　11 号 SSB 节点位移云图

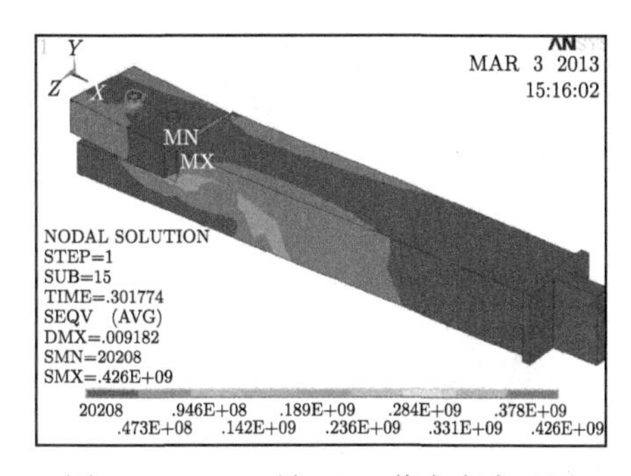

图 4-5-67　11 号 SSB 节点应力云图

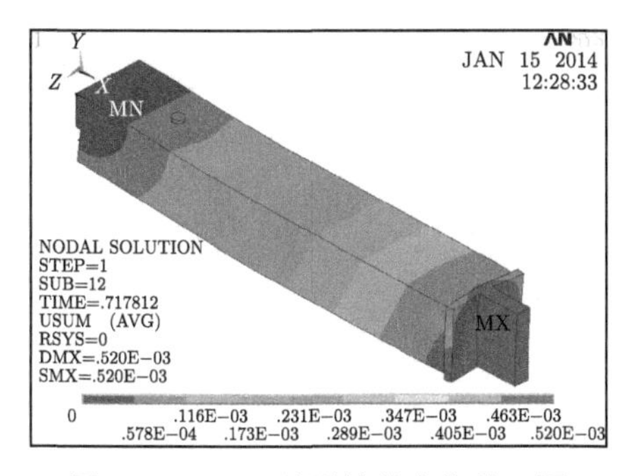

图 4-5-68　11 号刚性节点位移云图

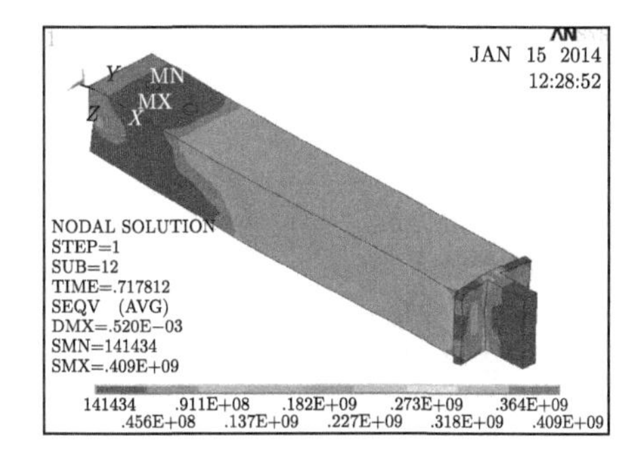

图 4-5-69　11 号刚性节点应力云图

从图 4-5-66 和图 4-5-67 中可以看出，SSB 节点随着荷载的增加，变形逐渐过大，导致螺栓被剪断；刚性节点的破坏以节点端部屈曲为主。图 4-5-71 为刚性节点与 SSB 节点荷载位移曲线比较，具体的数据比较如表 4-5-15 所示。

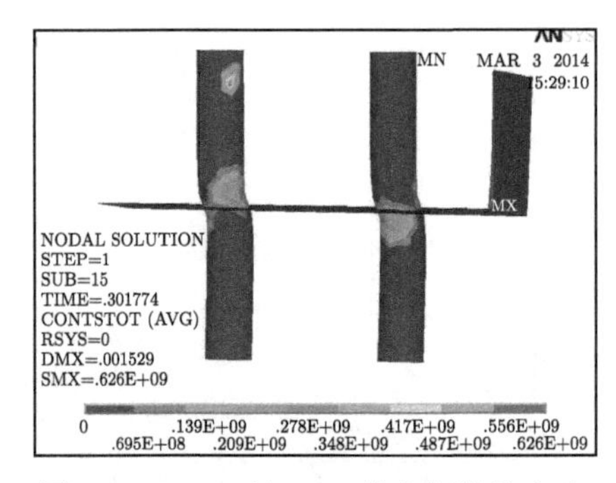

图 4-5-70　11 号 SSB 节点螺栓处应力

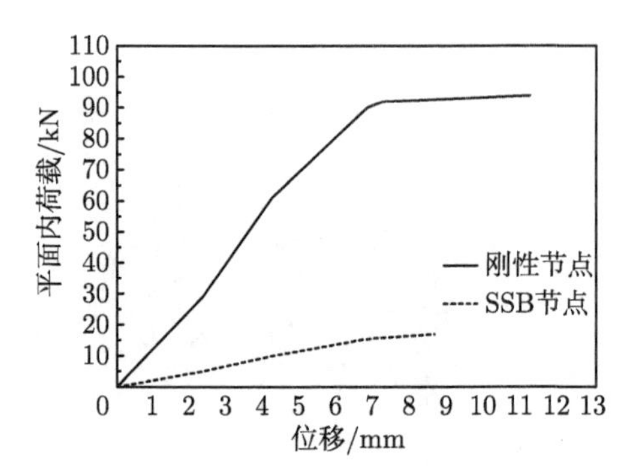

图 4-5-71　11 号节点荷载位移曲线

表 4-5-15　11 号刚性节点和 SSB 节点平面内刚度比较

节点类型	节点转动刚度/(N/m)	极限荷载/kN	弹性阶段节点最大位移/mm
刚性节点	1.32×10^7	92	7.12
SSB 节点	0.21×10^7	16	5.92

12 号刚性节点和 SSB 节点在力 F 作用下的结果如图 4-5-72~图 4-5-76 所示，SSB 节点以螺栓破坏为主；刚性节点的破坏以节点端部屈曲为主。

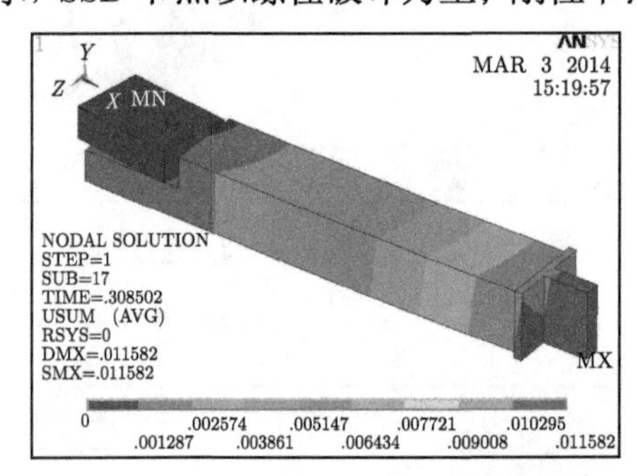

图 4-5-72　12 号 SSB 节点位移云图

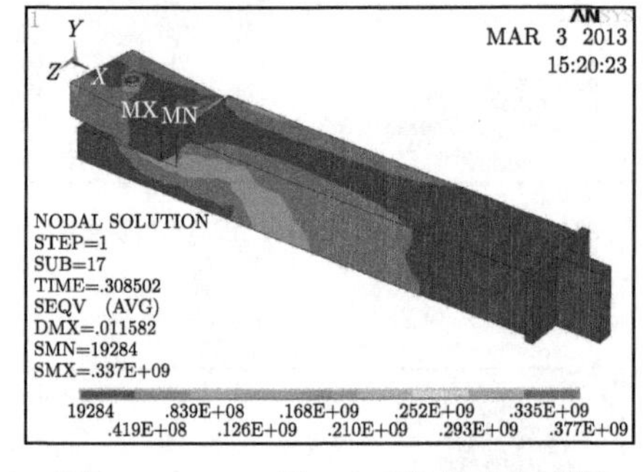

图 4-5-73　12 号 SSB 节点应力云图

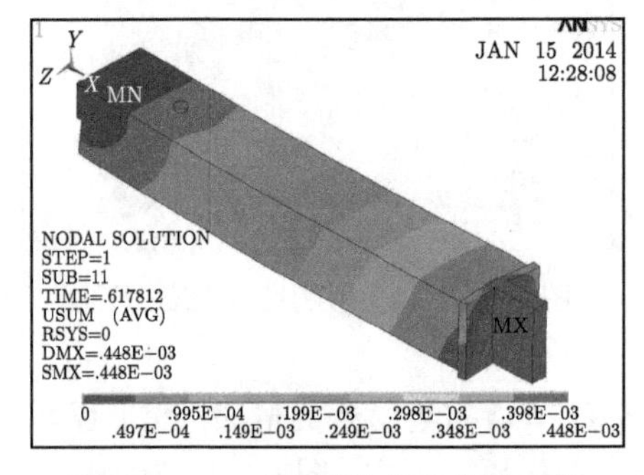

图 4-5-74　12 号刚性节点位移云图

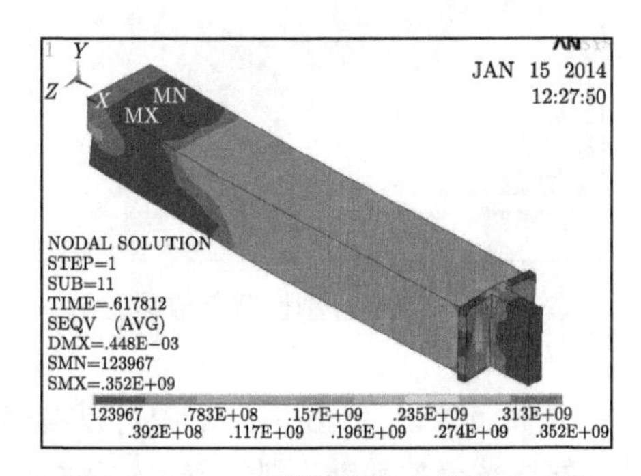

图 4-5-75　12 号刚性节点的应力云图

从图 4-5-72 和图 4-5-73 中可以看出，SSB 节点随着荷载的增加，变形逐渐过大，导致螺栓被剪断。图 4-5-77 为刚性节点与 SSB 节点荷载位移曲线比较，具体的数据比较如表 4-5-16 所示。

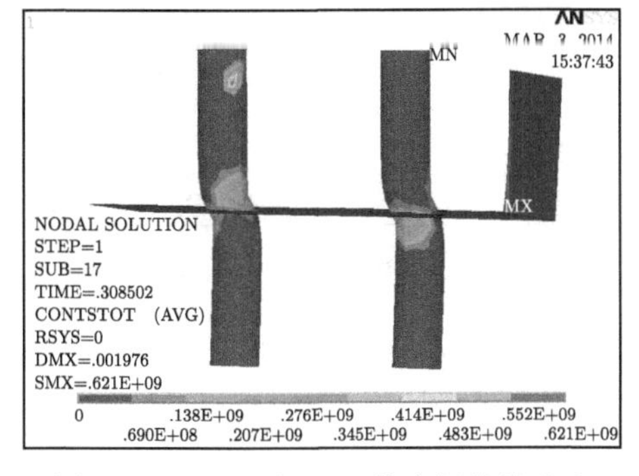

图 4-5-76　12 号 SSB 节点螺栓处应力

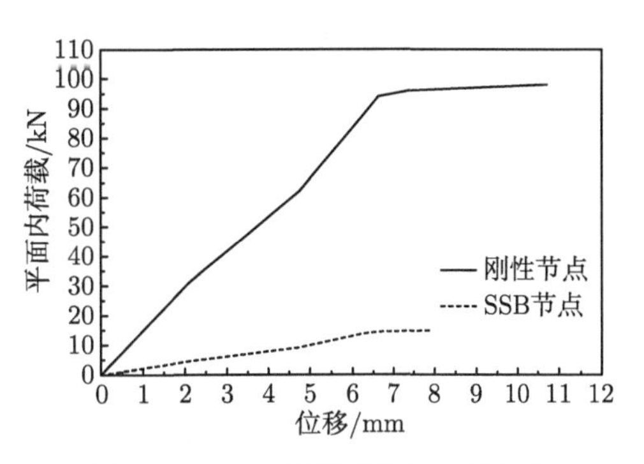

图 4-5-77　12 号节点荷载位移曲线

表 4-5-16　12 号刚性节点和 SSB 节点平面内刚度比较

节点类型	节点转动刚度/(N/m)	极限荷载/kN	弹性阶段节点最大位移/mm
刚性节点	1.41×10^7	96	7.34
SSB 节点	0.21×10^7	14	5.78

16 号刚性节点和 SSB 节点在力 F 作用下的结果如图 4-5-78~图 4-5-82 所示，SSB 节点以螺栓破坏为主；刚性节点以节点端部钢管屈曲为主。

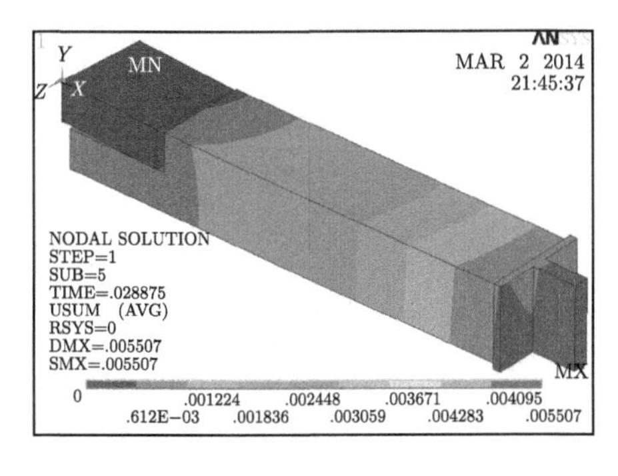

图 4-5-78　16 号 SSB 节点位移云图

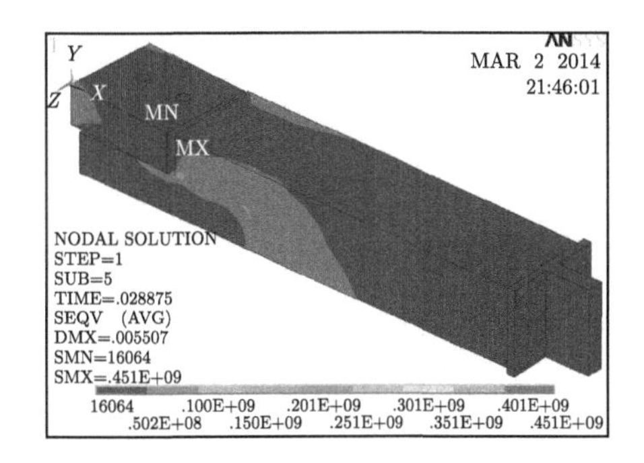

图 4-5-79　16 号 SSB 节点应力云图

从图 4-5-78 和图 4-5-79 中可以看出，SSB 节点随着荷载的增加，变形逐渐过大，导致螺栓被剪断。图 4-5-83 为刚性节点与 SSB 节点荷载位移曲线比较，具体的数据比较如表 4-5-17 所示。

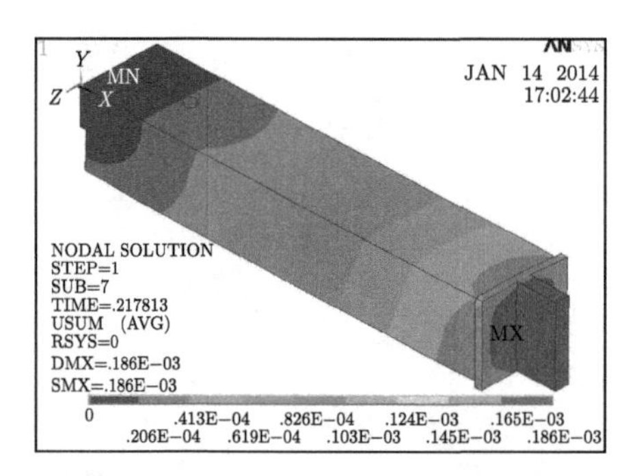

图 4-5-80　16 号刚性节点位移云图

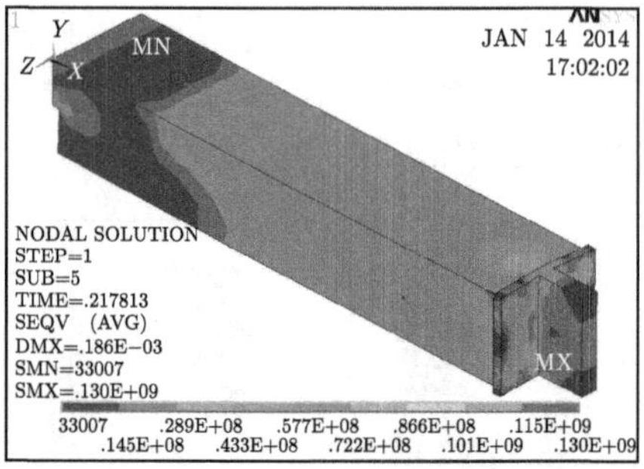

图 4-5-81　16 号刚性节点应力云图

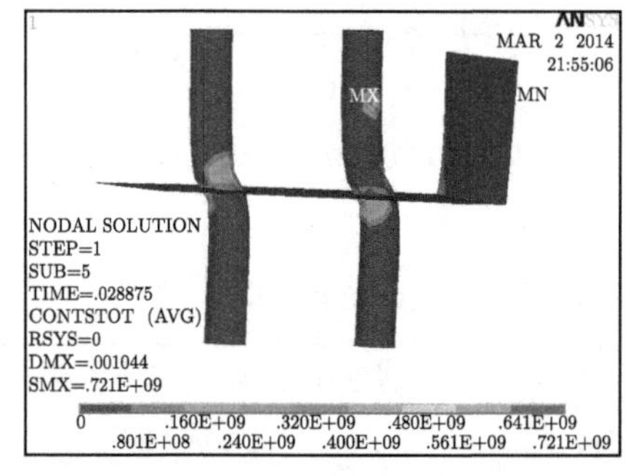

图 4-5-82　16 号 SSB 节点螺栓处应力

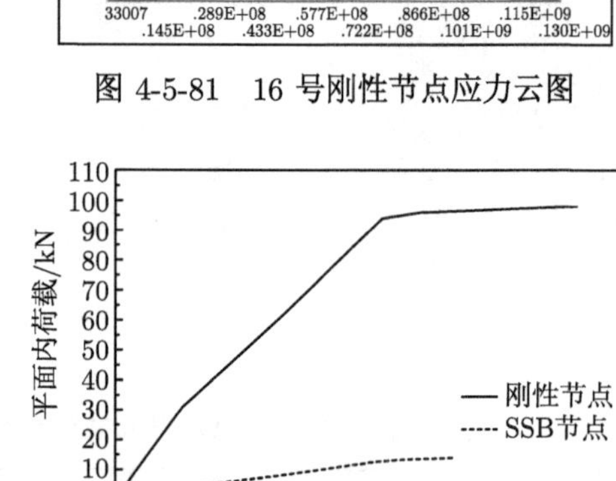

图 4-5-83　16 号节点荷载位移曲线

表 4-5-17　16 号刚性节点和 SSB 节点平面内刚度比较

节点类型	节点转动刚度/(N/m)	极限荷载/kN	弹性阶段节点最大位移/mm
刚性节点	1.38×10^7	94	6.92
SSB 节点	0.19×10^7	14	5.43

17 号刚性节点和 SSB 节点在力 F 作用下的结果如图 4-5-84～图 4-5-88 所示，SSB 节点以螺栓破坏为主；刚性节点以节点端部钢管屈曲为主。

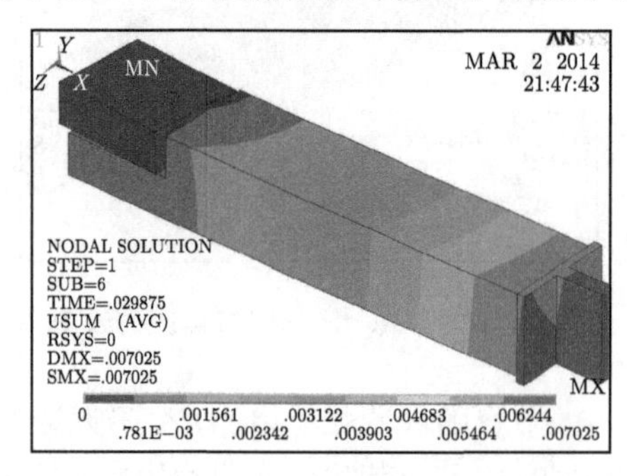

图 4-5-84　17 号 SSB 节点位移云图

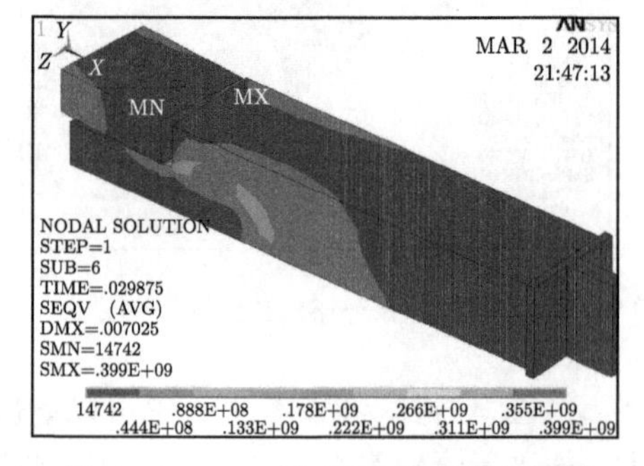

图 4-5-85　17 号 SSB 节点应力云图

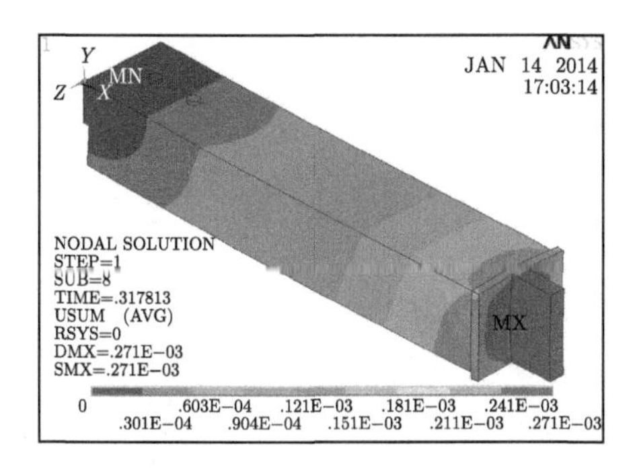

图 4-5-86 17 号刚性节点位移云图

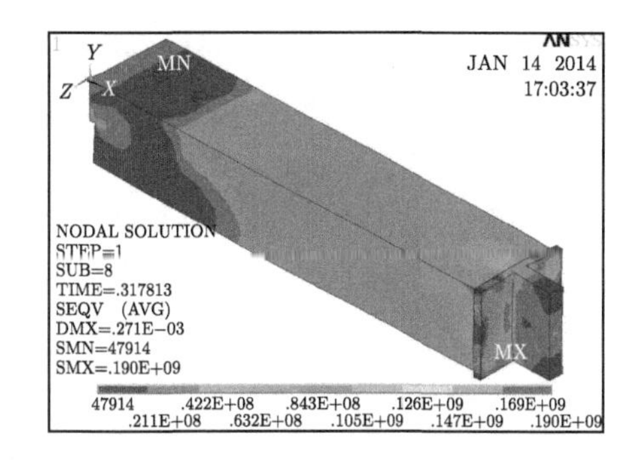

图 4-5-87 17 号刚性节点应力云图

从图 4-5-84 和图 4-5-85 中可以看出，SSB 节点随着荷载的增加，变形逐渐过大，导致螺栓被剪断。图 4-5-89 为刚性节点与 SSB 节点荷载位移曲线比较，具体的数据比较如表 4-5-18 所示。

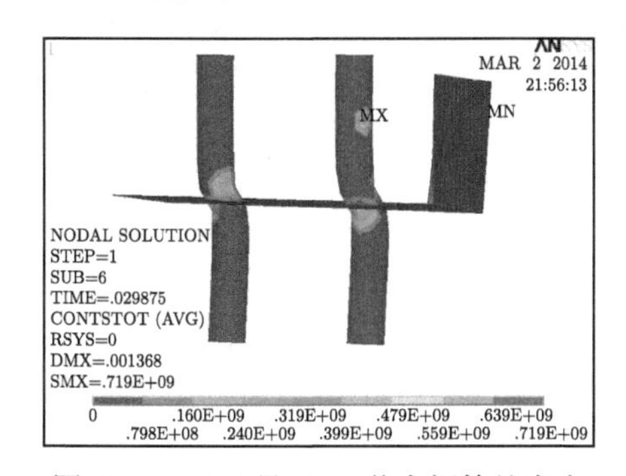

图 4-5-88 17 号 SSB 节点螺栓处应力

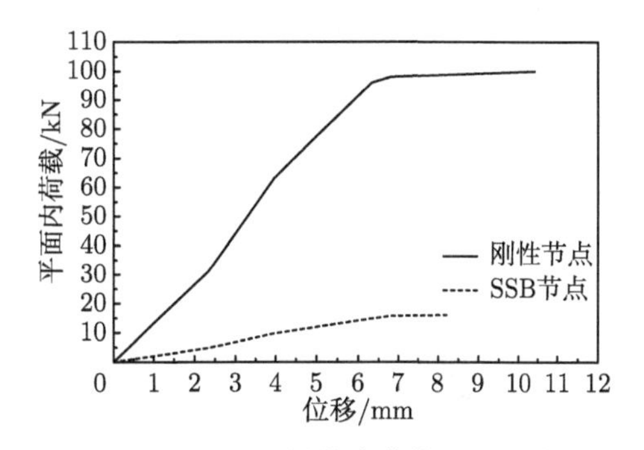

图 4-5-89 17 号节点荷载位移曲线

表 4-5-18 17 号刚性节点和 SSB 节点平面内刚度比较

节点类型	节点转动刚度/(N/m)	极限荷载/kN	弹性阶段节点最大位移/mm
刚性节点	1.49×10^7	98	6.58
SSB 节点	0.24×10^7	16	5.11

通过分析 8 个节点的平面内刚度，可以看到节点在平面内的刚度较弱。节点在平面内荷载的作用下，主要靠螺栓承担荷载，螺栓的强度成为非常重要的问题，8 个节点的破坏形式主要以螺栓的破坏为主，节点在平面内的刚度较弱。8 个节点模拟数据的具体比较如表 4-5-19 所示。

从表中可以看到，SSB 节点平面内刚度约为刚性节点的 15%，可以看作为平面内铰接。通过模拟节点的平面外刚度和平面内刚度，可以得出：节点平面可看作为半刚接，平面内为铰接，该新型节点为典型的半刚性节点。

表 4-5-19　节点模拟数值比较

节点编号	平面内转动刚度/(N/m)		k_1/k_2
	SSB 节点 k_1	刚性节点 k_2	
1	0.25×10^7	1.56×10^7	0.160
2	0.30×10^7	1.68×10^7	0.179
6	0.23×10^7	1.93×10^7	0.119
7	0.26×10^7	1.89×10^7	0.138
11	0.21×10^7	1.32×10^7	0.159
12	0.21×10^7	1.41×10^7	0.149
16	0.19×10^7	1.38×10^7	0.138
17	0.24×10^7	1.49×10^7	0.161

4.5.3　垫片对节点性能的影响

节点垫片的设置改变节点的受力性能，同时也为节点的安装带来了方便。利用有限元模拟 SPB 节点，比较两种节点的模拟结果，可以得知垫片对节点受力性能的影响。节点主要承担的荷载为轴力，SPB 节点的轴力主要通过螺栓受剪传递；SSB 节点，垫片承担了部分轴力，螺栓上的剪力变小。选用 1、6、11、16 等 4 个节点进行模拟分析，1 号 SSB 节点与 SPB 节点建模对比如图 4-5-90 所示。

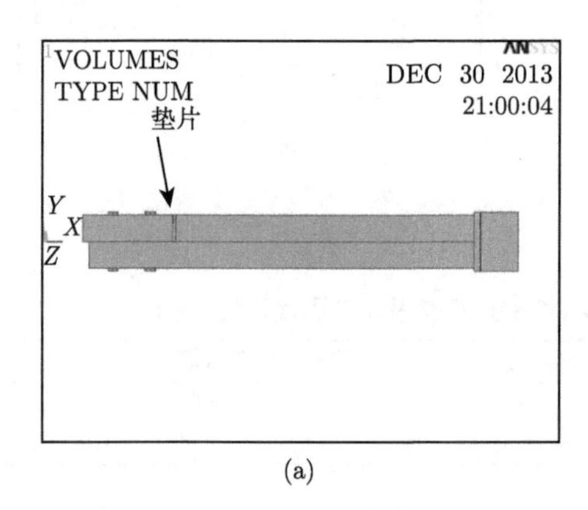

(a)

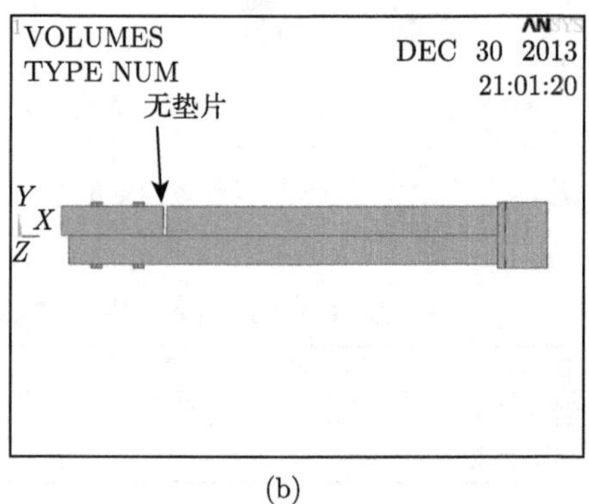

(b)

图 4-5-90　1 号 SSB 节点与 SPB 节点建模对比

其他 3 个节点建模与 1 号节点相同，两种节点分析除垫片的设置不同外，其他条件均相同，其位移云图如图 4-5-91 和图 4-5-92 所示，SPB 节点以螺栓破坏为主，节点钢管没有出现屈曲；SBB 节点出现螺栓破坏和钢管端部屈曲。

图 4-5-93 为 1 号 SPB 节点螺栓处应力，可以看出节点螺栓已经发生了明显的弯曲。图 4-5-94 为两种节点的荷载位移曲线，其中 SPB 节点在受力的过程中变形较大，而且节点的极限荷载明显小于 SBB 节点。SPB 节点在荷载达到极限后，有

限元计算便不收敛，这反映出 SPB 节点主要由螺栓受力。

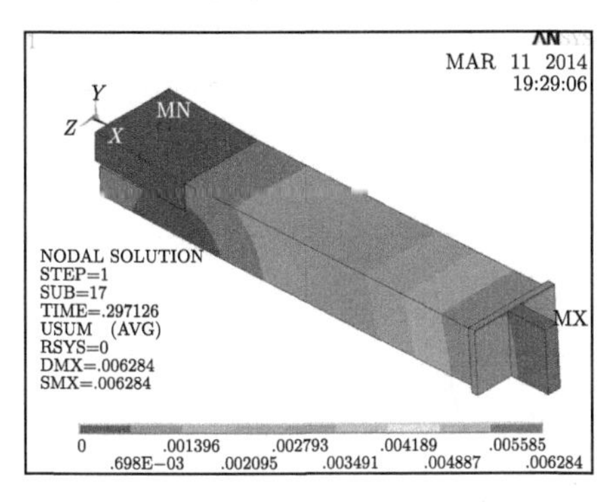

图 4-5-91　1 号 SPB 节点位移云图

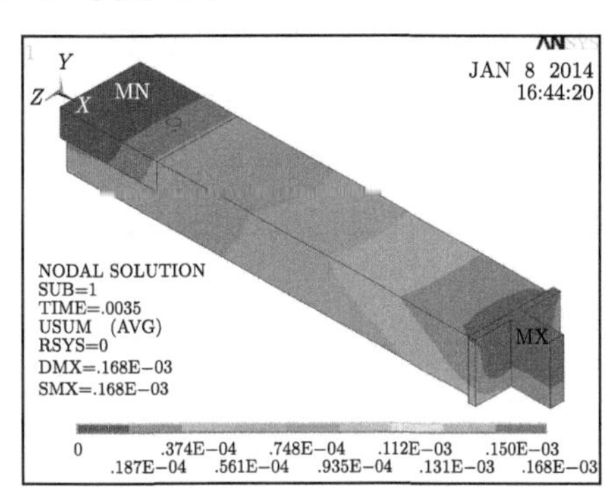

图 4-5-92　1 号 SSB 节点位移云图

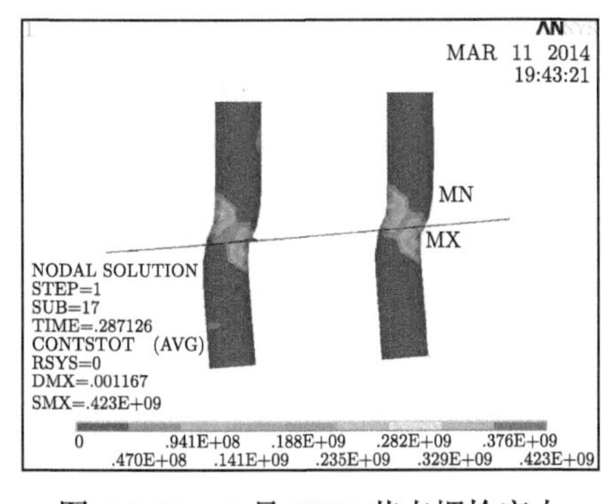

图 4-5-93　1 号 SPB 节点螺栓应力

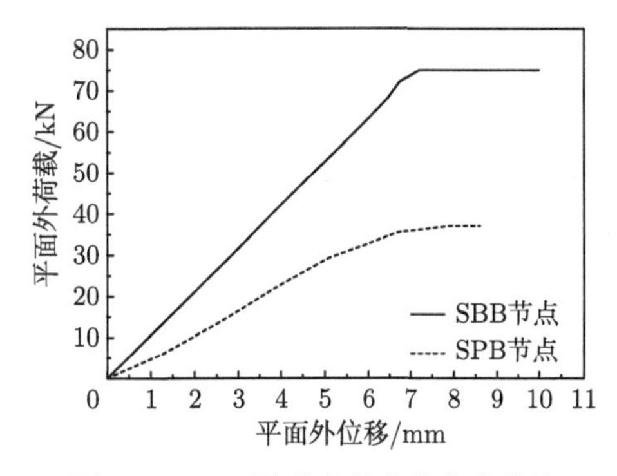

图 4-5-94　两种节点的荷载位移曲线

6 号 SSB 节点和 SPB 节点有限元模拟位移云图如图 4-5-95 和图 4-5-96 所示，SPB 节点以螺栓破坏为主，节点钢管没有出现屈曲；SSB 节点出现螺栓破坏和钢管端部屈曲。

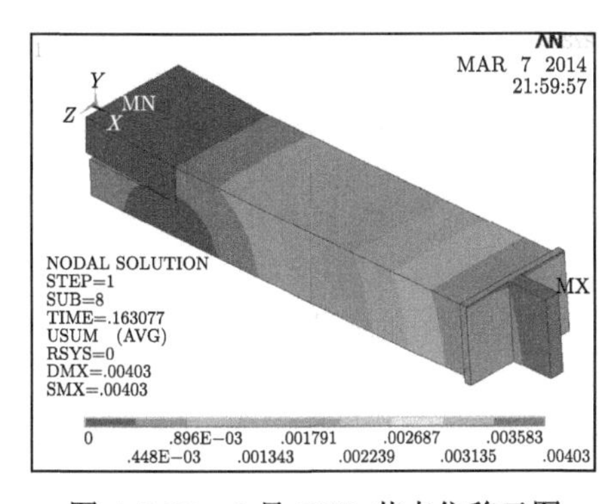

图 4-5-95　6 号 SPB 节点位移云图

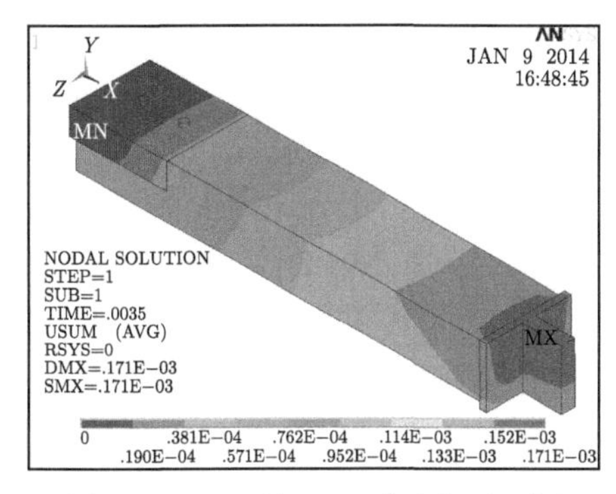

图 4-5-96　6 号 SSB 节点位移云图

图 4-5-97 为 6 号 SPB 节点螺栓应力，趋势和 1 号节点相同，在没有垫片的情况下，节点轴力主要由两根螺栓承受，所以会导致螺栓受力过大而发生破坏，破坏形式为脆性破坏。图 4-5-98 为两种节点的荷载位移曲线，6 号 SPB 节点和 1 号 SPB 节点荷载位移曲线相似。

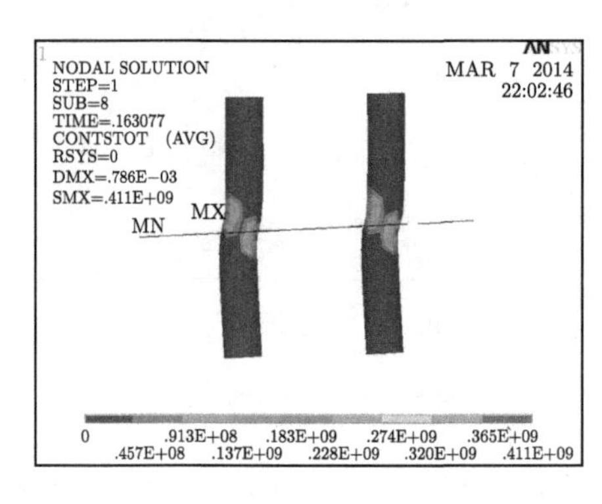

图 4-5-97 6 号 SPB 节点螺栓应力

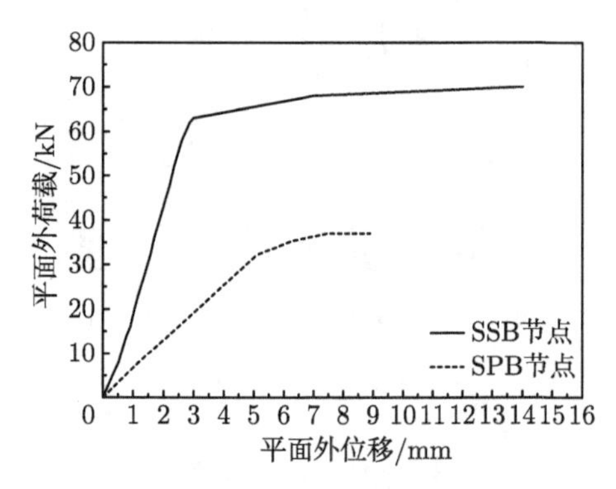

图 4-5-98 两种节点的荷载位移曲线

11 号 SSB 节点和 SPB 节点有限元模拟位移云图如图 4-5-99 和图 4-5-100 所示，SPB 节点以螺栓破坏为主，节点钢管没有出现屈曲；SSB 节点出现螺栓破坏和钢管端部屈曲。

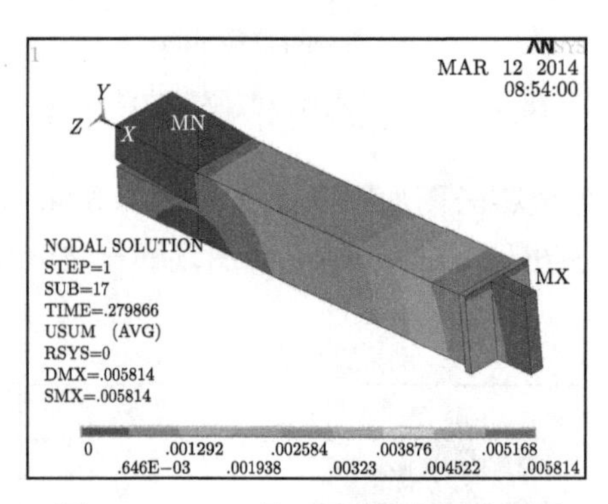

图 4-5-99 11 号 SPB 节点位移云图

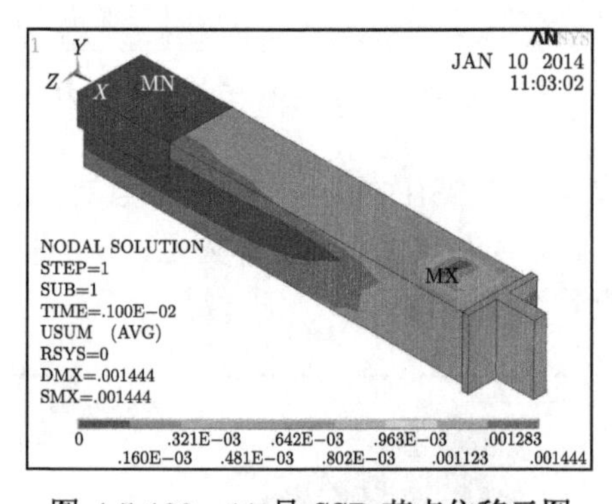

图 4-5-100 11 号 SSB 节点位移云图

图 4-5-101 为 11 号 SPB 节点螺栓应力，图 4-5-102 为两种节点的荷载位移曲线，SPB 节点的荷载位移曲线和 1 号和 6 号为 SSB 节点相似。

16 号 SSB 节点和 SPB 节点有限元模拟位移云图如图 4-5-103 和图 4-5-104 所示，图 4-5-105 为 16 号 SPB 节点螺栓应力，图 4-5-106 为两种节点荷载位移曲线，SPB 节点以螺栓破坏为主，节点钢管没有出现屈曲；SSB 节点出现螺栓破坏和钢管端部屈曲。

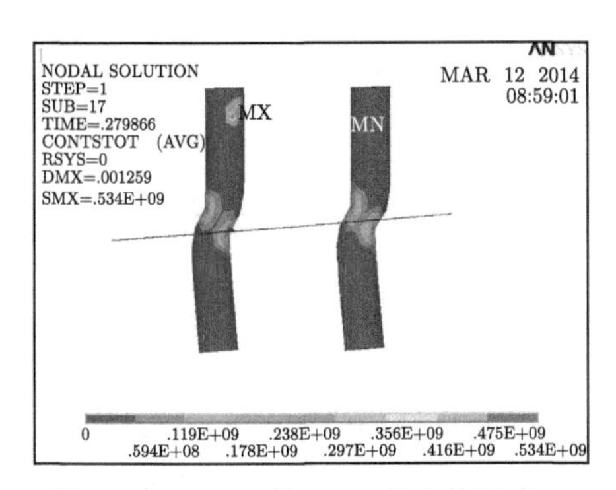

图 4-5-101　11 号 SPB 节点螺栓应力

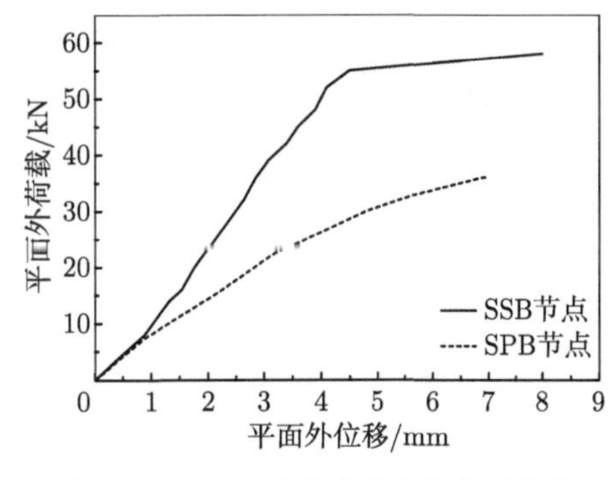

图 4-5-102　两种节点的荷载位移曲线

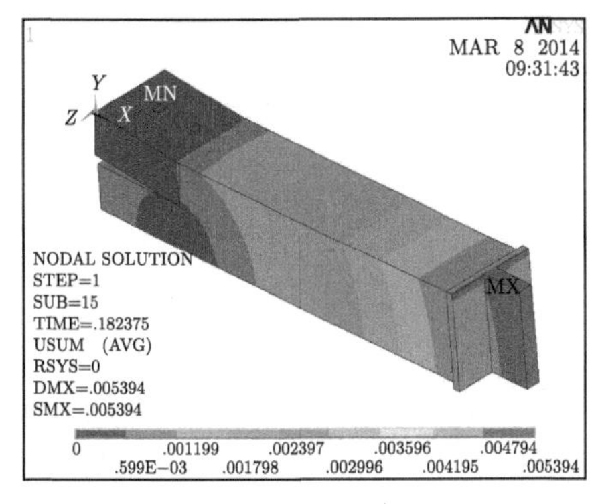

图 4-5-103　16 号 SPB 节点位移云图

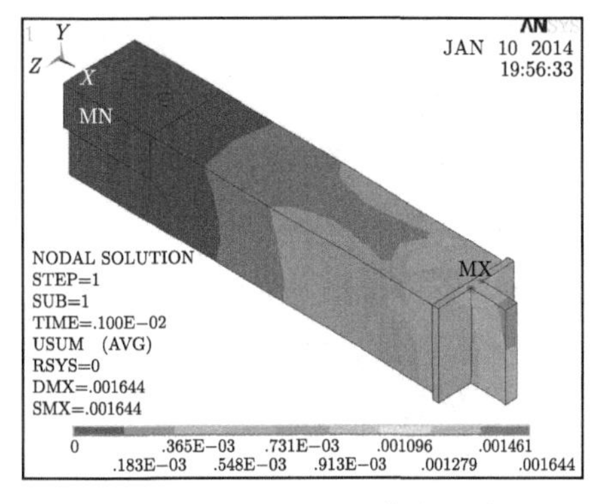

图 4-5-104　16 号 SSB 节点位移云图

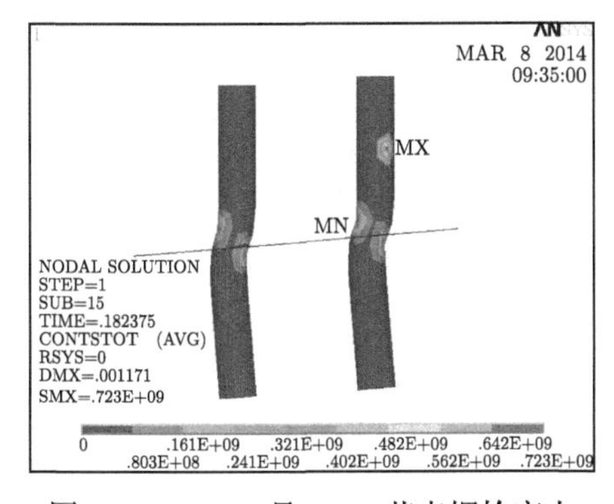

图 4-5-105　16 号 SPB 节点螺栓应力

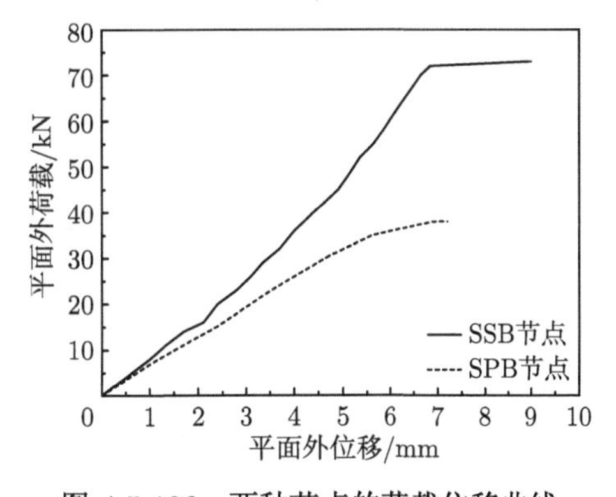

图 4-5-106　两种节点的荷载位移曲线

通过比较两种不同形式节点的模拟结果，可以得知 SPB 节点在承载力以及节点刚度方面明显不如 SSB 节点，垫片对节点受力性能有很大的影响。

选取的 4 个节点钢管壁厚均为 4mm，得到的模拟荷载位移曲线数据汇总分析如表 4-5-20 所示。

表 4-5-20　SPB 节点承载力比较较

节点钢管截面/(mm×mm)	平面外极限荷载/kN	平面内极限荷载/kN
120×80	37	255
150×100	37	252
100×100	36	248
120×120	38	257

通过表中比较可以得知，四种 SPB 节点的最大极限荷载相差不多，这表明节点钢管截面尺寸对承载力的影响不大。四种节点螺栓直径均为 16mm，螺栓间距均为 70mm，由此可见，节点受力主要以轴力为主，在没有设置垫片的情况下，螺栓承担节点的主要荷载，从而导致节点受力性能显著降低。无垫片时，节点轴力通过螺栓剪力传递；设置垫片，节点部分轴力通过垫片传递，改善了螺栓受力，提高了节点的承载力。

4.5.4　SSB 节点构造要求

研究节点的目的在于将节点应用于实际网格工程中，如何根据实际网格工程确定节点的尺寸是本节的主要内容。节点共有 4 个不同的参数，即节点钢管截面尺寸、钢管壁厚、螺栓间距、螺栓直径。

节点钢管截面尺寸：本试验节点为一 30m×30m 自由曲面索支撑单层网格节点，网格单元为 1.5m×1.5m，其中作用在每个节点上的设计荷载为 7kN，将网格在 ANSYS 中整体建模，根据网格的整体计算来确定节点规格。对于一个网格工程，确定好单元网格，以及荷载情况，通过 ANSYS 分析来调整节点的钢管截面尺寸。

钢管壁厚：通过前文可知，节点钢管壁越厚，节点的承载力会越高，但仅是有限的提高。钢管壁厚是 4mm、5mm、6mm 的节点，承载力会随着钢管壁厚的增加而增加，但是承载力提高有限，经济上不合理。所以一般情况下采用钢管壁厚为 4mm 的节点，能满足要求。

螺栓间距：节点螺栓间距对节点的性能影响较大，4 组节点中螺栓间距为 50mm 时，节点的性能最差。根据有限元模拟的结果，当螺栓间距较小时，螺栓受到的应力较大，螺栓最容易发生破坏。

螺栓直径：螺栓直径的选取主要根据节点钢管截面尺寸来确定。

在试验和模拟的过程中，第 2 组 (6、7、8、9、10 号) 节点得到的数据不是很稳定，第 2 组节点的钢管规格为 150mm×100mm，截面较大，但是使用的螺栓仍是直径为 16mm 的螺栓，与钢板尺寸的示意图如图 4-5-107(b) 所示，在整体上显示不协调，导致在试验过程中，第 2 组节点的承载较低，且破坏模式与其他节点不同，第 2 组节点螺栓破坏较多。节点两个方向的连接钢板示意图如图 4-5-108 所示，每组节点中，钢板的具体尺寸如图 4-5-107 所示。螺栓直径与节点钢板尺寸示意图如

图 4-5-109 所示。

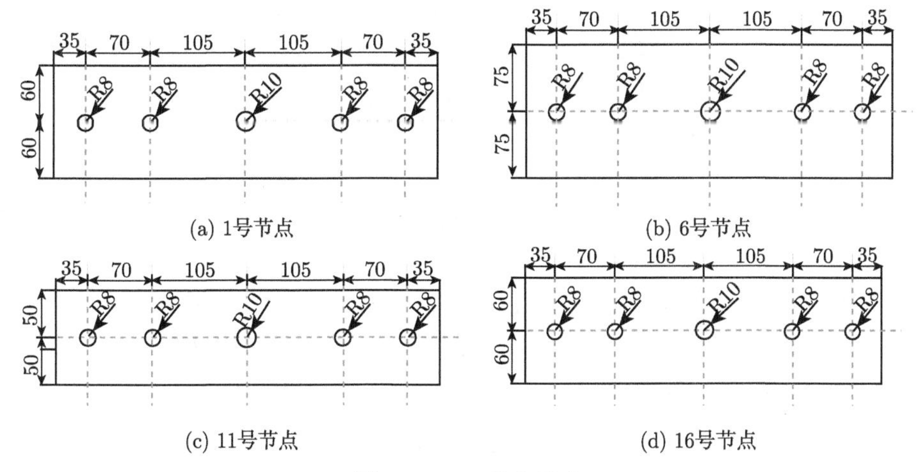

图 4-5-107　节点尺寸

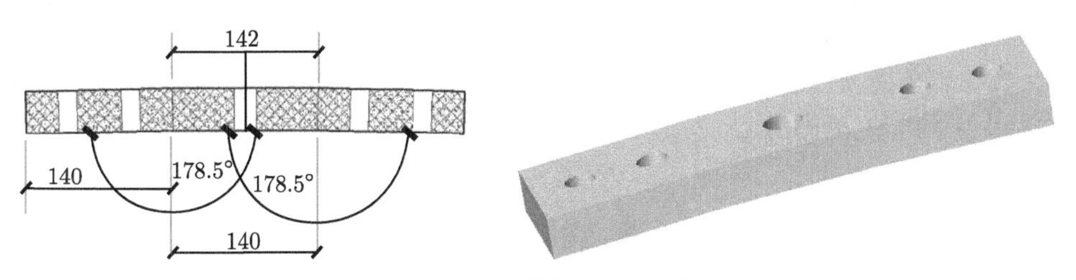

图 4-5-108　节点钢板示意图

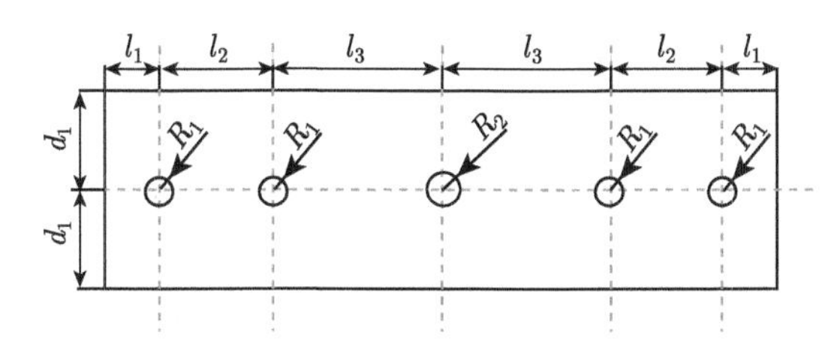

图 4-5-109　螺栓直径与节点钢板尺寸示意图

在图 4-5-109 中，R_2 为节点连接主螺栓直径，其尺寸的选取主要考虑其构造要求，试验中的节点均选择直径为 20mm 的螺栓。虽然在试验过程中该螺栓没有发生破坏，但节点在达到极限荷载时节点的两个方向往往会发生相对偏转，若螺栓的直径较小，在整体上会给人以不协调和不安全的感觉。通过试验结果汇总以及有限元模拟，可以得出 R_2 的合理取值范围为

$$d_1/6 \leqslant R_2 \leqslant d_1/2$$

当 $R_2 > d_1/2$ 时，节点会不安全；当 $R_2 < d_1/6$ 时，会导致节点整体不协调。

如图 4-5-109 中所示，R_1 为主要受力连接螺栓直径，在试验过程以及模拟过程中破坏的螺栓即为此位置的螺栓，螺栓承受的主要力为剪力。根据试验结果汇总以及有限元模拟，可以得到 R_1 的合理取值范围为

$$d_1/8 \leqslant R_1 \leqslant d_1/3$$

当 $R_1 > d_1/3$ 时，对钢板削弱的影响较大；当 $R_1 < d_1/8$ 时，节点在荷载作用下不安全。

如图 4-5-109 所示，l_1 为螺栓到钢板边缘的距离，螺栓距钢板的距离太近，节点受力不安全；如果距离太远，可能造成材料的浪费或对节点受力性能有一定的不利影响。根据试验结果汇总和有限元模拟的情况，可以得到 l_1 的合理取值范围为

$$4R_1 \leqslant l_1 \leqslant 6R_1$$

如图 4-5-109 所示，l_2 为两个受力连接螺栓间的距离，若两个螺栓的距离较近，节点在加载过程中螺栓的受力偏大，对节点的整体安全影响不利。距离偏大，会对两个螺栓整体受力性能有一定的影响。根据试验结果汇总和有限元模拟的情况，可以得到 l_2 的取值范围为

$$8.5R_1 \leqslant l_2 \leqslant 10R_1$$

如图 4-5-109 所示，l_3 为 R_1 螺栓和 R_2 螺栓的距离，其中 l_3 的距离确定为

$$2l_3 - 2d_1 - l_1 = 10\text{mm}$$

节点两部分拼装时，会留有每边大约 10mm 的间隙，如图 4-5-110 所示。

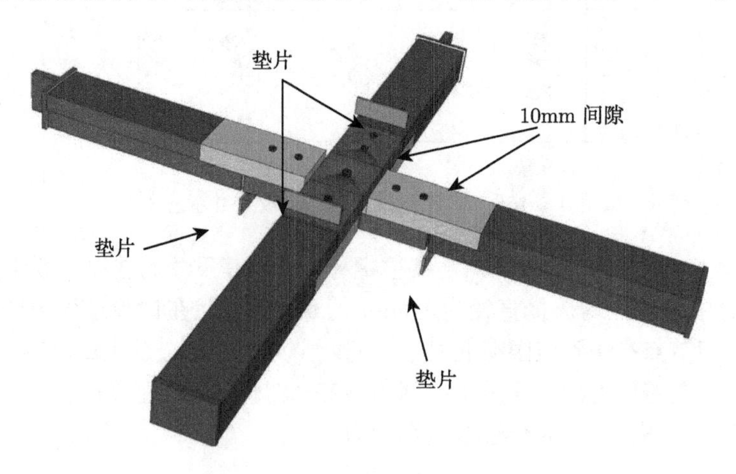

图 4-5-110　节点中 10mm 间隙

参考文献

[1] Schlaich J, Bergenmann R. Patent Application DE 37 15 228 A1 [P]. German Patent Office, Munich, Germany, 1988.
[2] 冯若强, 杨建林, 李海建. 单层四边形网格结构装配式节点: ZL201410223087.9[P]. 2014.
[3] 中华人民共和国行业标准.《建筑结构荷载规范》(GB 50009—2012) [S]. 北京: 中国建筑工业出版社, 2012: 11-21.
[4] 沈世钊, 陈昕. 网格结构稳定性 [M]. 北京：科学出版社, 1999：1-244.
[5] 沈世钊, 徐崇宝, 赵臣, 等. 悬索结构设计 [M]. 第 2 版. 北京: 中国建筑工业出版社, 2006: 21-53.
[6] 中华人民共和国行业标准.《空间网格结构技术规程》(JGJ7—2010) [S]. 北京: 中国建筑工业出版社, 2010: 16-24.
[7] 中华人民共和国行业标准.《钢结构设计规范》(GB 50017—2003) [S]. 北京: 中国计划出版社. 2003: 36-57.
[8] 钱俊梅, 江晓红, 仲小冬, 等. 浅谈基于 ANSYS 软件的接触分析问题 [J]. 煤矿机械, 2006, 27(7): 62-64.
[9] 冯伟, 周新聪, 严新平, 等. 接触问题实体建模及有限元法仿真实现 [J]. 武汉理工大学学报, 2004, 26(6): 52-55.
[10] 宁桂峰, 满翠华. 有限元接触分析应用研究 [J]. 现代制造工程, 2005, (4): 66-68.
[11] 庞晓琛. 基于 ANSYS 的齿轮接触问题研究 [J]. 起重运输机械, 2008, (6): 23-27.
[12] 屈文涛, 沈允文, 徐建宁. 基于 ANSYS 的双圆弧齿轮接触应力有限元分析 [J]. 机械农业学报. 2006, 37(10): 139-141.

第 5 章 装配式索支撑空间网格结构静力稳定性能

5.1 装配式索支撑空间网格结构整体模型

5.1.1 装配式节点有限元模型

通过试验及有限元模拟可知 SSB 和 SPB 节点是一种半刚性节点。为考察装配式节点对索支撑空间网格结构稳定承载能力的影响，需要对节点进行简化。采用有限元软件 ANSYS 进行有限元分析。针对这种节点，考虑到其轴向刚度远大于弯曲刚度，因此假设节点和杆件之间没有相对的轴向拉伸和压缩变形，仅考虑节点弯曲刚度的影响。如图 5-1-1 所示，装配式节点用五个坐标相同的 “节点” 来代替，其中一个 “节点” 和其他四个 “节点” 之间建立弹簧单元，采用单自由度的非线性弹簧单元 combin39 模拟节点的转动能力 [1-3]。杆件用 3D 二次有限应变梁元 beam189 单元模拟，预应力索采用只拉不压杆单元 link10 模拟，如图 5-1-1 所示。由于每根杆件在空间的位置不同，因此需要依照每根杆件的方位建立局部坐标系，在局部坐标系下建立弹簧单元，使每个方向的弹簧具有明确的物理意义，如图 5-1-2 所示。每根杆件根据三个节点建立其局部坐标系，杆件两端节点的连线为 x 轴，网壳的中心 O 与杆件两端点所确定的平面为 x-y 平面，即确定了 z 轴方向，局部坐标系由此建立。然后在此局部坐标系下建立弹簧单元，其中 x 方向的弹簧单元模拟节点绕轴向的扭转，y、z 方向的弹簧单元模拟节点的弯曲，绕 y 轴的弹簧单元模拟节点面外的抗弯性能，绕 z 轴的弹簧单元模拟节点面内的抗弯性能。

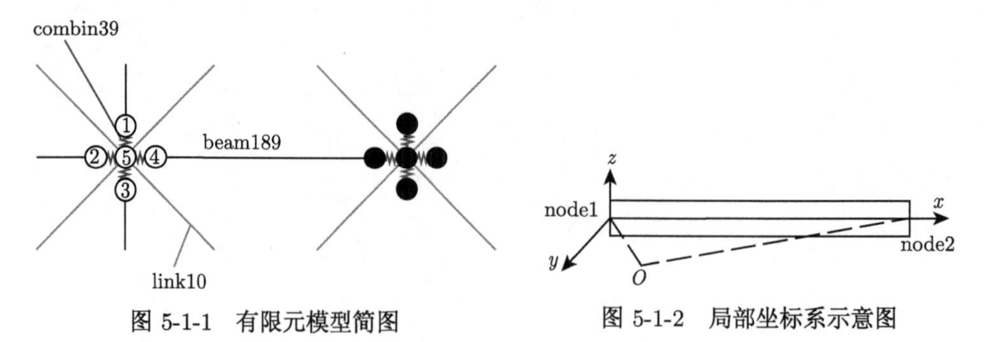

图 5-1-1 有限元模型简图

图 5-1-2 局部坐标系示意图

建立装配式索支撑空间网格结构模型基本过程如下：

(1) 使用滑移法创建椭圆抛物面网壳未加索时的几何模型，如图 5-1-3 所示；

(2) 得到 (1) 模型中每个节点的坐标；

(3) 由第 (1) 步的几何模型得到同一坐标不同节点编号连接的杆件单元；

(4) 重新编号由 (2) 得到的节点，形成节点群 A，同时挑选由第 (3) 步得到的同一坐标下不同节点编号的点，形成节点群 B；

(5) 节点群 A 中与节点群 B 中坐标相同的节点间建立局部坐标系，同时创建弹簧单元；

(6) 耦合节点群 A 中与节点群 B 中坐标相同的节点的三个平动自由度；

(7) 在节点群 A 中的节点间建立索单元；

(8) 施加约束。

得到装配式节点的索支撑空间网格结构基本模型如图 5-1-4 所示。

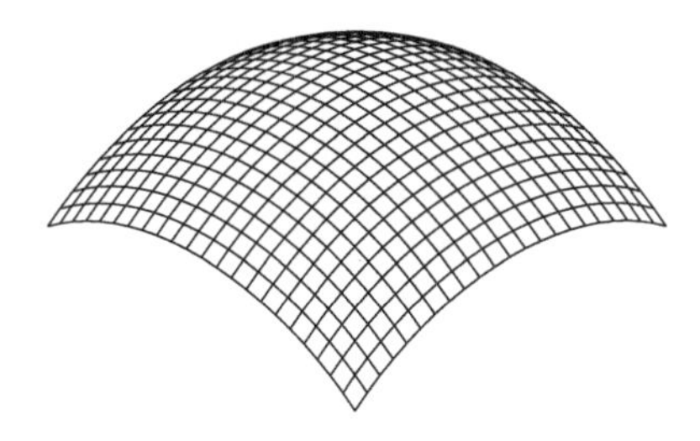

图 5-1-3 未加索时的几何模型

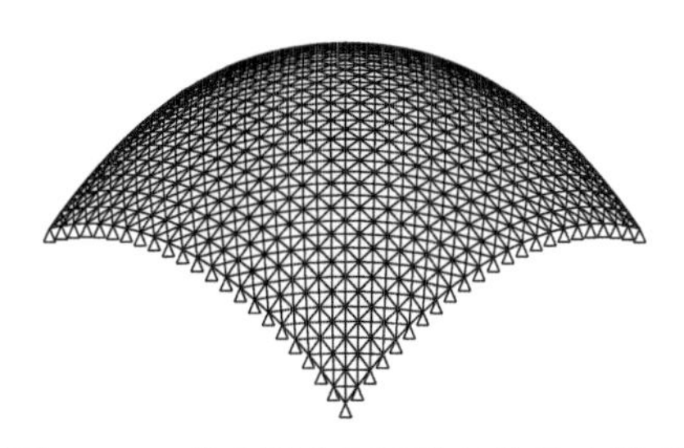

图 5-1-4 索支撑空间网格结构基本模型

5.1.2 装配式节点弹簧刚度

如图 5-1-5(a) 所示，以装配式节点 1/4 简化模型作为研究对象。杆件和杆件端部的转动弹簧组成一个串联系统，用弹簧模拟装配式节点抗弯性能的前提是使装配式节点的转动刚度与弹簧和杆件组成的系统的转动刚度相等，也就是使图 5-1-5(a) 中简化模型的转动刚度与图 5-1-5(b) 中有限元模型的转动刚度相等，为实现这一要求，计算了不同参数装配式节点对应的弹簧刚度。

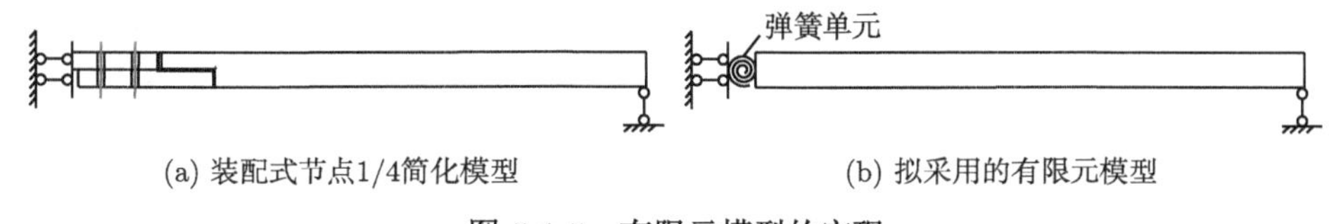

(a) 装配式节点1/4简化模型　　(b) 拟采用的有限元模型

图 5-1-5 有限元模型的实现

1. 轴向刚度

如图 5-1-6(a) 所示，以杆件与杆件端部的拉压弹簧组成的串联系统作为研究对象。令杆件原始长度为 l，弹性模量 E，截面面积 A，杆件端部轴向弹簧为零长度单元，轴向刚度为 R_{N}，整个串联系统轴向刚度为 K_{N}。串联系统长度的总变形

S 包括杆件自身缩短的长度 S_1 和弹簧缩短的长度 S_2，即

$$S = S_1 + S_2 \tag{5-1-1}$$

如图 5-1-6(b) 所示，杆件受到轴力 N，可得杆件自身缩短长度

$$S_1 = \frac{Nl}{EA} \tag{5-1-2}$$

拉压弹簧受到轴力 N，其缩短长度为

$$S_2 = \frac{N}{R_{\rm N}} \tag{5-1-3}$$

系统总缩短长度为

$$S = \frac{N}{K_{\rm N}} \tag{5-1-4}$$

由公式 (5-1-1)~ 式 (5-1-4) 联立可得

$$\frac{1}{K_{\rm N}} = \frac{1}{EA/l} + \frac{1}{R_{\rm N}} \tag{5-1-5}$$

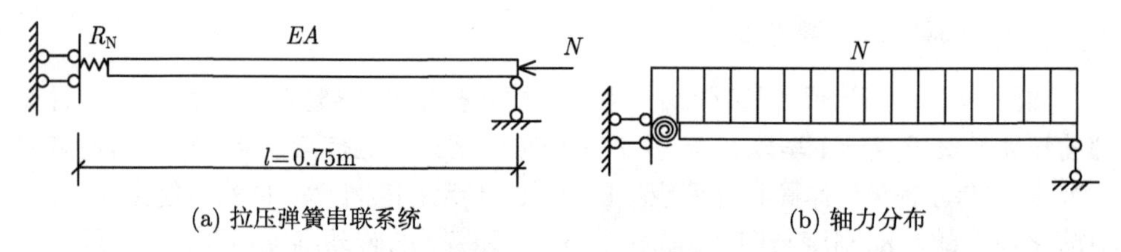

(a) 拉压弹簧串联系统　　(b) 轴力分布

图 5-1-6　拉压弹簧串联系统

考虑到这种装配式节点轴向刚度远大于弯曲刚度，因此假设节点和杆件之间没有相对的轴向拉伸和压缩变形，也就是说，在有限元模型中拉压弹簧刚度无穷大。

2. 转动刚度

如图 5-1-7(a) 所示，以杆件与杆件端部的转动弹簧组成的串联系统作为研究对象。令杆件原始长度为 l，弹性模量 E，惯性矩 I，杆件端部转动弹簧为零长度单元，转动刚度为 $R_{\rm M}$，整个串联系统转动刚度为 $K_{\rm M}$。串联系统发生的总转角 θ 包括杆件自身的转角 θ_1 和转动弹簧的转角 θ_2，即

$$\theta = \theta_1 + \theta_2 \tag{5-1-6}$$

如图 5-1-7(b) 所示，根据杆件弯矩分布，可得杆件自身的转角

$$\theta_1 = \frac{Fl^2}{3EI} \tag{5-1-7}$$

转动弹簧受到弯矩 Fl，其转角为

$$\theta_2 = \frac{Fl}{R_{\mathrm{M}}} \tag{5-1-8}$$

系统总转角为

$$\theta = \frac{Fl}{K_{\mathrm{M}}} \tag{5-1-9}$$

由公式 (5-1-6)~ 公式 (5-1-9) 联立可得

$$\frac{1}{K_{\mathrm{M}}} = \frac{1}{3EI/l} + \frac{1}{R_{\mathrm{M}}} \tag{5-1-10}$$

令 K_{M} 等于试验转动刚度 K_{test}，即可求得转动弹簧的刚度

$$R_{\mathrm{M}} = \frac{K_{\mathrm{test}} \times 3EI/l}{3EI/l - K_{\mathrm{test}}} \tag{5-1-11}$$

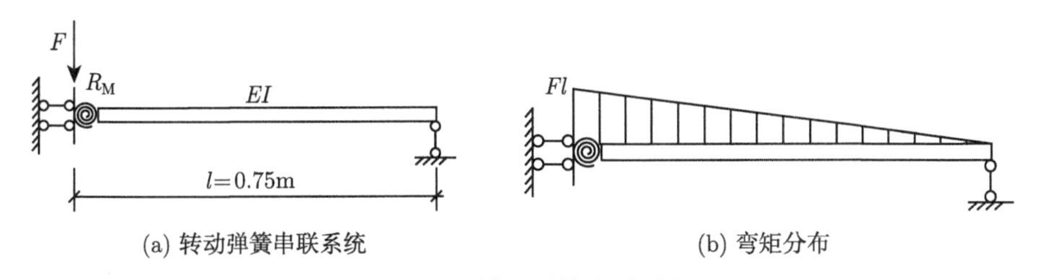

(a) 转动弹簧串联系统　(b) 弯矩分布

图 5-1-7　转动弹簧串联系统

根据 SSB 节点试验结果可知 SSB 节点弯矩转角曲线近似为双折线，如图 5-1-8 所示。假定节点在达到极限弯矩前，转动刚度保持不变，节点达到极限弯矩后，转动刚度下降为零，此时转动弹簧刚度为零。根据公式 (5-1-11) 求得有限元模型中转动弹簧的刚度，如表 5-1-1 所示。其中，由于 1、2、4、5 号节点的转动刚度大于刚接节点的转动刚度，故 1、2、4、5 号节点的弹簧刚度为无穷大，取为 10^8N·m。12 号节点弹簧串联模型的弯矩转角曲线与试验弯矩转角曲线对比如图 5-1-8 所示，两者吻合较好。

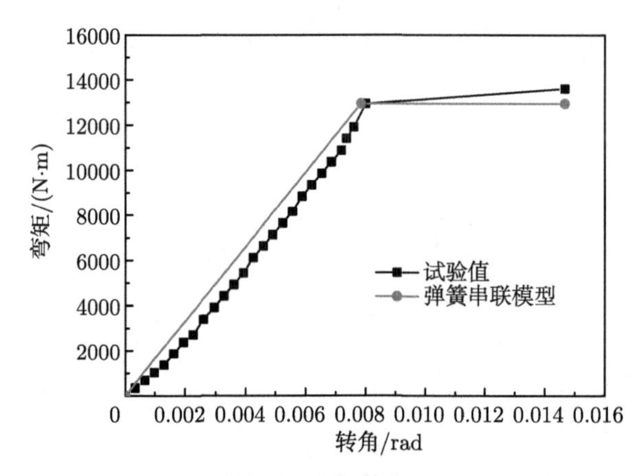

图 5-1-8　12 号节点弹簧串联模型的弯矩转角曲线与试验弯矩转角曲线对比

表 5-1-1　SSB 节点弹簧刚度

节点编号	SSB 节点转动刚度 /($\times10^6$N·m/rad)	刚接节点转动刚度 /($\times10^6$N·m/rad)	弹簧刚度 R_{M} /($\times10^6$N·m)
1	1.52	1.18	100
2	1.67	1.42	100
3	1.49	1.65	15.37
4	1.34	1.18	100
5	1.53	1.18	100
6	2.15	2.37	23.16
7	1.87	2.88	5.33
8	2.87	3.36	19.68
9	1.67	2.37	5.65
10	2.19	2.37	28.84
11	1.45	1.70	9.86
12	1.58	2.06	6.78
13	1.62	2.40	4.98
14	1.58	1.70	22.38
15	1.66	1.70	70.55
16	1.72	3.00	4.03
17	1.87	3.66	3.82
18	1.91	4.28	3.45
19	1.67	3.00	3.77
20	2.00	3.00	6.00

5.1.3　装配式节点有限元模型验证

采用上述模拟方法，分别对杆件转动刚度、试验模型及整体模型进行计算，进一步验证方法的正确性。

如图 4-4-3(a) 所示，四根杆件长 0.75m，截面按表 4-3-1 选用，钢材为 Q390，弹性模量 $E = 1.9\times10^5\mathrm{N/mm^2}$，钢材为理想弹塑性。杆件采用 beam189 单元模拟，杆件两端连接零长度转动弹簧，转动弹簧采用 combin39 单元，弹簧刚度 R_{M} 如表 5-1-1 所示。轴力 N 和平面外荷载 F 按 $F/N = 0.14$ 的比例加载，通过弧长法可计算各装配式节点的荷载–位移曲线及极限荷载。模拟结果如图 5-1-9~ 图 5-1-28 以及表 5-1-2 所示。经比较发现有限元模拟结果与试验结果吻合度较高，两者节点极限荷载及荷载–位移曲线斜率误差不超过 10%，弹簧串联模型能够很好地模拟装配式节点的力学性能。

为考察使用弹簧串联模型模拟装配式索支撑空间网格结构稳定承载能力的正确性，选择不同弹簧刚度建立索支撑空间网格结构有限元模型，并与刚接、铰接索支撑空间网格结构的力学性能比较，两者误差小即可说明该方法的正确性。

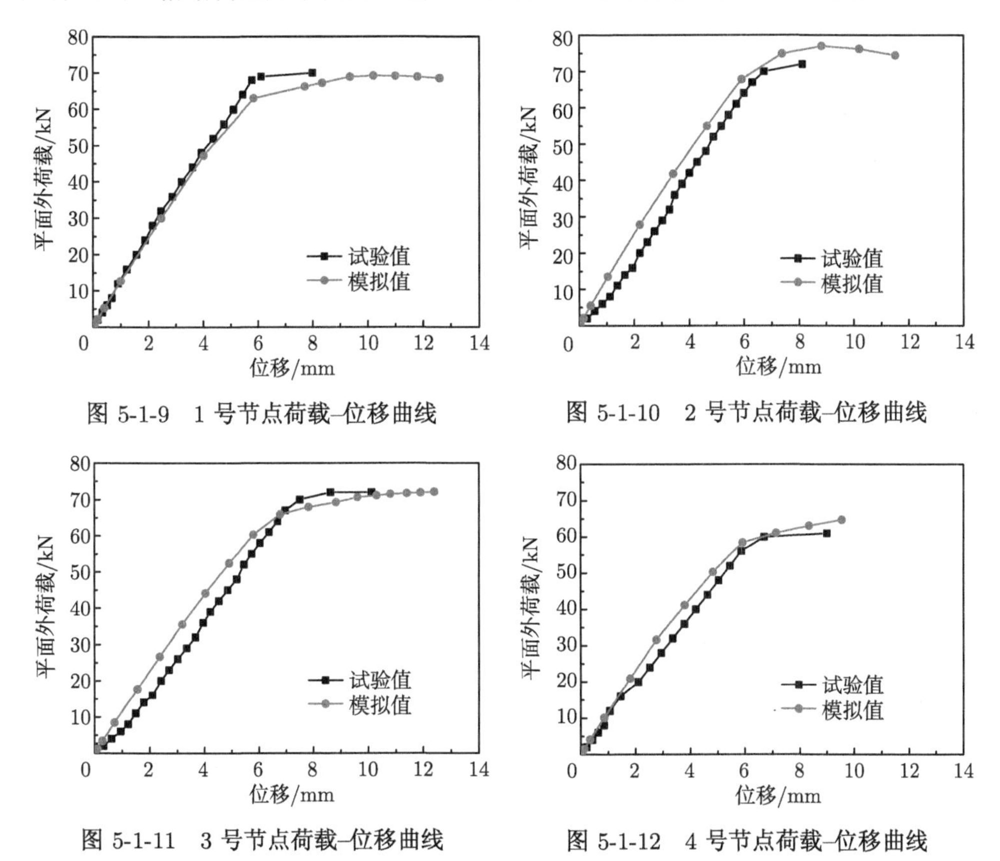

图 5-1-9　1 号节点荷载–位移曲线

图 5-1-10　2 号节点荷载–位移曲线

图 5-1-11　3 号节点荷载–位移曲线

图 5-1-12　4 号节点荷载–位移曲线

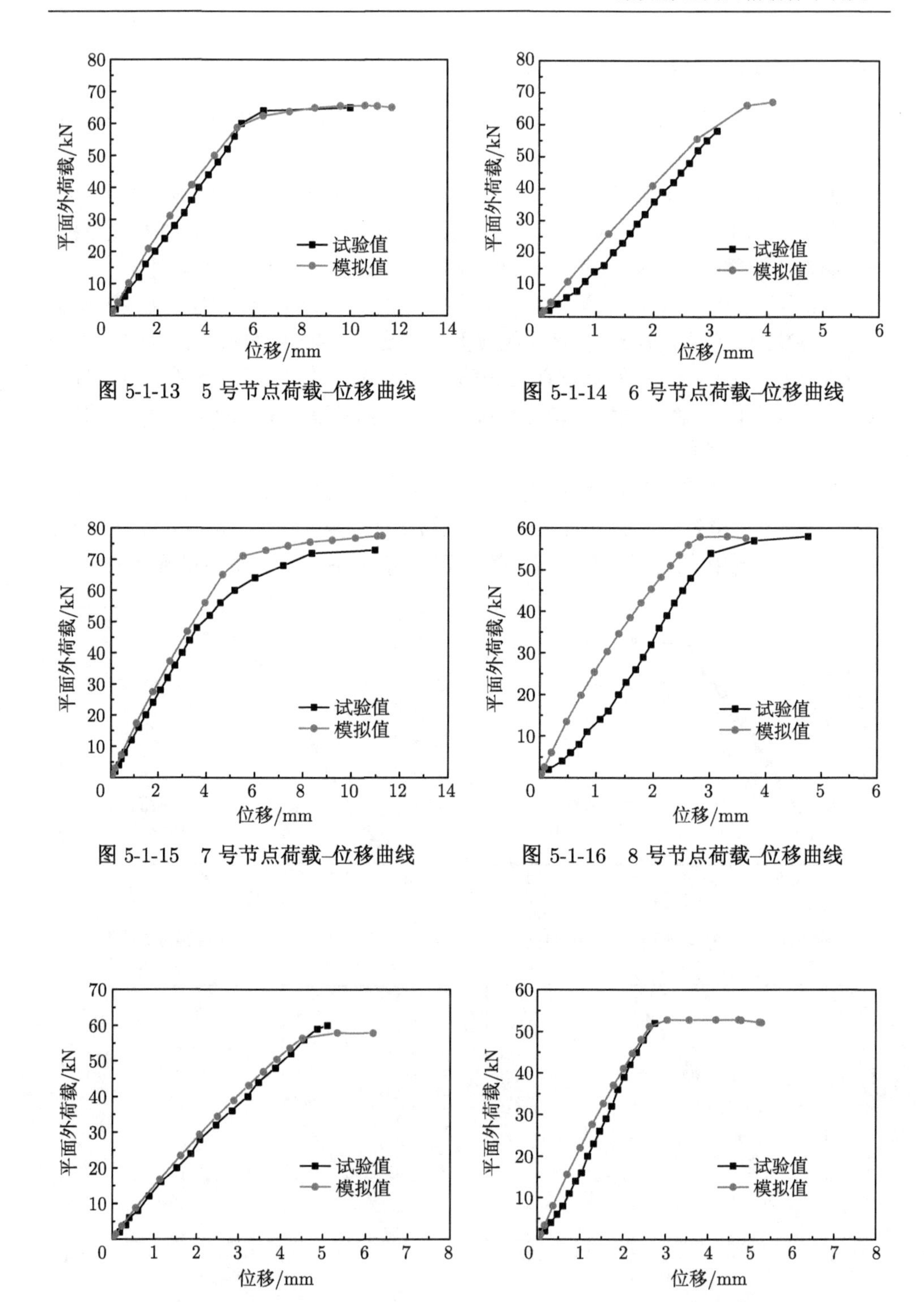

图 5-1-13　5 号节点荷载–位移曲线

图 5-1-14　6 号节点荷载–位移曲线

图 5-1-15　7 号节点荷载–位移曲线

图 5-1-16　8 号节点荷载–位移曲线

图 5-1-17　9 号节点荷载–位移曲线

图 5-1-18　10 号节点荷载–位移曲线

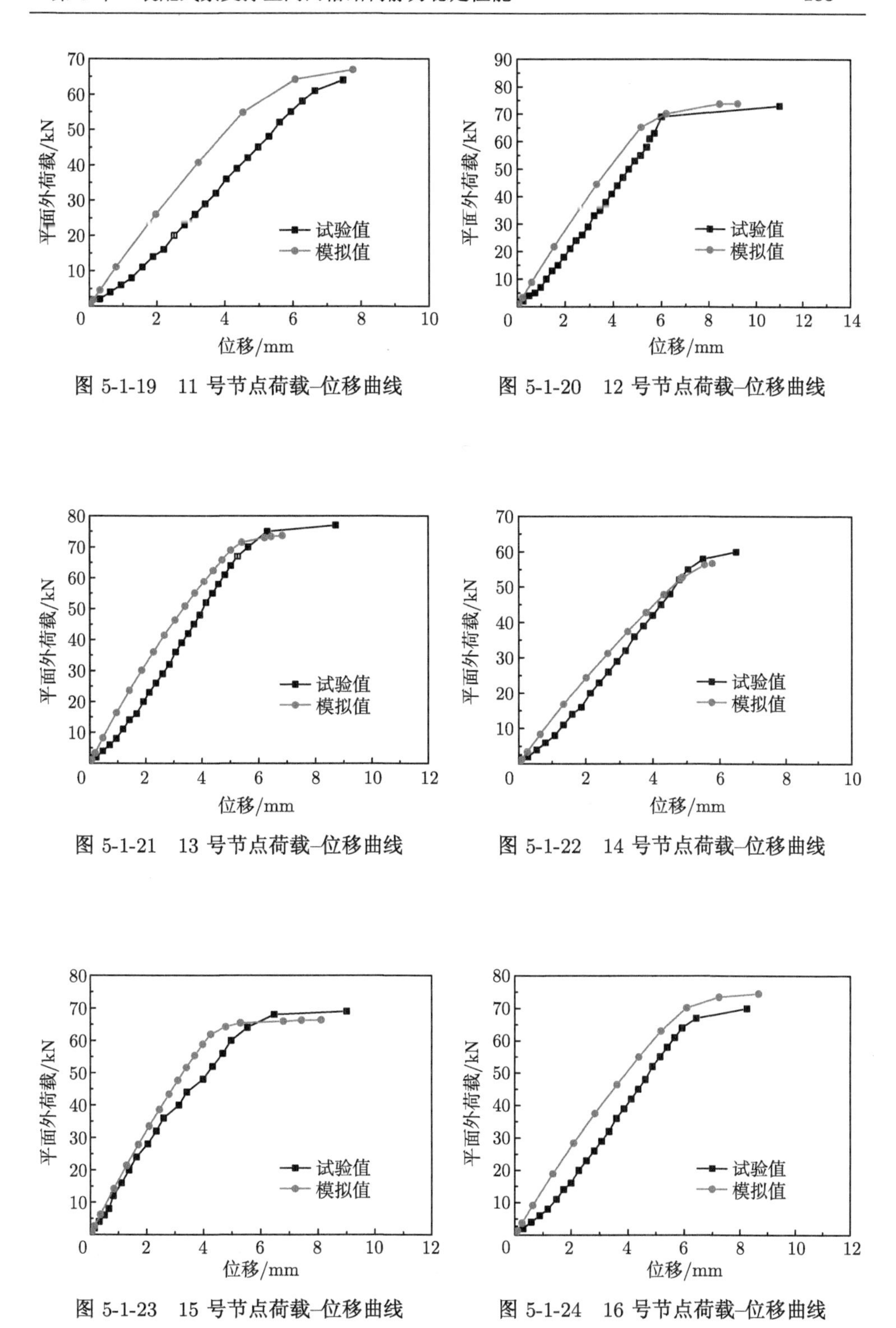

图 5-1-19　11 号节点荷载–位移曲线

图 5-1-20　12 号节点荷载–位移曲线

图 5-1-21　13 号节点荷载–位移曲线

图 5-1-22　14 号节点荷载–位移曲线

图 5-1-23　15 号节点荷载–位移曲线

图 5-1-24　16 号节点荷载–位移曲线

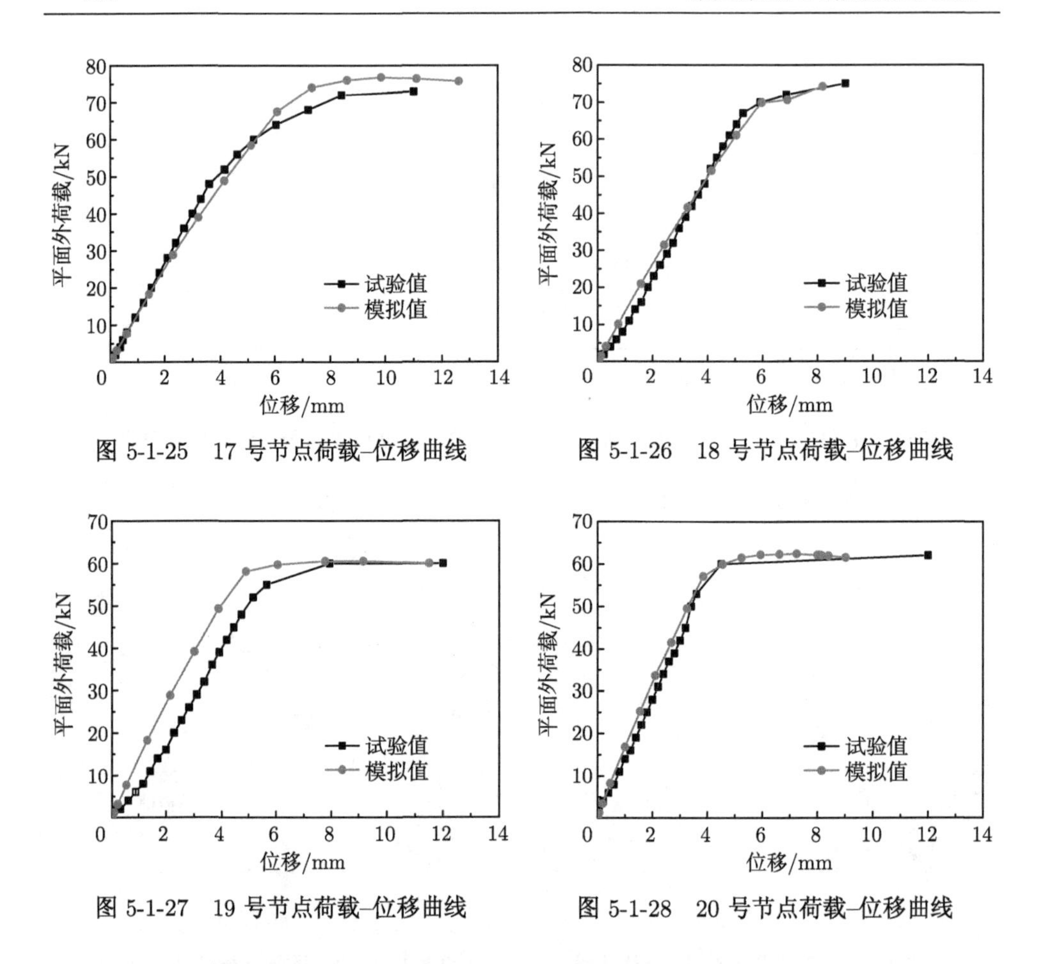

图 5-1-25　17 号节点荷载–位移曲线

图 5-1-26　18 号节点荷载–位移曲线

图 5-1-27　19 号节点荷载–位移曲线

图 5-1-28　20 号节点荷载–位移曲线

以一跨度 30m 椭圆抛物面索支撑空间网格结构为例，具体模型参数如表 5-1-3 所示。弹簧串联模型结构中，杆件选用 Q390 钢材，弹性模量 $E=1.9\times10^5\text{N/mm}^2$，钢材为理想弹塑性。杆件采用 beam189 单元模拟，杆件两端连接零长度转动弹簧，转动弹簧采用 combin39 单元，弹簧刚度 $R_{\text{M}}=10^8\text{N·m}$。采用共用节点模型模拟刚接索支撑空间网格结构。使用弧长法追踪结构的荷载–位移曲线，如图 5-1-29 所示。比较弹簧串联模型 ($R_{\text{M}}=10^8\text{N·m}$) 与刚接节点索支撑空间网格结构竖向位移最大点的荷载–位移曲线，两者荷载–位移曲线吻合良好。弹簧串联模型结构的稳定承载力 $q_{\text{cr}}=6.55\text{kN/m}^2$，刚接结构稳定承载力 $q_{\text{cr}}=6.57\text{kN/m}^2$，两者误差仅为 0.30%。

以一跨度 30m 椭圆抛物面索支撑空间网格结构为例，具体模型参数如表 5-1-4 所示。弹簧串联模型中，杆件选用 Q390 钢材，弹性模量 $E=1.9\times10^5\text{N/mm}^2$，钢材为理想弹塑性。杆件采用 beam189 单元模拟，杆件两端连接零长度转动弹簧，转动弹簧采用 combin39 单元，弹簧刚度 $R_{\text{M}}=1\text{N·m}$。铰接索支撑空间网格结构有限元模型中，杆件采用 link8 模拟。比较两种模型的静力计算结果，两者杆件内力大小接近，位移分布基本一致，两种模型最大位移相对误差为 2.1%，详见表 5-1-5 及图 5-1-30。弹簧串联模型中杆件两端弯矩、扭矩极小，接近于零，与铰接模型一致。

表 5-1-2　节点极限荷载及荷载–位移曲线斜率比较

节点编号	极限荷载/kN			荷载–位移曲线斜率/($\times10^7$ N/m)		
	试验值	模拟值	相对试验误差/%	试验值	模拟值	相对试验误差/%
1	70	73	4.29	1.08	1.07	−0.93
2	72	77	6.94	1.19	1.15	−3.36
3	72	72.1	0.14	1.06	1.01	−4.72
4	61	65.1	6.72	0.95	0.97	1.89
5	65	65.6	0.92	1.09	1.07	−1.83
6	58	63.5	9.5	1.53	1.97	−8.37
7	73	77.5	6.16	1.33	1.33	0.62
8	58	58	0.00	2.04	2.32	0.08
9	60	57.9	−3.50	1.19	1.19	0.00
10	52	52.8	1.54	1.56	2.04	2.00
11	64	64.5	0.8	1.03	1.00	−2.91
12	73	73.79	1.08	1.12	1.33	2.31
13	77	73.6	−4.42	1.15	1.37	−3.52
14	60	56.7	−5.50	1.12	1.12	2.75
15	69	65.9	−4.49	1.18	1.42	9.23
16	70	74.5	6.43	1.22	1.18	−3.28
17	73	76.8	5.21	1.33	1.20	−9.77
18	75	75.15	0.20	1.36	1.24	−8.82
19	60	60.5	0.83	1.19	1.25	5.04
20	62	62.4	0.65	1.42	1.45	2.11

表 5-1-3　模型参数

参数	取值
跨度/m	30
矢跨比	1/6
网格单元/(m×m)	1.5×1.5
钢材料属性	$E=1.9\times10^5$MPa，理想弹塑性
钢杆件截面/(高 (mm)× 宽 (mm)× 厚 (mm))	100×100×4
约束条件	四边铰接
荷载	满跨荷载
索初始预应力/MPa	150
索材料属性	$E=1.3\times10^5$ MPa
索截面/mm^2	86

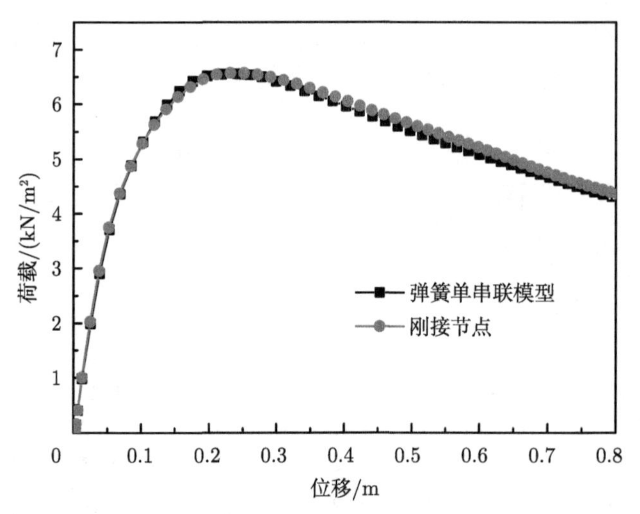

图 5-1-29　弹簧串联模型 ($R_M=10^8$N·m) 与刚接节点索支撑空间网格结构竖向位移最大点荷载–位移曲线对比

表 5-1-4　模型参数

参数	取值
跨度/m	30
矢跨比	1/7
网格单元/(m×m)	1.5×1.5
钢材料属性	$E=1.9\times10^5$MPa，理想弹塑性
钢杆件截面/(高 (mm)× 宽 (mm)× 厚 (mm))	100×100×5
约束条件	四边铰接
荷载	满跨荷载
索初始预应力/MPa	10
索材料属性	$E=1.3\times10^5$ MPa
索截面/mm^2	86
节点荷载/N	500

表 5-1-5　内力对比

参数	杆件平均轴力/N	杆件面外弯矩 M_y/(N·m)	杆件面内弯矩 M_z/(N·m)	杆件扭矩 M_x/(N·m)	索平均轴力/N
弹簧串联模型	4996.8	0.0027	0.0014	0.0033	689.3
铰接模型	4997.1	0	0	0	689.2

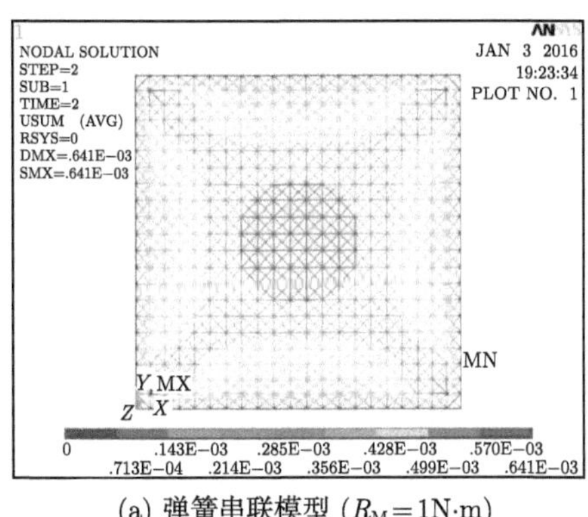

(a) 弹簧串联模型 ($R_{\rm M}=1$N·m)

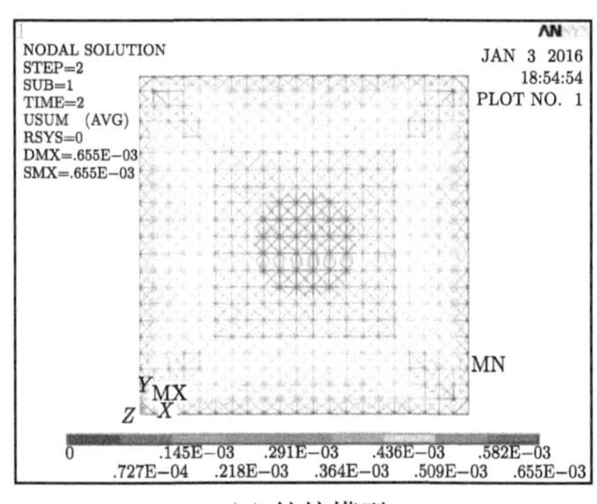

(b) 铰接模型

图 5-1-30　弹簧串联模型 ($R_{\rm M}$=1N·m) 与铰接索支撑空间网格结构位移分布对比

综上所述，使用弹簧串联模型来考察装配式索支撑空间网格结构的力学性能是切实可行的。

5.2　SSB 节点索支撑空间网格结构静力性能研究

5.2.1　结构形式及构件尺寸

索支撑空间网格结构形态千变万化，本节以椭圆抛物面为例，研究采用 SSB 节点的索支撑空间网格结构静力性能。采用有限元分析软件 ANSYS 进行静力分析，钢杆件和拉索分别采用 beam189 和 link10 单元模拟，弹簧单元采用 conmbin39 单元，计算时考虑几何非线性和物理非线性。

初始几何缺陷分布采用结构最低阶屈曲模态，且缺陷最大计算值为单层空间网格结构跨度的 1/300[4]。屋面围护结构选用钢化玻璃，考虑到玻璃与钢结构之间的连接材料的自重，可取玻璃面板的厚度为 26mm，玻璃密度取 25.6kN/m^3，根据《建筑结构荷载规范》(GB 50009—2012)，活荷载标准值取 0.5kN/m^2，雪荷载标准值取 0.5kN/m^2，按活荷载、雪荷载标准值较大值计算 [5]。结构标准荷载为 1.0 恒载 +1.0 活载、雪载的较大值；结构设计荷载为 1.35 恒载 +0.98 活载、雪载的较大值。荷载简化为节点荷载。杆件采用矩形钢管，材料为 Q390 钢材，根据钢材材性试验 [6]，弹性模量 $E=1.9\times10^5$ MPa，钢材的本构模型采用理想弹塑性模型，如图 5-2-1 所示；拉索采用直径 12mm 的普通不锈钢拉索，索截面面积 86mm^2，弹性模量 $E=1.3\times10^5$MPa，索预应力为 150MPa。基于本课题组已经完成的 SSB 节点足尺试验模型 [6]，采用弹簧串联模型模拟装配式索支撑空间网格结构的静力性能，采用共用节点模型模拟刚接索支撑空间网格结构的静力性能。本章索支撑空间网格结构模型中的所有杆件及索均采用相同的截面，边界支承条件为四边简支。本节装配式索支撑空间网格结构中全采用 SSB 节点。

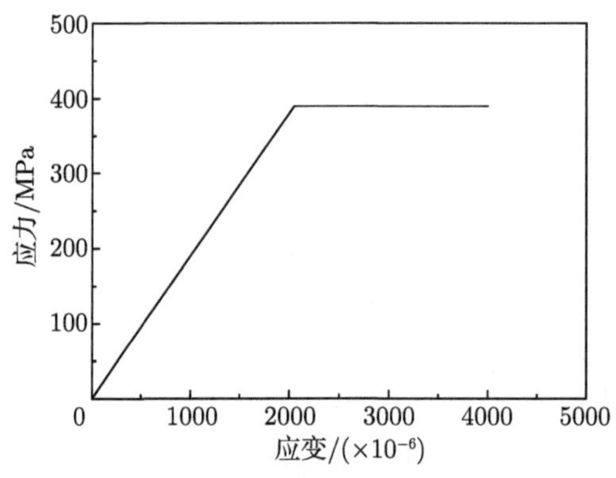

图 5-2-1　钢材应力应变曲线

按结构的跨度和网格尺寸将 16 个索支撑空间网格结构分为四组，根据上述基本原则及《钢结构设计规范》(GB 50017—2003)、《空间网格结构技术规程》(JGJ7—2010)、《索结构技术规程》(JGJ 257—2012)、《建筑结构荷载规范》(GB 50009—2012)，对刚接索支撑空间网格结构进行试算，确定结构杆件截面，如表 5-2-1 所示。

表 5-2-1　椭圆抛物面索支撑空间网格结构形式及构件尺寸

组别	结构编号	跨度/m	网格单元/(m×m)	矢高/m	矢跨比	节点编号	杆件截面尺寸/(高 (mm)× 宽 (mm)× 厚 (mm))
1	1	30	1.2×1.2	5.000	1/6	11	100×100×4
	2		1.2×1.2	4.286	1/7	12	100×100×5
	3		1.2×1.2	3.750	1/8	16	120×120×4
	4		1.2×1.2	3.333	1/9	17	120×120×5
2	5	30	1.5×1.5	5.000	1/6	11	100×100×4
	6		1.5×1.5	4.286	1/7	12	100×100×5
	7		1.5×1.5	3.750	1/8	16	120×120×4
	8		1.5×1.5	3.333	1/9	17	120×120×5
3	9	30	2.0×2.0	5.000	1/6	11	100×100×4
	10		2.0×2.0	4.286	1/7	12	100×100×5
	11		2.0×2.0	3.750	1/8	16	120×120×4
	12		2.0×2.0	3.333	1/9	17	120×120×5
4	13	40	1.5×1.5	6.667	1/6	13	100×100×6
	14		1.5×1.5	5.714	1/7	17	120×120×5
	15		1.5×1.5	5.000	1/8	18	120×120×6
	16		1.5×1.5	4.444	1/9	18	120×120×6

注：表中所有结构形式的索截面均为 86mm^2，索初始预应力为 150MPa，约束条件为四边简支。

限于篇幅原因，本章以第一组索支撑空间网格结构为例，详细阐述 SSB 索支撑空间网格结构的静力性能。

5.2.2 设计荷载作用下的静力分析

1. 第 1 号索支撑空间网格结构静力分析

1 号 SSB 索支撑空间网格结构采用 11 号 SSB 节点，节点平面外荷载–位移曲线如图 5-2-2 所示。该节点的转动刚度约为刚接节点的 85%，极限弯矩约为刚接节点的 84%。采用有限元对 1 号 SSB 及刚接索支撑空间网格结构进行静力分析，得到设计荷载作用下结构的位移及杆件最大压应力分布，结果如图 5-2-3、图 5-2-4 和表 5-2-2 所示。

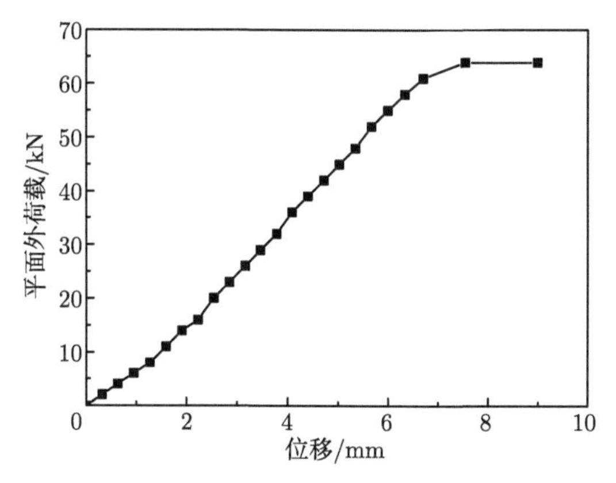

图 5-2-2 11 号 SSB 节点荷载–位移曲线

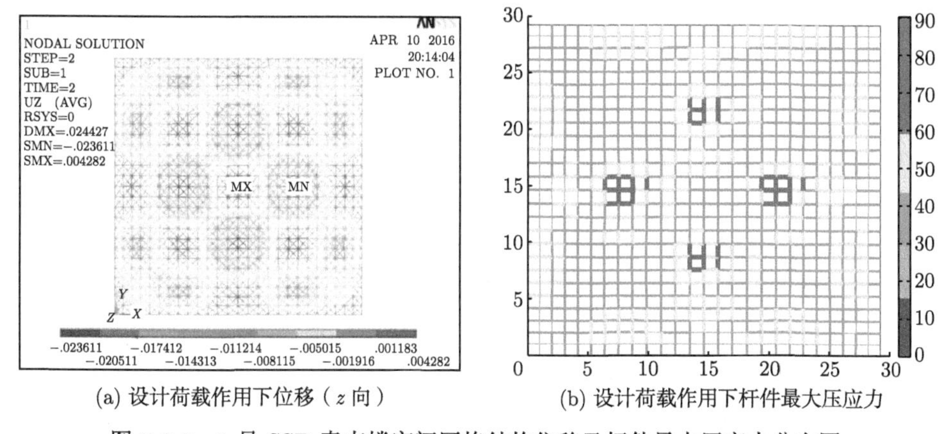

(a) 设计荷载作用下位移（z 向）　(b) 设计荷载作用下杆件最大压应力

图 5-2-3 1 号 SSB 索支撑空间网格结构位移及杆件最大压应力分布图

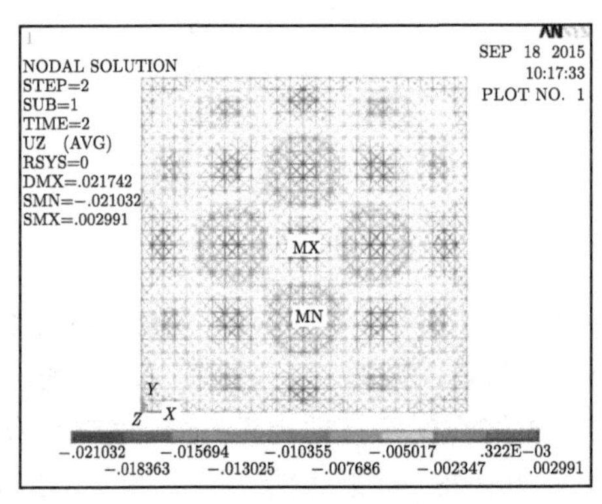

(a) 设计荷载作用下位移（z 向）

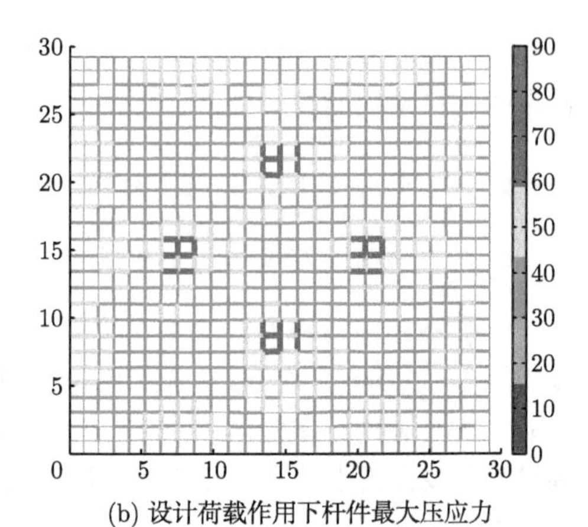

(b) 设计荷载作用下杆件最大压应力

图 5-2-4　1 号刚接索支撑空间网格结构位移及杆件最大压应力分布图

表 5-2-2　设计荷载作用下 1 号索支撑空间网格结构有限元分析结果

相关参数	SSB	刚接	比值
竖向最大位移/m	0.024	0.021	1.14
杆件压力最大值/N	59473	58497	1.02
杆件压力平均值/N	44019	43926	1.00
节点平面外弯矩最大值/(N·m)	1546	—	—

设计荷载作用下，1 号 SSB 索支撑空间网格结构 (图 5-2-3) 与 1 号刚接索支撑空间网格结构 (图 5-2-4) 比较，其位移分布相近，在 x、y 方向均为 5 个半波，前者竖向最大位移约为后者的 1.14 倍。索支撑空间网格结构的压应力分布与位移分布相关，杆件的压应力越大，网壳凹陷越深。设计荷载作用下，SSB 与刚接索支撑空间网格结构杆件平均压力、压力最大值基本相同。SSB 节点平面外弯矩最大值为 1546N·m，小于该节点的极限弯矩 12375N·m，SSB 节点未发生破坏。

2. 第 2 号索支撑空间网格结构静力分析

2 号 SSB 索支撑空间网格结构采用 12 号 SSB 节点，节点平面外荷载–位移曲线如图 5-2-5 所示。该节点的转动刚度约为刚接节点的 77%，极限弯矩约为刚接节点的 72%。采用有限元对 2 号 SSB 及刚接空间索支撑空间网格结构进行静力分析，得到设计荷载作用下结构的位移及杆件最大压应力分布，结果如图 5-2-6、图 5-2-7 和表 5-2-3 所示。

设计荷载作用下，2 号 SSB 索支撑空间网格结构 (图 5-2-6) 与 2 号刚接索支撑空间网格结构 (图 5-2-7) 比较，其位移分布相近，在 x、y 方向均为 4 个半波，前者竖向最大位移约为后者的 1.15 倍。索支撑空间网格结构的压应力分布与位移分

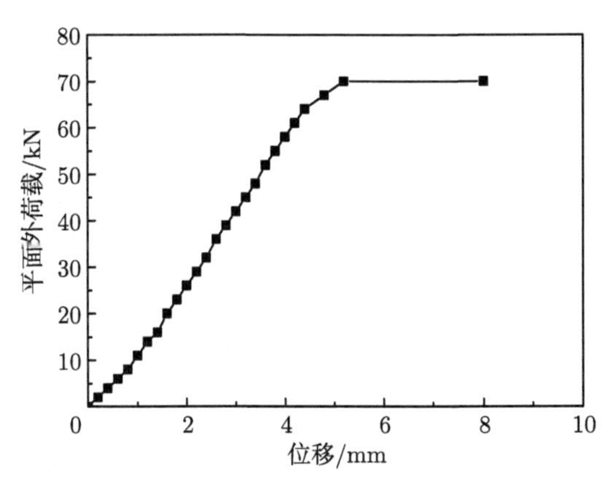

图 5-2-5　12 号 SSB 节点荷载–位移曲线

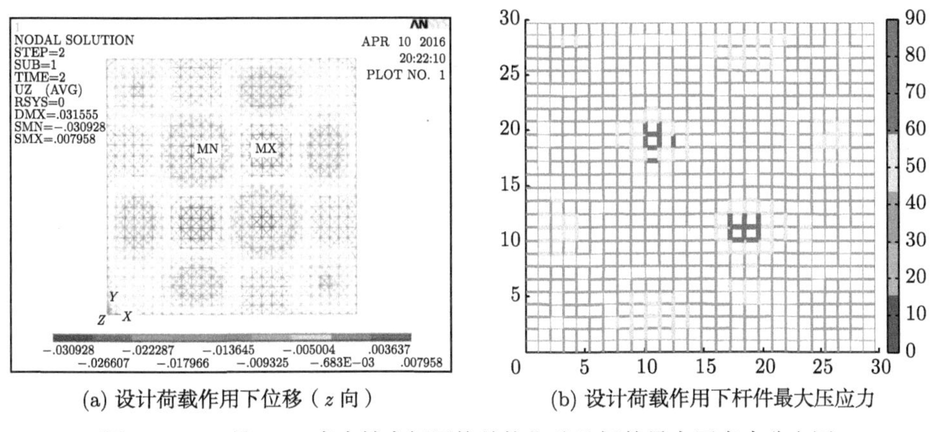

(a) 设计荷载作用下位移（z 向）　(b) 设计荷载作用下杆件最大压应力

图 5-2-6　2 号 SSB 索支撑空间网格结构位移及杆件最大压应力分布图

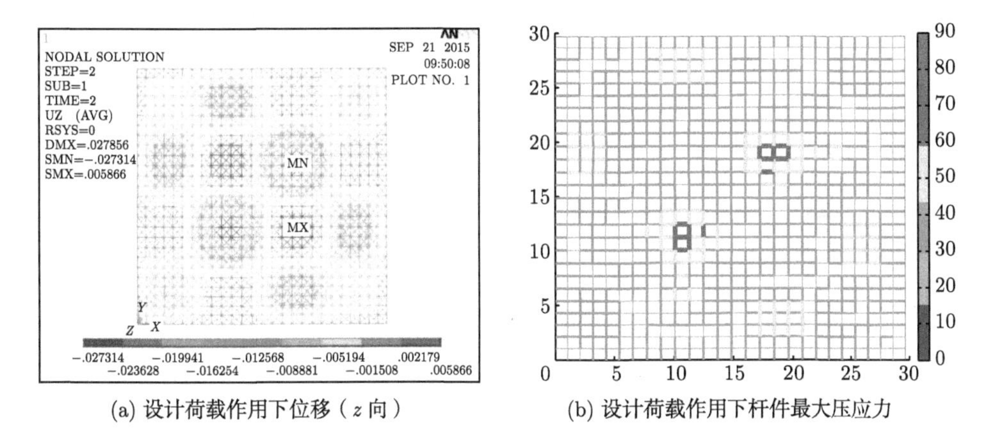

(a) 设计荷载作用下位移（z 向）　(b) 设计荷载作用下杆件最大压应力

图 5-2-7　2 号刚接索支撑空间网格结构位移及杆件最大压应力分布图

表 5-2-3　设计荷载作用下 2 号索支撑空间网格结构有限元分析结果

相关参数	SSB	刚接	比值
竖向最大位移/m	0.031	0.027	1.15
杆件压力最大值/N	68135	64444	1.06
杆件压力平均值/N	48760	48693	1.00
平面外弹簧弯矩最大值/(N·m)	2015	—	—

布相关，杆件的压应力越大，网壳凹陷越深。设计荷载作用下，SSB 与刚接索支撑空间网格结构杆件平均压力、压力最大值基本相同。SSB 节点平面外弯矩最大值为 2015N·m，小于该节点的极限弯矩 12938N·m，SSB 节点未发生破坏。

3. 第 3 号索支撑空间网格结构静力分析

3 号 SSB 索支撑空间网格结构采用 16 号 SSB 节点，节点平面外荷载–位移曲线如图 5-2-8 所示。该节点的转动刚度约为刚接节点的 57%，极限弯矩约为刚接节点的 63%。采用有限元对 3 号 SSB 及刚接索支撑空间网格结构进行静力分析，得到设计荷载作用下结构的位移及杆件最大压应力分布，结果如图 5-2-9、图 5-2-10 和表 5-2-4 所示。

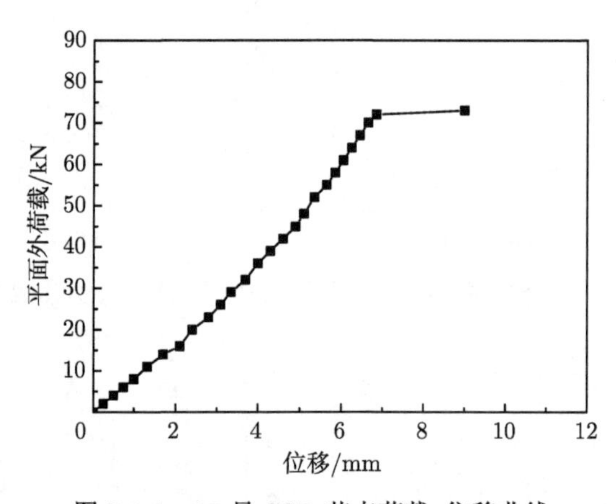

图 5-2-8　16 号 SSB 节点荷载–位移曲线

设计荷载作用下，3 号 SSB 索支撑空间网格结构 (图 5-2-9) 与 3 号刚接索支撑空间网格结构 (图 5-2-10) 比较，其位移分布相近，在 x、y 方向均为 4 个半波，前者竖向最大位移约为后者的 1.22 倍。索支撑空间网格结构的压应力分布与位移分布相关，杆件的压应力越大，网壳凹陷越深。设计荷载作用下，SSB 与刚接索支撑空间网格结构杆件平均压力、压力最大值基本相同。SSB 节点平面外弯矩最大值为 1960N·m，小于该节点的极限弯矩 13125N·m，SSB 节点未发生破坏。

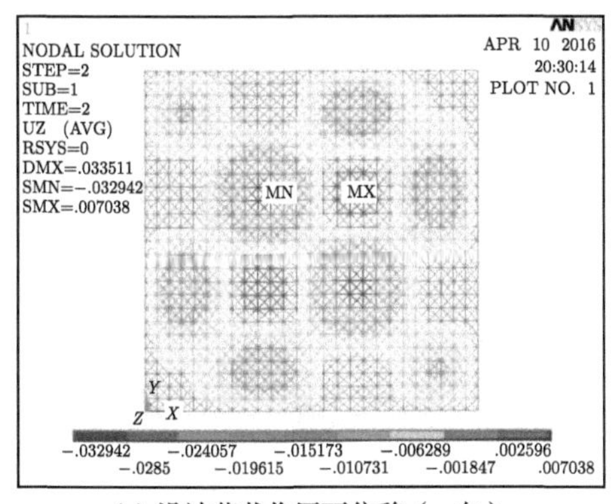

(a) 设计荷载作用下位移（z 向）

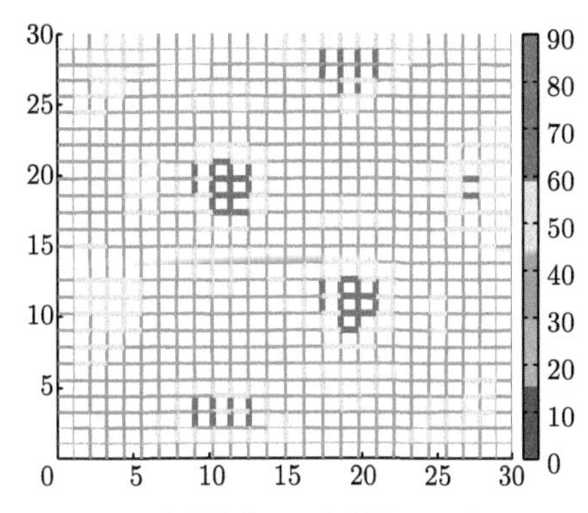

(b) 设计荷载作用下杆件最大压应力

图 5-2-9　3 号 SSB 索支撑空间网格结构位移及杆件最大压应力分布图

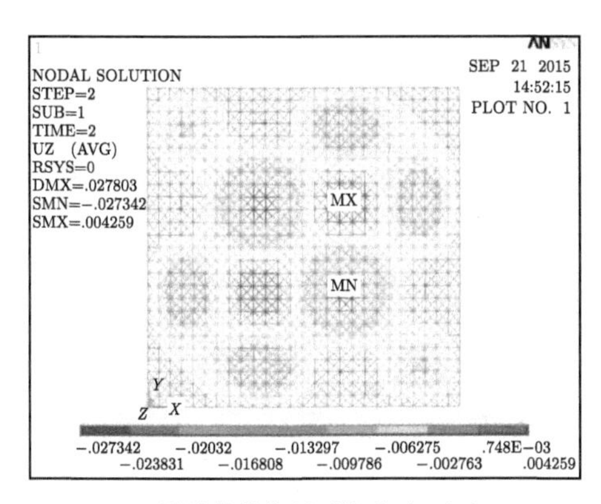

(a) 设计荷载作用下位移（z 向）

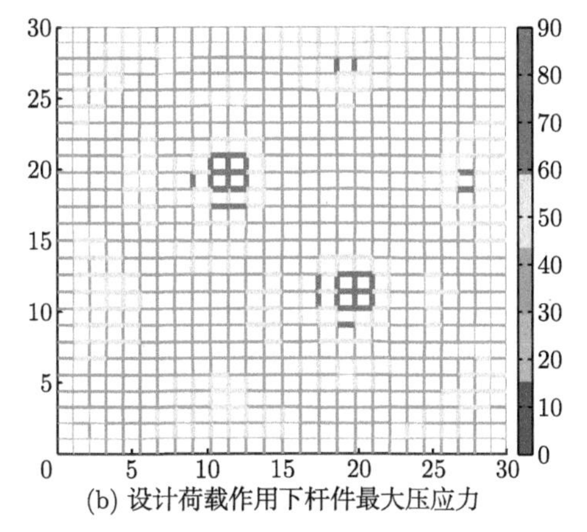

(b) 设计荷载作用下杆件最大压应力

图 5-2-10　3 号刚接索支撑空间网格结构位移及杆件最大压应力分布图

表 5-2-4　设计荷载作用下 3 号索支撑空间网格结构有限元分析结果

相关参数	SSB	刚接	比值
竖向最大位移/m	0.033	0.027	1.22
杆件压力最大值/N	70805	69252	1.02
杆件压力平均值/N	52860	52696	1.00
平面外弹簧弯矩最大值/(N·m)	1960	—	—

4. 第 4 号索支撑空间网格结构静力分析

4 号 SSB 索支撑空间网格结构采用 17 号 SSB 节点，节点平面外荷载-位移曲线如图 5-2-11 所示。该节点的转动刚度约为刚接节点的 51%，极限弯矩约为刚接节点的 54%。采用有限元对 4 号 SSB 及刚接索支撑空间网格结构进行静力分析，得到设计荷载作用下结构的位移及杆件最大压应力分布，结果如图 5-2-12、图 5-2-13 和表 5-2-5 所示。

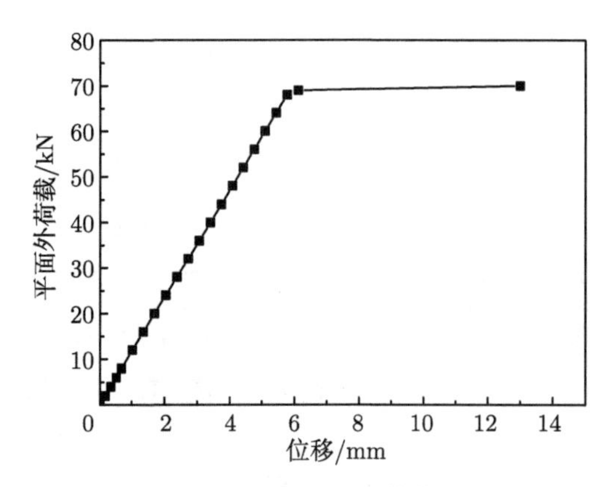

图 5-2-11　17 号 SSB 节点荷载–位移曲线

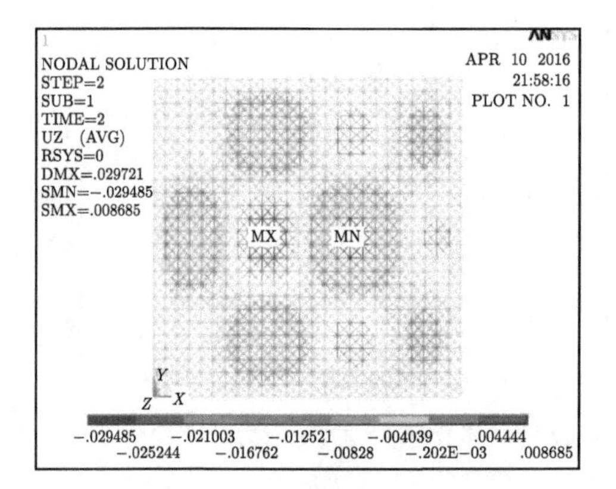

(a) 设计荷载作用下位移（z 向）

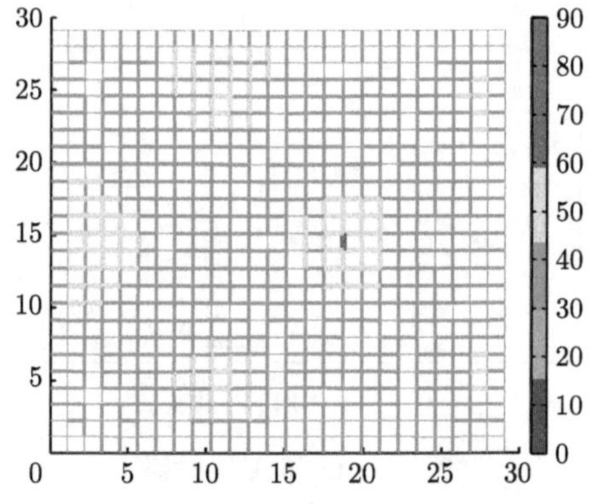

(b) 设计荷载作用下杆件最大压应力

图 5-2-12　4 号 SSB 索支撑空间网格结构位移及杆件最大压应力分布图

设计荷载作用下，4 号 SSB 索支撑空间网格结构 (图 5-2-12) 与 4 号刚接索支撑空间网格结构 (图 5-2-13) 比较，SSB 节点的引入，导致 SSB 索支撑空间网格结构位移分布与刚接结构不同，前者在 x 方向为 5 个半波，在 y 方向为 4 个半波，而后者在 x、y 方向均为 4 个半波，前者竖向最大位移约为后者的 1.71 倍。索支撑空间网格结构的压应力分布与位移分布相关，杆件的压应力越大，网壳凹陷越深。设计荷载作用下，SSB 与刚接索支撑空间网格结构杆件平均压力、压力最大值基本相同。SSB 节点平面外弯矩最大值为 2056N·m，小于该节点的极限弯矩 13688N·m，SSB 节点未发生破坏。

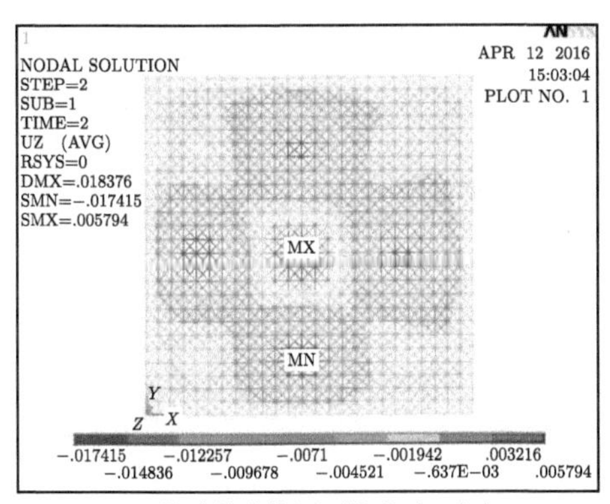

(a) 设计荷载作用下位移（z 向）

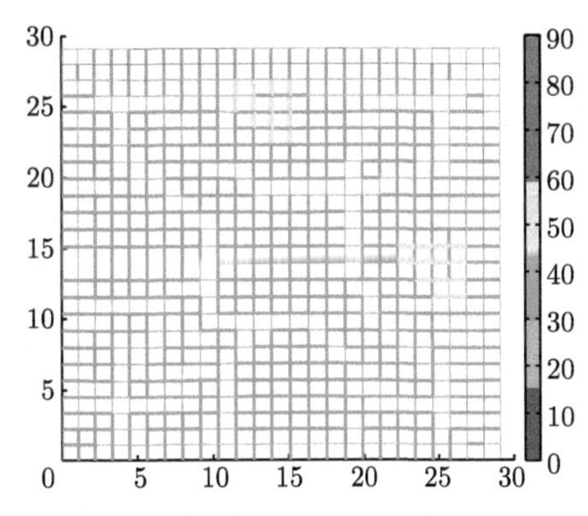

(b) 设计荷载作用下杆件最大压应力

图 5-2-13 4 号刚接索支撑空间网格结构位移及杆件最大压应力分布图

表 5-2-5 设计荷载作用下 4 号索支撑空间网格结构有限元分析结果

相关参数	SSB	刚接	比值
竖向最大位移/m	0.029	0.017	1.71
杆件压力最大值/N	78456	75537	1.04
杆件压力平均值 N	57670	57096	1.01
平面外弹簧弯矩最大值/(N·m)	2056	—	—

5. *静力分析结果汇总*

设计荷载作用下索支撑空间网格结构静力计算结果如表 5-2-6 所示。从表 5-2-6 可以看出，在设计荷载作用下，SSB 与刚接索支撑空间网格结构杆件平均轴力接近，SSB 索支撑空间网格结构竖向最大位移约为刚接结构的 1.28 倍，装配节点的最大弯矩小于 SSB 节点的极限弯矩，表明 SSB 节点未发生破坏，能够继续承受荷载。SSB 索支撑空间网格结构挠度满足《空间网格结构技术规程》(JGJ7—2010) 的要求。

表 5-2-6 设计荷载作用下索支撑空间网格结构有限元分析结果汇总

结构编号	杆件平均压力/N		N_1/N_2	竖向最大位移/m		Δ_1/Δ_2	装配节点平面外弯矩/(N·m)	
	SSB, N_1	刚接, N_2		SSB, Δ_1	刚接, Δ_2		最大弯矩	极限弯矩
1	44019	43926	1.00	0.024	0.021	1.14	1546	13313
2	48760	48693	1.00	0.031	0.027	1.15	2015	13688
3	52860	52696	1.00	0.033	0.027	1.22	1960	13500
4	57670	57096	1.01	0.029	0.017	1.71	2056	11438
5	50843	50737	1.00	0.034	0.029	1.17	2044	12938
6	55571	55503	1.00	0.042	0.036	1.17	2581	11063
7	60383	60104	1.00	0.044	0.034	1.29	2770	11250
8	66408	66100	1.00	0.048	0.032	1.50	3020	11625

续表

结构编号	杆件平均压力/N		N_1/N_2	竖向最大位移/m		Δ_1/Δ_2	装配节点平面外弯矩/(N·m)	
	SSB, N_1	刚接, N_2		SSB, Δ_1	刚接, Δ_2		最大弯矩	极限弯矩
9	60446	60381	1.00	0.066	0.053	1.25	3155	11250
10	67905	67702	1.00	0.046	0.040	1.15	4091	9750
11	74411	74113	1.00	0.067	0.057	1.18	4580	12375
12	82437	82284	1.00	0.073	0.053	1.38	4948	12938
13	64827	64708	1.00	0.053	0.043	1.23	2939	13875
14	71552	71389	1.00	0.058	0.047	1.23	3267	11438
15	78628	78304	1.00	0.068	0.052	1.31	3726	12000
16	85463	85068	1.00	0.089	0.066	1.35	4817	13125

注：表中 “最大弯矩” 为设计荷载作用下，SSB 节点平面外的最大弯矩。

5.2.3 稳定分析

1. 第 1 号索支撑空间网格结构稳定分析

采用弧长法对 1 号 SSB 及刚接索支撑空间网格结构稳定分析，得到两种结构失稳模式、失稳时杆件最大压应力分布及荷载–位移曲线，如图 5-2-14～ 图 5-2-16 所示。

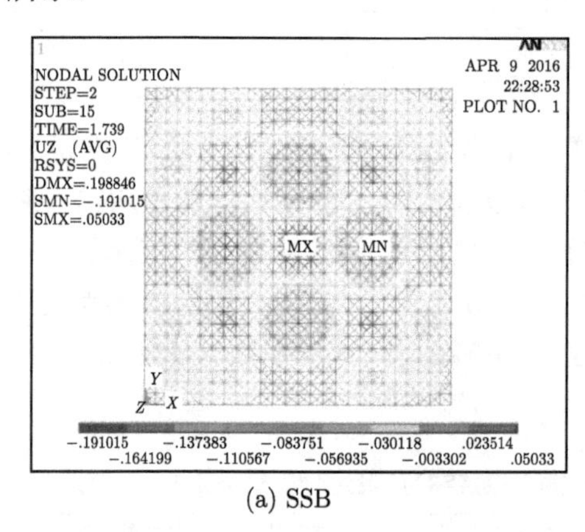

(a) SSB

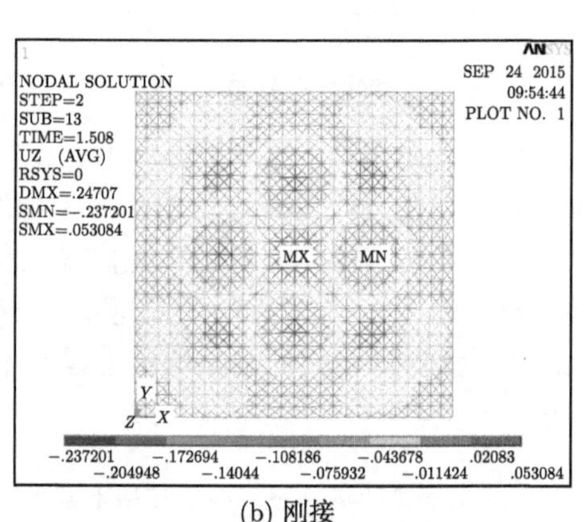

(b) 刚接

图 5-2-14　1 号索支撑空间网格结构失稳模式 (z 向)

对比图 5-2-14(a)、(b)，发现 SSB 索支撑空间网格结构失稳位移模式与刚接索支撑空间网格结构失稳位移模式相似。对比图 5-2-14 与图 5-2-15，发现索支撑空间网格结构最大压应力分布与对应的结构失稳位移模式分布类似，结构凹陷越深，对应杆件的压应力越大。结构发生失稳时，SSB 索支撑空间网格结构杆件内力小于刚接结构，SSB 结构仅部分杆件应力超过 300MPa，刚接结构较多杆件压应力达到 300MPa，且部分杆件进入塑性，SSB 网格结构钢材利用率低于刚接网格结构。由图

5-2-16 可求得结构荷载–位移曲线初始斜率为结构的初始刚度，通过计算可知，SSB 结构初始刚度为 100.62kN/m^3，约为刚接结构的 88%。

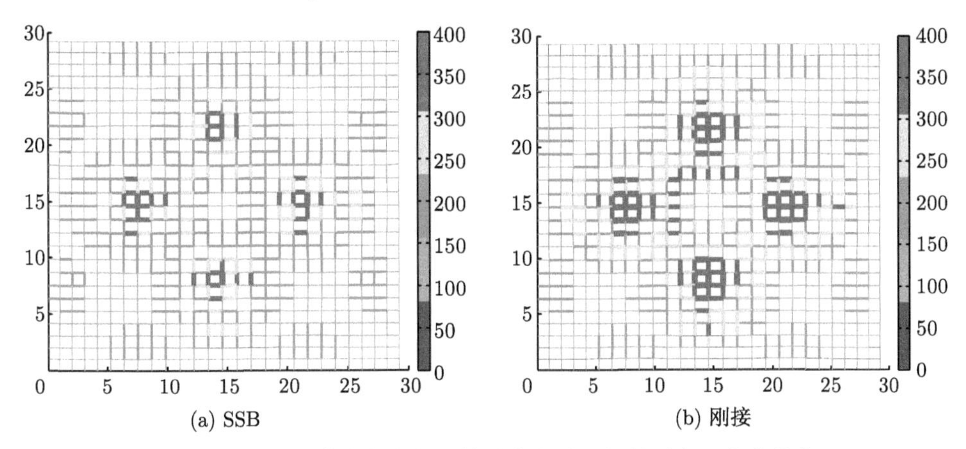

图 5-2-15 1 号索支撑空间网格结构失稳时杆件最大压内力分布

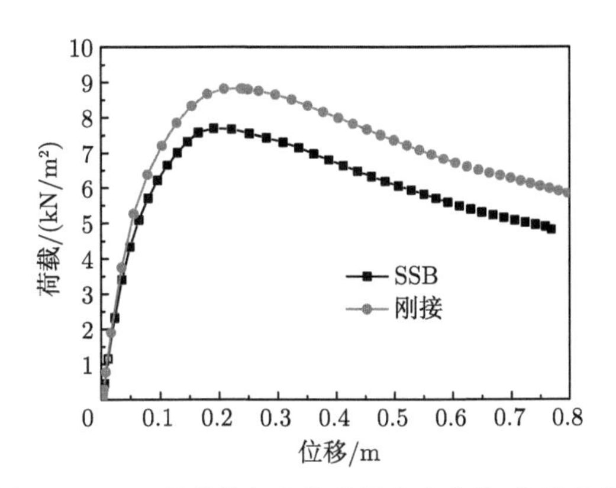

图 5-2-16 1 号结构竖向位移最大点荷载–位移曲线

由表 5-2-7 可知，SSB 结构稳定承载力为 7.697kN/m^2，约为刚接结构稳定承载力的 0.87，其原因主要包括以下两个方面。

(1) SSB 结构杆件弯曲应变能与轴向应变能的比值为 0.421，高于刚接结构的 0.303，弯曲应变能与轴向应变能的比值越大表明结构内部弯曲所占的比例越大，而弯曲对结构的稳定是不利的。SSB 结构弯曲应变能与轴向应变能的比值高，结构的稳定承载力低。

(2) 在相同荷载作用下，两者杆件轴力相近，而 SSB 结构中节点弯矩大于刚接网格结构杆件端部弯矩，SSB 节点的极限弯矩低于刚接节点。随着荷载增大，部分 SSB 节点达到极限弯矩，节点发生破坏，SSB 结构的刚度下降，直至结构整体失稳，失稳时失效节点分布如图 5-2-17 所示。当 SSB 索支撑空间网格结构达到稳定承载力时，刚接索支撑空间网格结构节点尚未发生破坏，结构能够继续受荷，直到部分杆件端部屈服，结构刚度下降，结构达到稳定承载力。

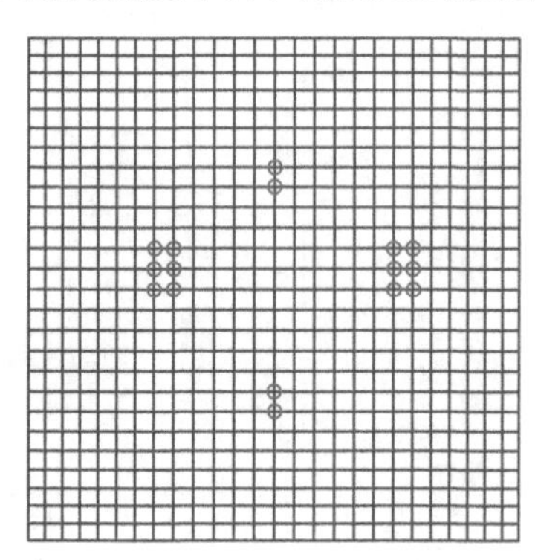

图 5-2-17　1 号 SSB 结构失稳时失效节点分布

表 5-2-7　1 号索支撑空间网格结构有限元分析结果

相关参数	SSB	刚接	比值
稳定承载力/(kN/m^2)	7.697	8.821	0.87
结构初始刚度/(kN/m^3)	100.62	113.97	0.88
相同荷载下杆件最大轴力/N	59473	58497	1.02
相同荷载下杆件平均轴力/N	44019	43926	1.00
相同荷载下节点最大弯矩/(N·m)	1786	1550	1.15
相同荷载下节点平均弯矩/(N·m)	395	359	1.10
弯曲应变能与轴向应变能之比	0.421	0.303	—

2. 第 2 号索支撑空间网格结构稳定分析

采用弧长法对 2 号 SSB 及刚接索支撑空间网格结构稳定分析，得到两种结构的失稳模式、失稳时杆件最大内力分布及荷载–位移曲线，如图 5-2-18～ 图 5-2-20 所示。

对比图 5-2-18(a)、(b)，发现 SSB 索支撑空间网格结构失稳位移模式与刚接索支撑空间网格结构失稳位移模式相似。对比图 5-2-18 与图 5-2-19，发现索支撑空间网格结构最大压应力分布与对应的结构失稳位移模式分布类似，结构凹陷越深，对应杆件的压应力越大。结构发生失稳时，SSB 索支撑空间网格结构杆件内力小于刚接结构，SSB 结构仅少量杆件应力超过 300MPa，刚接结构较多杆件压应力达到 300MPa，且部分杆件进入塑性，SSB 网格结构钢材利用率低于刚接网格结构。通过结构的荷载–位移曲线，可得 SSB 结构初始刚度为 76.87kN/m^3，约为刚接结构的 89%。

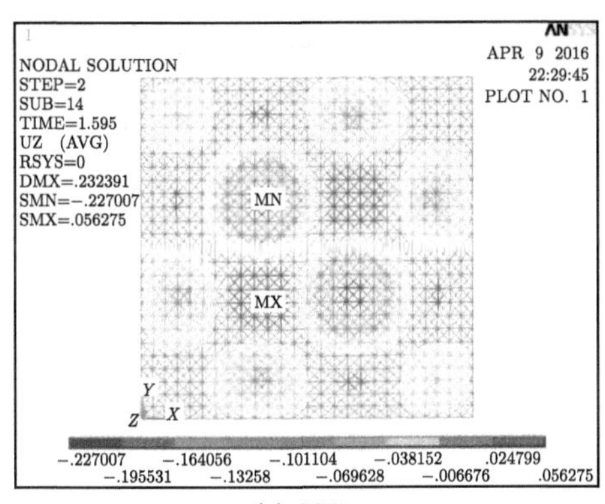

(a) SSB

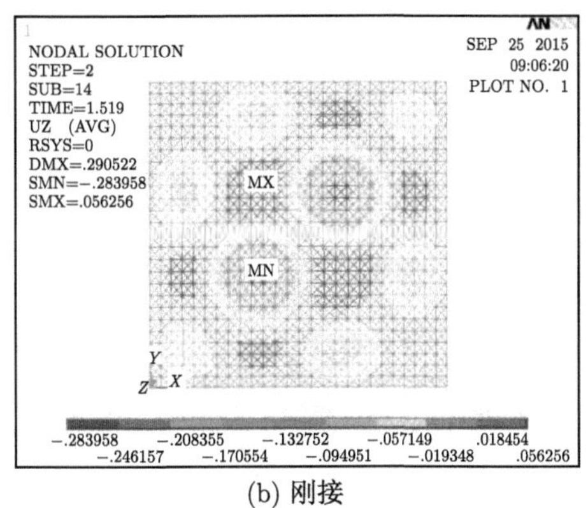

(b) 刚接

图 5-2-18　2 号索支撑空间网格结构失稳模式 (z 向)

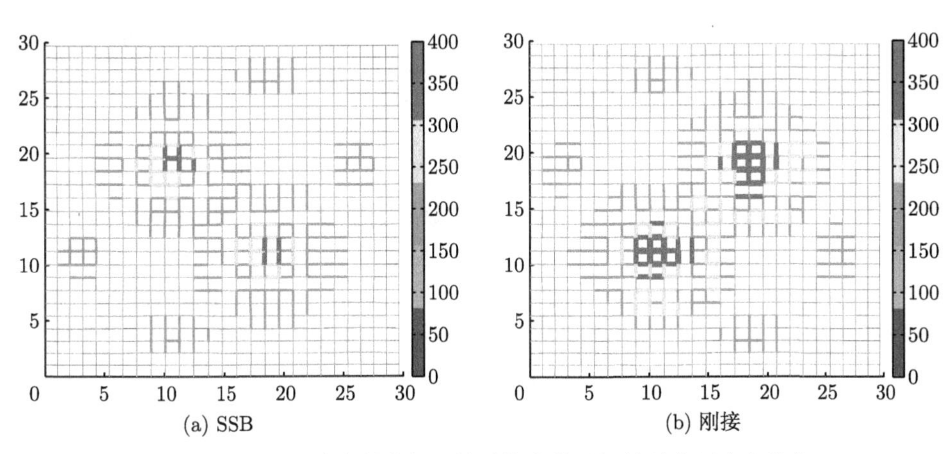

(a) SSB　　(b) 刚接

图 5-2-19　2 号索支撑空间网格结构失稳时杆件最大压内力分布

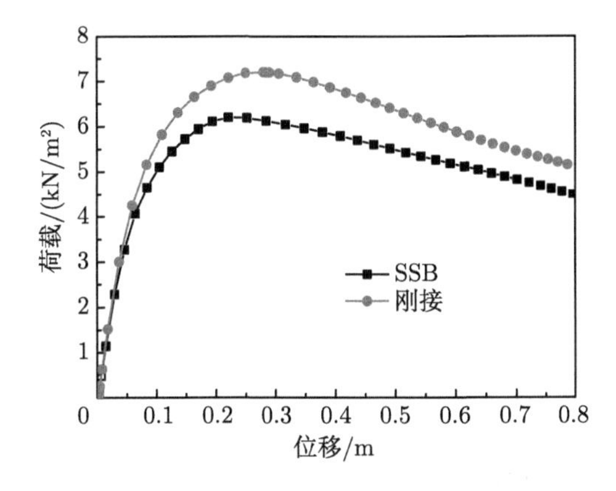

图 5-2-20　2 号结构竖向位移最大点荷载–位移曲线

由表 5-2-8 可知，SSB 结构稳定承载力为 6.197kN/m^2，约为刚接结构稳定承载力的 0.86，其原因主要包括以下两个方面。

表 5-2-8　2 号索支撑空间网格结构有限元分析结果

相关参数	SSB	刚接	比值
稳定承载力/(kN/m^2)	6.197	7.204	0.86
结构初始刚度/(kN/m^3)	76.87	86.70	0.89
相同荷载下杆件最大轴力/N	68135	64444	1.06
相同荷载下杆件平均轴力/N	48760	48693	1.00
相同荷载下杆件最大弯矩/(N·m)	2324	1867	1.24
相同荷载下杆件平均弯矩/(N·m)	465	402	1.15
弯曲应变能与轴向应变能之比	0.412	0.325	—

(1) SSB 结构杆件弯曲应变能与轴向应变能的比值为 0.412，高于刚接结构的 0.325，弯曲应变能与轴向应变能的比值越大表明结构内部弯曲所占的比例越大，而弯曲对结构的稳定是不利的。SSB 结构弯曲应变能与轴向应变能的比值高，结构的稳定承载力低。

(2) 在相同荷载作用下，两者杆件轴力相近，而 SSB 结构中节点弯矩大于刚接网格结构杆件端部弯矩，SSB 节点的极限弯矩低于刚接节点。随着荷载增大，部分 SSB 节点达到极限弯矩，节点发生破坏，SSB 结构的刚度下降，直至结构整体失稳，失稳时失效节点分布如图 5-2-21 所示。当 SSB 索支撑空间网格结构达到稳定承载力时，刚接索支撑空间网格结构节点尚未发生破坏，结构能够继续受荷，直到部分杆件端部屈服，结构刚度下降，结构达到稳定承载力。

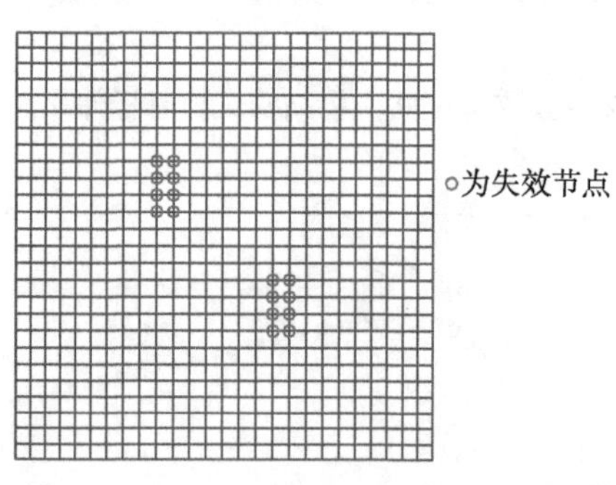

图 5-2-21　2 号 SSB 结构失效节点分布

3. 第 3 号索支撑空间网格结构稳定分析

采用弧长法对 3 号 SSB 及刚接索支撑空间网格结构稳定分析，得到两种结构的失稳模式、失稳时杆件最大内力分布及荷载–位移曲线，如图 5-2-22～图 5-2-24 所示。

对比图 5-2-22(a)、(b)，发现 SSB 索支撑空间网格结构失稳位移模式与刚接索支撑空间网格结构失稳位移模式相似。对比图 5-2-22 与图 5-2-23，发现索支撑空间网格结构最大压应力分布与对应的结构失稳位移模式分布类似，结构凹陷越深，对应杆件的压应力越大。结构发生失稳时，SSB 索支撑空间网格结构杆件内力小于刚接结构，SSB 结构仅少量杆件应力超过 300MPa，刚接结构较多杆件压应力达到 300MPa，且部分杆件进入塑性，SSB 网格结构钢材利用率低于刚接网格结构。通过结构的荷载–位移曲线，可得 SSB 结构初始刚度为 74.09kN/m^3，约为刚接结构的 84%。

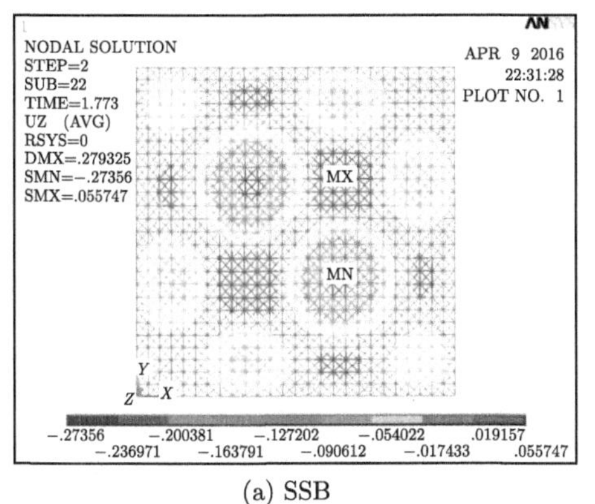

(a) SSB

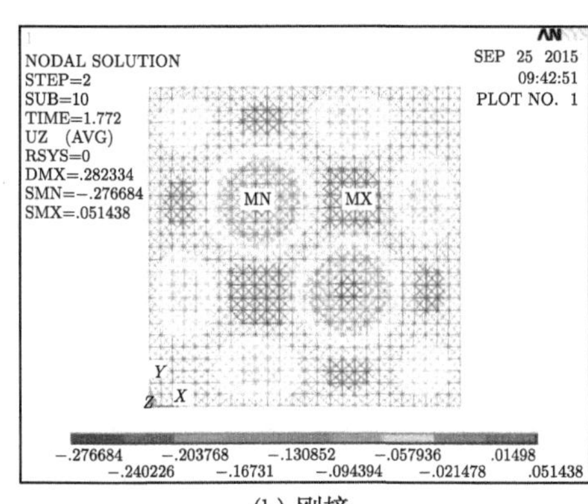

(b) 刚接

图 5-2-22　3 号索支撑空间网格结构失稳模式 (z 向)

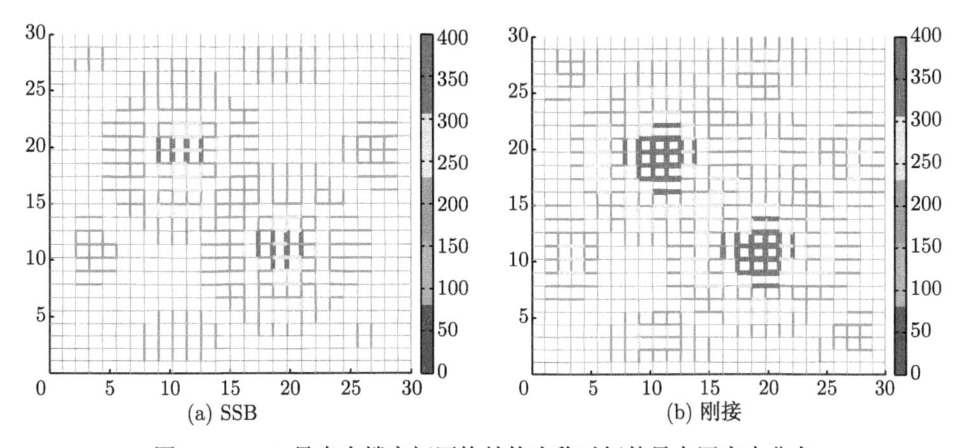

(a) SSB　　(b) 刚接

图 5-2-23　3 号索支撑空间网格结构失稳时杆件最大压应力分布

由表 5-2-9 可知，SSB 结构稳定承载力为 6.456kN/m^2，约为刚接结构稳定承载力的 0.80，其原因主要包括以下两个方面。

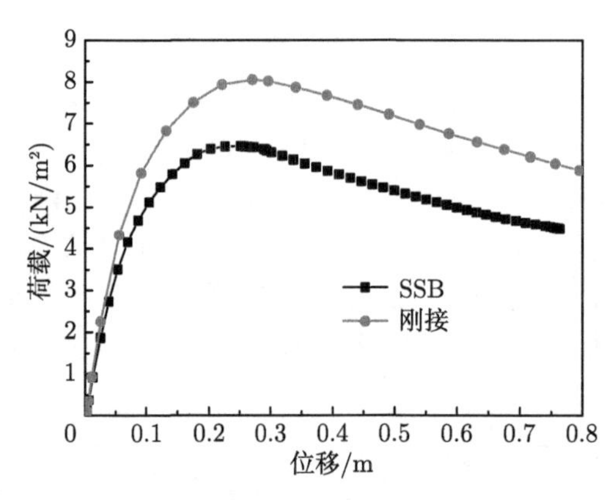

图 5-2-24　3 号结构竖向位移最大点荷载–位移曲线

(1) SSB 结构杆件弯曲应变能与轴向应变能的比值为 0.466，高于刚接结构的 0.304，弯曲应变能与轴向应变能的比值越大表明结构内部弯曲所占的比例越大，而弯曲对结构的稳定是不利的。SSB 结构弯曲应变能与轴向应变能的比值高，结构的稳定承载力低。

(2) 在相同荷载作用下，两者杆件轴力相近，而 SSB 结构中节点弯矩大于刚接网格结构杆件端部弯矩，SSB 节点的极限弯矩低于刚接节点。随着荷载增大，部分 SSB 节点达到极限弯矩，节点发生破坏，SSB 结构的刚度下降，直至结构整体失稳，失稳时失效节点分布如图 5-2-25 所示。当 SSB 索支撑空间网格结构达到稳定承载力时，刚接索支撑空间网格结构节点尚未发生破坏，结构能够继续受荷，直到部分杆件端部屈服，结构刚度下降，结构达到稳定承载力。

表 5-2-9　3 号索支撑空间网格结构有限元分析结果

相关参数	SSB	刚接	比值
稳定承载力/(kN/m^2)	6.456	8.044	0.80
结构初始刚度/(kN/m^3)	74.09	88.66	0.84
相同荷载下杆件最大轴力/N	70805	69252	1.02
相同荷载下杆件平均轴力/N	52860	52696	1.00
相同荷载下杆件最大弯矩/(N·m)	2921	2282	1.28
相同荷载下杆件平均弯矩/(N·m)	630	570	1.11
弯曲应变能与轴向应变能之比	0.466	0.304	—

4. 第 4 号索支撑空间网格结构稳定分析

采用弧长法对 4 号 SSB 及刚接索支撑空间网格结构稳定分析，得到两种结构的失稳模式、失稳时杆件最大内力分布及荷载–位移曲线，如图 5-2-26～图 5-2-28 所示。

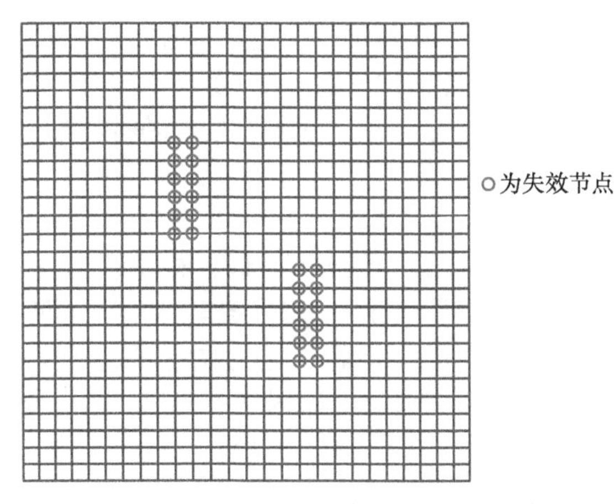

图 5-2-25　3 号 SSB 结构失效节点分布

对比图 5-2-26(a)、(b)，发现 SSB 索支撑空间网格结构失稳位移模式与刚接索支撑空间网格结构失稳位移模式相似。对比图 5-2-26 与图 5-2-27，发现索支撑空间网格结构最大压应力分布与对应的结构失稳位移模式分布类似，结构凹陷越深，对应杆件的压应力越大。结构发生失稳时，SSB 索支撑空间网格结构杆件内力小于刚接结构，SSB 结构极少杆件应力超过 300MPa，刚接结构较多杆件压应力达到 300MPa，且部分杆件进入塑性，SSB 网格结构钢材利用率低于刚接网格结构。通过结构的荷载–位移曲线，可得 SSB 结构初始刚度为 106.62kN/m^3，约为刚接结构的 80%。

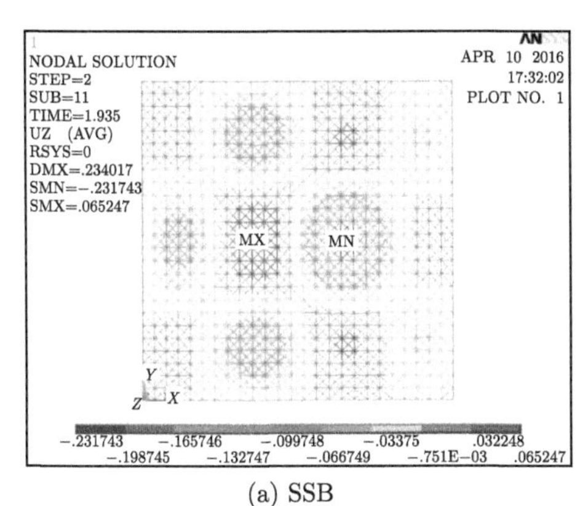

(a) SSB

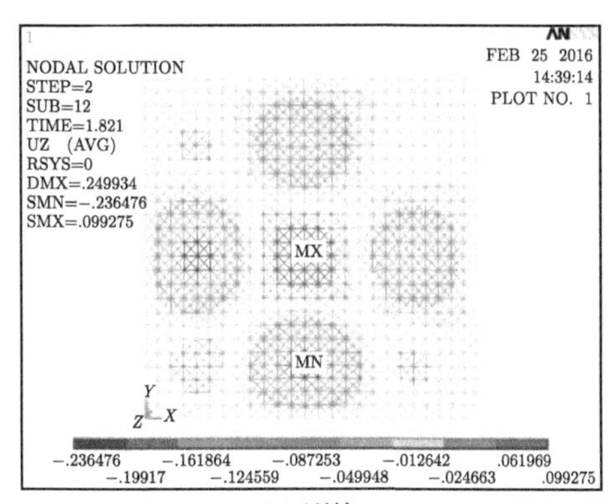

(b) 刚接

图 5-2-26　4 号索支撑空间网格结构失稳模式 (z 向)

由表 5-2-10 可知，SSB 结构稳定承载力为 6.491kN/m^2，约为刚接结构稳定承载力的 0.76，其原因主要包括以下两个方面。

(1) SSB 结构杆件弯曲应变能与轴向应变能的比值为 0.543，高于刚接结构的 0.321，弯曲应变能与轴向应变能的比值越大表明结构内部弯曲所占的比例越大，而弯曲对结构的稳定是不利的。SSB 结构弯曲应变能与轴向应变能的比值高，结构的稳定承载力低。

(2) 在相同荷载作用下，两者杆件轴力相近，而 SSB 结构中节点弯矩大于刚接网格结构杆件端部弯矩，SSB 节点的极限弯矩低于刚接节点。随着荷载增大，部分 SSB 节点达到极限弯矩，节点发生破坏，SSB 结构的刚度下降，直至结构整体失稳，失稳时失效节点分布如图 5-2-29 所示。当 SSB 索支撑空间网格结构达到稳定承载力时，刚接索支撑空间网格结构节点尚未发生破坏，结构能够继续受荷，直到部分杆件端部屈服，结构刚度下降，结构达到稳定承载力。

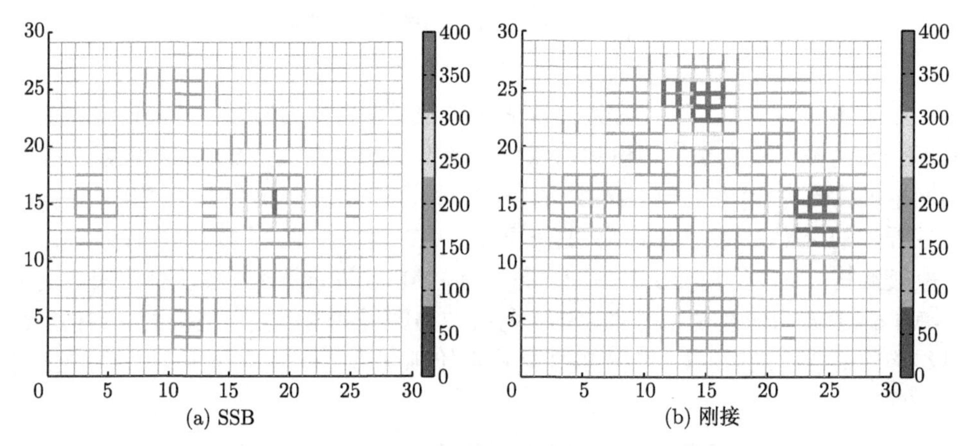

图 5-2-27 4 号索支撑空间网格结构失稳时杆件最大压应力分布

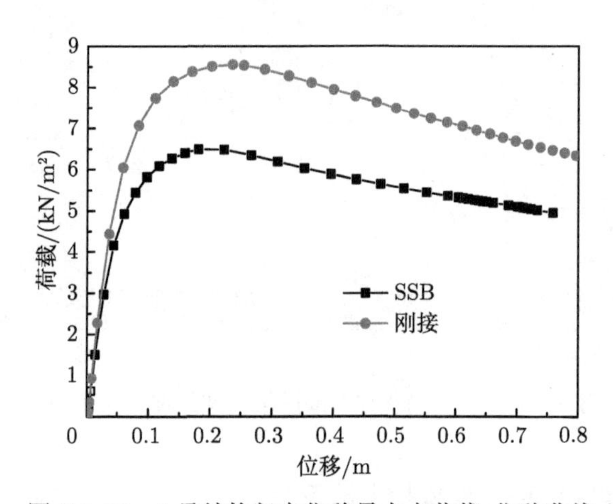

图 5-2-28 4 号结构竖向位移最大点荷载–位移曲线

表 5-2-10　4 号索支撑空间网格结构有限元分析结果

相关参数	SSB	刚接	比值
稳定承载力/(kN/m^2)	6.491	8.546	0.76
结构初始刚度/(kN/m^3)	106.62	132.74	0.80
相同荷载下杆件最大轴力/N	78456	75537	1.04
相同荷载下杆件平均轴力/N	57670	57096	1.01
相同荷载下杆件最大弯矩/(N·m)	3507	2697	1.30
相同荷载下杆件平均弯矩/(N·m)	758	671	1.13
弯曲应变能与轴向应变能之比	0.543	0.321	—

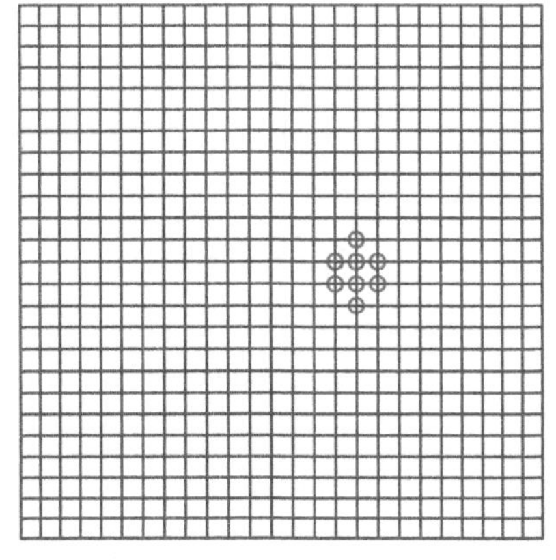

图 5-2-29　4 号 SSB 结构失效节点分布

5. 稳定分析结果汇总

索支撑空间网格结构稳定计算结果如表 5-2-11、表 5-2-12 所示。稳定分析结果表明，SSB 节点对索支撑空间网格结构的失稳模式有一定的影响，节点刚度过小会导致结构的失稳模式发生改变；SSB 结构的稳定承载力及初始刚度都低于刚接结构。从表 5-2-11 可以看出，SSB 索支撑空间网格结构稳定承载力约为刚接索支撑空间网格结构的 80%。从表 5-2-12 可以看出，SSB 索支撑空间网格结构初始刚度约为刚接索支撑空间网格结构的 80%。

表 5-2-11　SSB 结构的稳定承载力与刚接结构的对比

结构编号	跨度/m	网格尺寸/(m×m)	矢跨比	SSB 结构稳定承载力/(kN/m^2)	刚接结构稳定承载力/(kN/m^2)	稳定承载力比值
1	30	1.2×1.2	1/6	7.697	8.821	0.87
2			1/7	6.197	7.204	0.86
3			1/8	6.456	8.044	0.80
4			1/9	6.491	8.546	0.76

续表

结构编号	跨度/m	网格尺寸/(m×m)	矢跨比	SSB 结构稳定承载力/(kN/m^2)	刚接结构稳定承载力/(kN/m^2)	稳定承载力比值
5	30	1.5×1.5	1/6	5.687	6.441	0.88
6			1/7	4.933	5.642	0.87
7			1/8	5.309	6.524	0.81
8			1/9	4.615	6.556	0.70
9		2.0×2.0	1/6	4.611	5.107	0.90
10			1/7	3.789	4.246	0.89
11			1/8	3.910	4.776	0.82
12			1/9	3.589	4.713	0.76
13	40	1.5×1.5	1/6	3.641	4.334	0.84
14			1/7	3.203	4.271	0.75
15			1/8	3.102	4.354	0.71
16			1/9	2.589	3.864	0.67

表 5-2-12　SSB 结构的初始刚度与刚接结构的对比

结构编号	跨度/m	网格尺寸/(m×m)	矢跨比	SSB 结构初始刚度/(kN/m^2)	刚接结构初始刚度/(kN/m^2)	初始刚度比值
1	30	1.2×1.2	1/6	100.62	113.97	0.88
2			1/7	76.87	86.70	0.89
3			1/8	74.09	88.66	0.84
4			1/9	106.62	132.74	0.80
5		1.5×1.5	1/6	72.94	81.32	0.90
6			1/7	45.51	53.50	0.85
7			1/8	49.46	62.85	0.79
8			1/9	65.18	97.19	0.67
9		2.0×2.0	1/6	55.35	68.73	0.81
10			1/7	41.37	49.27	0.84
11			1/8	37.49	47.70	0.79
12			1/9	44.55	68.75	0.65
13	40	1.5×1.5	1/6	48.30	57.28	0.84
14			1/7	39.14	49.22	0.80
15			1/8	33.24	46.80	0.71
16			1/9	25.22	38.25	0.66

注：表中“结构初始刚度”为结构荷载–位移曲线的初始斜率。

5.3　垫片对装配式索支撑空间网格结构静力稳定性的影响

5.3.1　模型参数

针对不同参数的 SPB 节点进行了力学性能试验，旨在得到 SPB 节点面外转动刚度及面外极限弯矩。试验方法与 SSB 节点试验相同。节点参数与本书表 4-3-1 中 1、6、11、16 号 SSB 节点的参数相同，试验结果如表 5-3-1 所示。两种装配式节点在面外转动刚度和面外极限弯矩上都有较大差异。与 SSB 节点比较，SPB 节点面外转动刚度与面外极限弯矩均有不同程度下降。SPB 节点面外转动刚度约为 SSB 节点的 61%，面外极限弯矩约为 SSB 节点的 50%。

表 5-3-1　装配节点力学性能对比

节点编号	装配式节点面外转动刚度/($\times10^6$ N·m/rad)					节点极限弯矩/(N·m)				
	刚接节点 K_1	SSB 节点 K_2	SPB 节点 K_3	K_3/K_2	K_3/K_1	刚接节点 M_1	SSB 节点 M_2	SPB 节点 M_3	M_3/M_2	M_3/M_1
1	1.18	1.52	0.76	0.50	0.64	13299	13313	6338	0.48	0.48
6	2.37	2.15	1.00	0.47	0.42	20090	11063	5981	0.54	0.3
11	1.70	1.45	1.01	0.70	0.59	14802	12375	6356	0.51	0.43
16	3.00	1.72	1.32	0.77	0.44	20698	13125	5738	0.44	0.28

以椭圆抛物面索支撑空间网格结构为例，杆件采用矩形钢管，材料为 Q390 钢材，根据钢材材性试验，弹性模量 $E=1.9\times10^5$ MPa，钢材的本构模型采用理想弹塑性模型。拉索采用不锈钢绞线，索截面面积 86mm^2，弹性模量 $E=1.3\times10^5$MPa，索预应力为 150MPa。在索截面面积、索预应力固定的条件下，以结构的挠度、稳定性要求及其构件杆件的刚度、强度、稳定性要求作为基本原则 [4,5,7]，对索支撑网格结构进行试算，最终选择合适的结构形式及构件尺寸，其结果如表 5-3-2 所示。

表 5-3-2　结构基本信息

结构编号	跨度/m	矢高/m	矢跨比	网格单元/(m×m)	节点编号	杆件截面尺寸/(高 (mm)× 宽 (mm)× 厚 (mm))
1	30	5.000	1/6	1.5×1.5	11	100×100×4
2		4.286	1/7	1.5×1.5	1	80×120×4
3		3.750	1/8	1.5×1.5	16	120×120×4
4		3.333	1/9	1.5×1.5	6	150×100×4

5.3.2　垫片对索支撑空间网格结构静力稳定性的影响

1. 第 1 号索支撑空间网格结构稳定分析

1 号 SSB 索支撑空间网格结构采用 11 号节点，SPB 节点与 SSB 节点平面外荷载–位移曲线如图 5-3-1 所示。

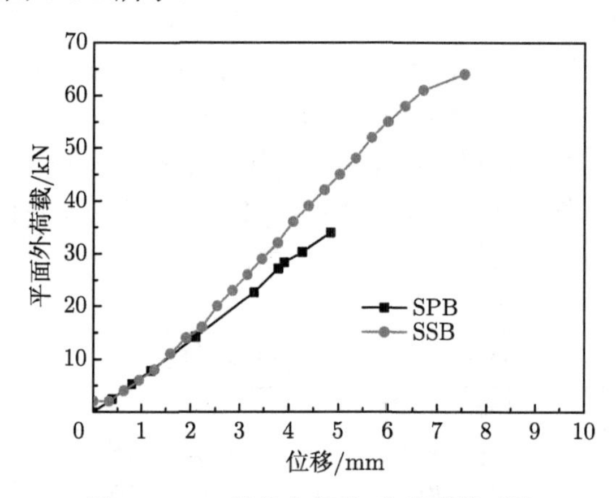

图 5-3-1　1 号节点荷载–位移曲线对比

基于串联弹簧模型，将 SSB 节点、SPB 节点引入索支撑空间网格结构，建立装配式索支撑空间网格结构的有限元模型。采用弧长法对 1 号刚接节点、SSB 节点及 SPB 节点的索支撑空间网格结构稳定分析，得到结构的失稳模式、杆件最大压内力分布、荷载–位移曲线，如图 5-3-2～ 图 5-3-4 所示。

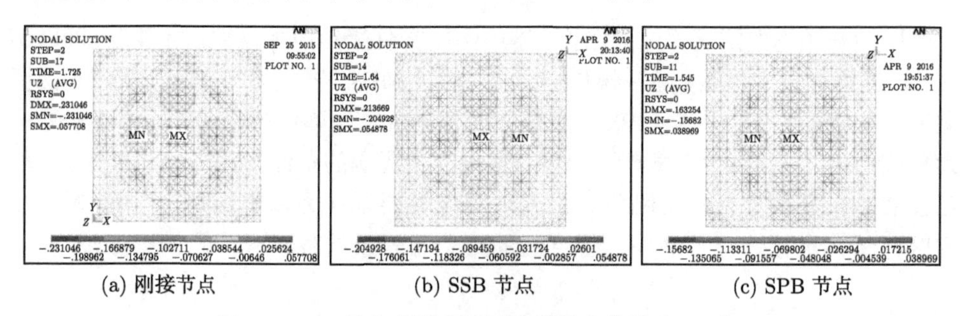

(a) 刚接节点　　(b) SSB 节点　　(c) SPB 节点

图 5-3-2　1 号索支撑空间网格结构失稳模式 (z 向)

对比图 5-3-2(a)、(b)、(c)，发现三种不同节点的索支撑空间网格结构失稳位移模式相似，在 x、y 方向均为 5 个半波。对比图 5-3-2 与图 5-3-3，可知同种节点的索支撑空间网格结构最大压应力分布与对应的结构失稳位移模式分布类似，结构凹陷越深，对应杆件的压应力越大。结构失稳时，两种装配式网格结构杆件内力较小，SPB 索支撑空间网格结构杆件最大压应力小于 SSB 结构。

由图 5-3-4 可求得结构荷载–位移曲线初始斜率，为结构的初始刚度，通过计算可知，SPB 结构初始刚度为 81.32kN/m^3，约为刚接结构的 85%，比 SSB 节点低 5%。如表 5-3-3 所示，SPB 索支撑空间网格结构稳定承载力为 4.847 kN/m^2，约为刚接结构稳定承载力的 75%，比 SSB 结构低 13%。

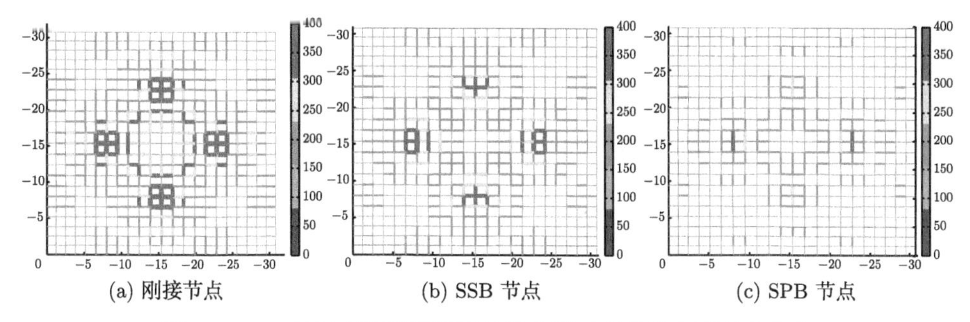

图 5-3-3 1 号索支撑空间网格结构失稳时杆件最大压应力分布

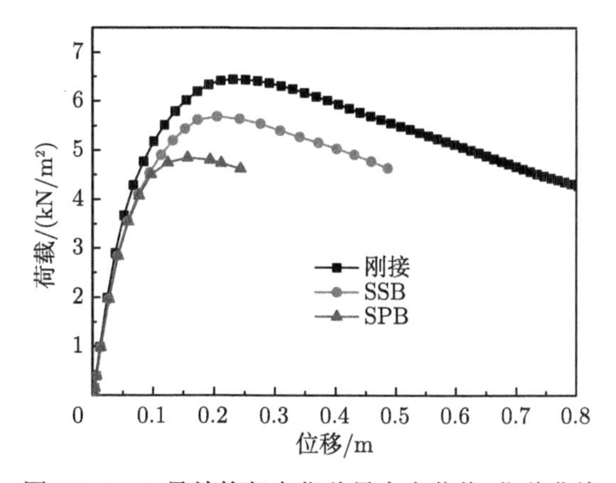

图 5-3-4 1 号结构竖向位移最大点荷载–位移曲线

表 5-3-3 1 号索支撑空间网格结构有限元分析结果

相关参数	刚接结构	SSB 结构	SPB 结构	SSB 结构与刚接结构的比值	SPB 结构与刚接结构的比值
稳定承载力/(kN/m^2)	6.441	5.687	4.847	0.88	0.75
结构初始刚度/(kN/m^3)	81.32	72.94	68.83	0.90	0.85

2. 第 2 号索支撑空间网格结构稳定分析

2 号装配式索支撑空间网格结构采用 1 号节点，SSB 与 SPB 节点平面外荷载–位移曲线如图 5-3-5(a) 所示。1 号节点平面内荷载–位移曲线如图 5-3-5(b) 所示。

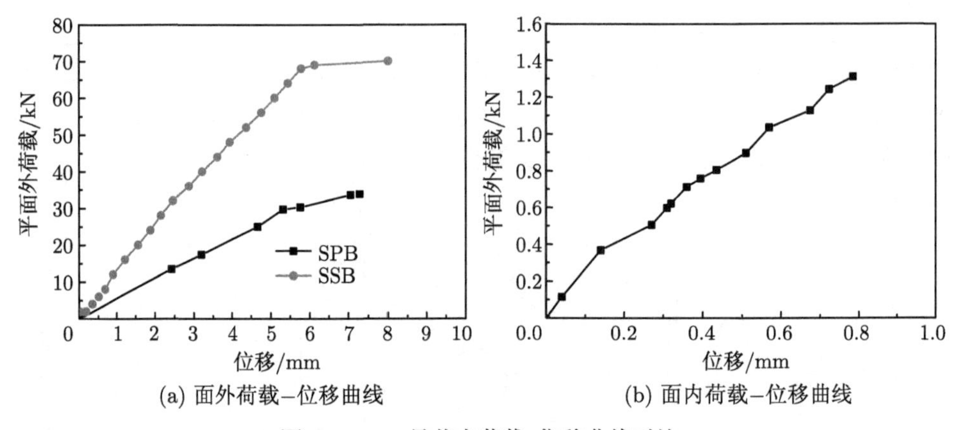

(a) 面外荷载–位移曲线　　(b) 面内荷载–位移曲线

图 5-3-5　1 号节点荷载–位移曲线对比

采用弧长法对 2 号刚接节点、SSB 节点及 SPB 节点的索支撑空间网格结构稳定分析，得到结构的失稳模式、杆件最大压内力分布、荷载–位移曲线，如图 5-3-6～图 5-3-8 所示。

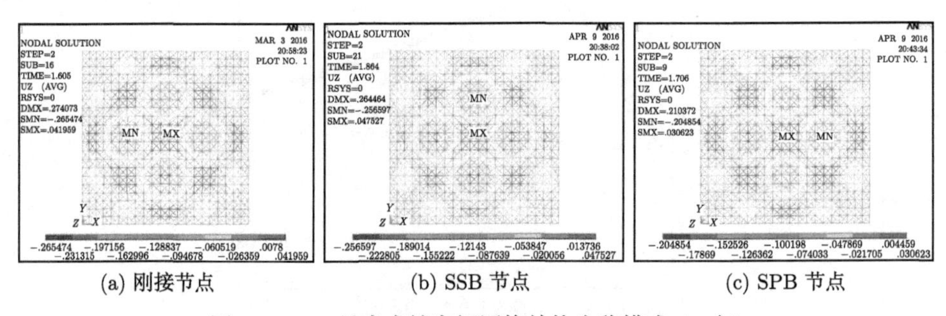

(a) 刚接节点　　(b) SSB 节点　　(c) SPB 节点

图 5-3-6　2 号索支撑空间网格结构失稳模式 (z 向)

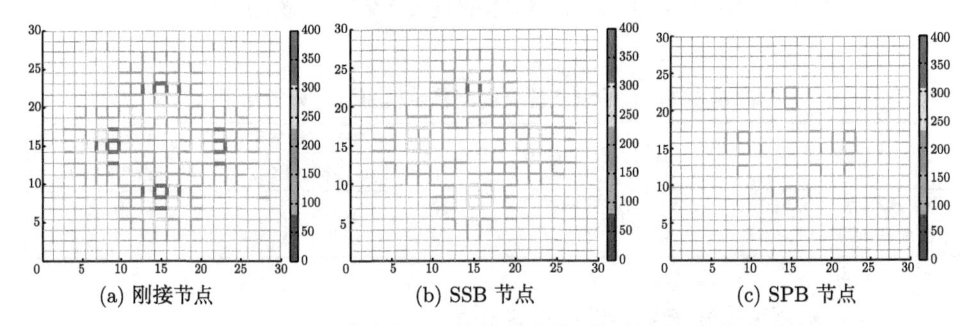
(a) 刚接节点　　(b) SSB 节点　　(c) SPB 节点

图 5-3-7　2 号索支撑空间网格结构失稳时杆件最大压应力分布

对比图 5-3-6(a)、(b)、(c)，发现三种不同节点的索支撑空间网格结构失稳位移模式相似，在 x、y 方向均为 5 个半波。对比图 5-3-6 与图 5-3-7，可知同种节点的索支撑空间网格结构最大压应力分布与对应的结构失稳位移模式分布类似，结构凹陷越深，对应杆件的压应力越大。结构失稳时，两种装配式网格结构杆件内力较小，SPB 索支撑空间网格结构杆件最大压应力小于 SSB 结构。

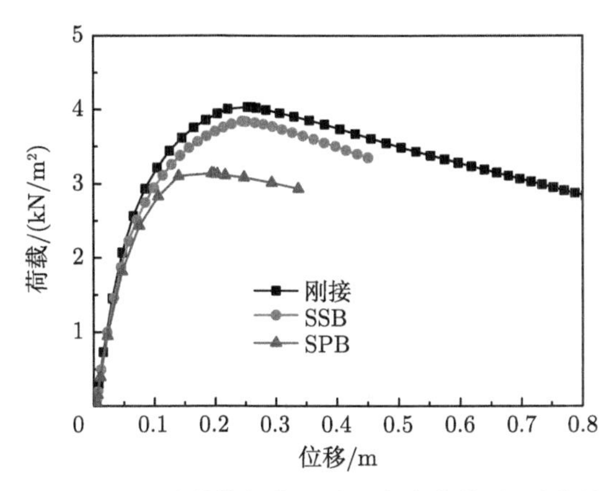

图 5-3-8 2 号结构竖向位移最大点荷载–位移曲线

由图 5-3-8 可求得结构初始刚度，SPB 结构初始刚度为 81.32kN/m^3，约为刚接结构的 85%，比 SSB 结构低 5%。如表 5-3-4 所示，SPB 索支撑空间网格结构稳定承载力为 4.847 kN/m^2，约为刚接结构稳定承载力的 75%，比 SSB 结构低 13%。

表 5-3-4 2 号索支撑空间网格结构有限元分析结果

相关参数	刚接结构	SSB 结构	SPB 结构	SSB 结构与刚接结构的比值	SPB 结构与刚接结构的比值
稳定承载力/(kN/m^2)	4.033	3.840	3.140	0.95	0.78
结构初始刚度/(kN/m^3)	47.46	43.74	38.59	0.92	0.81

3. *第 3 号索支撑空间网格结构稳定分析*

3 号装配式索支撑空间网格结构采用 16 号节点，SSB 与 SPB 节点平面外荷载–位移曲线如图 5-3-9 所示。

采用弧长法对 3 号刚接节点、SSB 节点及 SPB 节点的索支撑空间网格结构稳定分析，得到结构的失稳模式、杆件最大压内力分布、荷载–位移曲线，如图 5-3-10～图 5-3-12 所示。

对比图 5-3-10(a)、(b)、(c)，发现三种不同节点的索支撑空间网格结构失稳位移模式相似，在 x、y 方向均为 4 个半波。对比图 5-3-10 与图 5-3-11，可知同种节点的索支撑空间网格结构最大压应力分布与对应的结构失稳位移模式分布类似，结构凹陷越深，对应杆件的压应力越大。结构失稳时，两种装配式网格结构杆件内力较小，SPB 索支撑空间网格结构杆件最大压应力小于 SSB 结构。

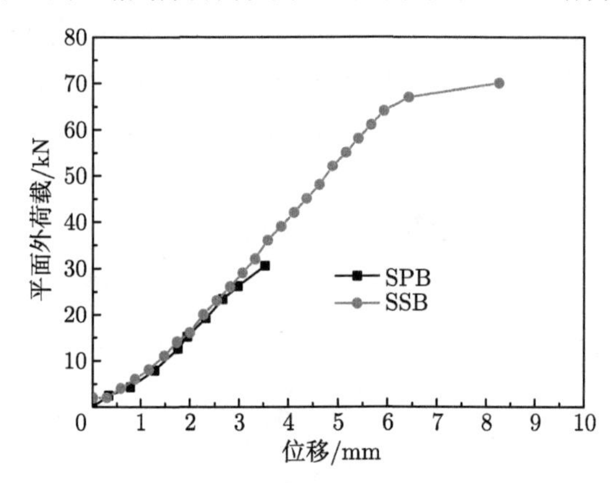

图 5-3-9　16 号节点荷载–位移曲线对比

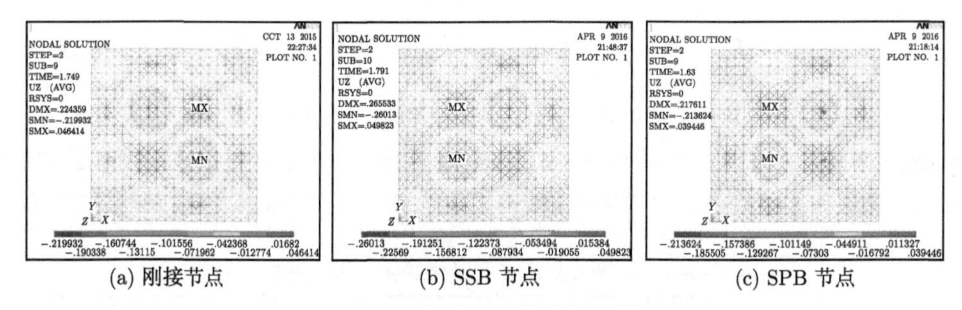

(a) 刚接节点　(b) SSB 节点　(c) SPB 节点

图 5-3-10　3 号索支撑空间网格结构失稳模式 (z 向)

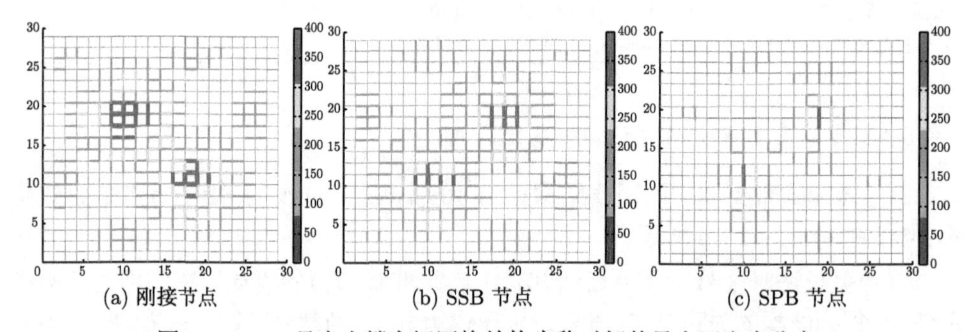

(a) 刚接节点　(b) SSB 节点　(c) SPB 节点

图 5-3-11　3 号索支撑空间网格结构失稳时杆件最大压应力分布

由图 5-3-12 可求得结构初始刚度，SPB 结构初始刚度为 38.59kN/m^3，约为刚接结构的 76%，比 SSB 结构低 3%。如表 5-3-5 所示，SPB 索支撑空间网格结构稳定承载力为 4.198 kN/m^2，约为刚接结构稳定承载力的 64%，比 SSB 结构低 17%。

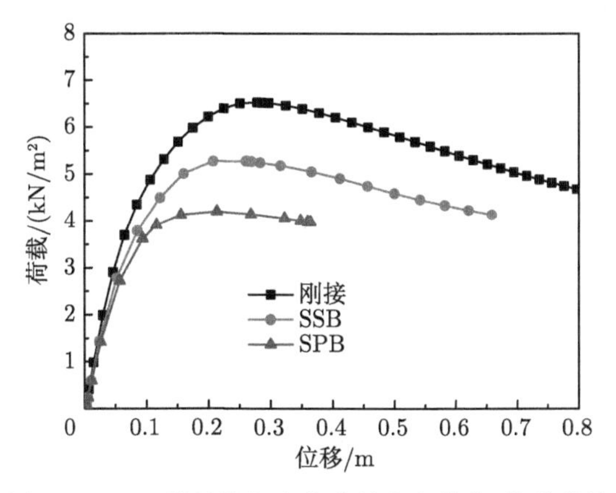

图 5-3-12　3 号结构竖向位移最大点荷载–位移曲线

表 5-3-5　3 号索支撑空间网格结构有限元分析结果

相关参数	刚接结构	SSB 结构	SPB 结构	SSB 结构与刚接结构的比值	SPB 结构与刚接结构的比值
稳定承载力/(kN/m^2)	6.524	5.275	4.198	0.81	0.64
结构初始刚度/(kN/m^3)	62.85	49.46	47.61	0.79	0.76

4. 第 4 号索支撑空间网格结构稳定分析

4 号装配式索支撑空间网格结构采用 6 号节点，SSB 与 SPB 节点平面外荷载–位移曲线如图 5-3-13 所示。

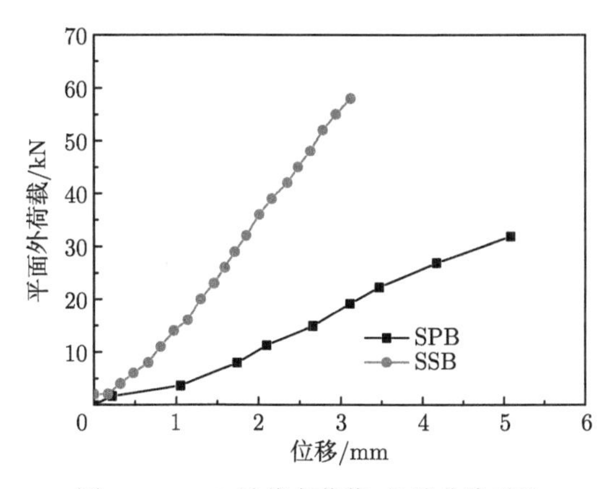

图 5-3-13　6 号节点荷载–位移曲线对比

采用弧长法对 4 号刚接节点、SSB 节点及 SPB 节点的索支撑空间网格结构稳定分析，得到结构的失稳模式、杆件最大压内力分布、荷载–位移曲线，如图 5-3-14~

图 5-3-16 所示。

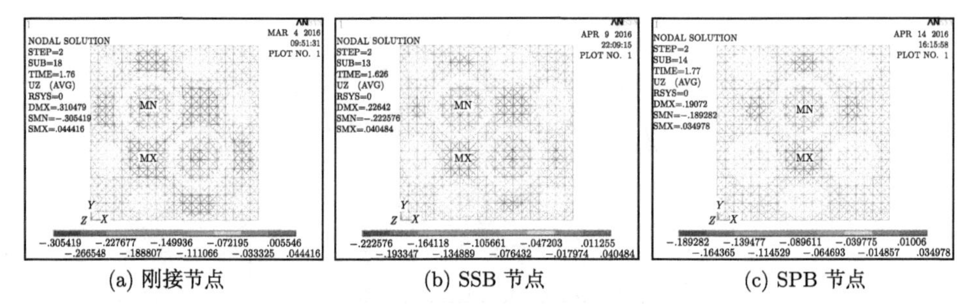

(a) 刚接节点　　(b) SSB 节点　　(c) SPB 节点

图 5-3-14　4 号索支撑网格结构失稳模式 (z 向)

对比图 5-3-14(a)、(b)、(c)，发现三种不同节点的索支撑空间网格结构失稳位移模式不尽相同，刚接节点和 SSB 节点的索支撑空间网格结构的失稳模型在 x、y 方向均为 4 个半波，而 SPB 结构在 x 方向为 5 个半波，y 方向为 4 个半波。对比图 5-3-14 与图 5-3-15，可知同种节点的索支撑空间网格结构最大压应力分布与对应的结构失稳位移模式分布类似，结构凹陷越深，对应杆件的压应力越大。结构失稳时，两种装配式网格结构杆件内力较小，SPB 索支撑空间网格结构杆件最大压应力小于 SSB 结构。

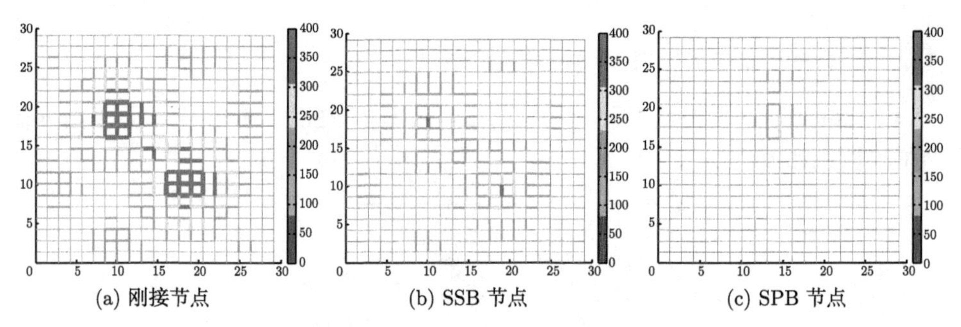

(a) 刚接节点　　(b) SSB 节点　　(c) SPB 节点

图 5-3-15　4 号索支撑空间网格结构失稳时杆件最大压应力分布

由图 5-3-16 可求得结构初始刚度，SPB 结构初始刚度为 52.14kN/m^3，约为刚接结构的 74%，比 SSB 结构低 13%。如表 5-3-6 所示，SPB 索支撑空间网格结构稳定承载力为 3.378 kN/m^2，约为刚接结构稳定承载力的 67%，比 SSB 结构低 15%。

5. 数据汇总

刚接节点、SPB 节点及 SSB 节点的索支撑空间网格结构初始刚度及稳定承载力如表 5-3-7 和表 5-3-8 所示。与刚接索支撑空间网格结构相比，SPB 索支撑空间网格结构稳定承载力平均下降 29%，比 SSB 结构稳定承载力低 15%；SPB 索支撑空间网格结构初始刚度平均下降 21%，比 SSB 结构初始刚度低 8%。

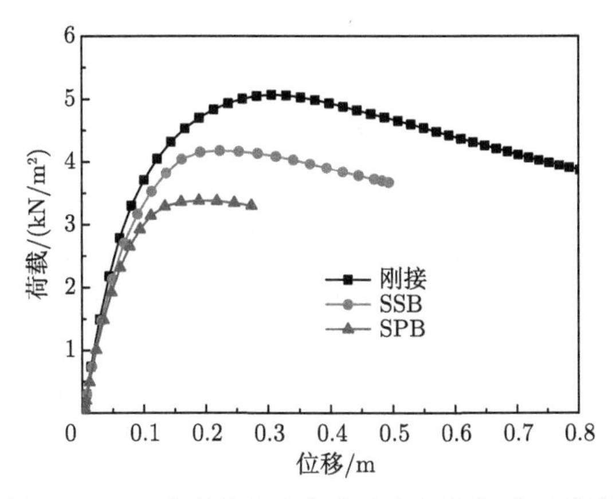

图 5-3-16　4 号结构竖向位移最大点荷载–位移曲线

表 5-3-6　4 号索支撑空间网格结构有限元分析结果

相关参数	刚接结构	SSB 结构	SPB 结构	SSB 结构与刚接结构的比值	SPB 结构与刚接结构的比值
稳定承载力/(kN/m^2)	5.068	4.177	3.378	0.82	0.67
结构初始刚度/(kN/m^3)	52.14	45.50	38.41	0.87	0.74

表 5-3-7　索支撑空间网格结构稳定承载力

结构编号	刚接结构稳定承载力 $P_{cr,1}$ /(kN/m^2)	SSB 结构稳定承载力 $P_{cr,2}$ /(kN/m^2)	SPB 结构稳定承载力 $P_{cr,3}$ /(kN/m^2)	$P_{cr,2}/\mathrm{P}_{cr,1}$	$P_{cr,3}/P_{cr,1}$
1	6.441	5.687	4.847	0.88	0.75
2	4.033	3.840	3.140	0.95	0.78
3	6.524	5.275	4.198	0.81	0.64
4	5.068	4.177	3.445	0.82	0.67

表 5-3-8　索支撑空间网格结构初始刚度

结构编号	刚接结构初始刚度 K_1/(kN/m^2)	SSB 结构稳定承载力 K_2/(kN/m^2)	SPB 结构稳定承载力 K_3/(kN/m^2)	K_2/K_1	K_3/K_1
1	81.32	72.94	68.83	0.90	0.85
2	47.46	43.74	38.59	0.92	0.81
3	62.85	49.46	47.61	0.79	0.76
4	52.14	45.50	38.41	0.87	0.74

注：表中“结构初始刚度”为结构荷载–位移曲线的初始斜率。

5.4 索支撑空间网格结构整体稳定性能对装配式节点力学性能要求

根据前文可知，SSB 节点面外转动刚度和面外极限弯矩约为刚接节点的 86%和 68%，而 SSB 结构的初始刚度和稳定承载力约为刚接结构的 80%。SPB 节点面外转动刚度和面外极限弯矩约为刚接节点的 37%和 50%，而 SPB 索支撑空间网格结构初始刚度和稳定承载力约为刚接结构的 79%和 71%。虽然装配式节点的力学性能较刚接节点有较大程度的下降，但装配式索支撑空间结构的整体稳定性能的下降程度较小。为了明确节点不同刚度和极限弯矩对结构整体稳定性能的影响，以得到满足不同结构整体稳定性能目标的装配式节点力学性能，为装配式节点设计提供力学性能依据。本节研究了节点刚度、极限弯矩和塑性极限位移等节点力学性能参数对索支撑空间网格结构整体稳定性能的影响。

5.4.1 模型参数

为了得到不同结构整体稳定性能目标下索支撑空间网格结构对装配式节点力学性能的要求，本节选用两个模型，着重研究装配式节点力学性能对索支撑空间网格结构稳定性能的影响，模型参数详见表 5-4-1。

表 5-4-1　模型参数

参数	模型 1	模型 2
跨度/m	30	30
矢跨比	1/7	1/9
网格单元/(m×m)	1.5×1.5	1.5×1.5
钢材料属性	$E=1.9\times10^5$MPa，理想弹塑性	$E=1.9\times10^5$MPa，理想弹塑性
钢杆件截面/(高 (mm)×宽 (mm)× 厚 (mm))	100×100×5(12 号节点)	120×120×5(17 号节点)
约束条件	四边铰接	四边铰接
荷载	满跨荷载	满跨荷载
索初始预应力/MPa	150	150
索材料属性	$E=1.3\times10^5$ MPa	$E=1.3\times10^5$ MPa
索截面/mm^2	86	86

5.4.2 节点转动刚度

节点的转动刚度可分为平面外抗弯刚度、平面内抗弯刚度及绕杆件的扭转刚度。

对于刚接节点，平面外抗弯刚度为

$$K_{\text{out-plane,rigid}} = \frac{3EI_{\text{out-plane}}}{l} \tag{5-4-1a}$$

平面内抗弯刚度为

$$K_{\text{in-plane,rigid}} = \frac{3EI_{\text{in-plane}}}{l} \tag{5-4-1b}$$

绕杆件的扭转刚度为

$$K_{\text{torsion,rigid}} = \frac{GI_{\rho}}{l} \tag{5-4-1c}$$

其中，E 为杆件的弹性模量，G 为杆件的剪切模量，$I_{\text{out-plane}}$ 为杆件截面平面外惯性矩，$I_{\text{in-plane}}$ 为杆件截面平面内惯性矩，I_{ρ} 为杆件截面极惯性矩，l 为杆件的长度。

定义装配式节点相对刚度为

$$\text{装配式节点的相对刚度} = \frac{\text{装配式节点刚度}}{\text{刚接节点刚度}} \tag{5-4-2}$$

定义装配式结构的相对稳定承载力

$$\text{装配式结构的相对稳定承载力} = \frac{\text{装配式结构的稳定承载力}}{\text{刚接结构的稳定承载力}} \tag{5-4-3}$$

装配式节点相对刚度分配及不同节点刚度的索支撑空间网格结构的稳定承载力如表 5-4-2 和表 5-4-3 所示。模型 1 中，装配式节点面外试验转动刚度约为刚接节点转动刚度的 75%，面内转动刚度约为刚接节点转动刚度的 14%。模型 2 中，装配式节点面外试验转动刚度约为刚接节点转动刚度的 51%，面内转动刚度约为刚接节点转动刚度的 9%。

本节将从结构的稳定承载力、刚度、特征值屈曲模式和非线性失稳模式等方面，详细阐述节点转动刚度对结构稳定性的影响，模型 1、模型 2 具有相似的规律。

1. 节点转动刚度对结构稳定承载力与刚度的影响

不同节点刚度的索支撑空间网格结构竖向位移最大点的荷载–位移曲线如图 5-4-1 所示。由图 5-4-1 可知，随着节点刚度下降，结构的稳定承载力降低，结构荷载–位移曲线的初始斜率降低，即结构的初始刚度降低。不同节点刚度结构的稳定承载力如表 5-4-2 和表 5-4-3 所示，初始刚度如表 5-4-4 和表 5-4-5 所示。

图 5-4-2 描述了节点面外相对刚度与结构稳定承载力的关系。随着节点刚度下降，结构稳定承载力下降，节点刚度越低，结构稳定承载力下降速率越快，节点面外相对刚度小于 0.1 时，节点稳定承载力迅速下降。模型 1 与模型 2 节点面外相对

刚度与相对稳定承载力关系如图 5-4-3 所示。两个模型的节点面外相对刚度与相对稳定承载力关系相似，面外相对刚度为 0.2 时，结构稳定承载力约为刚接的 55%。

表 5-4-2　模型 1 节点相对刚度分配及其稳定承载力

节点编号	面外相对刚度	面内相对刚度	扭转相对刚度	稳定承载力 $P_{cr,i}$ /(kN/m^2)	相对稳定承载力 $P_{cr,i}/P_{cr,1}$
1(刚接)	1	1	1	5.64	1.00
2	0.9	0.9	0.9	5.39	0.96
3	0.8	0.8	0.8	5.19	0.92
4(试验值)	0.76	0.14	0.75	4.76	0.84
5	0.7	0.13	0.7	4.72	0.84
6	0.6	0.11	0.6	4.55	0.81
7	0.5	0.092	0.5	4.38	0.78
8	0.4	0.074	0.4	4.12	0.73
9	0.3	0.055	0.3	3.73	0.66
10	0.2	0.037	0.2	3.13	0.55
11	0.1	0.018	0.1	2.24	0.40
12	0.05	0.0092	0.05	1.61	0.29
13	0.01	0.0018	0.01	0.54	0.10
14	0.005	0.00092	0.005	0.3	0.05

注：$P_{cr,i}$ 为第 i 个装配式节点所在索支撑网格结构的稳定承载力；$P_{cr,1}$ 为刚接索支撑网格结构的稳定承载力。

表 5-4-3　模型 2 节点相对刚度分配及其稳定承载力

节点编号	面外相对刚度	面内相对刚度	扭转相对刚度	稳定承载力 $P_{cr,i}$ /(kN/m^2)	相对稳定承载力 $P_{cr,i}/P_{cr,1}$
1(刚接)	1	1	1	6.56	1.00
2	0.9	0.9	0.9	6.4	0.98
3	0.8	0.8	0.8	6.21	0.95
4	0.7	0.7	0.7	5.99	0.91
5	0.6	0.6	0.6	5.73	0.87
6(试验值)	0.51	0.09	0.51	5.11	0.78
7	0.4	0.07	0.4	4.8	0.73
8	0.3	0.05	0.3	4.4	0.67
9	0.2	0.035	0.2	3.87	0.59
10	0.1	0.018	0.1	3.07	0.47
11	0.05	0.0088	0.05	2.38	0.36
12	0.01	0.0018	0.01	1.11	0.17
13	0.005	0.00088	0.005	0.73	0.11

注：$P_{cr,i}$ 为第 i 个装配式节点所在索支撑网格结构的稳定承载力；$P_{cr,1}$ 为刚接索支撑网格结构的稳定承载力。

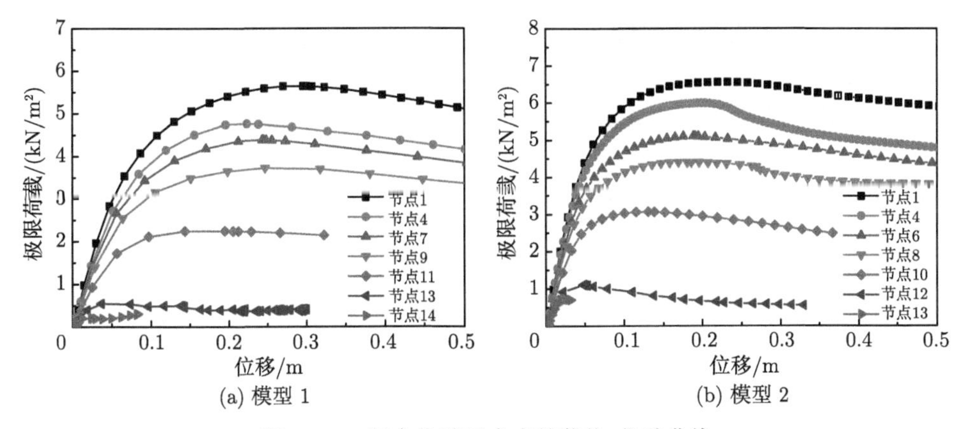

图 5-4-1　竖向位移最大点的荷载–位移曲线

表 5-4-4　模型 1 不同节点刚度结构的初始刚度

节点编号	节点 1	节点 4	节点 7	节点 9	节点 11	节点 13	节点 14
初始刚度/(kN/m^3)	64.87	59.59	55.21	48.90	36.91	13.61	3.79

表 5-4-5　模型 2 不同节点刚度结构的初始刚度

节点编号	节点 1	节点 4	节点 6	节点 8	节点 10	节点 12	节点 13
初始刚度/(kN/m^3)	107.68	101.79	91.40	83.97	67.66	31.46	19.36

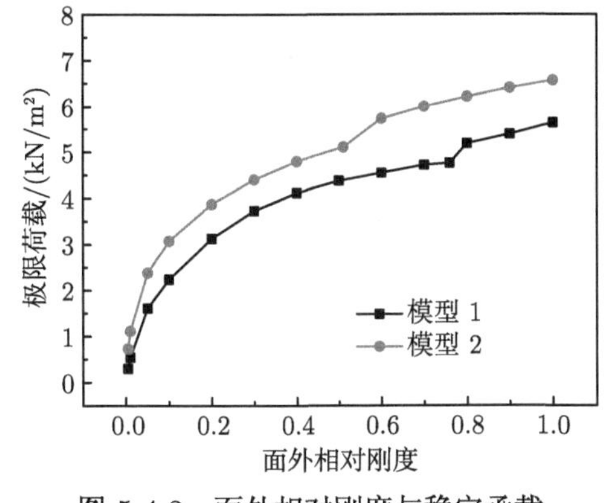

图 5-4-2　面外相对刚度与稳定承载力的关系

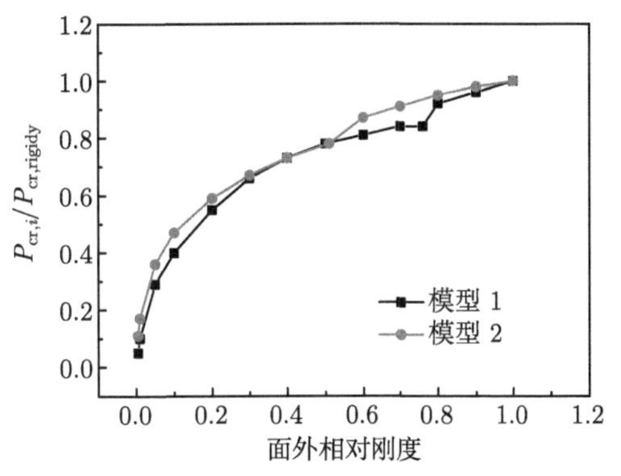

图 5-4-3　面外相对刚度与相对稳定承载力的关系

2. 节点转动刚度对结构特征值屈曲模式的影响

以模型 1 为例，通过模型 1 特征值屈曲分析，可得到不同节点刚度结构的一阶特征值屈曲模式，如图 5-4-4 所示。节点刚度的改变导致结构一阶特征值屈曲模式发生改变。随着节点刚度的下降，结构一阶特征值屈曲模式在 x、y 方向的半波数目增多，结构的空间整体性能下降。不同节点刚度结构的一阶特征值屈曲模式在 x、y 方向的半波数目如表 5-4-6 所示。当节点刚度低到一定程度时，结构弹性失稳模式表现为局部变形，如节点 13、14 所在结构的一阶特征值模式主要为局部变形。

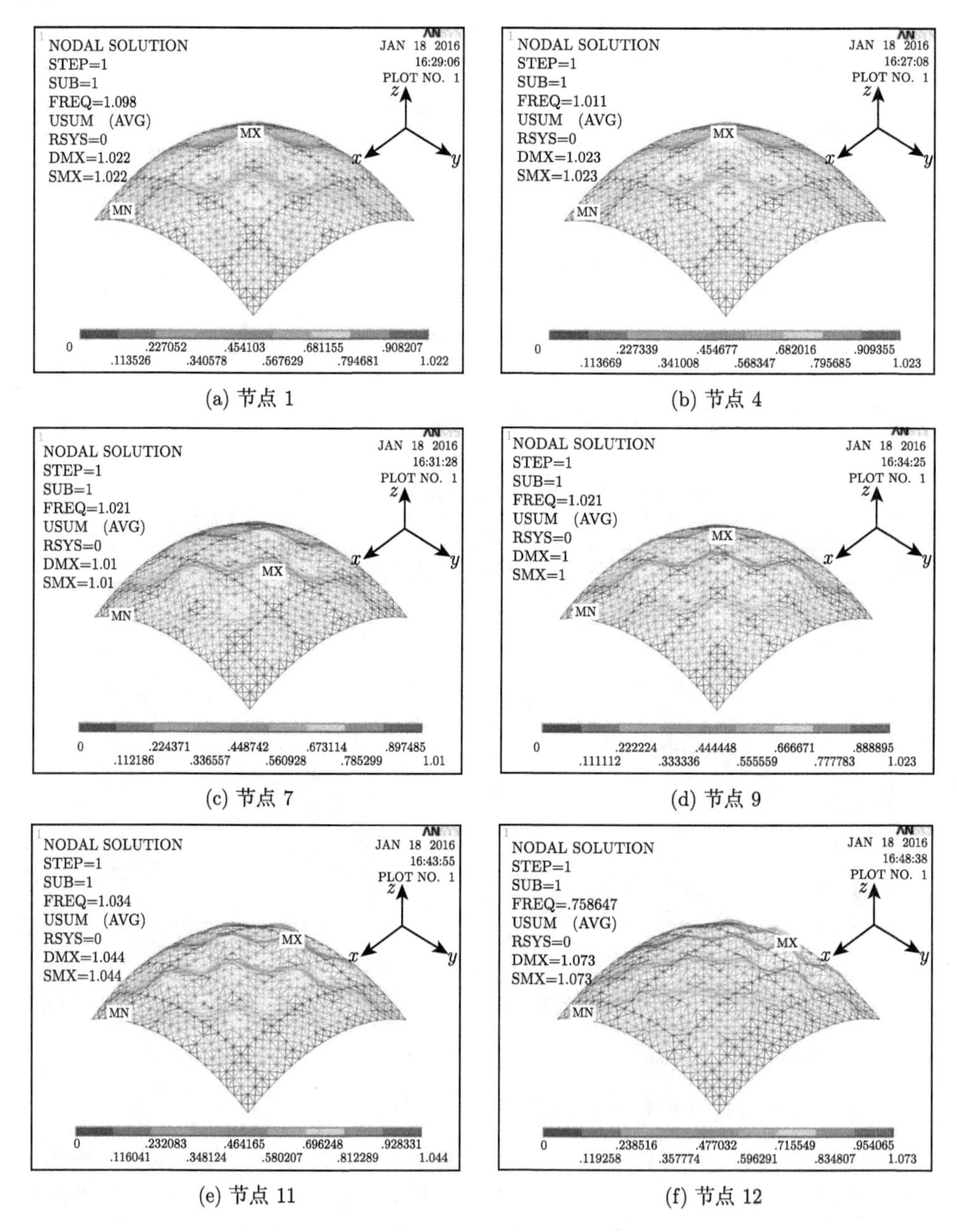

(a) 节点 1　　(b) 节点 4

(c) 节点 7　　(d) 节点 9

(e) 节点 11　　(f) 节点 12

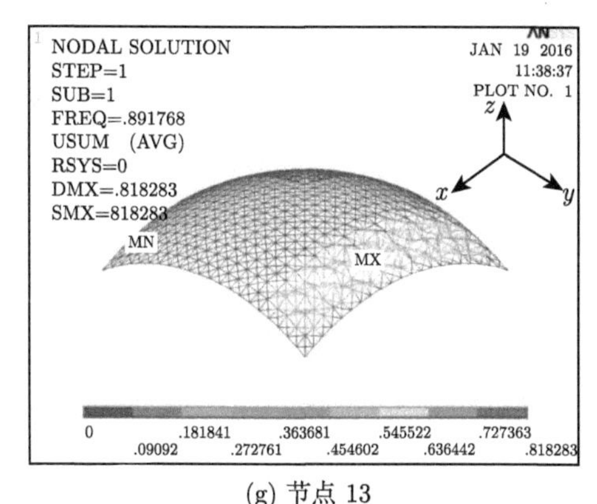

(g) 节点 13

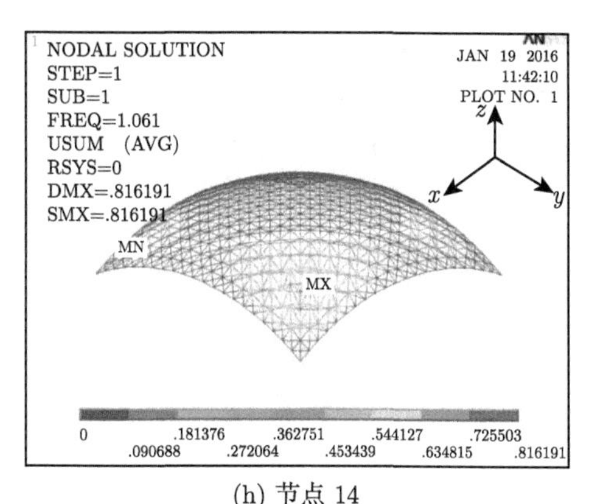

(h) 节点 14

图 5-4-4　模型 1 不同节点刚度下结构一阶特征值屈曲模式

表 5-4-6　模型 1 不同节点刚度结构特征值屈曲模式

节点编号	x 向半波数	y 向半波数
1	4	4
2	4	4
3	4	4
4	4	4
5	4	4
6	4	4
7	5	4
8	5	4
9	5	5
10	5	5
11	6	5
12	8	6
13	条状局部屈曲	
14	局部屈曲，主要集中在一个凹坑	

3. 节点转动刚度对结构非线性失稳的影响

按照结构一阶特征值屈曲模式施加初始缺陷，通过有限元软件 ANSYS 可得不同节点转动刚度下模型 1 的非线性失稳模式及结构杆件最大压应力分布，分别如图 5-4-5 和图 5-4-6 所示。图 5-4-5 中结构的变形为结构实际变形的 5 倍。不同节点转动刚度结构的非线性失稳模式不尽相同。对比图 5-4-4 和图 5-4-5 可知，结构非线性失稳模式与结构一阶特征值屈曲模式相似，结构非线性失稳模式位移分布主要集中在凹坑区域，而结构一阶特征值屈曲模式位移分布相对均匀。随着节点转动刚度降低，结构的凹陷主要发生在结构边缘，局部凹陷的特性越来越明显。当节点转动刚度极小时，如图 5-4-5(g)、(h) 中节点 13、节点 14 的结构，结构刚度降低，在结构边缘处出现明显的局部变形，而其余区域变形极小，结构表现为局部失稳，空间整体性由于节点刚度降低而削弱。

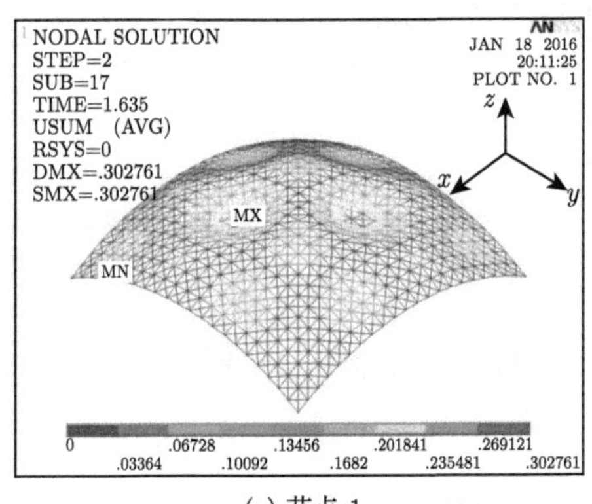

(a) 节点 1

(b) 节点 4

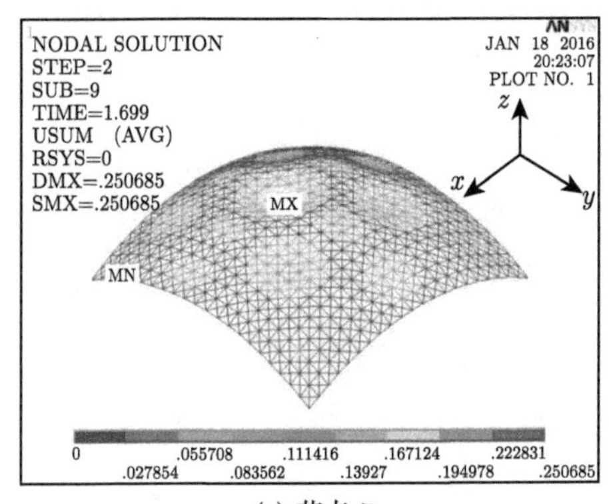

(c) 节点 7

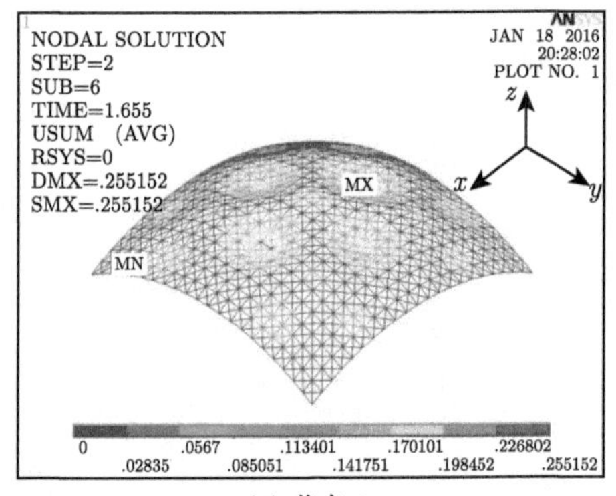

(d) 节点 9

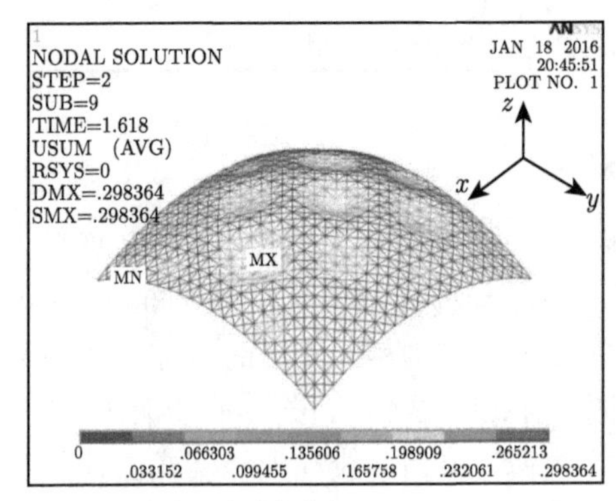

(e) 节点 11

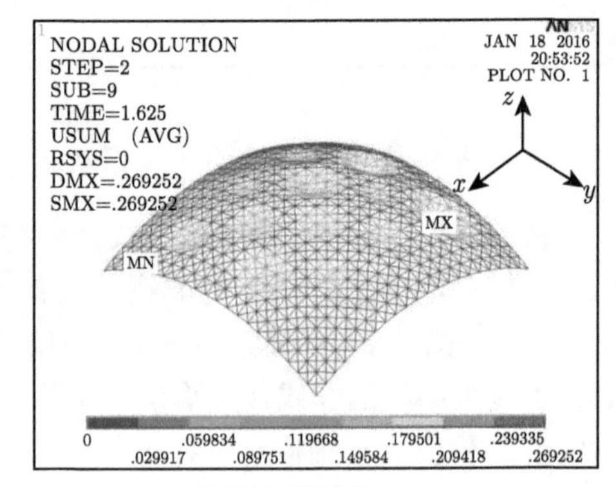

(f) 节点 12

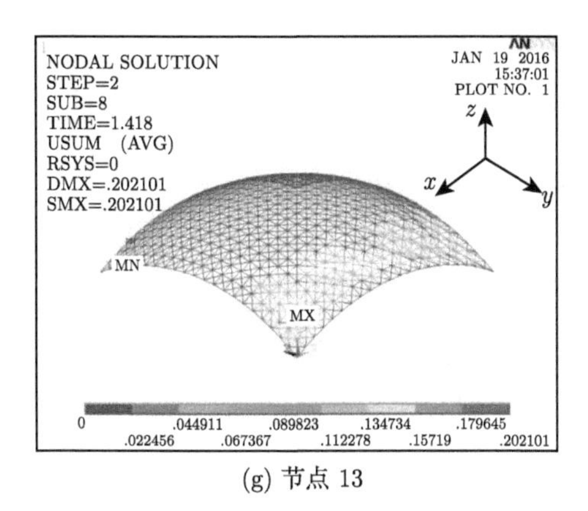

(g) 节点 13

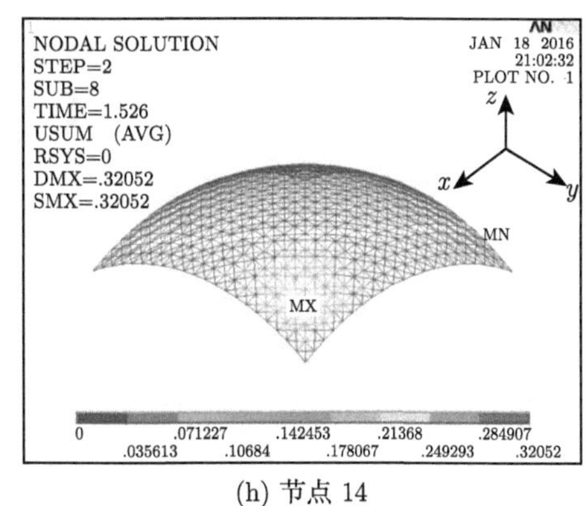

(h) 节点 14

图 5-4-5　模型 1 不同节点刚度下结构非线性失稳模式 (实际变形的 5 倍)

对比图 5-4-6(a)～(h)，不同节点刚度结构最大压应力分布主要有以下不同：杆件最大压应力分布模式不同和杆件最大压应力值不同。对比图 5-4-5 与图 5-4-6，同种节点的结构最大压应力分布与结构失稳位移模式分布相似，结构中压应力较大的杆件均出现在结构凹陷区域，凹陷越深，节点及杆件受力越大，越易发生破坏。结构发生失稳时，节点 1 的结构杆件最大压应力较大，结构部分杆件最大压应力超过 300MPa，结构凹陷区域大量杆件达到 300MPa，部分杆件进入塑性。节点 4、节点 7 的结构仅少量杆件达到 300MPa，节点 13 的结构杆件最大压应力仅 50MPa，节点 14 的结构杆件最大压应力仅 20MPa。随着节点刚度下降，结构最大压应力下降。

通过对不同节点刚度的索支撑空间网格结构稳定性能进行研究，可知节点刚度对结构刚度、稳定承载力、特征值屈曲模式及非线性失稳均有较大的影响。节点刚度下降不但会导致结构的稳定承载力下降，而且会导致杆件内力分布和结构失

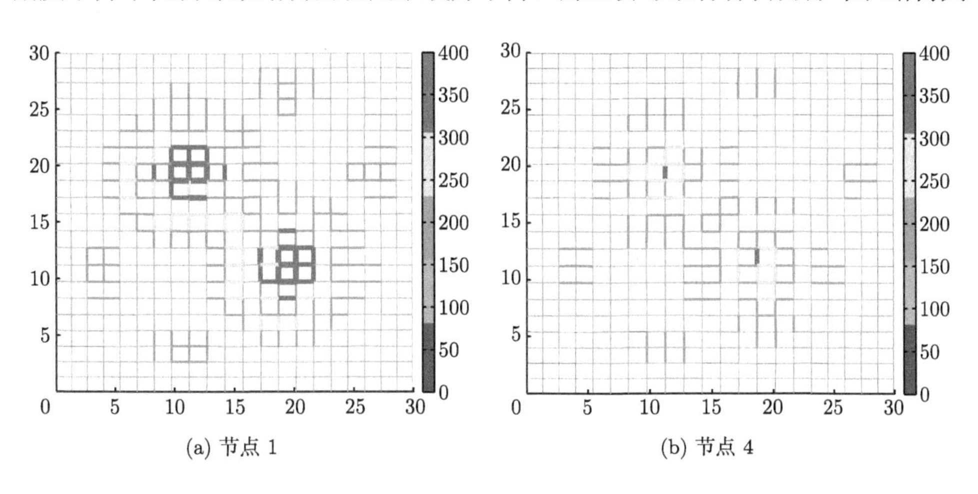

(a) 节点 1　　(b) 节点 4

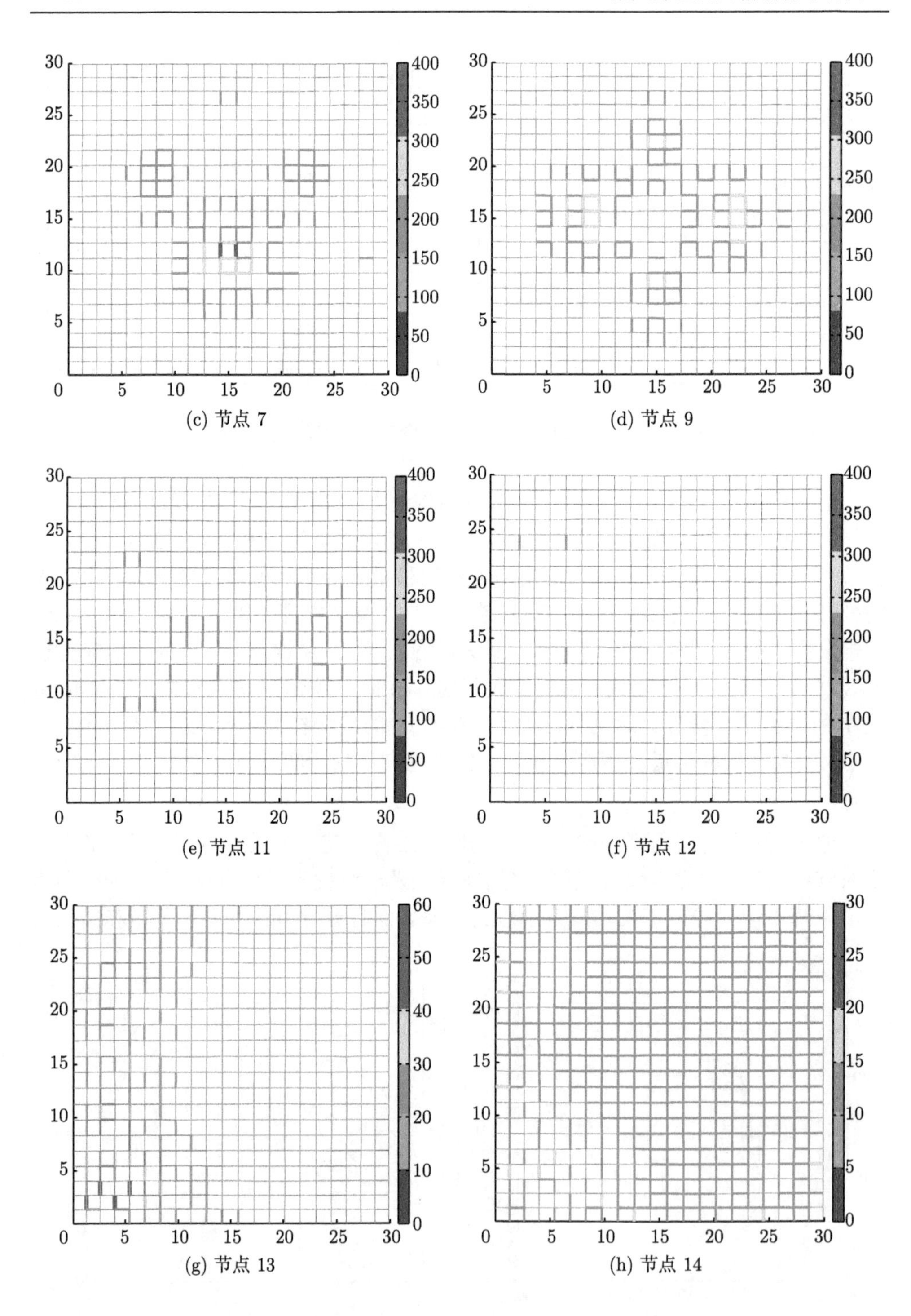

图 5-4-6　模型 1 不同节点刚度下结构非线性失稳时最大压应力分布

稳模式发生变化。当节点面外相对刚度小于 0.05 时，结构局部刚度低，出现明显的局部变形。节点面外相对刚度小于 0.1 时，节点稳定承载力与结构初始刚度迅速下降。建议装配式索支撑空间网格结构中装配节点面外相对刚度不小于 0.2，此时结构的稳定承载力约为刚接结构的 55%以上。

5.4.3　节点面外极限弯矩

定义

$$\text{装配式节点的相对弯矩} = \frac{\text{装配式节点极限弯矩}}{\text{刚接节点极限弯矩}} \tag{5-4-4}$$

考虑截面塑性发展系数 $\gamma_y = 1.05$，在轴力 N、面外力 $F(N = 0.14\text{F})$ 共同作用，可计算刚接节点的极限弯矩，模型 1 采用 12 号节点，对应的刚接节点极限弯矩为 18032N·m，模型 2 选用 17 号节点，对应的极限弯矩为 25339N·m。保持装配式节点试验刚度不变，改变节点相对弯矩，经计算可得不同节点极限弯矩结构的稳定承载力，如表 5-4-7 所示。

表 5-4-7　不同相对弯矩节点所在结构的稳定承载力(平面外)

相对弯矩	模型 1 稳定承载力/(kN/m^2)	相对弯矩	模型 2 稳定承载力/(kN/m^2)
0.01	0.31	0.01	0.78
0.05	2.16	0.05	3.33
0.1	2.97	0.1	4.04
0.2	3.74	0.2	4.51
0.3	4.06	0.3	4.78
0.5	4.54	0.5	5.06
0.67(试验值)	4.76	0.54(试验值)	5.11
0.8	4.94	0.8	5.25
1.0	5.10	1.0	5.32
1.5	5.10	1.5	5.32
2.0	5.10	2.0	5.32

下面以模型 1 为例，详细说明节点相对弯矩对索支撑空间网格结构的影响，模型 2 也有相似的规律。

1. 节点面外极限弯矩对非线性失稳模式的影响

通过计算，得到不同相对弯矩节点所在结构的失稳模式，如图 5-4-7 所示。对比不同相对弯矩节点所在结构的失稳模式，节点相对弯矩大于 0.2 时，结构的失稳模式在 x，y 方向上各为 4 个半波；节点相对弯矩小于 0.1 时，结构发生局部凹陷。

随着节点相对弯矩下降，结构更易发生局部失稳。由表 5-4-8 可知，随着节点相对弯矩的下降，结构失稳时竖向最大位移减小，破坏现象越来越不明显。

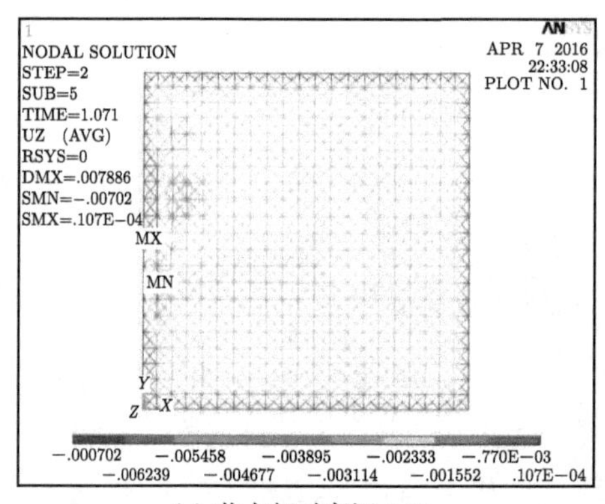

(a) 节点相对弯矩 0.01

(b) 节点相对弯矩 0.05

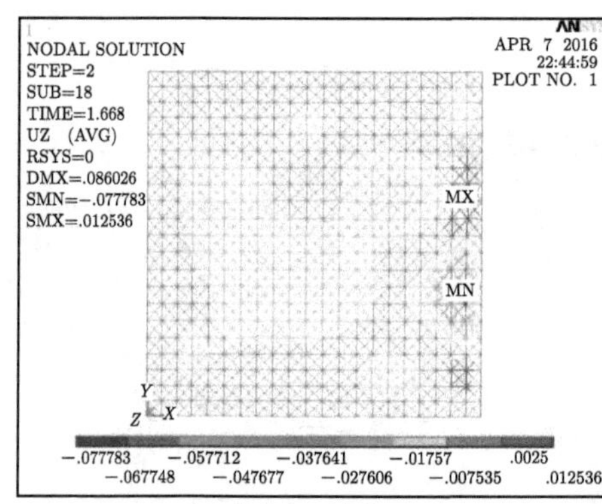

(c) 节点相对弯矩 0.1

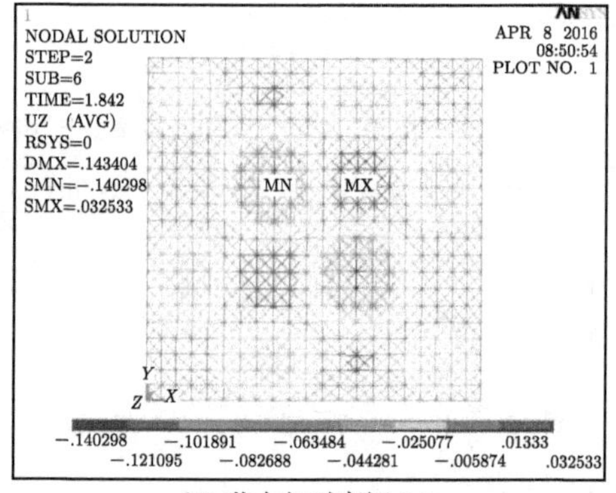

(d) 节点相对弯矩 0.2

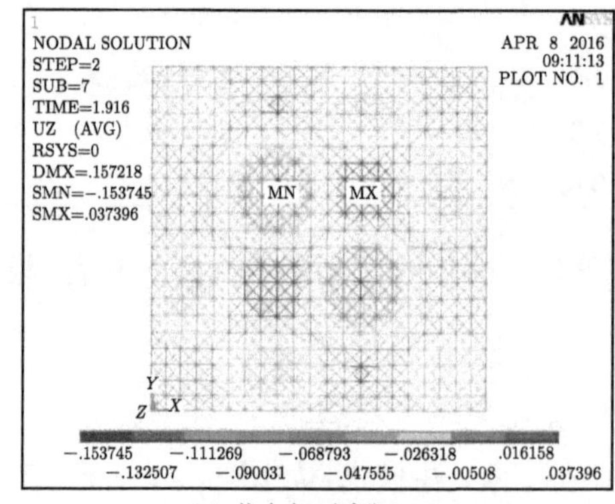

(e) 节点相对弯矩 0.3

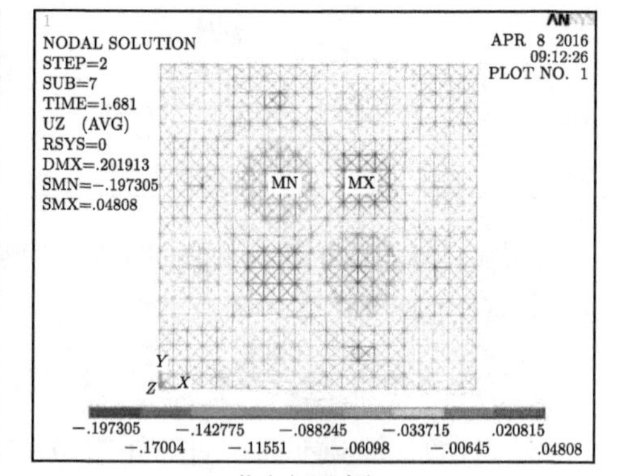

(f) 节点相对弯矩 0.5

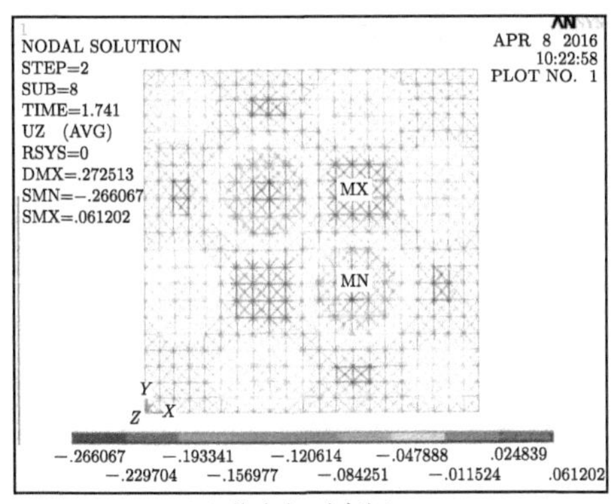

(g) 节点相对弯矩 0.8

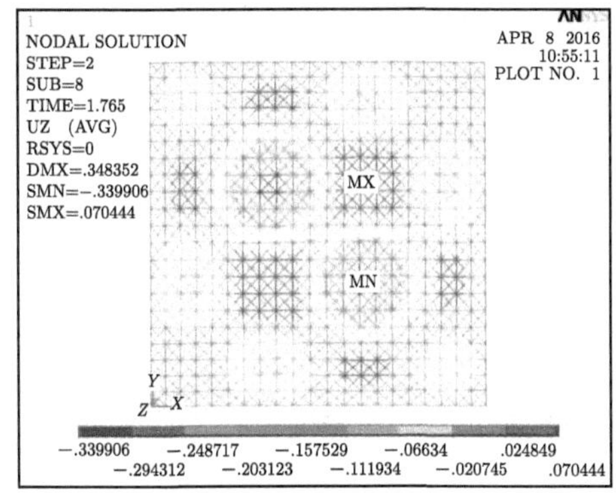

(h) 节点相对弯矩 1.0

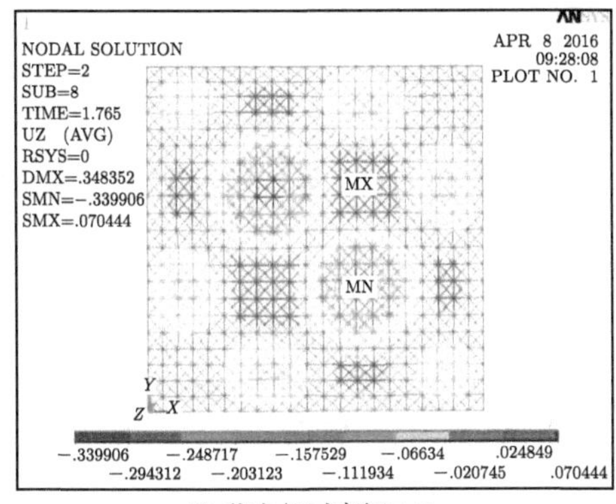

(i) 节点相对弯矩 1.5

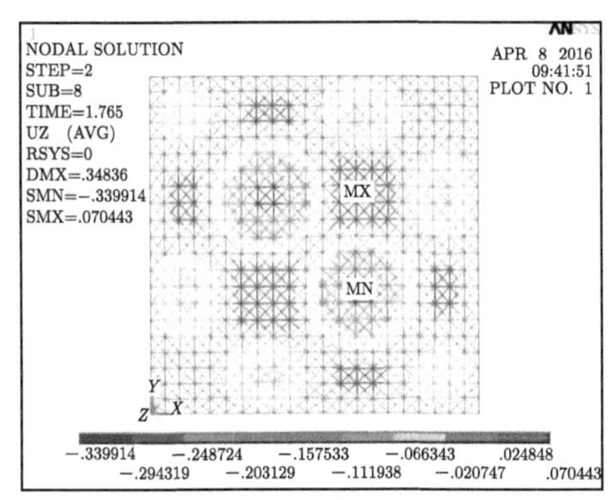

(j) 节点相对弯矩 2.0

图 5-4-7　模型 1 不同相对弯矩节点所在结构失稳模式 (z 向)

表 5-4-8　不同相对弯矩节点所在结构失稳时竖向最大位移

节点相对弯矩	0.01	0.05	0.1	0.2	0.3	0.5	0.8	1.0	1.5	2.0
竖向最大位移/m	0.007	0.055	0.078	0.140	0.153	0.197	0.266	0.340	0.340	0.340

2. 节点面外极限弯矩对稳定承载力的影响

不同节点相对弯矩结构的荷载–位移曲线如图 5-4-8 所示。由图 5-4-8 可知，不同节点相对弯矩结构的荷载–位移曲线在初始阶段几乎重合，随着荷载增大，节点弯矩逐渐增大，当荷载增大到一定程度时，部分节点的弯矩达到节点极限弯矩，发生破坏，结构的刚度下降，位移迅速增大，最终结构失稳。

以节点相对弯矩为 0.3 的结构为例，结构施加的荷载小于 3.79kN/m^2 时，其荷载–位移曲线与节点相对弯矩为 2.0 结构的荷载–位移曲线重合；结构施加的荷载达到 3.79kN/m^2 时，部分节点的弯矩达到节点的极限弯矩值 5409N·m，节点发生破坏，结构的刚度下降，位移迅速增大。此时，与节点相对弯矩为 2.0 结构的荷载–位移曲线相比，节点相对弯矩为 0.3 结构的荷载–位移曲线斜率降低，结构很快达到稳定承载力。

对比不同节点相对弯矩结构的稳定承载力，如图 5-4-9 所示，随着节点极限弯矩增大，结构的稳定承载力有所提高，但提高程度并不是无限大的。节点相对弯矩大于等于 1.0 时，结构的稳定承载力不再提高。节点相对弯矩小于 0.3 时，结构的稳定承载力被大幅度削弱。

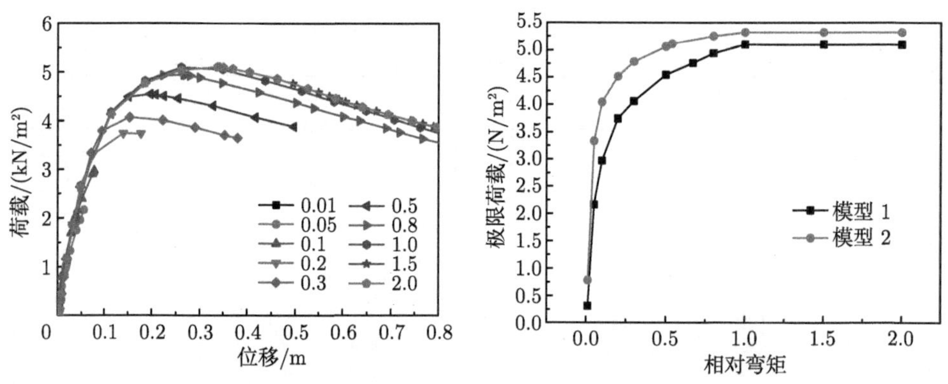

图 5-4-8　模型 1 不同相对弯矩节点结构的荷载–位移曲线

图 5-4-9　不同节点相对弯矩结构的稳定承载力对比

3. 节点面外极限弯矩对内力分布的影响

对比图 5-4-10(a)～(h)，节点相对弯矩大于 0.2 的结构最大压应力分布相似。结构发生失稳时，节点相对弯矩大于 0.8 的结构杆件压应力较大，结构凹陷区域部分杆件最大压应力超过 300MPa，少量杆件进入塑性；节点相对弯矩为 0.5 的结构仅

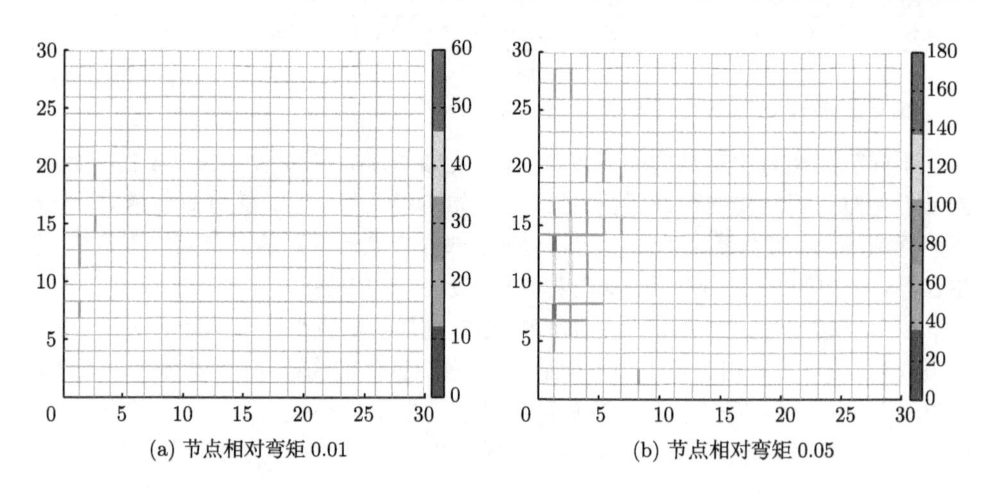

(a) 节点相对弯矩 0.01

(b) 节点相对弯矩 0.05

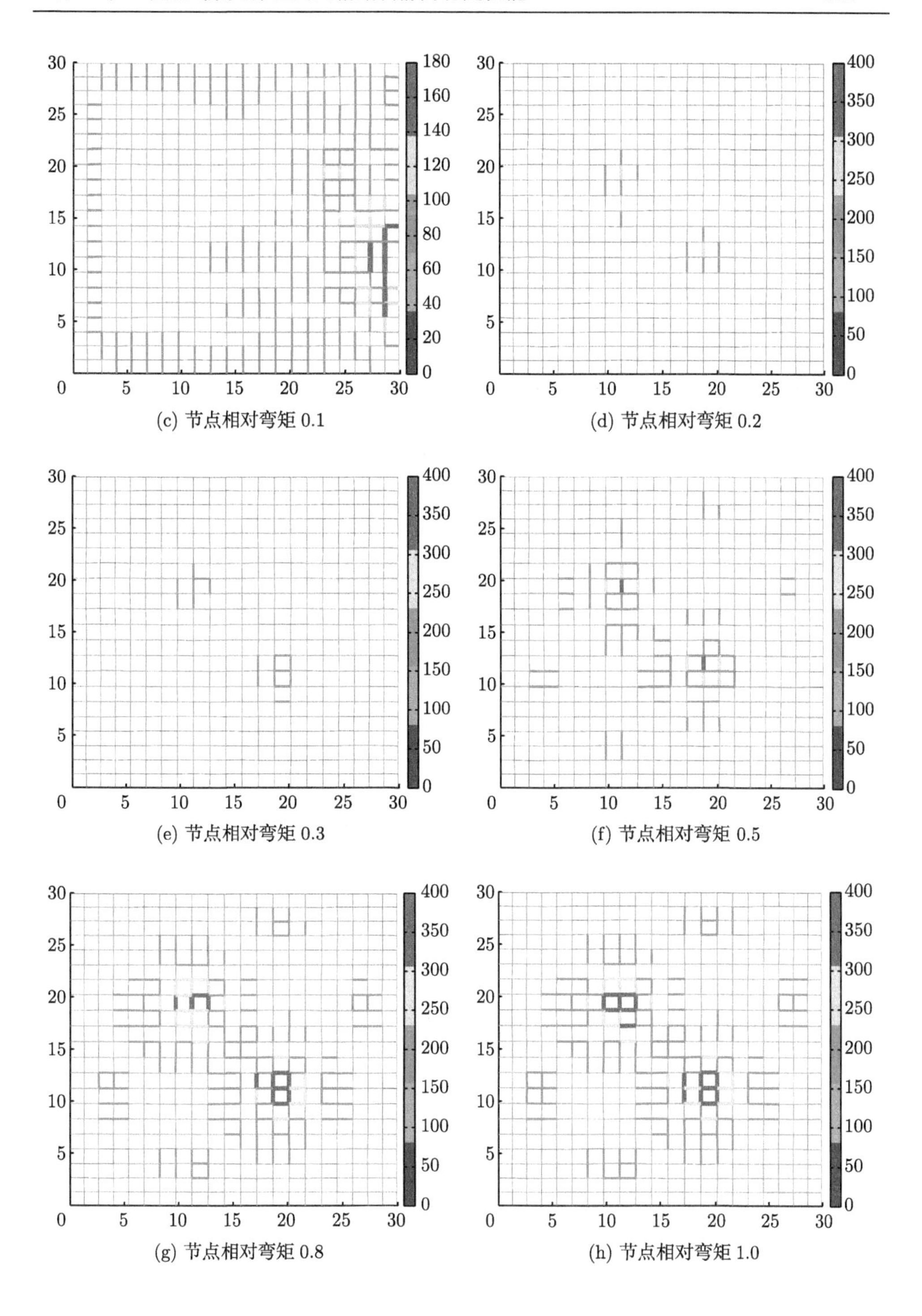

(c) 节点相对弯矩 0.1

(d) 节点相对弯矩 0.2

(e) 节点相对弯矩 0.3

(f) 节点相对弯矩 0.5

(g) 节点相对弯矩 0.8

(h) 节点相对弯矩 1.0

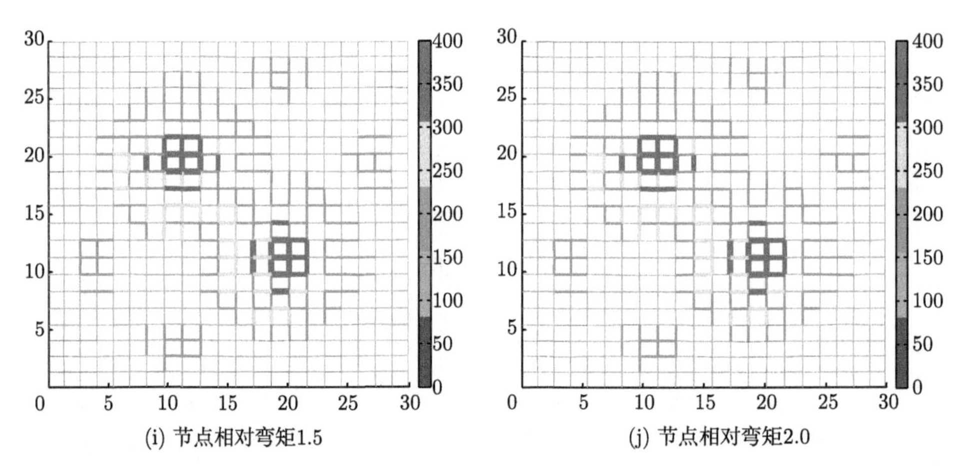

(i) 节点相对弯矩1.5　　(j) 节点相对弯矩2.0

图 5-4-10　模型 1 不同相对弯矩节点所在结构非线性失稳时杆件最大压应力分布

极少量杆件最大压应力达到 300MPa；节点相对弯矩为 0.01 结构的杆件最大压应力不大于 35MPa。随着节点相对弯矩下降，结构最大压应力下降。

对比图 5-4-7 与图 5-4-10，发现相同相对弯矩节点所在结构的最大压应力分布与结构失稳位移模式分布相似，结构中压应力较大的杆件均出现在结构凹陷区域，凹陷越深，节点及杆件受力越大，越易发生破坏。

5.4.4　节点塑性极限位移

节点在弹性阶段后破坏前发生的位移为塑性极限位移。为探究节点塑性位移对结构稳定性能的影响，保持节点刚度及节点极限弯矩与试验值一致，改变节点平面外塑性极限位移，使节点塑性极限位移分别为 0mm、2.5mm、5mm(试验值) 及无穷大。

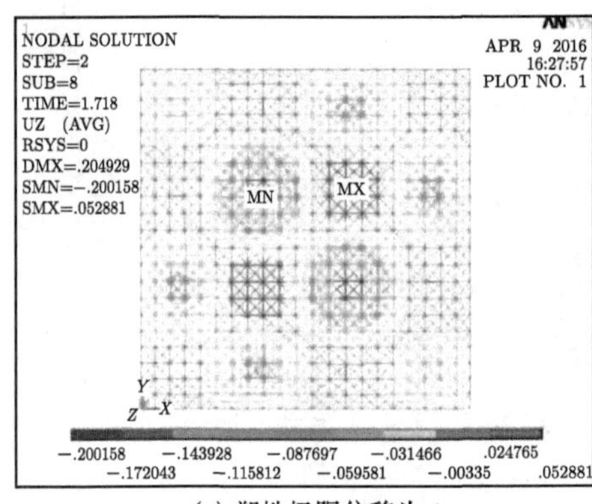

(a) 塑性极限位移为 0

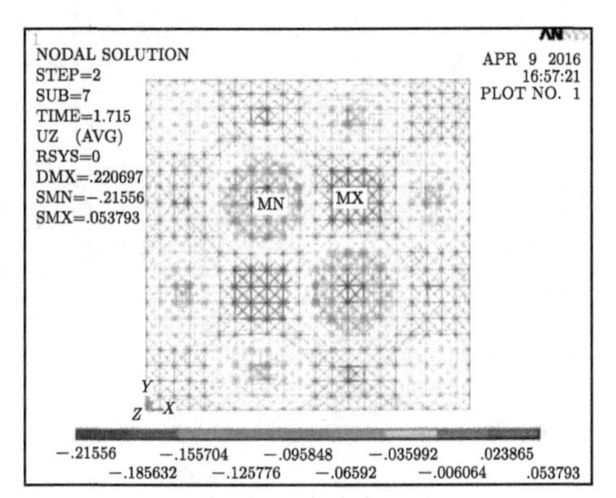

(b) 塑性极限位移为 2.5mm

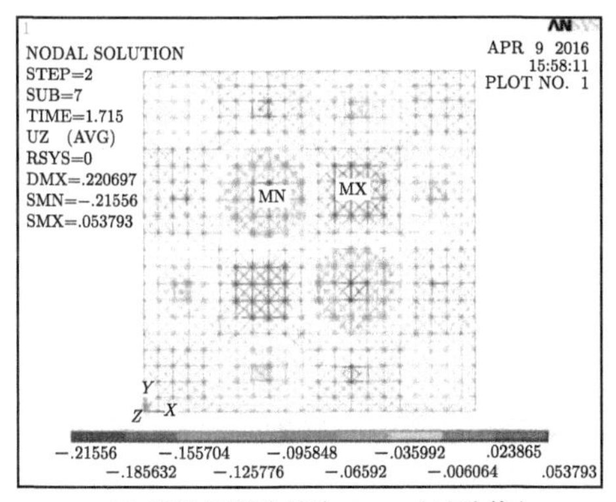

(c) 塑性极限位移为 5mm（试验值）

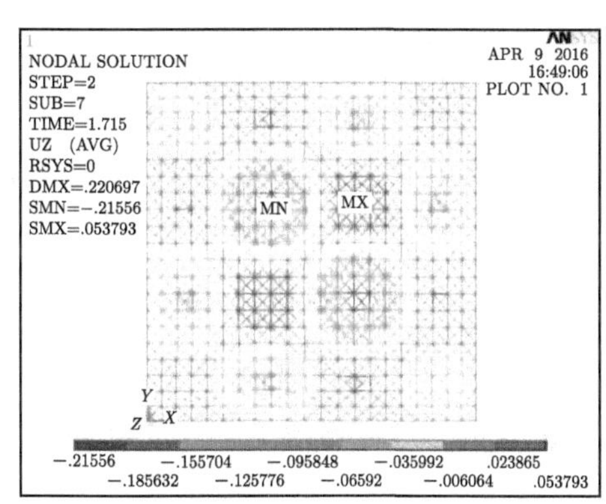

(d) 塑性极限位移为无穷大

图 5-4-11　不同塑性极限位移节点所在结构的失稳模式 (z 向)

以模型 1 为例，通过计算，可得到不同节点塑性结构失稳时的位移分布，如图 5-4-11 所示。随着节点塑形位移的增大，结构非线性失稳模式类似，未发生明显变化。通过图 5-4-12 及表 5-4-9 可知，当塑形位移发生改变时，结构的荷载–位移曲线基本重合，塑形位移对结构稳定承载力影响较小。但塑形位移对结构延性影响较大，当塑性极限位移为 0 时，结构达到稳定承载力后很快发生破坏，而塑性极限位移为 2.5mm、5mm 及无穷大时，结构延性较好。

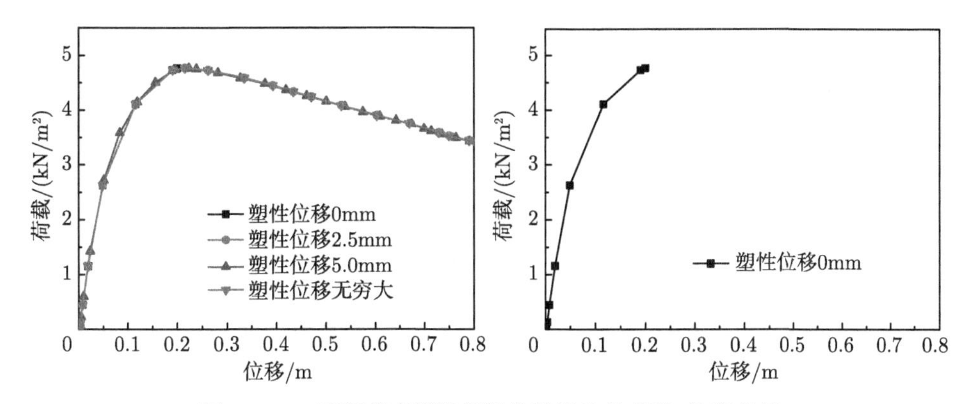

图 5-4-12　不同节点塑性极限位移结构的荷载–位移曲线

表 5-4-9　不同节点面外塑性极限位移对比

塑性极限位移/mm	失稳时竖向最大位移/m	稳定承载力/(kN/m^2)
0	0.200	4.76
2.5	0.216	4.76
5.0(试验值)	0.216	4.76
无穷大	0.216	4.76

5.4.5　装配式索支撑空间网格结构稳定承载力估算

研究装配式索支撑空间网格结构力学性能的目的在于能够服务工程，如何合理地估算装配式索支撑空间网格结构稳定承载力是本节的主要内容。通过以上分析可知，影响结构稳定承载力的因素主要包括装配式节点的刚度及装配式节点的极限弯矩。

1. 节点刚度的影响

节点刚度通过影响结构的刚度，从而影响结构的稳定承载力。由表 5-4-2 和表 5-4-3 可知，模型 1 与模型 2 中节点相对刚度与相对稳定承载力的关系，如表 5-4-10 所示。

表 5-4-10　节点相对刚度与相对稳定承载力的关系

序号	面外相对刚度	模型 1 相对稳定承载力 $P_{\mathrm{cr},i}/P_{\mathrm{cr},1}$	模型 2 相对稳定承载力 $P_{\mathrm{cr},i}/P_{\mathrm{cr},1}$	相对稳定承载力平均值
1	1	1	1	1.00
2	0.9	0.96	0.98	0.97
3	0.8	0.92	0.95	0.94
4	0.7	0.84	0.91	0.88
5	0.6	0.81	0.87	0.84
6	0.5	0.78	0.78	0.78
7	0.4	0.73	0.73	0.73
8	0.3	0.66	0.67	0.67
9	0.2	0.55	0.59	0.57

注：$P_{\mathrm{cr},i}$ 为第 i 个装配式节点所在索支撑网格结构的稳定承载力；$P_{\mathrm{cr},1}$ 为刚接索支撑网格结构的稳定承载力。

定义表 5-4-10 中相对稳定承载力平均值为节点相对刚度对装配式结构稳定承载力的影响系数 η_1，节点面外相对刚度为 α。拟合面外相对刚度 α 与节点相对刚度对装配式结构稳定承载力的影响系数的关系 η_1，可得节点相对刚度对装配式结构稳定承载力的影响系数

$$\eta_1 = 0.2688\ln(\alpha) + 0.9861(0.2 \leqslant \alpha \leqslant 1.0) \tag{5-4-5}$$

拟合结果与数值模拟对比如图 5-4-13 所示。

2. 节点极限弯矩的影响

装配式节点达到极限弯矩后，结构刚度降低，导致结构的稳定承载力发生变化。通过前面的计算可知，模型 1 与模型 2 中不同相对弯矩节点的索支撑空间网

格结构稳定承载力。定义节点相对弯矩为 β，相对弯矩对装配式结构稳定承载力的影响系数为

$$\eta_2 = \frac{\text{装配式索支撑空间网络结构的稳定承载力}}{\text{节点相对弯矩为 1.0 的索支撑空间网格结构的稳定承载力}} \tag{5-4-6}$$

拟合相对弯矩 β 与两模型相对弯矩对装配式结构稳定承载力的影响系数的平均值为 $\bar{\eta}_2$，具体参数如表 5-4-11 所示，可得节点相对弯矩对装配式结构稳定承载力的影响系数：

$$\eta_2 = 0.1314\ln(\beta) + 1 \quad (0.3 \leqslant \beta < 1.0) \tag{5-4-7a}$$

$$\eta_2 = 1.0 \quad (\beta \geqslant 1.0) \tag{5-4-7b}$$

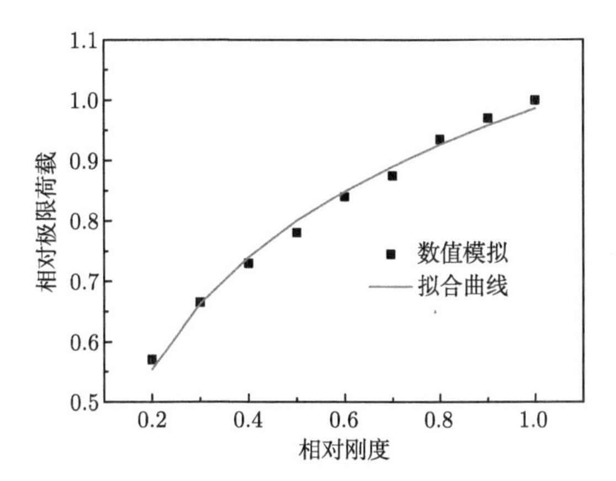

图 5-4-13　节点相对刚度对装配式结构稳定承载力的影响系数

表 5-4-11　节点相对弯矩对装配式结构稳定承载力的影响系数

序号	相对弯矩 β	模型 1 η_2	模型 2 η_2	两模型平均值 $\bar{\eta}_2$
1	2	1.00	1.00	1.00
2	1.5	1.00	1.00	1.00
3	1	1.00	1.00	1.00
4	0.8	0.97	0.99	0.98
5	0.5	0.89	0.95	0.92
6	0.3	0.80	0.90	0.85
7	0.2	0.73	0.85	0.79

拟合结果与数值模拟对比如图 5-4-14 所示。

3. 装配式索支撑空间网格结构稳定承载力

节点刚度影响索支撑空间网格结构的初始刚度；装配式节点的极限弯矩在节点达到节点极限弯矩前对结构刚度没有影响，装配式节点达到节点极限弯矩后，结

构刚度减弱，结构很快达到稳定承载力。分别考虑节点刚度及节点极限弯矩对装配式索支撑空间网格结构稳定承载力的影响，可得

$$P_{\rm cr}=\eta_1\eta_2P_{{\rm cr},1} \tag{5-4-8}$$

其中，η_1 为节点相对刚度对装配式结构稳定承载力的影响系数，按公式 (5-4-5) 计算；η_2 为节点相对弯矩对装配式结构稳定承载力的影响系数，按公式 (5-4-7) 计算；$P_{\rm cr}$ 为装配式索支撑空间网格结构稳定承载力；$P_{{\rm cr},1}$ 为刚接索支撑空间网格结构稳定承载力。

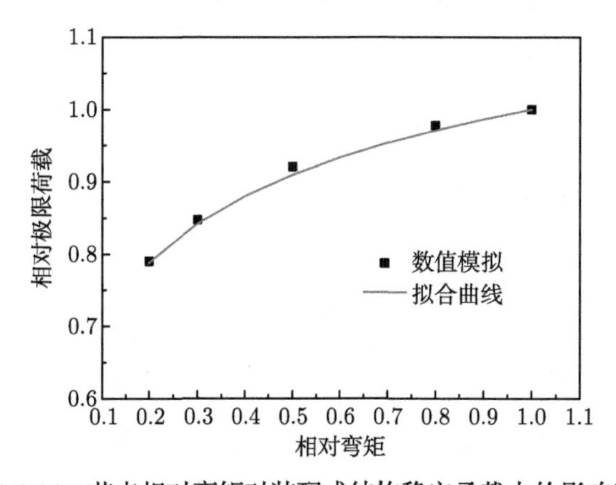

图 5-4-14　节点相对弯矩对装配式结构稳定承载力的影响系数

参 考 文 献

[1] 姚斌. 索支撑空间网格结构静力稳定性能研究 [D]. 东南大学硕士学位论文, 2012.

[2] 崔美艳. 半刚性节点单层球面网壳稳定性分析 [D]. 哈尔滨工业大学硕士学位论文, 2006.

[3] 马会环. 半刚性节点单层球面网壳稳定性及其节点性能研究 [D]. 哈尔滨工业大学硕士学位论文, 2007.

[4] 中华人民共和国行业标准. 空间网格结构技术规程 (JGJ7—2010)[S]. 北京：中国建筑工业出版社, 2010: 16-24.

[5] 中华人民共和国行业标准. 建筑结构荷载规范 (GB 50009—2012)[S]. 北京：中国建筑工业出版社. 2012: 11-21.

[6] Feng R Q, Ye J, Zhu B. Behavior of bolted joints of cable-braced grid shells[J]. Journal of Structural Engineering, 2015, 141(12): 04015071.

[7] 中华人民共和国行业标准. 钢结构设计规范 (GB 50017—2003)[S]. 北京：中国计划出版社, 2003: 36-57.

第6章　解析曲面索支撑空间网格结构稳定承载力公式

6.1　具有初始缺陷椭圆抛物面索支撑空间网格结构静力稳定性能

6.1.1　具有初始缺陷椭圆抛物面索支撑空间网格结构稳定基本方程

基于连续壳体理论基础计算椭圆抛物面索支撑空间网格结构稳定承载能力，其基本假定如下：

(1) 结构在受力状态下始终为小变形，材料处于弹性阶段。

(2) 考察的壳体为扁壳，即矢跨比 $\leqslant 1/5$。

(3) 梁柱节点为刚接，支座为四边铰接。

(4) 为方便推导，取 x 和 y 方向跨度相同，即 $l_x = l_y = l$。

(5) 初始缺陷为节点位置偏差引起，不包括杆件初弯曲、焊接残余应力等引起的缺陷。

(6) 屈曲前网格的各构件都受到沿着轴线方向的作用力，因此认为屈曲前构件中只产生轴力[1]。

所考察的椭圆抛物面索支撑空间网格结构基本模型和网格如图 6-1-1 和图 6-1-2 所示。

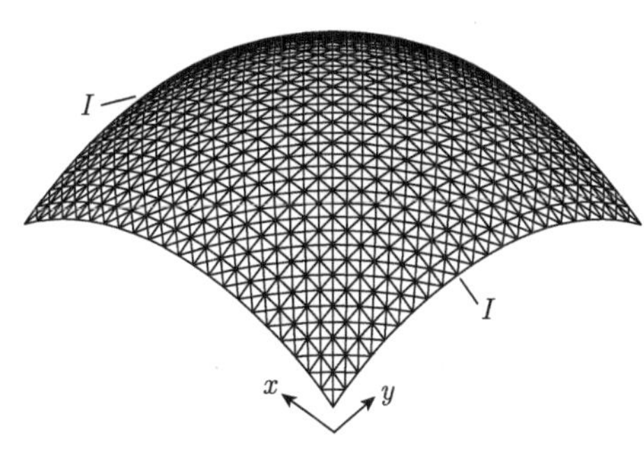

图 6-1-1　椭圆抛物面索支撑空间网格结构基本模型

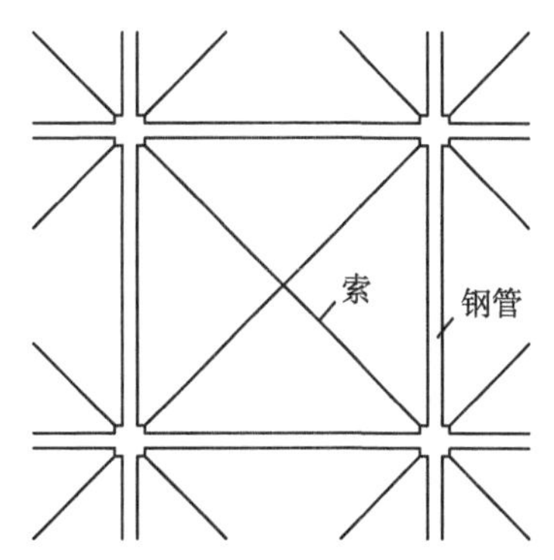

图 6-1-2　索支撑空间网格结构网格示意图

如图 6-1-3 所示正交曲线坐标下，在弹性连续壳体任一点 P 处取一微小六面体，点 P 的各棱边均沿 α、β、γ 三坐标的方向[2]。

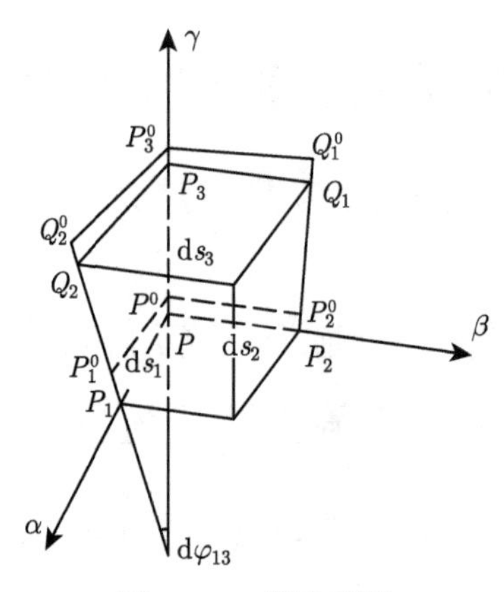

图 6-1-3　微六面体

微弧弧长为

$$\mathrm{d}s_1 = \overrightarrow{pp_1} = H_1\mathrm{d}\alpha, \quad \mathrm{d}s_2 = \overrightarrow{pp_2} = H_2\mathrm{d}\beta, \quad \mathrm{d}s_3 = \overrightarrow{pp_3} = H_3\mathrm{d}\gamma \tag{6-1-1}$$

式中，H_1、H_2、H_3 称为 α、β、γ 三个方向的拉梅系数。P 点在受外荷载以前，已有一个沿 γ 方向的初始挠度 ω_0，使得 P 点移动到 P^0 点。在此基础上，点 P^0 发生变形位移，设沿 α、β、γ 三方向的分量分别为 u、v、w，沿坐标方向的正应变用 e_1、e_2、e_3 表示；剪应变用 e_{12}、e_{23}、e_{31} 表示，则六面体上通过 P^0 点的各棱边的曲率半径 $\mathrm{d}\varphi_{13}$ 可表示为

$$\mathrm{d}\varphi_{13} = \left[\overrightarrow{P_3^0Q_2^0} - \overrightarrow{P^0P_1^0}\right] \Big/ \overrightarrow{P^0P_3^0} \tag{6-1-2}$$

式中

$$\overrightarrow{P^0P_3^0}\overrightarrow{P^0P_3^0} \approx \mathrm{d}s_3 = \overrightarrow{PP_3} = H_3\mathrm{d}\gamma$$

$$\overrightarrow{P_3^0Q_2^0} = \overrightarrow{P^0P_1^0} + \frac{\partial \mathrm{d}s_1}{\partial\gamma}\mathrm{d}\gamma = \overrightarrow{P^0P_1^0} + \frac{\partial H_1}{\partial\gamma}\mathrm{d}\alpha\mathrm{d}\gamma$$

$$\overrightarrow{P^0P_1^0} = \sqrt{\mathrm{d}s_1^2 + \left(\frac{\partial\omega_0}{\partial s_1}\mathrm{d}s_1\right)^2} = H_1\sqrt{1 + \left(\frac{\partial\omega_0}{\partial\alpha}\mathrm{d}\alpha\right)^2}\mathrm{d}\alpha$$

$$\mathrm{d}\varphi_{13} = \frac{\partial H_1}{\partial\gamma}\mathrm{d}\alpha\mathrm{d}\gamma \Big/ H_3\mathrm{d}\gamma, \quad k_{13} = \frac{\mathrm{d}\varphi_{13}}{H_1\mathrm{d}\alpha} = \frac{1}{H_1H_3}\frac{\partial H_1}{\partial\gamma}, \quad R_{13} = \frac{1}{k_{13}} \tag{6-1-3}$$

由此得到 $\overrightarrow{P^0P_1}$、$\overrightarrow{P^0P_2^0}$、$\overrightarrow{P^0P_3^0}$ 三个棱边在不同坐标面内的六个曲率及曲率半径为

$$\begin{aligned}
&\frac{1}{R_{12}}=k_{12}=\frac{1}{H_1H_2}\frac{\partial H_1}{\partial \beta},\quad \frac{1}{R_{13}}=k_{13}=\frac{1}{H_1H_3}\frac{\partial H_1}{\partial \gamma}\\
&\frac{1}{R_{23}}=k_{23}=\frac{1}{H_2H_3}\frac{\partial H_2}{\partial \gamma},\quad \frac{1}{R_{21}}=k_{21}=\frac{1}{H_2H_1}\frac{\partial H_2}{\partial \alpha}\\
&\frac{1}{R_{31}}=k_{31}=\frac{1}{H_3H_1}\frac{\partial H_3}{\partial \alpha},\quad \frac{1}{R_{32}}=k_{32}=\frac{1}{H_3H_2}\frac{\partial H_3}{\partial \beta}
\end{aligned}\tag{6-1-4}$$

考虑 $\overrightarrow{P^0P_1}$ 的正应变由受力变形所引起的 $\overrightarrow{P^0P_1}$ 的线应变为 e_1'，由 w 引起的纵向位移对 $\overrightarrow{P^0P_1}$ 的影响为 e_1''，如图 6-1-4 所示。

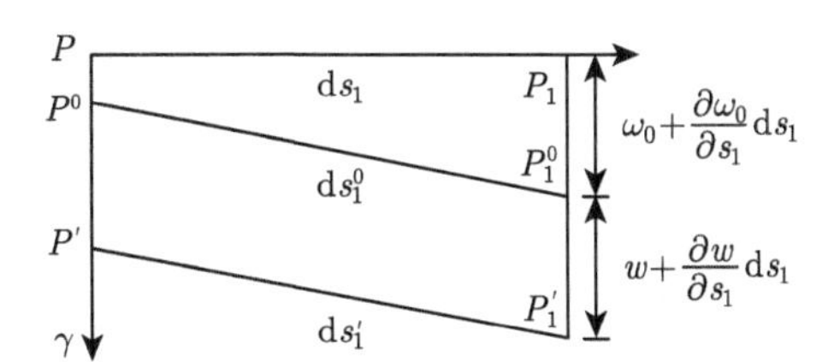

图 6-1-4 由 w 引起的纵向位移

$$e_1''=\left[\mathrm{d}s_1'-\mathrm{d}s_1^0\right]/\mathrm{d}s_1^0\tag{6-1-5}$$

式中

$$\begin{aligned}
\mathrm{d}s_1^0&=\sqrt{\mathrm{d}s_1^2+\left(\frac{\partial \omega_0}{\partial s}\mathrm{d}s_1\right)^2}\approx \mathrm{d}s_1\left[1+\frac{1}{2}\left(\frac{\partial \omega_0}{H_1\partial \alpha}\right)^2\right]\\
\mathrm{d}s_1'&=\mathrm{d}s_1\left[1+\frac{1}{2}\left(\frac{\partial(w+\omega_0)}{H_1\partial \alpha}\right)^2\right]
\end{aligned}\tag{6-1-6}$$

忽略高阶微量，式中取 $\mathrm{d}s_1\approx \mathrm{d}s_1^0$，则得

$$e_1''=\frac{1}{2}\left[\frac{\partial(w+\omega_0)}{H_1\partial \alpha}\right]^2-\frac{1}{2}\left(\frac{\partial \omega_0}{H_1\partial \alpha}\right)^2=\frac{1}{2}\left(\frac{\partial w}{H_1\partial \alpha}\right)^2+\frac{\partial w}{H_1\partial \alpha}\frac{\partial \omega_0}{H_1\partial \alpha}$$

$$e_1=e_1'+e_1''=\frac{1}{H_1}\frac{\partial u}{\partial \alpha}+\frac{1}{H_1H_2}\frac{\partial H_1}{\partial \beta}v+\frac{1}{H_1H_3}\frac{\partial H_1}{\partial \gamma}w+\frac{1}{2}\left(\frac{\partial w}{H_1\partial \alpha}\right)^2+\frac{\partial w}{H_1\partial \alpha}\frac{\partial \omega_0}{H_1\partial \alpha}\tag{6-1-7}$$

同理可得 e_2、e_3。

再考虑 $\angle P_1^0P^0P_2^0$ 的改变量 e_{12}，在 $\alpha\beta$ 面上的线性剪应变为 e_{12}'，由 w 引起的剪应变 e_{12}'' 如图 6-1-5 所示。

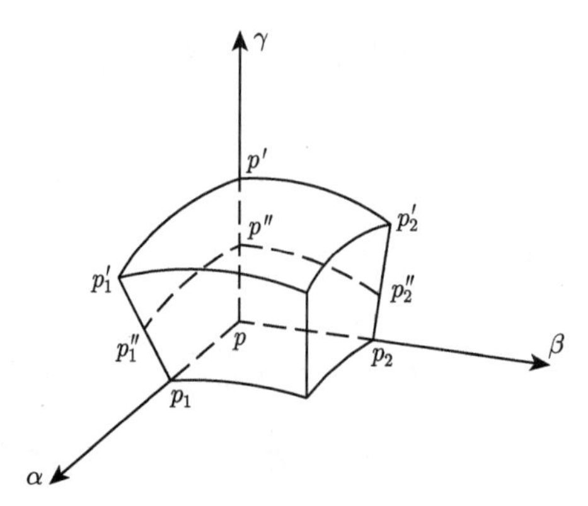

图 6-1-5　由 w 引起的 e_{12}''

在初始挠度下，由余弦定理知

$$\left(\mathrm{d}s^0\right)^2=(\mathrm{d}s_1)^2+(\mathrm{d}s_2)^2-2\mathrm{d}s_1^0\mathrm{d}s_2^0\cos\left(\frac{\pi}{2}-\varPhi_0\right) \tag{6-1-8}$$

$\varPhi_0$ 为 $\angle P_1^0P^0P_2^0$ 在初始挠度情形下已存在的初角位移，由几何关系得

$$\left(\mathrm{d}s^0\right)^2=(\mathrm{d}s_1)^2+(\mathrm{d}s_2)^2+\left(\frac{\partial\omega_0}{H_2\partial\beta}\mathrm{d}\beta-\frac{\partial\omega_0}{H_1\partial\alpha}\mathrm{d}\alpha\right) \tag{6-1-9}$$

式中

$$\begin{aligned}\left(\mathrm{d}s_1^0\right)^2&=\mathrm{d}s_1^2\left[1+\left(\frac{\partial\omega_0}{H_1\partial\alpha}\right)^2\right]\\\left(\mathrm{d}s_2^0\right)^2&=\mathrm{d}s_2^2\left[1+\left(\frac{\partial\omega_0}{H_2\partial\beta}\right)^2\right]\end{aligned} \tag{6-1-10}$$

同时取 $\cos\left(\frac{\pi}{2}-\varPhi_0\right)=\sin\varPhi_0\approx\varPhi_0$，$\mathrm{d}s_1\mathrm{d}s_2\approx\mathrm{d}s_1^0\mathrm{d}s_2^0$，得到

$$\varPhi_0=\frac{1}{H_1H_2}\frac{\partial\omega_0}{\partial\alpha}\frac{\partial\omega_0}{\partial\beta}$$

同理可得

$$\varPhi=\frac{1}{H_1H_2}\frac{\partial\left(w+\omega_0\right)}{\partial\alpha}\frac{\partial\left(w+\omega_0\right)}{\partial\beta}$$

$$e_{12}''=\varPhi-\varPhi_0=\frac{1}{H_1H_2}\frac{\partial\left(w+\omega_0\right)}{\partial\alpha}\frac{\partial\left(w+\omega_0\right)}{\partial\beta}-\frac{1}{H_1H_2}\frac{\partial\omega_0}{\partial\alpha}\frac{\partial\omega_0}{\partial\beta}$$

$$\begin{aligned}e_{12}=&e_{12}'+e_{12}''=\frac{H_2}{H_1}\frac{\partial}{\partial\alpha}\left(\frac{v}{H_2}\right)+\frac{H_1}{H_2}\frac{\partial}{\partial\beta}\left(\frac{u}{H_1}\right)\\&+\frac{1}{H_1H_2}\left[\frac{\partial\left(w+\omega_0\right)}{\partial\alpha}\frac{\partial\left(w+\omega_0\right)}{\partial\beta}-\frac{\partial\omega_0}{\partial\alpha}\frac{\partial\omega_0}{\partial\beta}\right]\end{aligned} \tag{6-1-11}$$

同理可得到 e_{23}、e_{31}，从而导出具有初始挠度 ω_0 的结构的弹性几何方程如下：

$$
\begin{aligned}
e_1 &= \frac{1}{H_1}\frac{\partial u}{\partial \alpha}+\frac{1}{H_1H_2}\frac{\partial H_1}{\partial \beta}v+\frac{1}{H_1H_3}\frac{\partial H_1}{\partial \gamma}w+\frac{1}{2}\left(\frac{\partial w}{H_1\partial \alpha}\right)^2+\frac{\partial w}{H_1\partial \alpha}\frac{\partial \omega_0}{H_1\partial \alpha}\\
e_2 &= \frac{1}{H_2}\frac{\partial v}{\partial \beta}+\frac{1}{H_2H_3}\frac{\partial H_2}{\partial \gamma}w+\frac{1}{H_2H_1}\frac{\partial H_2}{\partial \alpha}u+\frac{1}{2}\left(\frac{\partial w}{H_2\partial \beta}\right)^2+\frac{\partial w}{H_2\partial \beta}\frac{\partial \omega_0}{H_2\partial \beta}\\
e_3 &= \frac{1}{H_3}\frac{\partial w}{\partial \gamma}+\frac{1}{H_3H_1}\frac{\partial H_3}{\partial \alpha}u+\frac{1}{H_3H_2}\frac{\partial H_3}{\partial \beta}v+\frac{1}{2}\left(\frac{\partial w}{H_3\partial \gamma}\right)^2+\frac{\partial w}{H_3\partial \gamma}\frac{\partial \omega_0}{H_3\partial \gamma}\\
e_{12} &= \frac{H_2}{H_1}\frac{\partial}{\partial \alpha}\left(\frac{v}{H_2}\right)+\frac{H_1}{H_2}\frac{\partial}{\partial \beta}\left(\frac{u}{H_1}\right)+\frac{1}{H_1H_2}\left[\frac{\partial w}{\partial \alpha}\frac{\partial w}{\partial \beta}+\frac{\partial w}{\partial \beta}\frac{\partial \omega_0}{\partial \alpha}+\frac{\partial w}{\partial \alpha}\frac{\partial \omega_0}{\partial \beta}\right]\\
e_{23} &= \frac{H_3}{H_2}\frac{\partial}{\partial \beta}\left(\frac{w}{H_3}\right)+\frac{H_2}{H_3}\frac{\partial}{\partial \gamma}\left(\frac{v}{H_2}\right)+\frac{1}{H_2H_3}\left[\frac{\partial w}{\partial \beta}\frac{\partial w}{\partial \gamma}+\frac{\partial w}{\partial \beta}\frac{\partial \omega_0}{\partial \gamma}+\frac{\partial \omega_0}{\partial \beta}\frac{\partial w}{\partial \gamma}\right]\\
e_{31} &= \frac{H_1}{H_3}\frac{\partial}{\partial \gamma}\left(\frac{u}{H_1}\right)+\frac{H_3}{H_1}\frac{\partial}{\partial \alpha}\left(\frac{w}{H_3}\right)+\frac{1}{H_3H_1}\left[\frac{\partial w}{\partial \gamma}\frac{\partial w}{\partial \alpha}+\frac{\partial w}{\partial \gamma}\frac{\partial \omega_0}{\partial \alpha}+\frac{\partial \omega_0}{\partial \gamma}\frac{\partial w}{\partial \alpha}\right]
\end{aligned}
\tag{6-1-12}
$$

将中曲面主曲率与法线取为坐标线，如图 6-1-6 所示。设壳体中面任一点的 M 沿 α、β 方向的拉梅系数为 A、B，并设沿 γ 方向的初始位移 ω_0 与 γ 无关，即有

$$
A=H_1|_{\gamma=0}\,,\ B=H_2|_{\gamma=0}\,,\ \overrightarrow{MM_1}=\mathrm{d}s_1=A\mathrm{d}\alpha,\ \overrightarrow{MM_2}=\mathrm{d}s_2=B\mathrm{d}\beta \tag{6-1-13}
$$

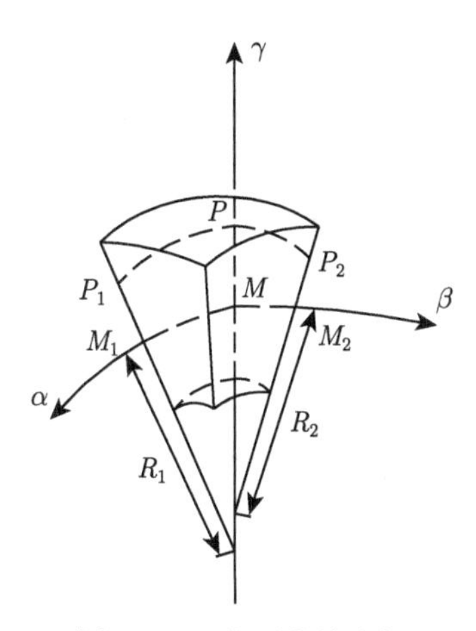

图 6-1-6　中面曲线坐标

过壳体内任一点 $P(\alpha,\beta,\gamma)$ 作沿 α 方向的微元弧 $\overrightarrow{PP_1}$，由于

$$
\frac{\overrightarrow{PP_1}}{\overrightarrow{MM_1}}=\frac{R_1+\gamma}{R_1}=1+\frac{\gamma}{R_1}=1+k_1\gamma \tag{6-1-14}
$$

即 $H_1 = A(1+k_1\gamma)$，同理可得 $H_2 = B(1+k_2\gamma)$，由于 γ 是直线，故 $H_3 = 1$，其中 k_1、k_2 为中面 M 点沿 α、β 方向的中曲率。于是得到

$$e_3 = 0, \quad e_{13} = 0, \quad e_{23} = 0 \tag{6-1-15}$$

将式 (6-1-15) 代入式 (6-1-12)，整理简化后得到

$$e_1 = \varepsilon_1 + \chi_1\gamma, \quad e_2 = \varepsilon_2 + \chi_2\gamma, \quad e_{12} = \varepsilon_{12} + 2\chi_{12}\gamma \tag{6-1-16}$$

式中

$$\begin{aligned}
\varepsilon_1 &= \frac{1}{A}\frac{\partial u}{\partial \alpha} + \frac{1}{AB}\frac{\partial A}{\partial \beta}v + k_1 w + \frac{1}{2A^2}\left(\frac{\partial w}{\partial \alpha}\right)^2 + \frac{1}{A^2}\frac{\partial w}{\partial \alpha}\frac{\partial \omega_0}{\partial \alpha} \\
\varepsilon_2 &= \frac{1}{B}\frac{\partial v}{\partial \beta} + \frac{1}{AB}\frac{\partial B}{\partial \alpha}u + k_2 w + \frac{1}{2B^2}\left(\frac{\partial w}{\partial \beta}\right)^2 + \frac{1}{B^2}\frac{\partial w}{\partial \beta}\frac{\partial \omega_0}{\partial \beta} \\
\gamma_{12} &= \frac{A}{B}\frac{\partial}{\partial \beta}\left(\frac{u}{A}\right) + \frac{B}{A}\frac{\partial}{\partial \alpha}\left(\frac{v}{B}\right) + \frac{1}{AB}\left[\frac{\partial w}{\partial \alpha}\frac{\partial w}{\partial \beta} + \frac{\partial w}{\partial \alpha}\frac{\partial \omega_0}{\partial \beta} + \frac{\partial \omega_0}{\partial \alpha}\frac{\partial w}{\partial \beta}\right] \\
\chi_1 &= -\frac{1}{A}\frac{\partial}{\partial \alpha}\left(\frac{1}{A}\frac{\partial w}{\partial \alpha}\right) - \frac{1}{AB^2}\frac{\partial A}{\partial \beta}\frac{\partial w}{\partial \beta} \\
\chi_2 &= -\frac{1}{B}\frac{\partial}{\partial \beta}\left(\frac{1}{B}\frac{\partial w}{\partial \beta}\right) - \frac{1}{A^2 B}\frac{\partial B}{\partial \alpha}\frac{\partial w}{\partial \alpha} \\
\chi_{12} &= -\frac{1}{AB}\left(\frac{\partial^2 w}{\partial \alpha \partial \beta} - \frac{1}{A}\frac{\partial A}{\partial \beta}\frac{\partial w}{\partial \alpha} - \frac{1}{B}\frac{\partial B}{\partial \alpha}\frac{\partial w}{\partial \beta}\right)
\end{aligned} \tag{6-1-17}$$

式中，ε_1、ε_2、γ_{12} 为中曲面的应变，χ_1、χ_2、χ_{12} 为中曲面曲率的变化参数。式 (6-1-17) 中含有线性项、非线性项及耦合项。

根据文献 [3]，对于椭圆抛物曲面扁壳，有如下性质：

$$k_1 = k_x = -\frac{\partial^2 z}{\partial x^2}, \quad k_2 = k_y = -\frac{\partial^2 z}{\partial y^2}$$

同时变量 α 坐标和 β 坐标的变化率也就是沿 x 和 y 坐标的变化率，即

$$\frac{\partial}{\partial \alpha}(\quad) = \frac{\partial}{\partial x}(\quad), \quad \frac{\partial}{\partial \beta}(\quad) = \frac{\partial}{\partial y}(\quad)$$

故中面沿 α 和 β 方向的拉梅系数化为

$$A = \frac{\mathrm{d}s_1}{\mathrm{d}\alpha} = \frac{\mathrm{d}x}{\mathrm{d}x} = 1, \quad B = \frac{\mathrm{d}s_2}{\mathrm{d}\beta} = \frac{\mathrm{d}y}{\mathrm{d}y} = 1 \tag{6-1-18}$$

根据基本假定 (1)，椭圆抛物面扁壳屈曲时为小变形，因此可以忽略由大挠度引起的非线性项，只考虑线性项以及由初始挠度引起的耦合项，同时将式 (6-1-18)

代入式 (6-1-17)，并整理得到具有初始缺陷的椭圆抛物面壳体的弹性几何方程如式 (6-1-19) 所示

$$
\begin{aligned}
&\varepsilon_x=\frac{\partial u}{\partial x}+k_x w+\frac{\partial w}{\partial x}\frac{\partial \omega_0}{\partial x},\quad \varepsilon_y=\frac{\partial v}{\partial y}+k_y w+\frac{\partial w}{\partial y}\frac{\partial \omega_0}{\partial y};\\
&\gamma_{xy}=\frac{\partial u}{\partial y}+\frac{\partial v}{\partial x}+\frac{\partial w}{\partial x}\frac{\partial \omega_0}{\partial y}+\frac{\partial \omega_0}{\partial x}\frac{\partial w}{\partial y}\\
&\chi_x=-\frac{\partial^2 w}{\partial x^2},\quad \chi_y=-\frac{\partial^2 w}{\partial y^2},\quad \chi_{xy}=-\frac{\partial^2 w}{\partial x\partial y}
\end{aligned}
\tag{6-1-19}
$$

式中，k_x、k_y 分别为 x、y 方向的曲率半径。由基本假定 (4) 可得 $k_x=1/R$，$k_y=1/R$，R 为曲率半径。ε_x、ε_y 和 γ_{xy} 分别为曲面 x、y 方向的正应变和剪应变。χ_x、χ_y、χ_{xy} 为中曲面曲率的变化参数。

由文献 [3] 知，对于薄壳，简化后壳体的物理方程为

$$
\begin{aligned}
&N_x=K_x(\varepsilon_x+\nu\varepsilon_y),\ N_y=K_y(\varepsilon_y+\nu\varepsilon_x),\ N_{xy}=N_{yx}=K_{xy}\gamma_{xy}\\
&M_x=D_x(\chi_x+\nu\chi_y),\ M_y=D_y(\chi_y+\nu\chi_x),\ M_{xy}=M_{yx}=D_{xy}\chi_{xy}
\end{aligned}
\tag{6-1-20}
$$

式中，ν 为泊松比，沿 x、y 长度方向的轴向刚度以及剪切刚度分别记为 K_x、K_y、K_{xy}、K_{yx}；D_x、D_y、D_{xy}、D_{yx} 分别为 x、y 方向的弯曲刚度以及扭转刚度；N_x、N_y、N_{xy}、N_{yx} 为薄膜力；M_x、M_y 为弯矩；M_{xy}、M_{yx} 为扭矩；N_{xz}、N_{yz} 为剪力。为简化，一般取 $K_x=K_y=K$，$D_x=D_y=D$。

图 6-1-7 为壳体的一个中面微元及其横截面内单位长度上的内力。

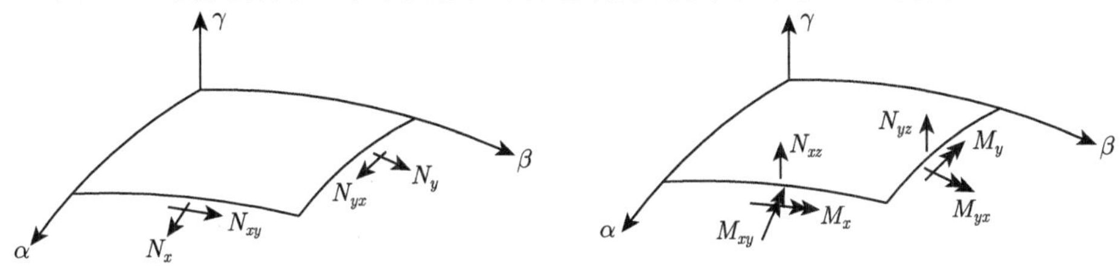

图 6-1-7　壳体中面微元

从薄壳中曲面内取出微分面素，如图 6-1-8 所示。

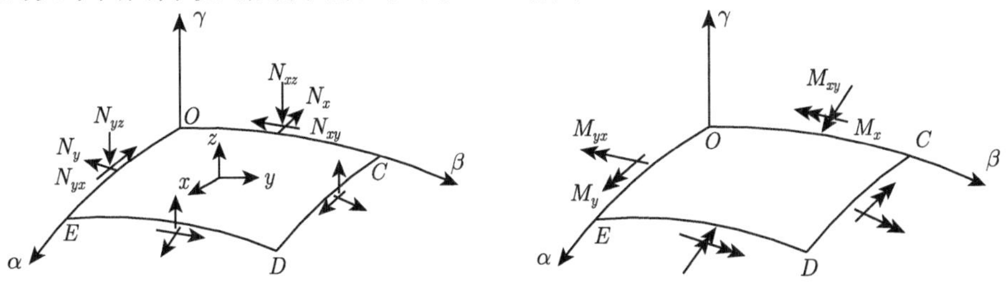

图 6-1-8　中曲面微分面素

由文献 [4] 可知，对于薄壳的三个力平衡方程可表示为式 (6-1-21)

$$
\begin{aligned}
&\frac{\partial}{\partial\alpha}(N_xB)+\frac{\partial}{\partial\beta}(N_{yx}A)-N_y\frac{\partial B}{\partial\alpha}+N_{xy}\frac{\partial A}{\partial\beta}+\frac{AB}{R_1}N_{xz}+ABq_1=0\\
&\frac{\partial}{\partial\beta}(N_yA)+\frac{\partial}{\partial\alpha}(N_{xy}B)-N_x\frac{\partial A}{\partial\beta}+N_{yx}\frac{\partial B}{\partial\alpha}+\frac{AB}{R_2}N_{yz}+ABq_2=0\\
&-AB\left(\frac{N_x}{R_1}+\frac{N_y}{R_2}\right)+\frac{\partial}{\partial\alpha}(N_{xz}B)+\frac{\partial}{\partial\beta}(N_{yz}A)+ABq_3=0
\end{aligned}
\tag{6-1-21}
$$

三个力矩平衡方程可表示为式 (6-1-22)

$$
\begin{aligned}
&\frac{\partial(M_yA)}{\partial\beta}+\frac{\partial(M_{xy}B)}{\partial\alpha}-M_x\frac{\partial A}{\partial\beta}+M_{yx}\frac{\partial B}{\partial\alpha}-N_{yz}AB=0\\
&\frac{\partial(M_xB)}{\partial\alpha}+\frac{\partial(M_{yx}A)}{\partial\beta}-M_y\frac{\partial B}{\partial\alpha}+M_{xy}\frac{\partial A}{\partial\beta}-N_{xz}AB=0\\
&\frac{M_{xy}}{R}-\frac{M_{yx}}{R}+N_{xy}-N_{yx}=0
\end{aligned}
\tag{6-1-22}
$$

式中，N_x、N_y、N_{xy}、N_{yx} 为薄膜力，M_x、M_y 为弯矩，M_{xy}、M_{yx} 为扭矩，N_{xz}、N_{yz} 为剪力。将式 (6-1-21) 中关于 N_{xy}、N_{yx}、M_{yx}、M_{xy} 的表达式代入平衡方程 (6-1-22) 中第三式，则该第三式化为恒等式，故实际上只有五个方程式。

由扁壳假定可将平衡方程 (6-1-21) 与方程 (6-1-22) 进行化简，同时假定只受竖向荷载，即式 (6-1-21) 中 $q_1=q_2=0$，$q_3=q$。于是得到平衡方程为

$$
\begin{aligned}
&\frac{\partial N_x}{\partial x}+\frac{\partial N_{xy}}{\partial y}=0,\quad \frac{\partial N_y}{\partial y}+\frac{\partial N_{xy}}{\partial x}=0\\
&-\frac{N_x}{R}-\frac{N_y}{R}+\frac{\partial N_{xz}}{\partial x}+\frac{\partial N_{yz}}{\partial y}-q=0\\
&N_{xz}=\frac{\partial M_{xy}}{\partial y}+\frac{\partial M_x}{\partial x},\quad N_{yz}=\frac{\partial M_{xy}}{\partial x}+\frac{\partial M_y}{\partial y}
\end{aligned}
\tag{6-1-23}
$$

6.1.2　具有初始缺陷椭圆抛物面索支撑空间网格结构稳定基本方程求解

将平衡方程 (6-1-23) 中第四式和第五式代入第三式，得到

$$
\frac{\partial M_x}{\partial x^2}+\frac{\partial M_y}{\partial y^2}+\frac{\partial M_{xy}}{\partial x\partial y}+\frac{\partial M_{yx}}{\partial x\partial y}+\frac{N_x}{R}+\frac{N_y}{R}+q=0 \tag{6-1-24}
$$

根据文献 [3]，由式 (6-1-24) 可得到屈曲时的平衡方程为式 (6-1-25)

$$
\frac{N_x}{R}+\frac{N_y}{R}-\frac{\partial^2 M_x}{\partial x^2}-\frac{\partial^2 M_{xy}}{\partial x\partial y}-\frac{\partial^2 M_{yx}}{\partial x\partial y}-\frac{\partial^2 M_y}{\partial y^2}=N_{x0}\frac{\partial^2 w}{\partial x^2}+N_{y0}\frac{\partial^2 w}{\partial y^2} \tag{6-1-25}
$$

引进应力函数 φ 使得

$$
N_x=\frac{\partial^2\varphi}{\partial y^2},\quad N_y=\frac{\partial^2\varphi}{\partial x^2},\quad N_{xy}=-\frac{\partial^2\varphi}{\partial x\partial y}
$$

于是平衡方程 (6-1-25) 化为

$$\frac{1}{R}\left(\frac{\partial^2\varphi}{\partial y^2}+\frac{\partial^2\varphi}{\partial x^2}\right)+D\frac{\partial^4 w}{\partial x^4}+D\frac{\partial^4 w}{\partial y^4}+\left(2\nu D+2D_{xy}\right)\frac{\partial^4 w}{\partial x^2\partial y^2}$$

$$=N_{x0}\frac{\partial^2 w}{\partial x^2}+N_{y0}\frac{\partial^2 w}{\partial y^2} \tag{6-1-26}$$

由物理方程 (6-1-20) 反解得到应变表达式为

$$\varepsilon_x=\frac{\nu N_y-N_x}{K_x\left(\nu^2-1\right)},\quad \varepsilon_y=\frac{\nu N_x-N_y}{K_y\left(\nu^2-1\right)},\quad \gamma_{xy}=\frac{N_{xy}}{K_{xy}} \tag{6-1-27}$$

由几何方程 (6-1-19) 可推导出变形协调方程为

$$\frac{\partial^2\gamma_{xy}}{\partial x\partial y}=\frac{\partial\varepsilon_x}{\partial y^2}+\frac{\partial\varepsilon_y}{\partial x^2}-\frac{1}{R}\left(\frac{\partial^2 w}{\mathrm{d}y^2}\right)-\frac{1}{R}\left(\frac{\partial^2 w}{\mathrm{d}x^2}\right)$$

$$-2\frac{\partial^2 w}{\partial x\partial y}\frac{\partial^2\omega_0}{\partial x\partial y}+\frac{\partial^2 w}{\partial x^2}\frac{\partial^2\omega_0}{\partial y^2}+\frac{\partial^2\omega_0}{\partial x^2}\frac{\partial^2 w}{\partial y^2} \tag{6-1-28}$$

将此变形协调方程用应力函数表示，同时设 $\overline{K}=K_x\left(1-\nu^2\right)=K_y\left(1-\nu^2\right)=K\left(1-\nu^2\right)$，$K$ 为壳体轴向刚度，得到

$$\frac{1}{\overline{\overline{K}}}\frac{\partial^4\varphi}{\partial x^4}+\frac{1}{\overline{\overline{K}}}\frac{\partial^4\varphi}{\partial y^4}+\left(\frac{1}{K_{xy}}-\frac{2\nu}{\overline{\overline{K}}}\right)\frac{\partial^4\varphi}{\partial x^2\partial y^2}$$

$$=\frac{1}{R}\left(\frac{\partial^2\omega}{\partial x^2}+\frac{\partial^2\omega}{\partial y^2}\right)+2\frac{\partial^2 w}{\partial x\partial y}\frac{\partial^2 w_0}{\partial x\partial y}-\frac{\partial^2 w}{\partial x^2}\frac{\partial^2 w_0}{\partial y^2}-\frac{\partial^2 w_0}{\partial x^2}\frac{\partial^2 w}{\partial y^2}$$

整理得到控制微分方程为

$$\frac{\partial^2\gamma_{xy}}{\partial x\partial y}=\frac{\partial\varepsilon_x}{\partial y^2}+\frac{\partial\varepsilon_y}{\partial x^2}-\frac{1}{R}\left(\frac{\partial^2 w}{\mathrm{d}y^2}\right)-\frac{1}{R}\left(\frac{\partial^2 w}{\mathrm{d}x^2}\right)$$

$$-2\frac{\partial^2 w}{\partial x\partial y}\frac{\partial^2\omega_0}{\partial x\partial y}+\frac{\partial^2 w}{\partial x^2}\frac{\partial^2\omega_0}{\partial y^2}+\frac{\partial^2\omega_0}{\partial x^2}\frac{\partial^2 w}{\partial y^2}$$

$$\frac{1}{R}\left(\frac{\partial^2\varphi}{\partial y^2}+\frac{\partial^2\varphi}{\partial x^2}\right)+D\frac{\partial^4 w}{\partial x^4}+D\frac{\partial^4 w}{\partial y^4}$$

$$+\left(2\nu D+2D_{xy}\right)\frac{\partial^4 w}{\partial x^2\partial y^2}=N_{x0}\frac{\partial^2 w}{\partial x^2}+N_{y0}\frac{\partial^2 w}{\partial y^2} \tag{6-1-29}$$

引入微分算子

$$\nabla^4=\frac{1}{\overline{\overline{K}}}\frac{\partial^4}{\partial x^4}+\frac{1}{\overline{\overline{K}}}\frac{\partial^4}{\partial y^4}+\left(\frac{1}{K_{xy}}-\frac{2\nu}{\overline{\overline{K}}}\right)\frac{\partial^4}{\partial x^2\partial y^2}$$

$$L^4 = D\frac{\partial^4}{\partial x^4} + D\frac{\partial^4}{\partial y^4} + (2\nu D + 2D_{xy})\frac{\partial^4}{\partial x^2 \partial y^2}$$

于是式 (6-1-29) 可化为

$$\nabla^4 \frac{1}{R}\left(\frac{\partial^2 \varphi}{\partial y^2} + \frac{\partial^2 \varphi}{\partial x^2}\right) + \nabla^4 L^4 w = \nabla^4 N_{x0}\frac{\partial^2 w}{\partial x^2} + \nabla^4 N_{y0}\frac{\partial^2 w}{\partial y^2} \tag{6-1-30}$$

根据文献 [5]，并且由基本假定 (6) 可知，屈曲前受力可由式 (6-1-31) 表示

$$N_{x0} = \frac{qR}{2}, \quad N_{y0} = \frac{qR}{2} \tag{6-1-31}$$

于是得到具有初始缺陷的椭圆抛物面索支撑空间网格结构的控制方程为

$$\begin{aligned}
&\frac{1}{R}\left(\nabla^4 \frac{\partial^2 \varphi}{\partial y^2} + \nabla^4 \frac{\partial^2 \varphi}{\partial x^2}\right) + \frac{1}{\overline{\overline{K}}}\left[D\frac{\partial^8 w}{\partial x^8} + D\frac{\partial^8 w}{\partial x^4 \partial y^4} + (2\nu D + 2D_{xy})\frac{\partial^8 w}{\partial x^6 \partial y^2}\right] \\
&+ \frac{1}{\overline{\overline{K}}}\left[D\frac{\partial^8 w}{\partial x^4 \partial y^4} + D\frac{\partial^8 w}{\partial y^8} + (2\nu D + 2D_{xy})\frac{\partial^8 w}{\partial x^2 \partial y^6}\right] \\
&+ \left(\frac{1}{K_{xy}} - \frac{2\nu}{\overline{\overline{K}}}\right)\left[D\frac{\partial^8 w}{\partial x^6 \partial y^2} + D\frac{\partial^8 w}{\partial x^2 \partial y^6} + (2\nu D + 2D_{xy})\frac{\partial^8 w}{\partial x^4 \partial y^4}\right] \\
=&\frac{qR}{2}\left[\frac{1}{\overline{\overline{K}}}\frac{\partial^6 w}{\partial x^6} + \frac{1}{\overline{\overline{K}}}\frac{\partial^6 w}{\partial x^2 \partial y^4} + \left(\frac{1}{K_{xy}} - \frac{2\nu}{\overline{\overline{K}}}\right)\frac{\partial^6 w}{\partial x^4 \partial y^2}\right] \\
&+ \frac{qR}{2}\left[\frac{1}{\overline{\overline{K}}}\frac{\partial^6 w}{\partial x^4 \partial y^2} + \frac{1}{\overline{\overline{K}}}\frac{\partial^6 w}{\partial y^6} + \left(\frac{1}{K_{xy}} - \frac{2\nu}{\overline{\overline{K}}}\right)\frac{\partial^6 w}{\partial x^2 \partial y^4}\right]
\end{aligned} \tag{6-1-32}$$

式 (6-1-32) 中

$$\begin{aligned}
\nabla^4 \frac{\partial^2 \varphi}{\partial x^2} =& \frac{\partial^2 \left(\nabla^4 \varphi\right)}{\partial x^2} = \frac{1}{R}\left(\frac{\partial^4 w}{\partial x^4} + \frac{\partial^4 w}{\partial x^2 \partial y^2}\right) \\
&+ 2\frac{\partial^4 w}{\partial x^3 \partial y}\frac{\partial^2 \omega_0}{\partial x \partial y} + 4\frac{\partial^3 w}{\partial x^2 \partial y}\frac{\partial^3 \omega_0}{\partial x^2 \partial y} + 2\frac{\partial^2 w}{\partial x \partial y}\frac{\partial^4 \omega_0}{\partial x^3 \partial y} \\
&- \frac{\partial^4 w}{\partial x^4}\frac{\partial^2 \omega_0}{\partial y^2} - 2\frac{\partial^3 w}{\partial x^3}\frac{\partial^3 \omega_0}{\partial x \partial y^2} - \frac{\partial^2 w}{\partial x^2}\frac{\partial^4 \omega_0}{\partial x^2 \partial y^2} \\
&- \frac{\partial^4 \omega_0}{\partial x^4}\frac{\partial^2 w}{\partial y^2} - 2\frac{\partial^3 \omega_0}{\partial x^3}\frac{\partial^3 w}{\partial x \partial y^2} - \frac{\partial^2 \omega_0}{\partial x^2}\frac{\partial^4 w}{\partial x^2 \partial y^2}
\end{aligned}$$

$$\begin{aligned}
\nabla^4 \frac{\partial^2 \varphi}{\partial y^2} =& \frac{\partial^2 \left(\nabla^4 \varphi\right)}{\partial y^2} = \frac{1}{R}\left(\frac{\partial^4 w}{\partial x^2 \partial y^2} + \frac{\partial^4 w}{\partial y^4}\right) \\
&+ 2\frac{\partial^4 w}{\partial x \partial y^3}\frac{\partial^2 \omega_0}{\partial x \partial y} + 4\frac{\partial^3 w}{\partial x \partial y^2}\frac{\partial^3 \omega_0}{\partial x \partial y^2} + 2\frac{\partial^2 w}{\partial x \partial y}\frac{\partial^4 \omega_0}{\partial x \partial y^3}
\end{aligned}$$

$$
\begin{aligned}
&-\frac{\partial^4 w}{\partial x^2\partial y^2}\frac{\partial^2\omega_0}{\partial y^2}-2\frac{\partial^3 w}{\partial x^2\partial y}\frac{\partial^3\omega_0}{\partial y^3}-\frac{\partial^2 w}{\partial x^2}\frac{\partial^4\omega_0}{\partial y^4}\\
&-\frac{\partial^4\omega_0}{\partial x^2\partial y^2}\frac{\partial^2 w}{\partial y^2}-2\frac{\partial^3\omega_0}{\partial x^2\partial y}\frac{\partial^3 w}{\partial y^3}-\frac{\partial^2\omega_0}{\partial x^2}\frac{\partial^4 w}{\partial y^4}
\end{aligned}
$$

设结构屈曲时，其竖向位移表示如下：

$$
w=A\sin\frac{m\pi x}{l}\sin\frac{m\pi y}{l} \tag{6-1-33}
$$

式中，m 为结构屈曲时的半波数。该位移模式符合铰接边界条件：

x=0 和 l 时，$w=\frac{\partial^2 w}{\partial x^2}=\frac{\partial u}{\partial x}=v=0$；$y$=0 和 l 时，$w=\frac{\partial^2 w}{\partial y^2}=\frac{\partial v}{\partial y}=u=0$。

初始缺陷 ω_0 取与挠度函数相同的波形

$$
\omega_0=A_0\sin\frac{m\pi x}{l}\sin\frac{m\pi y}{l} \tag{6-1-34}
$$

式中，A_0 为初始缺陷的幅值。将位移模式 (6-1-33) 和初始缺陷 (6-1-34) 代入控制方程，并经过化简整理，得到

$$
\begin{aligned}
&\frac{1}{R}\left[\frac{1}{R}\cdot 4\left(\frac{l}{m\pi}\right)^2\sin\frac{m\pi x}{l}\sin\frac{m\pi y}{l}+8A_0\left(\sin^2\frac{m\pi y}{l}-\cos^2\frac{m\pi x}{l}\right)\right]\\
&+\left(\frac{m\pi}{l}\right)^2[2D+2\nu D+2D_{xy}]\left[\frac{2}{\overline{\overline{K}}}+\frac{1}{K_{xy}}-\frac{2\nu}{\overline{\overline{K}}}\right]\sin\frac{m\pi x}{l}\sin\frac{m\pi y}{l}\\
&-qR\left(\frac{2}{\overline{\overline{K}}}+\frac{1}{K_{xy}}-\frac{2\nu}{\overline{\overline{K}}}\right)\sin\frac{m\pi x}{l}\sin\frac{m\pi y}{l}=0
\end{aligned} \tag{6-1-35}
$$

根据文献 [5]，按虚位移原理，令总能量增量 ΔV 的一次变分等于零，可得布勃诺夫–伽辽金法方程，其表达式为

$$
\iint Xw\mathrm{d}x\mathrm{d}y=0 \tag{6-1-36}
$$

式中，X 为控制方程等号左边式子，w 为屈曲时的位移模式。

经过积分求解，式 (6-1-35) 转化为式 (6-1-37)：

$$
\begin{aligned}
&\frac{1}{R^2}\cdot 4\cdot\left(\frac{l}{m\pi}\right)^2\left(\frac{l}{2}-\frac{l}{4m\pi}\sin 2m\pi\right)^2+\frac{8A_0}{R}\left(\frac{l}{m\pi}-\frac{l}{m\pi}\cos m\pi\right)\\
&\left(\frac{2l}{3m\pi}\cos^3 m\pi-\frac{l}{m\pi}\cos m\pi+\frac{l}{3m\pi}\right)\\
&+\left(\frac{m\pi}{l}\right)^2[2D+2\nu D+2D_{xy}]\left[\frac{2}{\overline{\overline{K}}}+\frac{1}{K_{xy}}-\frac{2\nu}{\overline{\overline{K}}}\right]\left(\frac{l}{2}-\frac{l}{4m\pi}\sin 2m\pi\right)^2
\end{aligned}
$$

$$=qR\left(\frac{2}{\overline{\overline{K}}}+\frac{1}{K_{xy}}-\frac{2\nu}{\overline{\overline{K}}}\right)\left(\frac{l}{2}-\frac{l}{4m\pi}\sin 2m\pi\right)^2 \tag{6-1-37}$$

于是得到

$$q=\frac{4}{R^3\left(\frac{2}{\overline{\overline{K}}}+\frac{1}{K_{xy}}-\frac{2\nu}{\overline{\overline{K}}}\right)}\left(\frac{l}{m\pi}\right)^2+\frac{(2D+2\nu D+2D_{xy})}{R}\left(\frac{m\pi}{l}\right)^2$$
$$+\frac{8A_0}{R^2}\frac{\left(\frac{l}{m\pi}-\frac{l}{m\pi}\cos m\pi\right)\left(\frac{2}{3}\frac{l}{m\pi}\cos^3 m\pi-\frac{l}{m\pi}\cos m\pi+\frac{l}{3m\pi}\right)}{\left(\frac{2}{\overline{\overline{K}}}-\frac{2\nu}{\overline{\overline{K}}}+\frac{1}{K_{xy}}\right)\left(\frac{l}{2}-\frac{l}{4m\pi}\sin 2m\pi\right)^2} \tag{6-1-38}$$

其中，$\overline{K}=K\left(1-\nu^2\right)$，代入式 (6-1-38) 得到具有初始缺陷的椭圆抛物面索支撑空间网格结构承载能力计算公式为

$$q=\frac{4}{R^3\left(\frac{2-2\nu}{K\left(1-\nu^2\right)}+\frac{1}{K_{xy}}\right)}\left(\frac{l}{m\pi}\right)^2+\frac{(2D+2\nu D+2D_{xy})}{R}\left(\frac{m\pi}{l}\right)^2$$
$$+\frac{8A_0}{R^2}\frac{\left(\frac{l}{m\pi}-\frac{l}{m\pi}\cos m\pi\right)\left(\frac{2}{3}\frac{l}{m\pi}\cos^3 m\pi-\frac{l}{m\pi}\cos m\pi+\frac{l}{3m\pi}\right)}{\left(\frac{2-2\nu}{K\left(1-\nu^2\right)}+\frac{1}{K_{xy}}\right)\left(\frac{l}{2}-\frac{l}{4m\pi}\sin 2m\pi\right)^2} \tag{6-1-39}$$

对于无初始缺陷的完善壳体 $A_0=0$，式 (6-1-39) 可退化为

$$q=\frac{4}{R^3\left(\frac{2-2\nu}{K\left(1-\nu^2\right)}+\frac{1}{K_{xy}}\right)}\left(\frac{l}{m\pi}\right)^2+\frac{(2D+2\nu D+2D_{xy})}{R}\left(\frac{m\pi}{l}\right)^2 \tag{6-1-40}$$

故完善的椭圆抛物面索支撑空间网格结构极限承载能力计算公式为

$$q=\frac{4}{R^3\left(\frac{2-2\nu}{K\left(1-\nu^2\right)}+\frac{1}{K_{xy}}\right)}\left(\frac{l}{m\pi}\right)^2+\frac{(2D+2\nu D+2D_{xy})}{R}\left(\frac{m\pi}{l}\right)^2$$
$$\geqslant 2\sqrt{\frac{4}{R^3\left(\frac{2-2\nu}{K\left(1-\nu^2\right)}+\frac{1}{K_{xy}}\right)}\left(\frac{l}{m\pi}\right)^2\cdot\frac{(2D+2\nu D+2D_{xy})}{R}\left(\frac{m\pi}{l}\right)^2}$$
$$=\frac{4}{R^2}\sqrt{\frac{2\left[D\left(1+\nu\right)+D_{xy}\right]}{\frac{2}{K\left(1+\nu\right)}+\frac{1}{K_{xy}}}} \tag{6-1-41}$$

即

$$q_{\mathrm{cr}}^{\mathrm{lin}}=\frac{4}{R^2}\sqrt{\frac{2\left[D\left(1+\nu\right)+D_{xy}\right]}{\dfrac{2}{K\left(1+\nu\right)}+\dfrac{1}{K_{xy}}}} \tag{6-1-42}$$

6.1.3　索支撑网格等代刚度

网壳属于离散型壳体结构，需要将网格结构的刚度等效为连续壳体刚度，即计算网格的等代刚度问题。根据文献 [1] 可知，不加索的椭圆抛物面两向正交网格等代刚度可表示为表 6-1-1。

表 6-1-1　索支撑网格与连续壳体的等代刚度

	轴向刚度 K	剪切刚度 K_{xy}	弯曲刚度 D	扭转刚度 D_{xy}
两向正交网格等代刚度	$\dfrac{EA}{l_0}$	$\dfrac{6EI_{\mathrm{i}}}{l_0^3}$	$\dfrac{EI_{\mathrm{o}}}{l_0}$	$\dfrac{GJ}{l_0}$
两向正交索支撑网格等代刚度	$\dfrac{EA}{l_0}$	$\dfrac{6EI_{\mathrm{i}}}{l_0^3}+\dfrac{\sqrt{2}E'A'}{2l_0}$	$\dfrac{EI_{\mathrm{o}}}{l_0}$	$\dfrac{GJ}{l_0}$
连续壳体刚度	$\dfrac{Et}{1-\nu^2}$	$\dfrac{Et}{2\left(1+\nu\right)}$	$\dfrac{Et^3}{12\left(1-\nu^2\right)}$	$\dfrac{Et^3}{12\left(1+\nu\right)}$

图 6-1-9 所示为索支撑网格在横向剪力作用下的变形示意图。对比有无拉索两种情况下的四边形网格可知，拉索的存在将大大减小网格的剪切变形。图 6-1-9 中，实线表示网格的初始模型，虚线表示在相应荷载作用下的网格变形。假定网格在荷载作用下满足线弹性，小变形假设。设定：E、E'，A、A' 分别为刚性杆件和拉索的弹性模量以及截面面积；l_0、l_{c} 分别为杆件长度和拉索长度；I_{i}、I_{o} 为杆件的面内以及面外弯曲惯性矩，θ 为钢杆件在外荷载作用下的角度变化，α、α' 分别为变形前和变形后索与钢杆件的夹角。此外，网格在外荷载作用下始终满足线弹性小变形假设。

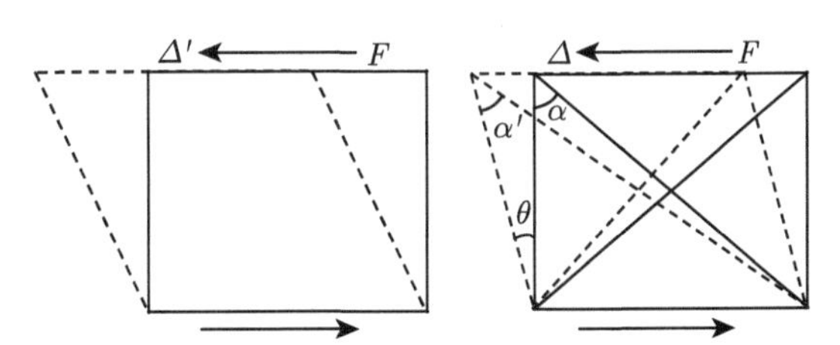

图 6-1-9　拉索对网格剪切刚度的影响

剪切刚度的计算如下：由结构力学可知，两端为固支的梁单元产生单位转角时，产生的固端剪力为 $6EI_{\mathrm{i}}/l_0^2$。因此，为使网格在水平力作用下产生转角 θ，外荷载除了要抵抗杆件固端剪力外，还要承担由于拉索伸长带来的附加水平向剪力。假定拉索的初始预张力为 T_0，网格产生变形后，拉索伸长一侧张力为 T_1，缩短一侧

张力为 T_2，则由索产生的附加水平向剪力为 $F_c=(T_1-T_2)\sin\alpha$，又由内力与变形的关系有

$$\frac{T_1-T_0}{E'A'}=\frac{T_0-T_2}{E'A'}=\frac{l_0\cdot\sin\theta\cdot\sin\alpha}{l_0/\cos\alpha} \tag{6-1-43}$$

于是由索产生的剪力为

$$F_c=(T_1-T_2)\sin\alpha=(T_1-T_0+T_0-T_2)\sin\alpha=2E'A'\cdot\sin^2\alpha\cdot\cos\alpha\cdot\sin\theta$$

对于小变形假定而言 $\sin\theta\approx\theta$，因此钢杆和索产生的总剪力可表示为

$$F=(6EI_i/l_0^2+F_c)\cdot\theta=(6EI_i/l_0^2+2E'A'\cdot\sin^2\alpha\cdot\cos\alpha)\cdot\theta \tag{6-1-44}$$

公式 (6-1-44) 表明，索对剪切刚度的贡献与角度 α 有关。假定 $\alpha=45°$，则 $\Delta F=\sqrt{2}E'A'/2$，将刚度沿着长度方向分配即有等效剪切刚度表达式为

$$K_{xy}=F/l_0=6EI_i/l_0^3+\sqrt{2}E'A'/2l_0 \tag{6-1-45}$$

公式 (6-1-45) 表明：拉索对网格剪切刚度的影响仅与拉索的几何刚度有关，而与预张力无关，拉索的几何刚度越大，对四边形网格剪切刚度的加强作用越显著。但是，为了保证上述公式成立，需要满足：索的初始应力不能过小，拉索不能松弛；预应力值不宜取得过高，索结构不能进入塑性。

扭转刚度的计算如下：图 6-1-10 中，实线表示网格的初始模型，虚线表示在相应荷载作用下的网格变形。Δ 为网格在扭矩 M_φ 作用下的位移，θ_1 为钢杆件转过的角度，θ_2 为索的转角，α 为索与钢杆件的夹角。网格要抵抗杆件本身的扭转 (扭矩为 GJ)，以及拉索的几何变形所带来的扭矩增量。根据几何关系：$\Delta=l_0\cdot\tan\theta_1=l_c\cdot\tan\theta_2$；$l_0=l_c\cdot\sin\alpha$，因此，$\tan\theta_2=\tan\theta_1\cdot\sin\alpha$，网格产生扭转角 θ_1 时，索拉力变化如公式 (6-1-46) 所示

$$\frac{T-T_0}{E'A'}=\frac{\Delta\cdot\sin\theta_2}{l_c}=\tan\theta_1\cdot\sin\theta_2\cdot\sin\alpha \tag{6-1-46}$$

扭矩为

$$M_\varphi=GJ\cdot(\theta_1/l_0)+(T-T_0)\cdot\sin\theta_2\cdot l_0 \tag{6-1-47}$$

根据小变形假设：$\theta_1\approx\tan\theta_1\approx\sin\theta_1$，$\theta_2\approx\tan\theta_2\approx\sin\theta_2$，扭矩表示如下：

$$M_\varphi\approx GJ\cdot(\theta_1/l_0)+E'A'\cdot l_0\cdot(\theta_1)^3\cdot\sin^3\alpha \tag{6-1-48}$$

由于 θ_1 很小，因此第二项为高阶小量趋向于 0，即：与杆件的扭转变形相比，索的作用可以忽略。因此当 $\theta_1/l_0=1$ 时，网格的扭转刚度为 GJ，将其沿着长度方向分配，则网格的等效扭转刚度为 GJ/l_0。

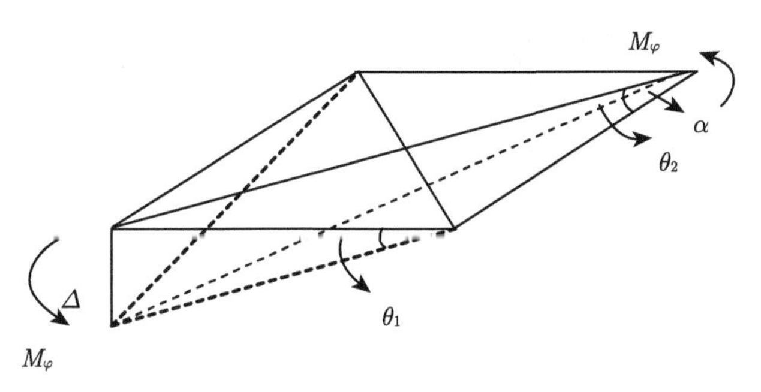

图 6-1-10　等代刚度计算简图

为全面考察结构中拉索的作用，本章将两向正交索支撑网格等代刚度与连续壳体的刚度进行了对比，如表 6-1-1 所示。

6.1.4　算例验证

本节采用有限元数值算例检验上述基于连续壳体理论推导的椭圆抛物面索支撑空间网格结构屈曲承载力公式的计算精度。数值算例为一跨度 30m，1/6 矢跨比的椭圆抛物面索支撑空间网格结构，表 6-1-2 给出了模型的具体参数。

表 6-1-2　数值算例模型参数

参数	取值
网格尺寸/(mm×mm)	1500×1500
钢杆件截面/(mm×mm×mm)	100×100×6.0
索截面/mm^2	86.0
索初始预张力/MPa	150
初始缺陷 A_0	0、$L/1000$、$L/500$、$L/300$

数值模拟采用有限元软件 ANSYS 进行，杆件采用 beam189 单元模拟，beam189 单元为三节点的二次梁单元。模型中只考虑预应力拉索受拉，故采用只拉不压杆单元 link10 模拟拉索。由特征值屈曲法求解结构的屈曲荷载。

对于初始缺陷壳体，使用 Matlab 软件求解式 (6-1-39) 的最小值。有限元计算中将下述方式引入缺陷。由于初始缺陷模式与位移模式一致，在 ANSYS 中首先建立完善壳体模型，得到节点坐标，与由 ω_0 引起的坐标变位相加，得到有节点位置偏差的有限元模型，此模型即为具有初始缺陷的椭圆抛物面有限元模型。《网壳结构技术规程》[6] 规定：进行网壳全过程分析时应考虑初始曲面形状的安装偏差的影响，其最大计算值可按网壳跨度的 1/300。因此本节中缺陷最大值为跨度的 1/300。采用有限元软件分别计算模型的线性屈曲荷载和非线性极限荷载，这里在计算非线性屈曲荷载时，同时考虑了几何非线性和物理非线性，并将其作为结构承载力的精确值。有限元与公式计算结果比较如表 6-1-3 所示。

表 6-1-3 计算结果比较

初始缺陷	公式 (6-1-39) 计算结果 /(kN/m^2)	误差 1 /%	线性屈曲荷载q_1 /(kN/m^2)	误差 2 /%	考虑几何非线性极限荷载q_2 /(kN/m^2)	误差 3 /%	考虑双重非线性极限荷载q_3 /(kN/m^2)
0	22.1	7.3	21.3	3.3	20.6	0.1	20.58
$L/1000$	20.8	13.7	19.5	6.2	18.3	0.3	18.26
$L/500$	19.1	15.8	17.6	6.0	16.5	0.2	16.47
$L/300$	18.4	21.1	16.2	6.3	15.2	0.1	15.18

注：误差 1 为公式 (6-1-39) 计算结果与q_3的误差；误差 2 为q_1与q_3的误差；误差 3 为q_2与q_3的误差。

从表 6-1-3 可以看出：首先随着缺陷的增加，结构的稳定承载力迅速降低，说明椭圆抛物面索支撑空间网格结构对于缺陷敏感；采用有限元计算得到的线性和非线性稳定承载力误差在 6%左右，这说明非线性对结构的影响不大；公式计算结果和有限元精确值的差别随着缺陷的增大而增加，当缺陷为结构跨度的 1/300 时，差别最大达到了 21.1%，通过比较考虑几何非线性得到的极限荷载 q_2 和考虑双重非线性得到的极限荷载 q_3，可知物理非线性对结构基本没有影响，结构以弹性失稳为主。下文对误差产生的原因进行了分析，以期找到造成该差别的主要原因，并给出相应的修正系数，以提高理论公式的计算精度。

6.1.5 误差分析

首先考察等代刚度的准确性。在有限元软件中建立如图 6-1-11 所示的模型，梁柱节点为刚接。具体计算参数和结果如表 6-1-4 所示。从表 6-1-4 中可以看到，采用本章公式计算得到的等代刚度和有限元数值计算剪切刚度的误差为 1.1%，说明等代刚度计算公式准确，由等代刚度误差引起的结构稳定承载力误差较小。

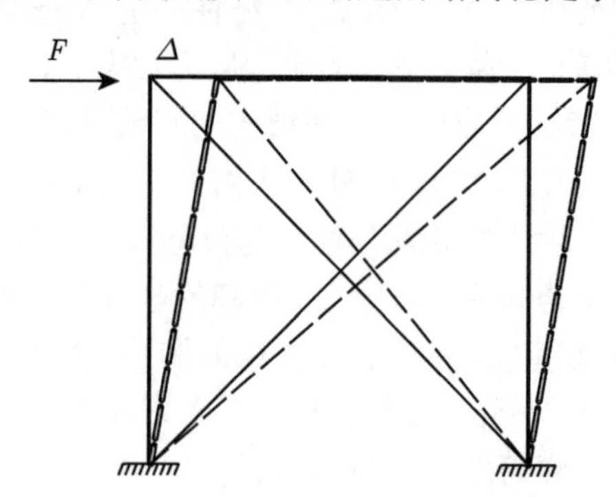

图 6-1-11 等代刚度计算简图

表 6-1-4　网格参数与计算结果

参数	取值
网格尺寸/(mm×mm)	1500×1500
钢杆件截面/(mm×mm×mm)	100×100×6.0
索截面/mm^2	86.0
索初始预张力/MPa	150
横向力 F/N	50000
横向变形 Δ/m	0.0132
数值计算剪切刚度 K_{xy}/(N/m)	6.56×10^6
公式计算剪切刚度 K_{xy}/(N/m)	6.49×10^6
公式计算 K_{xy} 与数值计算 K_{xy} 的误差	1.1%

其次考察屈曲模态产生的误差。图 6-1-12 给出 I-I 剖面处理论推导和实际失稳时的位移模态。由图 6-1-12 中可以看出，理论推导和结构实际失稳时的屈曲位移模态都呈现约 5 个半波，这说明假设的屈曲位移形状较准确。但实际失稳时位移形状不均匀，与理论假设的失稳位移模态有一定误差，但不是理论公式误差产生的主要原因。

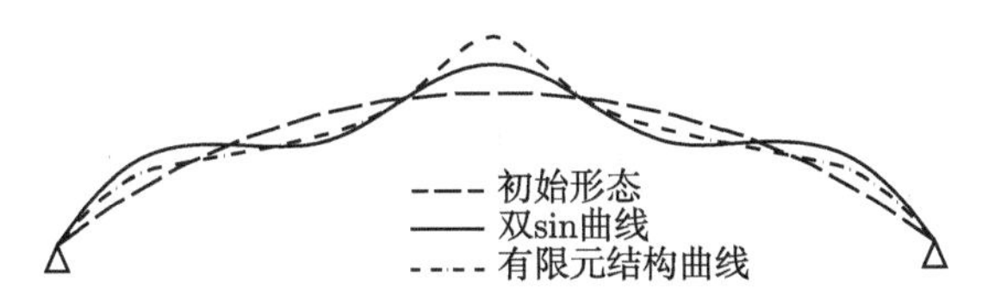

图 6-1-12　理论与实际失稳模态对比

将上文中弯矩引起的误差和非线性引起的误差累加，近似等于理论公式和精确解之间的误差。因此弯矩和非线性是造成误差的最主要影响因素，为此本节给出公式 (6-1-39) 的误差修正系数为

$$\mu = 1 - 0.06 - \frac{\sigma_{\mathrm{M}}}{\sigma_{\mathrm{N}}} \tag{6-1-49}$$

式 (6-1-49) 中，σ_{M} 为弯矩引起的杆件截面平均应力；σ_{N} 为轴力引起的杆件截面平均应力；0.06 为近似考虑几何非线性的影响。

基本假定 (6) 认为结构在屈曲时只有轴力，没有弯矩。而实际情况中，屈曲情况下存在一定的弯矩，对承载能力也有一定的影响，对结果也带来一定的误差。以下将通过考察屈曲时由弯矩产生的应力与轴应力的比例研究屈曲时弯矩的影响。图 6-1-13 给出了不同缺陷的结构在屈曲时弯矩应力与轴应力的比例。

由图 6-1-13 可得：随着缺陷的增大，屈曲时弯曲应力与轴应力的比例增大，同时分布也越不均匀。当施加 1/300 跨度的缺陷时，比例接近 14.2%。因此，弯矩影响是造成理论公式和有限元数值结果差别的主要因素。

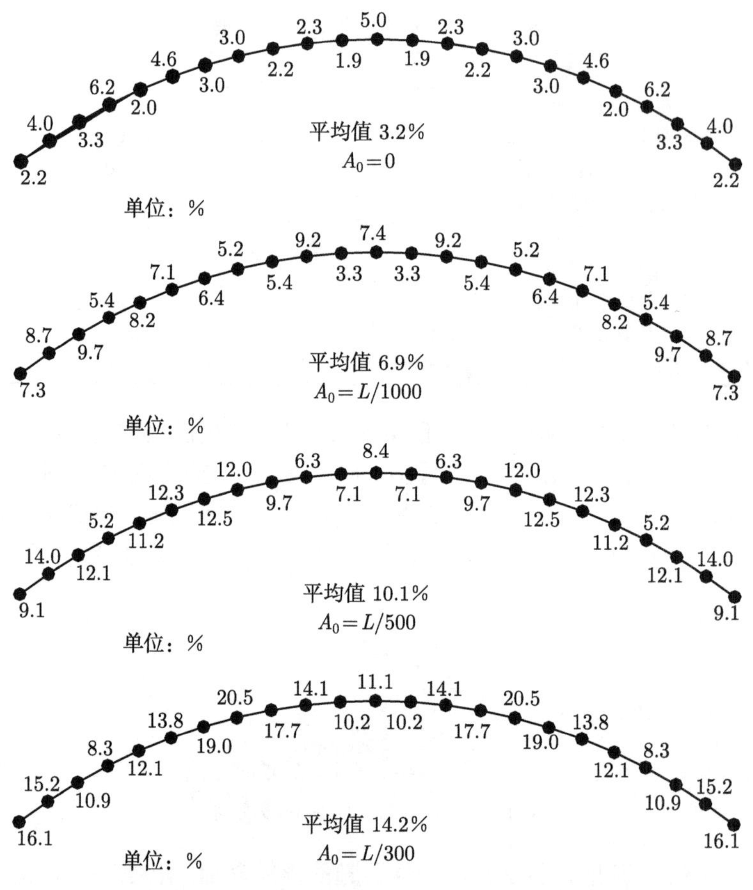

图 6-1-13　不同缺陷屈曲时弯矩应力与轴应力比例

本节列举两个有限元数值算例检验基于连续壳体理论的椭圆抛物面索支撑空间网格结构稳定承载力公式及修正系数的准确性。

表 6-1-5 给出了算例 2 模型的具体参数。

表 6-1-5　算例 2 模型参数

参数	取值
跨度/m	30
矢跨比	1/8
网格尺寸/(mm×mm)	1200×1200
钢杆件截面/(mm×mm×mm)	120×60×3.2
索截面/mm^2	86
索初始预张力/MPa	100
初始缺陷 A_0	0、$L/1000$、$L/500$、$L/300$

表 6-1-6 给出了算例 2 的计算结果。

表 6-1-6 算例 2 计算结果

初始缺陷	公式 (6-1-39) 计算结果/(kN/m^2)	修正系数	考虑双重非线性极限荷载/(kN/m^2)	误差/%
0	10.13	0.92	9.10	2.4
$L/1000$	9.42	0.86	7.83	3.5
$L/500$	9.09	0.83	7.28	3.6
$L/300$	8.64	0.78	6.49	3.8

注：误差为公式 (6-1-39) 计算结果与考虑双重非线性极限荷载的误差。

表 6-1-7 给出了算例 3 模型的具体参数。

表 6-1-7 算例 3 模型参数

参数	取值
跨度/m	30
矢跨比	1/9
网格尺寸/(mm×mm)	1200×1200
钢杆件截面/(mm×mm×mm)	120×60×3.2
索截面/mm^2	61.7
索初始预张力/MPa	100
初始缺陷 A_0	0、$L/1000$、$L/500$、$L/300$

表 6-1-8 给出了算例 3 模型的计算结果。

表 6-1-8 算例 3 计算结果

初始缺陷	公式 (6-1-39) 计算结果/(kN/m^2)	修正系数	考虑双重非线性极限荷载/(kN/m^2)	误差/%
0	7.25	0.92	6.98	4.4
$L/1000$	6.91	0.88	6.26	2.9
$L/500$	6.58	0.85	5.82	3.9
$L/300$	6.31	0.81	5.27	3.0

注：误差为公式 (6-1-39) 计算结果与考虑双重非线性极限荷载的误差。

通过以上数值算例，可验证经修正后的基于连续壳体理论的联方柱面索支撑空间网格结构稳定承载力公式具有良好的精度，误差在 5%以内。

6.2 具有初始缺陷联方柱面索支撑空间网格结构静力稳定性能

6.2.1 具有初始缺陷联方柱面索支撑空间网格结构稳定基本方程

基于连续壳体理论基础计算联方柱面索支撑空间网格结构稳定承载能力，其

基本假定如下:

(1) 结构在受力状态下始终为小变形，材料处于弹性阶段。

(2) 考察的壳体为短圆柱扁壳，即矢跨比 ≤1/5，且两个方向的跨度相近。

(3) 梁柱节点为刚接，支座为四边铰接。

(4) 初始缺陷由节点位置偏差引起，不包括杆件初弯曲、焊接残余应力等引起的缺陷。

(5) 在屈曲前由于网格的各构件都受到沿着轴线方向的作用力，所以认为屈曲前构件中只产生轴力[1]。

所考察的联方柱面索支撑空间网格结构基本模型及其网格形式如图 6-2-1 和图 6-2-2 所示。

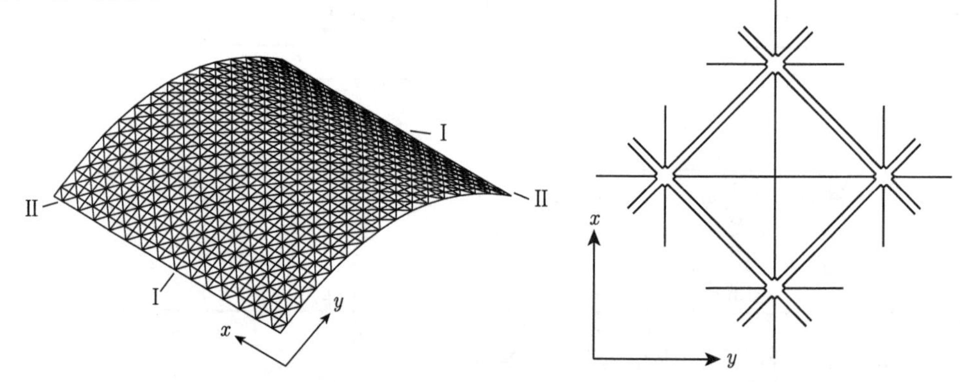

图 6-2-1　联方柱面索支撑空间网格结构基本模型

图 6-2-2　索支撑四边形网格示意图

根据文献 [2] 可知，具有初始挠度的壳体弹性力学几何方程如式 (6-2-1) 所示

$$
\begin{aligned}
\varepsilon_1 &= \frac{1}{A}\frac{\partial u}{\partial \alpha}+\frac{1}{AB}\frac{\partial A}{\partial \beta}v+k_1 w+\frac{1}{2A^2}\left(\frac{\partial w}{\partial \alpha}\right)^2+\frac{1}{A^2}\frac{\partial w}{\partial \alpha}\frac{\partial \omega_0}{\partial \alpha}\\
\varepsilon_2 &= \frac{1}{B}\frac{\partial v}{\partial \beta}+\frac{1}{AB}\frac{\partial B}{\partial \alpha}u+k_2 w+\frac{1}{2B^2}\left(\frac{\partial w}{\partial \beta}\right)^2+\frac{1}{B^2}\frac{\partial w}{\partial \beta}\frac{\partial \omega_0}{\partial \beta}\\
\gamma_{12} &= \frac{A}{B}\frac{\partial}{\partial \beta}\left(\frac{u}{A}\right)+\frac{B}{A}\frac{\partial}{\partial \alpha}\left(\frac{v}{B}\right)+\frac{1}{AB}\left[\frac{\partial w}{\partial \alpha}\frac{\partial w}{\partial \beta}+\frac{\partial w}{\partial \alpha}\frac{\partial \omega_0}{\partial \beta}+\frac{\partial \omega_0}{\partial \alpha}\frac{\partial w}{\partial \beta}\right]\\
\chi_1 &= -\frac{1}{A}\frac{\partial}{\partial \alpha}\left(\frac{1}{A}\frac{\partial w}{\partial \alpha}\right)-\frac{1}{AB^2}\frac{\partial A}{\partial \beta}\frac{\partial w}{\partial \beta}\\
\chi_2 &= -\frac{1}{B}\frac{\partial}{\partial \beta}\left(\frac{1}{B}\frac{\partial w}{\partial \beta}\right)-\frac{1}{A^2 B}\frac{\partial B}{\partial \alpha}\frac{\partial w}{\partial \alpha}\\
\chi_{12} &= -\frac{1}{AB}\left(\frac{\partial^2 w}{\partial \alpha\partial \beta}-\frac{1}{A}\frac{\partial A}{\partial \beta}\frac{\partial w}{\partial \alpha}-\frac{1}{B}\frac{\partial B}{\partial \alpha}\frac{\partial w}{\partial \beta}\right)
\end{aligned}
\tag{6-2-1}
$$

式中，ε_1、ε_2、γ_{12} 为中曲面的应变；χ_1、χ_2、χ_{12} 为中曲面曲率的变化参数；k_1、k_2

为两个方向的曲率；u、v、w 分别为 x、y、z 方向上的位移，ω_0 为 z 方向的初始缺陷。A、B 分别为中曲面任意点沿 α、β 方向的拉梅系数。式 (6-2-1) 中含有线性项、非线性项及耦合项。

根据文献 [3]，对于柱面扁壳，有如下性质：

$$k_1 = k_x = -\frac{\partial^2 z}{\partial x^2}, \quad k_2 = k_y = -\frac{\partial^2 z}{\partial y^2}$$

同时变量 α 坐标和 β 坐标的变化率也就是沿 x 和 y 坐标的变化率，即

$$\frac{\partial}{\partial \alpha}(\ \ ) = \frac{\partial}{\partial x}(\ \ ), \quad \frac{\partial}{\partial \beta}(\ \ ) = \frac{\partial}{\partial y}(\ \ )$$

因此，中面沿 α 和 β 方向的拉梅系数化为

$$A = \frac{\mathrm{d}s_1}{\mathrm{d}\alpha} = \frac{\mathrm{d}x}{\mathrm{d}x} = 1, \quad B = \frac{\mathrm{d}s_2}{\mathrm{d}\beta} = \frac{\mathrm{d}y}{\mathrm{d}y} = 1 \tag{6-2-2}$$

根据基本假定 (1)，扁壳屈曲时为小变形，因此可以忽略由大挠度引起的非线性项，只考虑线性项以及由初始挠度引起的耦合项，同时注意到 x 方向的曲率半径趋于无穷大，并将式 (6-2-2) 代入式 (6-2-1)，整理得到具有初始缺陷的联方柱面壳体的弹性几何方程如式 (6-2-3) 所示

$$\begin{gathered}
\varepsilon_x = \frac{\partial u}{\partial x} + \frac{\partial w}{\partial x}\frac{\partial \omega_0}{\partial x}, \quad \varepsilon_y = \frac{\partial v}{\partial y} + k_y w + \frac{\partial w}{\partial y}\frac{\partial \omega_0}{\partial y} \\
\gamma_{xy} = \frac{\partial u}{\partial y} + \frac{\partial v}{\partial x} + \frac{\partial w}{\partial x}\frac{\partial \omega_0}{\partial y} + \frac{\partial \omega_0}{\partial x}\frac{\partial w}{\partial y} \\
\chi_x = -\frac{\partial^2 w}{\partial x^2}, \quad \chi_y = -\frac{\partial^2 w}{\partial y^2}, \quad \chi_{xy} = -\frac{\partial^2 w}{\partial x \partial y}
\end{gathered} \tag{6-2-3}$$

式中，k_y 为 y 方向曲率，$k_y = 1/R$，R 为曲率半径；ε_x、ε_y 和 γ_{xy} 分别为曲面 x、y 方向的正应变和剪应变；χ_x、χ_y、χ_{xy} 为中曲面曲率的变化参数。

由文献 [3] 知，对于薄壳，简化后壳体的物理方程为式 (6-2-4)

$$N_x = K_x(\varepsilon_x + \nu\varepsilon_y), \ N_y = K_y(\varepsilon_y + \nu\varepsilon_x), \ N_{xy} = N_{yx} = K_{xy}\gamma_{xy}$$

$$M_x = D_x(\chi_x + \nu\chi_y), \ M_y = D_y(\chi_y + \nu\chi_x), \ M_{xy} = M_{yx} = D_{xy}\chi_{xy} \tag{6-2-4}$$

式中，ν 为泊松比；沿 x、y 长度方向的轴向刚度以及剪切刚度分别记为 K_x、K_y、K_{xy}、K_{yx}；D_x、D_y、D_{xy}、D_{yx} 分别为 x、y 方向的弯曲刚度以及扭转刚度；N_x、N_y、N_{xy}、N_{yx} 为薄膜力；M_x、M_y 为弯矩；M_{xy}、M_{yx} 为扭矩。为简化，一般取 $K_x = K_y = K$，$D_x = D_y = D$。

图 6-2-3 为壳体的一个中面微元及其横截面内单位长度上的内力。

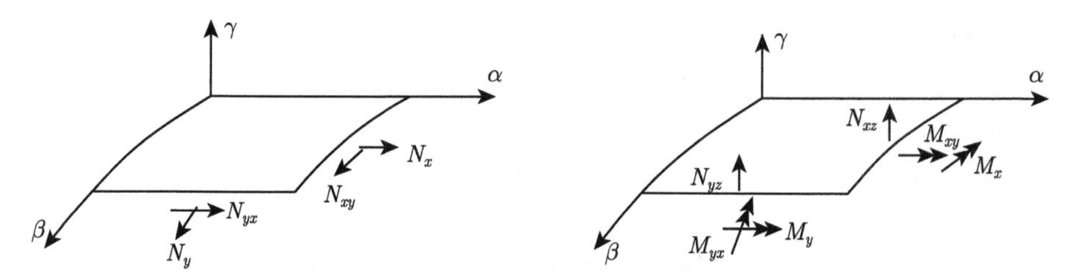

图 6-2-3 壳体中面微元

从薄壳中曲面内取出微分面素，如图 6-2-4 所示。

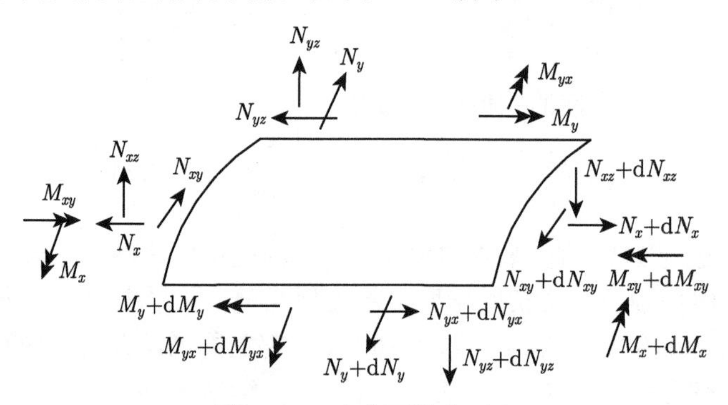

图 6-2-4 中曲面微分面素

由图 6-2-4 可以建立单元体力的平衡方程为

$$\frac{\partial N_x}{\partial x}+\frac{\partial N_{yx}}{\partial y}=0,\quad \frac{\partial N_y}{\partial y}+\frac{\partial N_{xy}}{\partial x}+\frac{\partial N_{yz}}{R}=0$$
$$\frac{\partial N_{xz}}{\partial x}+\frac{\partial N_{yz}}{\partial y}+\frac{N_y}{R}+N_x\frac{\partial^2 w}{\partial x^2}+2N_{xy}\frac{\partial^2 w}{\partial x\partial y}+N_y\frac{\partial^2 w}{\partial y^2}-q=0 \tag{6-2-5}$$

式中，N_x、N_y、N_{xy}、N_{yx} 为薄膜力；N_{xz}、N_{yz} 为剪力。

单元体力矩的平衡方程为

$$\frac{\partial M_x}{\partial x}+\frac{\partial M_{xy}}{\partial y}-N_{xz}=0,\quad \frac{\partial M_{xy}}{\partial x}+\frac{\partial M_y}{\partial y}-N_{yz}=0 \tag{6-2-6}$$

式中，M_x、M_y 为弯矩；M_{xy}、M_{yx} 为扭矩。

6.2.2 具有初始缺陷联方柱面索支撑空间网格结构稳定基本方程求解

通过文献 [3] 可由式 (6-2-5) 和式 (6-2-6) 得到柱面壳体屈曲时的平衡方程，如式 (6-2-7) 所示：

$$\frac{N_y}{R}-\frac{\partial^2 M_x}{\partial x^2}-\frac{\partial^2 M_{xy}}{\partial x\partial y}-\frac{\partial^2 M_{yx}}{\partial x\partial y}-\frac{\partial^2 M_y}{\partial y^2}=N_{x0}\frac{\partial^2 w}{\partial x^2}+N_{y0}\frac{\partial^2 w}{\partial y^2} \tag{6-2-7}$$

引进应力函数 φ 使得

$$N_x = \frac{\partial^2 \varphi}{\partial y^2}, \quad N_y = \frac{\partial^2 \varphi}{\partial x^2}, \quad N_{xy} = -\frac{\partial^2 \varphi}{\partial x \partial y} \tag{6-2-8}$$

于是平衡方程 (6-2-7) 化为

$$\frac{1}{R}\frac{\partial^2 \varphi}{\partial x^2} + D\frac{\partial^4 w}{\partial x^4} + D\frac{\partial^4 w}{\partial y^4} + (2\nu D + 2D_{xy})\frac{\partial^4 w}{\partial x^2 \partial y^2} = N_{x0}\frac{\partial^2 w}{\partial x^2} + N_{y0}\frac{\partial^2 w}{\partial y^2} \tag{6-2-9}$$

由物理方程 (6-2-4) 反解得到应变表达式为

$$\varepsilon_x = \frac{\nu N_y - N_x}{K_x(\nu^2 - 1)}, \quad \varepsilon_y = \frac{\nu N_x - N_y}{K_y(\nu^2 - 1)}, \quad \gamma_{xy} = \frac{N_{xy}}{K_{xy}} \tag{6-2-10}$$

由几何方程 (6-2-3) 推导出变形协调方程为

$$\frac{\partial^2 \gamma_{xy}}{\partial x \partial y} = \frac{\partial \varepsilon_x}{\partial y^2} + \frac{\partial \varepsilon_y}{\partial x^2} - \frac{1}{R}\left(\frac{\partial^2 w}{\mathrm{d}x^2}\right) - 2\frac{\partial^2 w}{\partial x \partial y}\frac{\partial^2 \omega_0}{\partial x \partial y} + \frac{\partial^2 w}{\partial x^2}\frac{\partial^2 \omega_0}{\partial y^2} + \frac{\partial^2 \omega_0}{\partial x^2}\frac{\partial^2 w}{\partial y^2} \tag{6-2-11}$$

将变形协调方程 (6-2-11) 用应力函数表示，同时设 $\overline{K} = K_x(1-\nu^2) = K_y(1-\nu^2) = K(1-\nu^2)$，得到

$$\begin{aligned}&\frac{1}{\overline{K}}\frac{\partial^4 \varphi}{\partial x^4} + \frac{1}{\overline{K}}\frac{\partial^4 \varphi}{\partial y^4} + \left(\frac{1}{K_{xy}} - \frac{2\nu}{\overline{K}}\right)\frac{\partial^4 \varphi}{\partial x^2 \partial y^2}\\ =&\frac{1}{R}\left(\frac{\partial^2 w}{\partial x^2}\right) + 2\frac{\partial^2 w}{\partial x \partial y}\frac{\partial^2 \omega_0}{\partial x \partial y} - \frac{\partial^2 w}{\partial x^2}\frac{\partial^2 \omega_0}{\partial y^2} - \frac{\partial^2 \omega_0}{\partial x^2}\frac{\partial^2 w}{\partial y^2}\end{aligned} \tag{6-2-12}$$

于是得到控制微分方程为

$$\begin{aligned}&\frac{1}{\overline{K}}\frac{\partial^4 \varphi}{\partial x^4} + \frac{1}{\overline{K}}\frac{\partial^4 \varphi}{\partial y^4} + \left(\frac{1}{K_{xy}} - \frac{2\nu}{\overline{K}}\right)\frac{\partial^4 \varphi}{\partial x^2 \partial y^2}\\ =&\frac{1}{R}\left(\frac{\partial^2 \omega}{\partial x^2}\right) + 2\frac{\partial^2 w}{\partial x \partial y}\frac{\partial^2 \omega_0}{\partial x \partial y} - \frac{\partial^2 w}{\partial x^2}\frac{\partial^2 \omega_0}{\partial y^2} - \frac{\partial^2 \omega_0}{\partial x^2}\frac{\partial^2 w}{\partial y^2}\\ &\frac{1}{R}\frac{\partial^2 \varphi}{\partial x^2} + D\frac{\partial^4 w}{\partial x^4} + D\frac{\partial^4 w}{\partial y^4} + (2\nu D + 2D_{xy})\frac{\partial^4 w}{\partial x^2 \partial y^2}\\ =&N_{x0}\frac{\partial^2 w}{\partial x^2} + N_{y0}\frac{\partial^2 w}{\partial y^2}\end{aligned} \tag{6-2-13}$$

引入微分算子

$$\nabla^4 = \frac{1}{\overline{K}}\frac{\partial^4}{\partial x^4} + \frac{1}{\overline{K}}\frac{\partial^4}{\partial y^4} + \left(\frac{1}{K_{xy}} - \frac{2\nu}{\overline{K}}\right)\frac{\partial^4}{\partial x^2 \partial y^2}$$

$$L^4 = D\frac{\partial^4}{\partial x^4} + D\frac{\partial^4}{\partial y^4} + (2\nu D + 2D_{xy})\frac{\partial^4}{\partial x^2 \partial y^2} \tag{6-2-14}$$

于是得到

$$\nabla^4 \frac{1}{R}\frac{\partial^2 \varphi}{\partial x^2} + \nabla^4 L^4 w = \nabla^4 N_{x0}\frac{\partial^2 w}{\partial x^2} + \nabla^4 N_{y0}\frac{\partial^2 w}{\partial y^2} \tag{6-2-15}$$

屈曲前受力可由下式表示[5]：

$$N_{x0} = 0, \quad N_{y0} = qR \tag{6-2-16}$$

将式 (6-2-16) 代入式 (6-2-15) 得到控制方程为

$$\begin{aligned}
&\frac{1}{R}\nabla^4 \frac{\partial^2 \varphi}{\partial x^2} + \frac{1}{\overline{\overline{K}}}\left[D\frac{\partial^8 w}{\partial x^8} + D\frac{\partial^8 w}{\partial x^4 \partial y^4} + (2\nu D + 2D_{xy})\frac{\partial^8 w}{\partial x^6 \partial y^2}\right] \\
&+ \frac{1}{\overline{\overline{K}}}\left[D\frac{\partial^8 w}{\partial x^4 \partial y^4} + D\frac{\partial^8 w}{\partial y^8} + (2\nu D + 2D_{xy})\frac{\partial^8 w}{\partial x^2 \partial y^6}\right] \\
&+ \left(\frac{1}{K_{xy}} - \frac{2\nu}{\overline{\overline{K}}}\right)\left[D\frac{\partial^8 w}{\partial x^6 \partial y^2} + D\frac{\partial^8 w}{\partial x^2 \partial y^6} + (2\nu D + 2D_{xy})\frac{\partial^8 w}{\partial x^4 \partial y^4}\right] \\
=& qR\left[\frac{1}{\overline{\overline{K}}}\frac{\partial^6 w}{\partial x^4 \partial y^2} + \frac{1}{\overline{\overline{K}}}\frac{\partial^6 w}{\partial y^6} + \left(\frac{1}{K_{xy}} - \frac{2\nu}{\overline{\overline{K}}}\right)\frac{\partial^6 w}{\partial x^2 \partial y^4}\right]
\end{aligned} \tag{6-2-17}$$

式中

$$\begin{aligned}
\nabla^4 \frac{\partial^2 \varphi}{\partial x^2} =& \frac{\partial^2 (\nabla^4 \varphi)}{\partial x^2} = \frac{1}{R}\frac{\partial^4 w}{\partial x^4} + 2\frac{\partial^4 w}{\partial x^3 \partial y}\frac{\partial^2 \omega_0}{\partial x \partial y} \\
&+ 4\frac{\partial^3 w}{\partial x^2 \partial y}\frac{\partial^3 \omega_0}{\partial x^2 \partial y} + 2\frac{\partial^2 w}{\partial x \partial y}\frac{\partial^4 \omega_0}{\partial x^3 \partial y} \\
&- \frac{\partial^4 w}{\partial x^4}\frac{\partial^2 \omega_0}{\partial y^2} - 2\frac{\partial^3 w}{\partial x^3}\frac{\partial^3 \omega_0}{\partial x \partial y^2} - \frac{\partial^2 w}{\partial x^2}\frac{\partial^4 \omega_0}{\partial x^2 \partial y^2} \\
&- \frac{\partial^4 \omega_0}{\partial x^4}\frac{\partial^2 w}{\partial y^2} - 2\frac{\partial^3 \omega_0}{\partial x^3}\frac{\partial^3 w}{\partial x \partial y^2} - \frac{\partial^2 \omega_0}{\partial x^2}\frac{\partial^4 w}{\partial x^2 \partial y^2}
\end{aligned}$$

设结构屈曲时，其竖向位移表示如下：

$$w = A\sin\frac{m\pi x}{l_x}\sin\frac{n\pi y}{l_y} \tag{6-2-18}$$

该位移模式符合铰接边界条件

x=0 和 l_x 时，$w = \frac{\partial^2 w}{\partial x^2} = \frac{\partial u}{\partial x} = v = 0$；$y$=0 和 l_y 时，$w = \frac{\partial^2 w}{\partial y^2} = \frac{\partial v}{\partial y} = u = 0$。

取初始缺陷 ω_0 与挠度函数 w 相同的波形为

$$\omega_0 = A_0 \sin\frac{m\pi x}{l_x}\sin\frac{n\pi y}{l_y} \tag{6-2-19}$$

将位移模式表达式 (6-2-18) 和初始缺陷表达式 (6-2-21) 代入控制方程 (6-2-17)，并经过化简整理，得到

$$\begin{aligned}
&\frac{1}{R}\left[\frac{1}{R}\cdot\left(\frac{m\pi}{l_x}\right)^4\sin\frac{m\pi x}{l_x}\sin\frac{n\pi y}{l_y}-4A_0\left(\frac{m\pi}{l_x}\right)^4\left(\frac{n\pi}{l_y}\right)^2\cos^2\frac{m\pi x}{l_x}\right.\\
&\left.+4A_0\left(\frac{m\pi}{l_x}\right)^4\left(\frac{n\pi}{l_y}\right)^2\sin^2\frac{m\pi x}{l_x}\right]\\
&+\frac{1}{\overline{K}}\left[D\left(\frac{m\pi}{l_x}\right)^8+D\left(\frac{m\pi}{l_x}\right)^4\left(\frac{n\pi}{l_y}\right)^4\right.\\
&\left.+(2D\nu+2D_{xy})\left(\frac{m\pi}{l_x}\right)^6\left(\frac{n\pi}{l_y}\right)^2\right]\sin\frac{m\pi x}{l_x}\sin\frac{n\pi y}{l_y}\\
&+\frac{1}{\overline{\overline{K}}}\left[D\left(\frac{m\pi}{l_x}\right)^4\left(\frac{n\pi}{l_y}\right)^4+D\left(\frac{n\pi}{l_y}\right)^8\right.\\
&\left.+(2D\nu+2D_{xy})\left(\frac{m\pi}{l_x}\right)^2\left(\frac{n\pi}{l_y}\right)^6\right]\sin\frac{m\pi x}{l_x}\sin\frac{n\pi y}{l_y}\\
&+\left(\frac{1}{K_{xy}}-\frac{2\nu}{\overline{\overline{K}}}\right)\left[D\left(\frac{m\pi}{l_x}\right)^6\left(\frac{n\pi}{l_y}\right)^2+D\left(\frac{m\pi}{l_x}\right)^2\left(\frac{n\pi}{l_y}\right)^6\right.\\
&\left.+(2D\nu+2D_{xy})\left(\frac{m\pi}{l_x}\right)^4\left(\frac{n\pi}{l_y}\right)^4\right]\sin\frac{m\pi x}{l_x}\sin\frac{n\pi y}{l_y}\\
&-qR\left[\frac{1}{\overline{K}}\left(\frac{m\pi}{l_x}\right)^4\left(\frac{n\pi}{l_y}\right)^2+\frac{1}{\overline{\overline{K}}}\left(\frac{n\pi}{l_y}\right)^6\right.\\
&\left.+\left(\frac{1}{K_{xy}}-\frac{2\nu}{\overline{\overline{K}}}\right)\left(\frac{m\pi}{l_x}\right)^2\left(\frac{n\pi}{l_y}\right)^4\right]\sin\frac{m\pi x}{l_x}\sin\frac{n\pi y}{l_y}=0
\end{aligned} \tag{6-2-20}$$

按虚位移原理，令总能量增量 ΔV 的一次变分等于零，可得布勃诺夫–伽辽金法方程，其表达式为

$$\iint Xw\mathrm{d}x\mathrm{d}y = 0 \tag{6-2-21}$$

其中, X 为控制方程等号左边式子，w 为屈曲时的位移模式。由式 (6-2-23) 积分得到缺陷联方索撑柱壳稳定承载能力表达式为

$$
\begin{aligned}
q= & \frac{1}{R^3} \cdot \frac{\left(\frac{m\pi}{l_x}\right)^4}{\frac{1}{\overline{\overline{K}}}\left(\frac{m\pi}{l_x}\right)^4\left(\frac{n\pi}{l_y}\right)^2+\frac{1}{\overline{\overline{K}}}\left(\frac{n\pi}{l_y}\right)^6+\left(\frac{1}{K_{xy}}-\frac{2\nu}{\overline{\overline{K}}}\right)\left(\frac{m\pi}{l_x}\right)^2\left(\frac{n\pi}{l_y}\right)^4} \\
& +\frac{1}{\overline{K}R} \cdot \frac{D\left(\frac{m\pi}{l_x}\right)^8+D\left(\frac{m\pi}{l_x}\right)^4\left(\frac{n\pi}{l_y}\right)^4+\left(2D\nu+2D_{xy}\right)\left(\frac{m\pi}{l_x}\right)^6\left(\frac{n\pi}{l_y}\right)^2}{\frac{1}{\overline{\overline{K}}}\left(\frac{m\pi}{l_x}\right)^4\left(\frac{n\pi}{l_y}\right)^2+\frac{1}{\overline{\overline{K}}}\left(\frac{n\pi}{l_y}\right)^6+\left(\frac{1}{K_{xy}}-\frac{2\nu}{\overline{\overline{K}}}\right)\left(\frac{m\pi}{l_x}\right)^2\left(\frac{n\pi}{l_y}\right)^4} \\
& +\frac{1}{\overline{K}R} \cdot \frac{D\left(\frac{m\pi}{l_x}\right)^4\left(\frac{n\pi}{l_y}\right)^4+D\left(\frac{n\pi}{l_y}\right)^8+\left(2D\nu+2D_{xy}\right)\left(\frac{m\pi}{l_x}\right)^2\left(\frac{n\pi}{l_y}\right)^6}{\frac{1}{\overline{\overline{K}}}\left(\frac{m\pi}{l_x}\right)^4\left(\frac{n\pi}{l_y}\right)^2+\frac{1}{\overline{\overline{K}}}\left(\frac{n\pi}{l_y}\right)^6+\left(\frac{1}{K_{xy}}-\frac{2\nu}{\overline{\overline{K}}}\right)\left(\frac{m\pi}{l_x}\right)^2\left(\frac{n\pi}{l_y}\right)^4} \\
& +\frac{\left(\frac{1}{K_{xy}}-\frac{2\nu}{\overline{\overline{K}}}\right)}{R} \\
& \times \frac{D\left(\frac{m\pi}{l_x}\right)^6\left(\frac{n\pi}{l_y}\right)^2+D\left(\frac{m\pi}{l_x}\right)^2\left(\frac{n\pi}{l_y}\right)^6+\left(2D\nu+2D_{xy}\right)\left(\frac{m\pi}{l_x}\right)^4\left(\frac{n\pi}{l_y}\right)^4}{\frac{1}{\overline{\overline{K}}}\left(\frac{m\pi}{l_x}\right)^4\left(\frac{n\pi}{l_y}\right)^2+\frac{1}{\overline{\overline{K}}}\left(\frac{n\pi}{l_y}\right)^6+\left(\frac{1}{K_{xy}}-\frac{2\nu}{\overline{\overline{K}}}\right)\left(\frac{m\pi}{l_x}\right)^2\left(\frac{n\pi}{l_y}\right)^4} \\
& +\frac{4A_0\left(\frac{m\pi}{l_x}\right)^4\left(\frac{n\pi}{l_y}\right)^2}{R^2} \\
& \times \frac{\left(\frac{l_y}{n\pi}-\frac{l_y}{n\pi}\cos n\pi\right)\left(-\frac{l_x}{m\pi}\cos m\pi+\frac{2l_x\cos^3 m\pi}{3m\pi}+\frac{l_x}{3m\pi}\right)}{\left(\frac{l_x}{2}-\frac{l_x}{4m\pi}\sin 2m\pi\right)\left(\frac{l_y}{2}-\frac{l_y}{4n\pi}\sin 2n\pi\right)} \\
& \times \frac{1}{\frac{1}{\overline{\overline{K}}}\left(\frac{m\pi}{l_x}\right)^4\left(\frac{n\pi}{l_y}\right)^2+\frac{1}{\overline{\overline{K}}}\left(\frac{n\pi}{l_y}\right)^6+\left(\frac{1}{K_{xy}}-\frac{2\nu}{\overline{\overline{K}}}\right)\left(\frac{m\pi}{l_x}\right)^2\left(\frac{n\pi}{l_y}\right)^4}
\end{aligned}
\tag{6-2-22}
$$

式中，$\overline{K}=K\left(1-\nu^2\right)$。

对于无初始缺陷的完善联方索撑柱壳，其中 $A_0=0$，于是式 (6-2-22) 可化为

$$
q=\frac{1}{R^3} \cdot \frac{\left(\frac{m\pi}{l_x}\right)^4}{\frac{1}{\overline{\overline{K}}}\left(\frac{m\pi}{l_x}\right)^4\left(\frac{n\pi}{l_y}\right)^2+\frac{1}{\overline{\overline{K}}}\left(\frac{n\pi}{l_y}\right)^6+\left(\frac{1}{K_{xy}}-\frac{2\nu}{\overline{\overline{K}}}\right)\left(\frac{m\pi}{l_x}\right)^2\left(\frac{n\pi}{l_y}\right)^4}
$$

$$+\frac{1}{\overline{K}R}\cdot\frac{D\left(\frac{m\pi}{l_x}\right)^8+D\left(\frac{m\pi}{l_x}\right)^4\left(\frac{n\pi}{l_y}\right)^4+(2D\nu+2D_{xy})\left(\frac{m\pi}{l_x}\right)^6\left(\frac{n\pi}{l_y}\right)^2}{\frac{1}{\overline{\overline{K}}}\left(\frac{m\pi}{l_x}\right)^4\left(\frac{n\pi}{l_y}\right)^2+\frac{1}{\overline{\overline{K}}}\left(\frac{n\pi}{l_y}\right)^6+\left(\frac{1}{K_{xy}}-\frac{2\nu}{\overline{\overline{K}}}\right)\left(\frac{m\pi}{l_x}\right)^2\left(\frac{n\pi}{l_y}\right)^4}$$

$$+\frac{1}{\overline{K}R}\cdot\frac{D\left(\frac{m\pi}{l_x}\right)^4\left(\frac{n\pi}{l_y}\right)^4+D\left(\frac{n\pi}{l_y}\right)^8+(2D\nu+2D_{xy})\left(\frac{m\pi}{l_x}\right)^2\left(\frac{n\pi}{l_y}\right)^6}{\frac{1}{\overline{\overline{K}}}\left(\frac{m\pi}{l_x}\right)^4\left(\frac{n\pi}{l_y}\right)^2+\frac{1}{\overline{\overline{K}}}\left(\frac{n\pi}{l_y}\right)^6+\left(\frac{1}{K_{xy}}-\frac{2\nu}{\overline{\overline{K}}}\right)\left(\frac{m\pi}{l_x}\right)^2\left(\frac{n\pi}{l_y}\right)^4}$$

$$+\frac{\left(\frac{1}{K_{xy}}-\frac{2\nu}{\overline{\overline{K}}}\right)}{R}$$

$$\times\frac{D\left(\frac{m\pi}{l_x}\right)^6\left(\frac{n\pi}{l_y}\right)^2+D\left(\frac{m\pi}{l_x}\right)^2\left(\frac{n\pi}{l_y}\right)^6+(2D\nu+2D_{xy})\left(\frac{m\pi}{l_x}\right)^4\left(\frac{n\pi}{l_y}\right)^4}{\frac{1}{\overline{\overline{K}}}\left(\frac{m\pi}{l_x}\right)^4\left(\frac{n\pi}{l_y}\right)^2+\frac{1}{\overline{\overline{K}}}\left(\frac{n\pi}{l_y}\right)^6+\left(\frac{1}{K_{xy}}-\frac{2\nu}{\overline{\overline{K}}}\right)\left(\frac{m\pi}{l_x}\right)^2\left(\frac{n\pi}{l_y}\right)^4}$$

(6-2-23)

6.2.3　联方索支撑网格等代刚度

6.1.3 节中已推导了两向正交索支撑网格的等代刚度，其网格坐标系如图 6-2-5 所示，轴向刚度 K、剪切刚度 K_{xy}、弯曲刚度 D、扭转刚度 D_{xy} 如表 6-2-1 所示。式中 E、E'，A、A' 分别为刚性杆件和拉索的弹性模量以及截面面积；G、J 为杆件的剪切模量以及扭转惯性矩；l_0、$l_{\rm c}$ 分别为杆件长度和拉索长度；$I_{\rm i}$、$I_{\rm o}$ 为杆件的面内以及面外弯曲惯性矩。

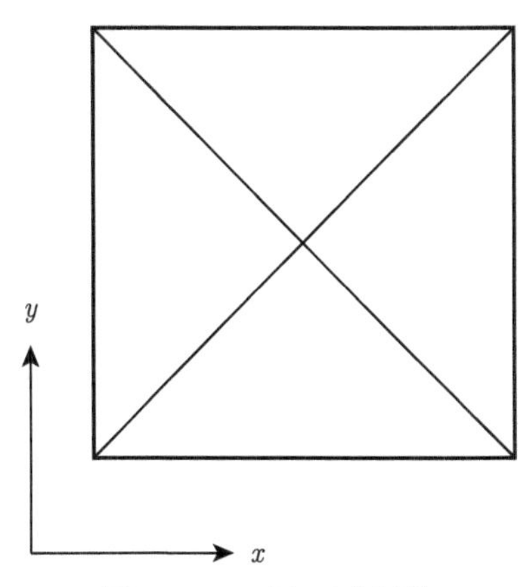

图 6-2-5　两向正交网格

表 6-2-1　两向正交索支撑网格等代刚度

	轴向刚度 K	剪切刚度 K_{xy}	弯曲刚度 D	扭转刚度 D_{xy}
两向正交索支撑网格等代刚度	$\frac{EA}{l_0}$	$\frac{6EI_{\rm i}}{l_0^3}+\frac{\sqrt{2}E'A'}{2l_0}$	$\frac{EI_{\rm o}}{l_0}$	$\frac{GJ}{l_0}$

联方索支撑网格形式如图 6-2-6 所示。在进行等效刚度计算时，采取线弹性、小变形假设。

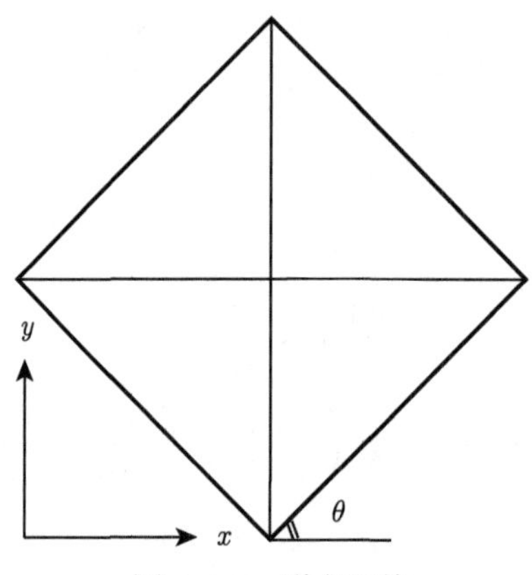

图 6-2-6　联方网格

轴向刚度推导过程如下：对于正放如图 6-2-5 所示的网格可等效为图 6-2-7 所示的单杆，由结构力学可知，当产生水平向位移 Δ 时，所需的力 F 可表示为 $F=\frac{EA}{l_0}\cdot\Delta$，于是$K=\frac{F}{\Delta}=\frac{EA}{l_0}$。将杆绕 x 轴旋转 θ 角度后，图 6-2-6 所示的网格可简化为图 6-2-8，由结构力学可得 $F=\frac{EA}{l_0}\cdot\Delta\cos\theta\cdot\cos\theta$，于是得到轴向刚度 $K=\frac{F}{\Delta}=\frac{EA}{l_0}\cos^2\theta$，当转角 $\theta=45°$ 时，$K=\frac{1}{2}\cdot\frac{EA}{l_0}$。

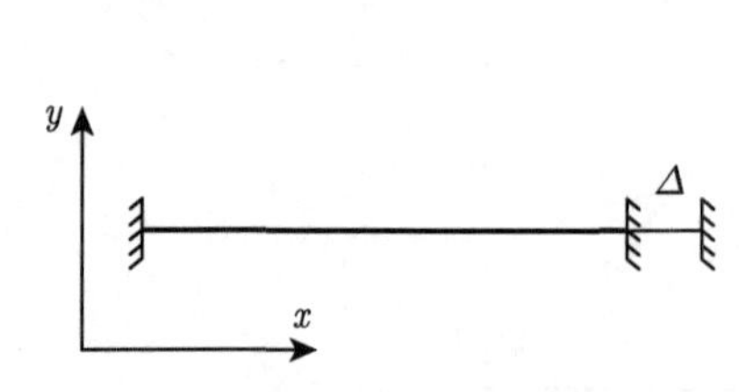

图 6-2-7　正交网格等效杆件变形图

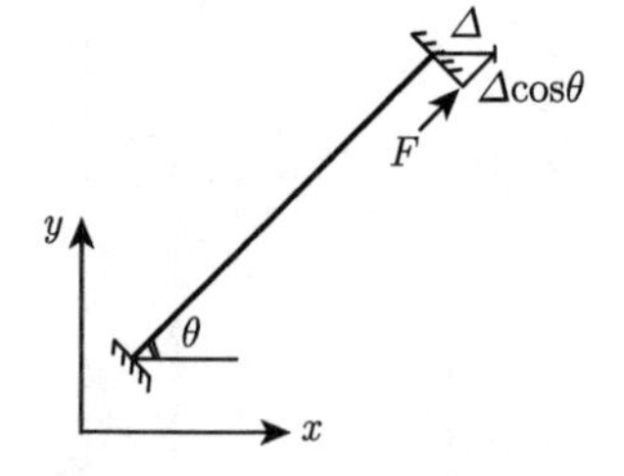

图 6-2-8　联方网格等效杆件变形图

剪切刚度推导如下：将网格分为钢杆件和索两部分。由图 6-2-9 可知转角 α 和 θ 之间的关系为$\alpha=\frac{\Delta\sin\theta}{l_0}$，于是得到 $F=\frac{6EI_{\rm i}}{l_0^2}\cdot\frac{\Delta\sin\theta}{l_0}\cdot\sin\theta$。索对剪切

刚度的影响如图 6-2-10 所示，由结构力学知$F_{\mathrm{c}} = 2E'A'\sin^2\beta\cos\beta\cdot\alpha\cdot\sin\theta = 2E'A'\sin^2\beta\cos\beta\cdot\dfrac{\Delta\sin\theta}{l_0}\cdot\sin\theta$，其中$\beta$ 为钢杆件和索的夹角。于是得到剪切刚度$K_{xy} = \dfrac{F+F_{\mathrm{c}}}{\Delta} = 6EI_{\mathrm{i}}/l_0^3\cdot\sin^2\theta + 2E'A'\sin^2\beta\cos\beta\cdot\sin^2\theta$，当 $\theta = 45°$，$\beta = 45°$ 时，$K_{xy} = \dfrac{1}{2}\cdot\left(6EI_{\mathrm{i}}/l_0^3 + \dfrac{\sqrt{2}}{2}E'A'\right)$。

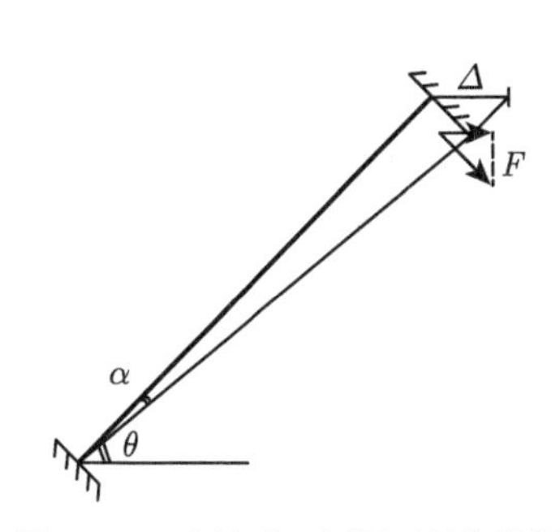

图 6-2-9　斜钢杆对剪切刚度作用

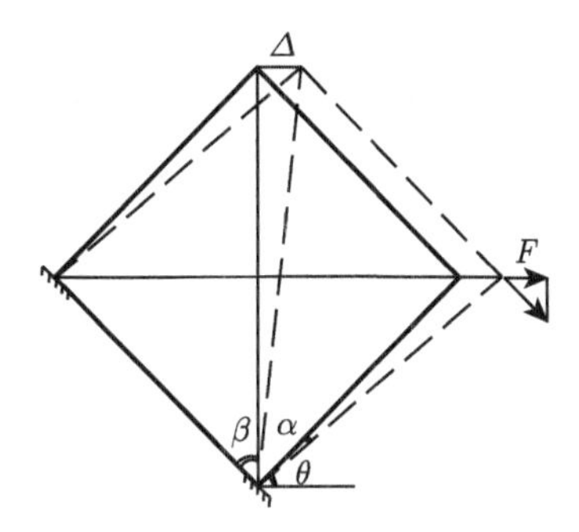

图 6-2-10　索对剪切刚度作用

弯曲刚度的计算如下：假定网格在弯矩 M 作用下产生转角 θ，将弯矩 M 分解为两部分 M_1 和 M_2，对于杆 AB，M_1 使杆 AB 弯曲，根据图 6-2-11 中的几何关系，得到由弯矩 M_1 产生的刚度为$D_1 = \dfrac{EI_{\mathrm{o}}}{l_0}\cdot\cos\alpha\cdot\cos\alpha$。$M_2$ 使杆 AB 扭转，得到由 M_2 产生的刚度为 $D_2 = \dfrac{GJ}{l_0}\cdot\cos\alpha\cdot\cos\alpha$，当 $\alpha = 45°$ 时，弯曲刚度 $D = \dfrac{1}{2}\dfrac{EI_{\mathrm{o}}}{l_0} + \dfrac{1}{2}\dfrac{GJ}{l_0}$。

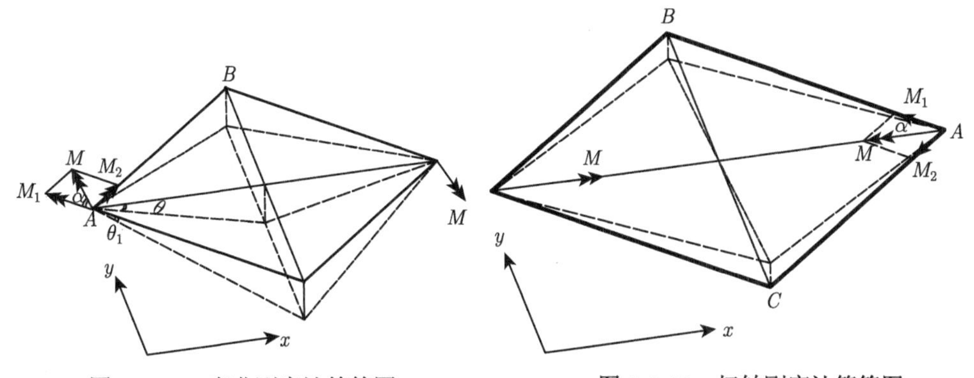

图 6-2-11　弯曲刚度计算简图　　图 6-2-12　扭转刚度计算简图

扭转刚度的计算如下：假定网格受到扭矩为 M，将其分解为两部分 M_1 和 M_2，扭矩分量 M_1 使杆 AC 弯曲，扭矩分量 M_2 使杆 AB 弯曲，如图 6-2-12 所示。根据图 6-2-12 中的几何关系，得到由扭矩 M 产生的刚度$D_{xy}=\dfrac{EI_{\text{o}}}{l_0}\cdot\cos\alpha\cdot\cos\alpha$，当 $\alpha=45°$ 时，弯曲刚度 $D_{xy}=\dfrac{1}{2}\dfrac{EI_{\text{o}}}{l_0}$。

为全面考察结构中拉索的作用，本节将联方索支撑网壳等代刚度与连续壳体的刚度进行了对比，如表 6-2-2 所示。

表 6-2-2　索支撑网格与连续壳体的等代刚度

	轴向刚度 K	剪切刚度 K_{xy}	弯曲刚度 D	扭转刚度 D_{xy}
联方索支撑网格等代刚度	$\dfrac{1}{2}\dfrac{EA}{l_0}$	$\dfrac{1}{2}\left(6EI_{\text{i}}/l_0^3+\dfrac{\sqrt{2}}{2}E'A'\right)$	$\dfrac{1}{2}\dfrac{EI_{\text{o}}}{l_0}+\dfrac{1}{2}\dfrac{GJ}{l_0}$	$\dfrac{1}{2}\dfrac{EI_{\text{o}}}{l_0}$
连续壳体刚度	$\dfrac{Et}{1-\nu^2}$	$\dfrac{Et}{2(1+\nu)}$	$\dfrac{Et^3}{12(1-\nu^2)}$	$\dfrac{Et^3}{12(1+\nu)}$

6.2.4　算例验证

本节将采用有限元数值算例检验 4.2 节中联方柱面索支撑空间网格结构稳定承载能力公式的计算精度。数值算例为一两方向跨度均为 30m、1/6 矢跨比的联方柱面索支撑空间网格结构，表 6-2-3 给出了模型的具体参数。

表 6-2-3　模型参数

参数	取值
网格尺寸/(mm×mm)	1500×1500
钢杆件截面/(mm×mm×mm)	100×100×6.0
索截面/mm^2	86.0
索初始预张力/MPa	150
初始缺陷 A_0	0、$L/1000$、$L/500$、$L/300$

数值模拟采用有限元软件 ANSYS 进行，杆件采用 beam189 单元模拟，beam189 单元为三节点的二次梁单元。模型中只考虑预应力拉索受拉，故采用只拉不压杆单元 link10 模拟拉索。由特征值屈曲法求解结构的屈曲荷载，由弧长法求解结构考虑几何非线性和物理非线性的极限荷载。

由文献 [2] 可知：对于短圆柱壳，当翘曲时，沿 x 方向被弯成 1 个半波形，在圆周 y 方向弯曲成 n 个波形。于是，求解公式 (4-22) 和公式 (4-23) 时，可令 x 方向的半波数 m=1，使用 Matlab 软件求解公式最小值。对于初始缺陷壳体，有限元计算中将下述方式引入缺陷。在 ANSYS 中首先建立完善壳体模型，得到节点坐标，由公式 (4-22) 得到最小值对应下的 n 值，得到 ω_0，由完善壳体坐标与由 ω_0 引起的坐标变位相加，得到有节点位置偏差的有限元模型，此模型即为具有初始缺陷的联方柱面有限元模型。《网壳结构技术规程》[6] 规定：进行网壳全过程分析时应考虑初始曲面形状的安装偏差的影响，其最大计算值可按网壳跨度的 1/300 。因此本节中缺陷最大值为跨度的 1/300。采用有限元软件分别计算模型的线性屈曲荷载和非线性极限荷载，这里在计算非线性屈曲荷载时，同时考虑了几何非线性和材料的物理非线性，并将其作为结构承载力的精确值。有限元与公式计算结果如表 6-2-4 所示。

表 6-2-4　有限元与公式计算结果

初始缺陷	公式 (6-2-22) 计算结果 /(kN/m^2)	误差 1 /%	线性屈曲荷载q_1 /(kN/m^2)	误差 2 /%	考虑几何非线性极限荷载q_2 /(kN/m^2)	误差 3 /%	考虑双重非线性极限荷载q_3 /(kN/m^2)
0	3.61	14.6	3.47	9.2	3.15	0.1	3.14
$L/1000$	3.49	19.9	3.35	13.1	2.91	0.1	2.91
$L/500$	3.29	23.7	3.07	13.3	2.66	0.0	2.66
$L/300$	3.15	25.5	2.91	13.7	2.51	0.1	2.51

注：误差 1 为公式 (6-2-22) 计算结果与q_3的误差；误差 2 为q_1与q_3的误差；误差 3 为q_2与q_3的误差。

从表 6-2-4 可以得出：首先随着缺陷的增加，结构的稳定承载力迅速降低，说明联方柱面索支撑空间网格结构对于缺陷敏感；采用有限元计算得到的线性和非线性稳定承载力误差在 13%左右，这说明非线性对结构有一定的影响；公式计算结果和有限元精确值的差别随着缺陷的增大而增加，当缺陷为结构跨度的 1/300 时，差别最大达到了 25.5%。通过比较考虑几何非线性得到的极限荷载 q_2 和考虑双重非线性得到的极限荷载 q_3，可知物理非线性对结构基本没有影响，结构以弹性失稳为主。下文对误差产生的原因进行了分析，以期找到造成该差别的主要原因，并给出相应的修正系数，以提高理论公式的计算精度。

6.2.5　误差分析

首先考察等代刚度的准确性。轴向刚度、剪切刚度、弯曲刚度、扭转刚度的数值验证模型如图 6-2-13~ 图 6-2-16 所示，梁柱节点为刚接。具体计算参数和计算结果如表 6-2-5 所示。

从表 6-2-5 中可以看到，采用本节公式计算得到的等代刚度和有限元数值计算刚度的最大误差为 2.8%，这说明了本节的等代刚度计算公式准确性，由此得出等代刚度误差引起的结构稳定承载力误差较小。

表 6-2-5　网格参数与计算结果

参数	取值
网格尺寸/(mm×mm)	1500×1500
钢杆件截面/(mm×mm×mm)	100×100×6.0
索截面/mm^2	86.0
索初始预张力/MPa	150
横向力 F/N	5000000
横向变形 Δ/m	0.016133
数值计算轴向刚度 K/(N/m)	$3.099\times10^8/2=1.550\times10^8$
公式计算轴向刚度 K/(N/m)	1.549×10^8
公式计算 K 与数值计算 K 的误差	0.1%
横向力 F_1/N	50000
横向变形 Δ/m	0.01582
数值计算剪切刚度 K_{xy}/(N/m)	3.16×10^6
公式计算剪切刚度 K_{xy}/(N/m)	3.25×10^6
公式计算 K_{xy} 与数值计算 K_{xy} 的误差	2.8%
弯矩 M/(N·m)	50000
转角 θ/rad	0.1226
数值计算抗弯刚度 D/(N/m)	4.078×10^5
公式计算抗弯刚度 D/(N/m)	4.07×10^5
公式计算 D 与数值计算 D 的误差	0.2%
扭矩 M_1/(N·m)	50000
转角 θ_1/rad	0.2155
数值计算扭转刚度 D_{xy}/(N/m)	2.32×10^5
公式计算抗弯刚度 D_{xy}/(N/m)	2.29×10^5
公式计算 D_{xy} 与数值计算 D_{xy} 的误差	1.3%

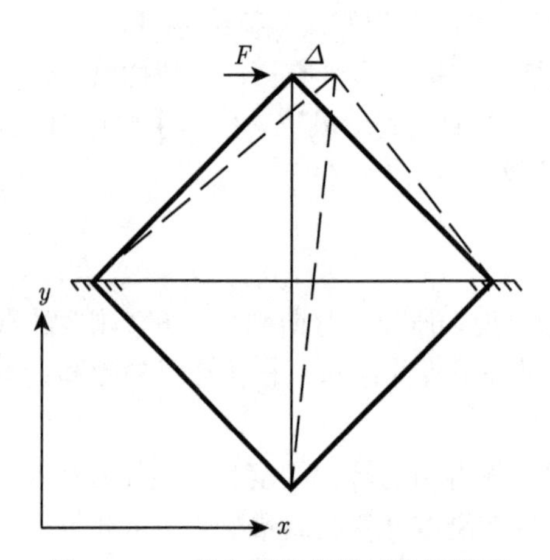

图 6-2-13　轴向刚度有限元验证模型

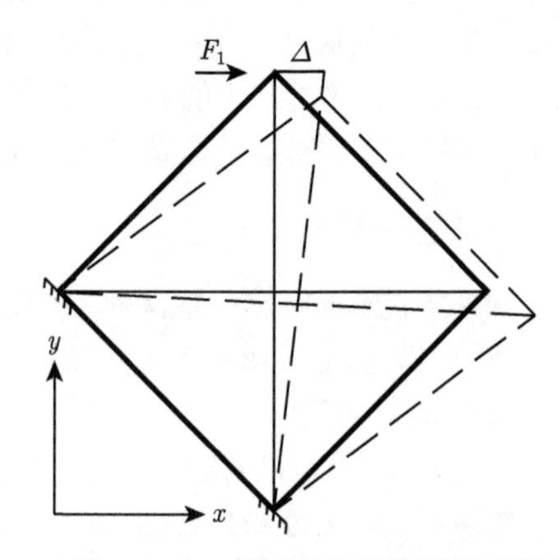

图 6-2-14　剪切刚度有限元验证模型

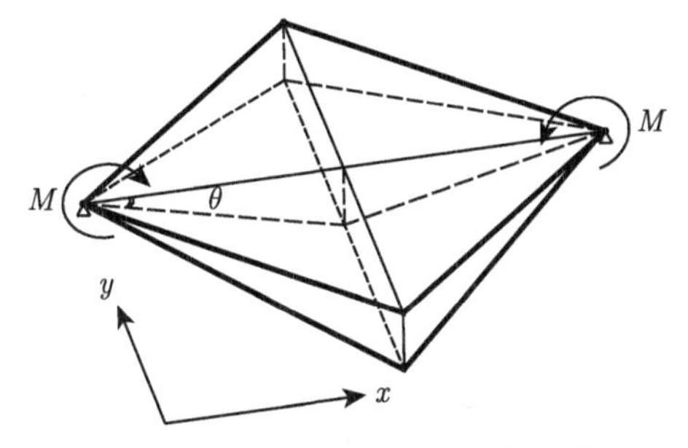

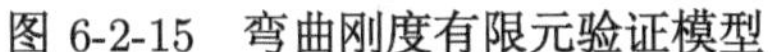
图 6-2-15 弯曲刚度有限元验证模型

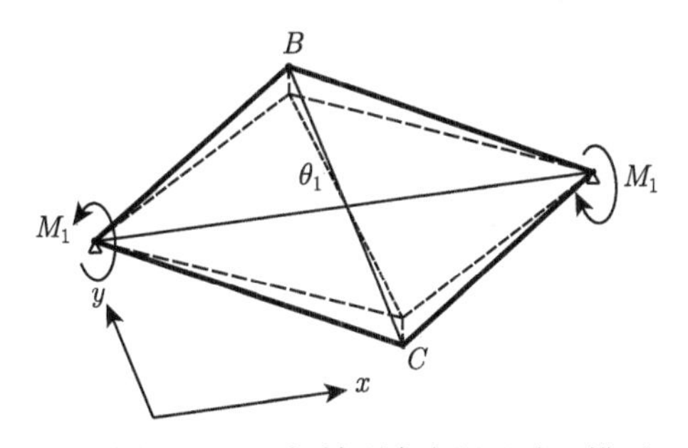

图 6-2-16 扭转刚度有限元验证模型

其次考察屈曲模态产生的误差。图 6-2-17 给出 I-I 剖面处理论推导和实际失稳时的位移模态。由图可以看出，理论推导和实际失稳时结构的屈曲位移模态都是呈现约 2.5 个半波。但结构实际屈曲时位移模态不均匀，与理论假设的失稳位移模态有一定误差，但不是理论公式计算稳定承载力的主要原因。

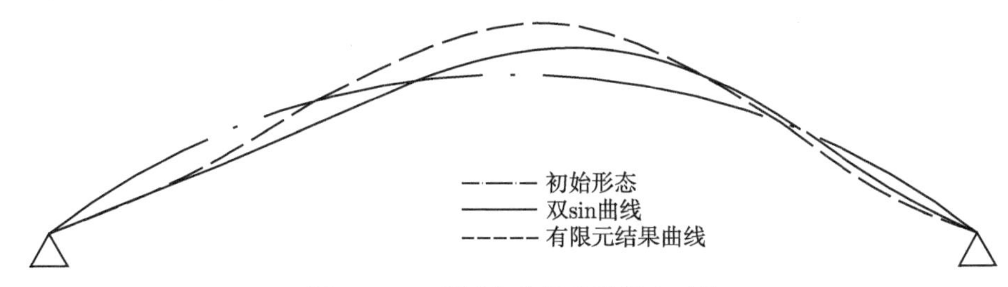

图 6-2-17 理论与实际失稳模态对比

基本假定 (5) 认为结构在屈曲时只有轴力，没有弯矩。而实际情况中，结构屈曲时存在一定的弯矩，对承载能力有一定的影响，对结果也带来一定的误差。以下将通过考察屈曲时由弯矩产生的应力与轴应力的比例研究屈曲时弯矩的影响。图 6-2-18 给出了Ⅱ - Ⅱ剖面不同缺陷的结构在屈曲时弯矩应力与轴应力的比例。

由图 6-2-18 可得出，随着缺陷的增大，屈曲时弯曲应力与轴应力的比例增大，同时分布也越不均匀。当施加 1/300 跨度的缺陷时，比例接近 13.7%。因此，弯矩影响是造成理论公式和有限元数值结果差别的主要因素。

将上文中弯矩引起的误差和非线性引起的误差累加，近似等于理论公式和精确解之间的误差。因此弯矩和非线性是造成误差的最主要影响因素，为此本节给出公式 (6-2-22) 的误差修正系数为

$$\mu = 1 - \frac{\sigma_{\mathrm{M}}}{\sigma_{\mathrm{N}}} - 0.13 \tag{6-2-24}$$

式中，σ_{M} 为弯矩引起的杆件截面平均应力；σ_{N} 为轴力引起的杆件截面平均应力；0.13 为近似考虑几何非线性的影响。

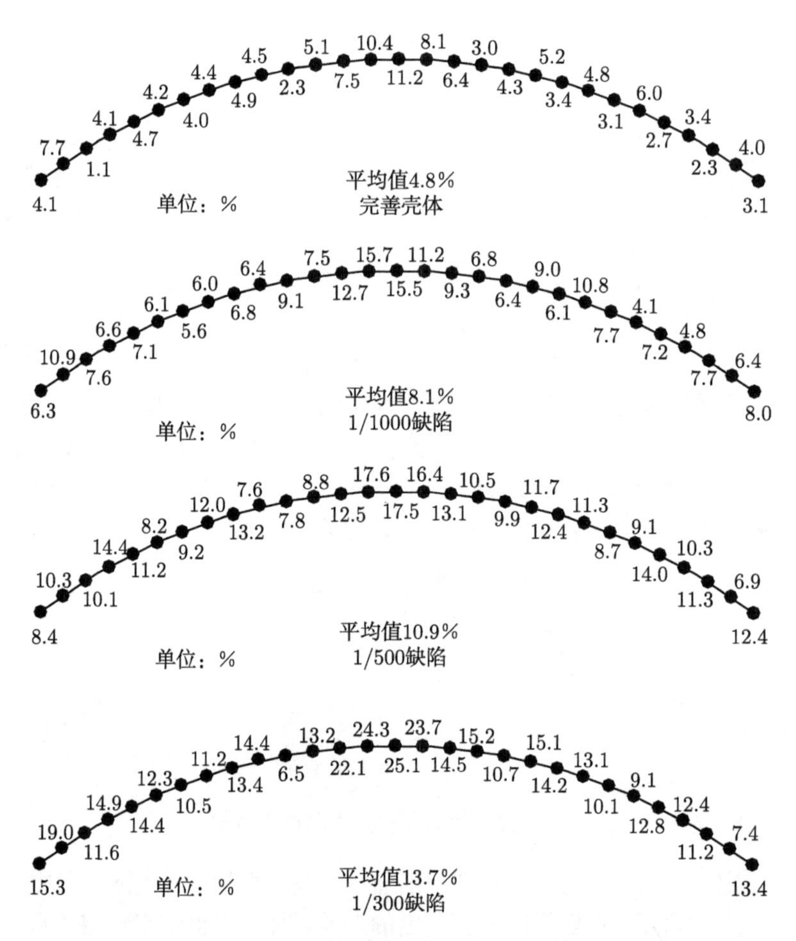

图 6-2-18　不同缺陷屈曲时弯矩应力与轴应力比例

本节列举两个有限元数值算例检验基于连续壳体理论的联方柱面索支撑空间网格结构稳定承载力公式及修正系数的精确性。

表 6-2-6 给出了算例 2 模型的具体参数。

表 6-2-6　算例 2 模型参数

参数	取值
跨度/m	30
矢跨比	1/8
网格尺寸/(mm×mm)	1200×1200
钢杆件截面/(mm×mm×mm)	80×60×4.0
索截面/mm^2	61.7
索初始预张力/MPa	100
初始缺陷 A_0	0、$L/1000$、$L/500$、$L/300$

表 6-2-7 给出了算例 2 的计算结果。

表 6-2-7　算例 2 的计算结果

初始缺陷	公式 (6-2-22) 计算结果/(kN/m^2)	修正系数	考虑双重非线性极限荷载/(kN/m^2)	误差/%
0	1.35	0.818	1.12	1.4
$L/1000$	1.29	0.799	1.05	1.8
$L/500$	1.23	0.776	0.99	3.6
$L/300$	1.18	0.754	0.92	3.3

注：误差为公式 (6-2-22) 计算结果与考虑双重非线性极限荷载的误差。

表 6-2-8 给出了算例 3 模型的具体参数。

表 6-2-8　算例 3 模型参数

参数	取值
跨度/m	30
矢跨比	1/9
网格尺寸/(mm×mm)	1200×1200
钢杆件截面/(mm×mm×mm)	80×60×4.0
索截面/mm^2	61.7
索初始预张力/MPa	100
初始缺陷 A_0	0、$L/1000$、$L/500$、$L/300$

表 6-2-9 给出了算例 3 模型的计算结果。

表 6-2-9　算例 3 计算结果

初始缺陷	公式 (6-2-22) 计算结果/(kN/m^2)	修正系数	考虑双非线性极限荷载/(kN/m^2)	误差/%
0	0.817	0.835	0.707	3.5
$L/1000$	0.788	0.803	0.662	4.4
$L/500$	0.761	0.778	0.610	2.9
$L/300$	0.723	0.731	0.541	2.4

注：误差为公式 (6-2-22) 计算结果与考虑双重非线性极限荷载的误差。

通过以上数值算例，可验证经修正后的基于连续壳体理论的联方柱面索支撑空间网格结构稳定承载力公式具有良好的精度，误差在 5%以内。

参 考 文 献

[1] Kato S, Yamashita T. Evaluation of elasto-plastic buckling strength of two-way grid shells using continuum analogy[J]. International Journal of Space Structures, 2002, 17(4): 249-261.

[2] 童丽萍. 初始大挠度壳体的几何方程和平衡方程 [J]. 郑州大学学报, 1996,9(3): 52-58.
[3] 韩强，黄小清. 高等板壳理论 [M]. 北京：科学出版社, 2002: 72-85.
[4] 刘鸿文. 板壳理论 [M]. 杭州：浙江大学出版社, 1987: 258-274.
[5] 杨耀乾. 薄壳理论 [M]. 北京：中国铁道出版社, 1981: 215-240.
[6] 中华人民共和国行业标准. 网壳结构技术规程 (JGJ 61—2003)[S]. 北京: 中国建筑工业出版社, 2003: 15-22.

彩　　图

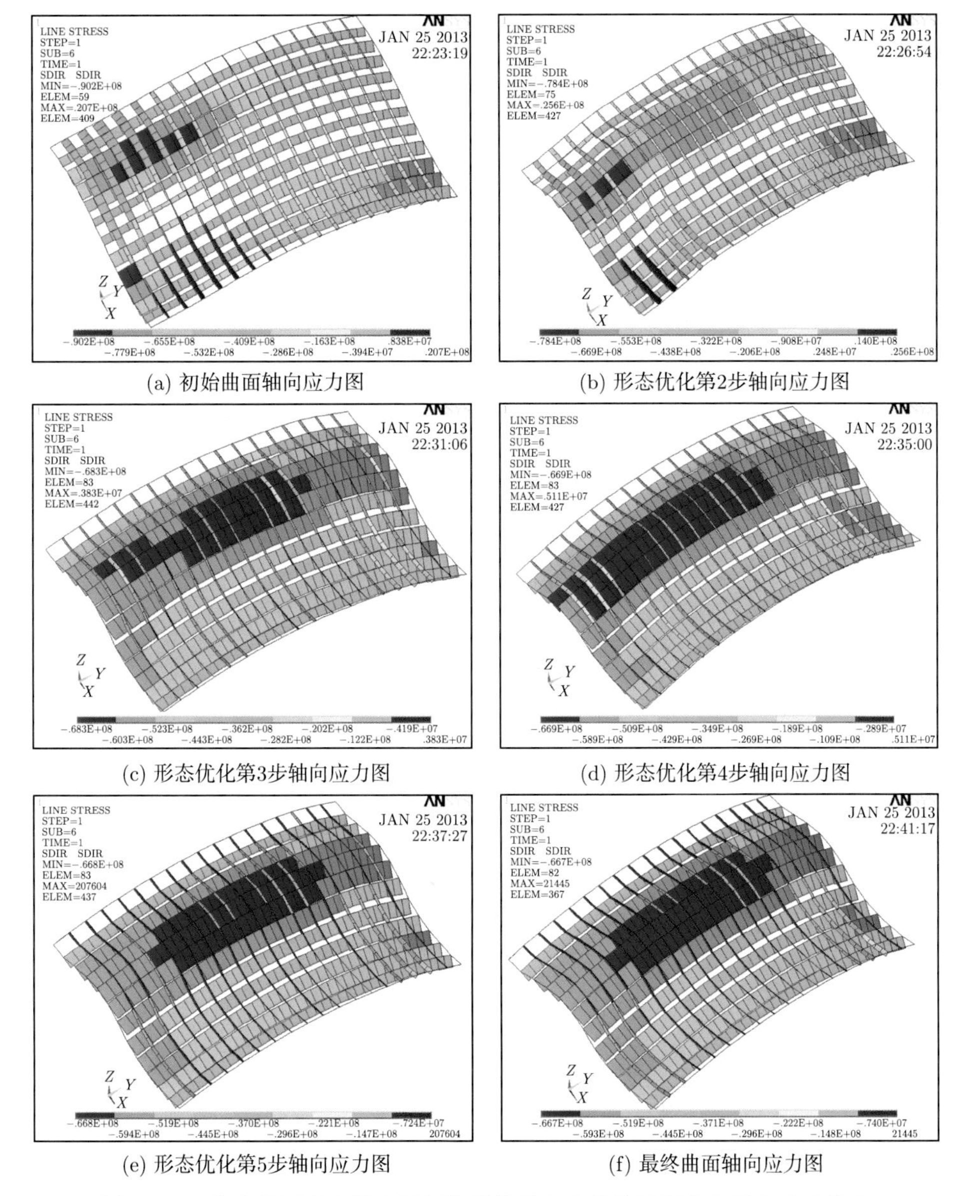

(a) 初始曲面轴向应力图

(b) 形态优化第2步轴向应力图

(c) 形态优化第3步轴向应力图

(d) 形态优化第4步轴向应力图

(e) 形态优化第5步轴向应力图

(f) 最终曲面轴向应力图

图 3-4-3　自由曲面索支撑空间网格结构的形态优化过程中的轴向应力分布